国家自然科学基金面上项目 (51279207)
"十二五"国家科技支撑计划课题 (2012BAC19B03) 资助
国家重点基础研究发展计划 (973计划) 课题 (2010CB951102)
科技部创新方法工作专项项目 (2011IM011000)

"十二五"国家重点图书出版规划项目

海河流域水循环演变机理与水资源高效利用丛书

区域干旱形成机制与风险应对

严登华　翁白莎　王浩　秦天玲　史晓亮　等著

科学出版社

北京

内 容 简 介

全书由四篇共 20 章构成。第一篇是理论与技术，介绍了广义干旱风险评价与风险应对的理论框架、技术体系以及模拟模型。第二篇是海河流域干旱时空演变特征，介绍了不同干旱指标在海河流域的应用，识别流域干旱驱动机制，以及分析流域干旱时空演变特征。第三篇是东辽河流域广义干旱风险评价与综合应对，识别流域广义干旱驱动机制，定量化评价流域广义干旱，介绍了流域广义干旱风险评价与风险区划，以及风险应对。第四篇是滦河流域干旱驱动机制识别及定量化评价，介绍了流域径流演变归因识别，以及流域干旱评价研究。

本书可供水文水资源学科的科研人员、大学教师和相关专业的研究生，以及从事水利工程规划与管理专业的技术人员参考。

图书在版编目(CIP)数据

区域干旱形成机制与风险应对/严登华等著. —北京：科学出版社，2014.1

（海河流域水循环演变机理与水资源高效利用丛书）

"十二五"国家重点图书出版规划项目

ISBN 978-7-03-038965-7

Ⅰ. 区⋯ Ⅱ. 严⋯ Ⅲ. 海河–流域–干旱–研究 Ⅳ. P426.615

中国版本图书馆 CIP 数据核字（2013）第 251566 号

责任编辑：李 敏 张 震 周 杰 / 责任校对：桂伟利
责任印制：钱玉芬 / 封面设计：王 浩

科学出版社 出版
北京东黄城根北街 16 号
邮政编码：100717
http://www.sciencep.com

中国科学院印刷厂 印刷
科学出版社发行 各地新华书店经销

*

2014 年 1 月第 一 版 开本：787×1092 1/16
2014 年 1 月第一次印刷 印张：22 插页：2
字数：530 000

定价：138.00 元
（如有印装质量问题，我社负责调换）

总　　序

流域水循环是水资源形成、演化的客观基础，也是水环境与生态系统演化的主导驱动因子。水资源问题不论其表现形式如何，都可以归结为流域水循环分项过程或其伴生过程演变导致的失衡问题；为解决水资源问题开展的各类水事活动，本质上均是针对流域"自然–社会"二元水循环分项或其伴生过程实施的基于目标导向的人工调控行为。现代环境下，受人类活动和气候变化的综合作用与影响，流域水循环朝着更加剧烈和复杂的方向演变，致使许多国家和地区面临着更加突出的水短缺、水污染和生态退化问题。揭示变化环境下的流域水循环演变机理并发现演变规律，寻找以水资源高效利用为核心的水循环多维均衡调控路径，是解决复杂水资源问题的科学基础，也是当前水文、水资源领域重大的前沿基础科学命题。

受人口规模、经济社会发展压力和水资源本底条件的影响，中国是世界上水循环演变最剧烈、水资源问题最突出的国家之一，其中又以海河流域最为严重和典型。海河流域人均径流性水资源居全国十大一级流域之末，流域内人口稠密、生产发达，经济社会需水模数居全国前列，流域水资源衰减问题十分突出，不同行业用水竞争激烈，环境容量与排污量矛盾尖锐，水资源短缺、水环境污染和水生态退化问题极其严重。为建立人类活动干扰下的流域水循环演化基础认知模式，揭示流域水循环及其伴生过程演变机理与规律，从而为流域治水和生态环境保护实践提供基础科技支撑，2006 年科学技术部批准设立了国家重点基础研究发展计划（973 计划）项目"海河流域水循环演变机理与水资源高效利用"（编号：2006CB403400）。项目下设 8 个课题，力图建立起人类活动密集缺水区流域二元水循环演化的基础理论，认知流域水循环及其伴生的水化学、水生态过程演化的机理，构建流域水循环及其伴生过程的综合模型系统，揭示流域水资源、水生态与水环境演变的客观规律，继而在科学评价流域资源利用效率的基础上，提出城市和农业水资源高效利用与流域水循环整体调控的标准与模式，为强人类活动严重缺水流域的水循环演变认知与调控奠定科学基础，增强中国缺水地区水安全保障的基础科学支持能力。

通过 5 年的联合攻关，项目取得了 6 方面的主要成果：一是揭示了强人类活动影响下的流域水循环与水资源演变机理；二是辨析了与水循环伴生的流域水化学与生态过程演化的原理和驱动机制；三是创新形成了流域"自然–社会"二元水循环及其伴生过程的综合模拟与预测技术；四是发现了变化环境下的海河流域水资源与生态环境演化规律；五是明晰了海河流域多尺度城市与农业高效用水的机理与路径；六是构建了海河流域水循环多维临界整体调控理论、阈值与模式。项目在 2010 年顺利通过科学技术部的验收，且在同批验收的资源环境领域 973 计划项目中位居前列。目前该项目的部分成果已获得了多项省部级科技进步奖一等奖。总体来看，在项目实施过程中和项目完成后的近一年时间内，许多成果已经在国家和地方重大治水实践中得到了很好的应用，为流域水资源管理与生态环境治理提供了基础支撑，所蕴藏的生态环境和经济社会效益开始逐步显露；同时项目的实施在促进中国水循环模拟与调控基础研究的发展以及提升中国水科学研究的国际地位等方面也发挥了重要的作用和积极的影响。

本项目部分研究成果已通过科技论文的形式进行了一定程度的传播，为将项目研究成果进行全面、系统和集中展示，项目专家组决定以各个课题为单元，将取得的主要成果集结成为丛书，陆续出版，以更好地实现研究成果和科学知识的社会共享，同时也期望能够得到来自各方的指正和交流。

最后特别要说的是，本项目从设立到实施，得到了科学技术部、水利部等有关部门以及众多不同领域专家的悉心关怀和大力支持，项目所取得的每一点进展、每一项成果与之都是密不可分的，借此机会向给予我们诸多帮助的部门和专家表达最诚挚的感谢。

是为序。

海河 973 计划项目首席科学家
流域水循环模拟与调控国家重点实验室主任
中国工程院院士

2011 年 10 月 10 日

序

随着经济社会的快速发展，在以全球变暖为主要特征的气候变化背景下，人类社会水资源的需求量可能会越来越大，但容易开发利用的水资源越来越少，因此，面对频繁发生的干旱现象，人类社会显得更加脆弱，干旱的影响越来越大。干旱不仅会导致巨大的经济损失，还会造成大范围的环境退化，表现为冰川融化、雪线上升、森林减少和草地荒漠化。干旱对于社会的影响也是巨大的，特别是在经济相对滞后的国家，干旱会导致贫穷、饥荒、社会动荡、种族冲突和战争等社会问题。我国位于亚洲季风气候区，加之三级阶梯状的地貌格局，从根本上决定了我国大范围干旱频发的背景，且近些年来干旱范围和程度均有逐渐增加的趋势，严重威胁到了我国的粮食安全和经济社会的发展。海河流域人均径流性水资源居全国十大一级流域之末，流域内人口稠密、生产发达，经济社会需水模数居全国前列，不同行业用水竞争激烈，干旱问题极其突出。

干旱是一个世界性的难题。为了应对干旱，我国成立了国家防汛抗旱总指挥部，发布了《国家防汛抗旱应急预案》，近年又编制了《全国抗旱规划》，地方政府也成立了相应的本级指挥机构，颁布了有关抗旱的地方法规。此外，在水文情报预报等方面，我国建立了国家防汛抗旱水文气象综合信息系统，为全国大范围的干旱监测和分析预测以及国家抗旱调度决策提供科学依据和技术支撑。但是，目前的抗旱工作，基础研究相对薄弱，对干旱发生的机理及其变化的复杂性认识不够，缺乏较为科学合理的旱情、旱灾统计分析评价指标体系。目前的抗旱管理基本上还是采用危机管理的方法，缺乏以防为主的意识，区域经济布局结构未考虑干旱缺水的因素及其影响，对包括生态用水在内的全面抗旱缺乏认识。

《区域干旱形成机制与风险应对》一书从水资源系统的角度，明晰广义干旱的内涵，提出广义干旱定量化评价指标体系；结合自然气候变化、人为气候变化、下垫面条件改变、水利工程调节对干旱事件的影响特性，构建广义干旱演变的整体驱动模式，并定量识别其驱动机制；结合干旱事件演变的确定性和随机性特征，提出广义干旱风险评价方法和基于3S技术的广义干旱风险区划方法；从节流与开源两方面提出广义干旱风险应对措施，并评估应对措施的实施效果；选取干旱事件频发的海河流域和东辽河流域为研究区，进行广义干旱风险评价与应对的实例研究，对于增强区域应对干旱的能力，提升流域抗旱的管理水平，具有重要的意义。

作者作为课题负责人参加了本人主持的"全球变化国家重大基础研究专项：气候变化对黄淮海地区水循环的影响机理和水资源安全评估"项目的研究工作，并主持第二课题的研究。作者在系统总结课题研究成果和多年在干旱风险评价与风险应对方面的研究成果的基础上写作此书，对全球变化的干旱问题和抗旱管理进行了比较系统的探讨，是干旱风险评价与风险应对方面的创新力作。该书的出版发行，将推动水文水资源学科的发展，有利于国家的抗旱减灾工作，还将推动气候变化与资源环境领域的研究创新，对我国综合应对气候变化将起到积极的作用。

是为序。

"全球变化国家重大基础研究专项：气候变化对黄淮海
地区水循环的影响机理和水资源安全评估"首席科学家
南京水利科学研究院院长
中国工程院院士

2013 年 10 月

前　言

在气候变化和人类活动的影响下，世界范围内的干旱总体呈现出频发、多发、连发和并发态势。随着以增温为主要特征的气候变化影响的深入，气候系统的稳定性降低，干旱、洪涝等极端气象水文事件发生的概率及其影响将进一步增加。干旱在我国每年都会发生，平均2~3年就会发生一次严重的干旱灾害。干旱不仅发生在水资源相对匮乏的北方地区，在水资源相对丰富的南方地区也频繁发生。近年来，我国频繁出现多个破历史纪录的极端干旱事件。干旱已成为经济社会可持续发展的重大障碍性因素之一，识别变化环境下干旱演变规律及驱动机制，并对其进行综合应对，已受到政府部门、社会公众和科研人员的广泛关注，同时也是水文水资源研究领域的前沿和热点问题。

本书围绕变化环境下干旱综合应对的重大实践需求，以"自然–人工"二元水循环为主线，从水资源系统的角度，明晰广义干旱的内涵，并提出广义干旱定量化评价指标体系；结合自然气候变化、人为气候变化、下垫面条件改变、水利工程调节对干旱事件的影响特性，构建广义干旱演变的整体驱动模式，并定量识别其驱动机制；结合干旱事件演变的确定性和随机性特征，提出广义干旱风险评价方法和基于3S技术的广义干旱风险区划方法；从节流与开源两方面提出广义干旱风险应对措施，并评估应对措施的实施效果。选取干旱事件频发的海河流域和东辽河流域为研究区，进行广义干旱风险评价与应对的实证研究。本研究统一了气象干旱、水文干旱、农业干旱和社会经济干旱，进一步发展了变化环境下干旱应对理论与技术，并为海河流域和东辽河流域干旱综合应对提供了科学依据。

本书共分四篇：第一篇是理论与技术，介绍广义干旱风险评价与风险应对的理论框架与技术体系，由严登华、王浩、翁白莎、王刚编写；第二篇是海河流域干旱时空演变特征，由马海娇、翁白莎编写；第三篇是东辽河流域广义干旱风险评价与综合应对，由翁白莎编写，赵志轩、金鑫、胡东来、王道源、王坤、高宇、刘少华等人参与了本部分内容的野外实验工作；第四篇是滦河流域干旱驱动机制识别及定量化评价，由史晓亮、秦天玲编写，张诚、袁勇、郝彩莲、袁喆、尹军、董国强、李立新等人参与了本部分内容的野外实验工作。全书由翁白莎、史晓亮和秦天玲进行统稿校核，并由严登华和王浩最后审定。

本书研究工作得到了国家自然科学基金面上项目"基于水资源系统的广义干旱风险评

价与风险区划研究"（编号：51279207）、"十二五"国家科技支撑计划课题"气候变化对水资源影响与风险评估技术"（编号：2012BAC19B03）、国家重点基础研究发展计划（973计划）课题"气候变化对旱涝灾害的影响及风险评估"（编号：2010CB951102）、科技部创新方法工作专项项目"新时期我国水文学集合方法研究与应用"（编号：2011IM011000）的资助。在上述项目研究中，中国水利水电科学研究院水资源研究所肖伟华、杨志勇、杨贵羽、鲁帆、李传哲、于赢东等给予了很多帮助。本书在模型方面得到了贾仰文教授的辛勤指导和耐心帮助。

"气候变化对黄淮海地区水循环的影响机理和水资源安全评估"项目首席科学家张建云院士对课题二研究以及本书的出版，给予了诸多指导、督促和建议，特此致以衷心的感谢。

由于研究本身的复杂性，加之时间仓促和受水平所限，书中错漏之处敬请批评指正。

作者

2013年10月

目 录

总序
序
前言

第一篇 理论与技术

第1章 绪论 ········ 3
1.1 研究背景与意义 ········ 3
1.1.1 选题背景 ········ 3
1.1.2 理论背景 ········ 5
1.1.3 拟解决的关键科学问题 ········ 8
1.1.4 研究意义 ········ 8
1.2 国内外研究动态与趋势 ········ 9
1.2.1 干旱驱动机制研究进展 ········ 9
1.2.2 干旱评价指标研究进展 ········ 10
1.2.3 干旱风险评价研究进展 ········ 13
1.2.4 干旱风险区划研究进展 ········ 14
1.2.5 干旱风险应对研究进展 ········ 14
1.3 区域干旱应对存在问题 ········ 16
1.4 研究内容与技术路线 ········ 16
1.4.1 研究内容 ········ 16
1.4.2 技术路线 ········ 18

第2章 广义干旱风险评价与风险应对理论框架及技术体系 ········ 20
2.1 广义干旱的内涵 ········ 20
2.2 广义干旱的驱动机制 ········ 25
2.3 广义干旱的定量评价 ········ 26
2.3.1 广义供水量 ········ 27
2.3.2 广义需水量 ········ 28
2.3.3 广义干旱评价指标 ········ 28

2.4 广义干旱的风险评价 ·· 30
2.5 广义干旱的风险区划 ·· 32
2.6 广义干旱的综合应对 ·· 34

第3章 广义干旱风险评价与风险应对模拟模型 ·· 36
3.1 需求分析与整体开发思路 ··· 36
3.2 WEP-GD 模型结构 ·· 37
3.3 WEP-GD 模型要素过程 ··· 38

第二篇 海河流域干旱时空演变特征

第4章 研究区概况 ·· 43
4.1 自然地理条件 ·· 43
  4.1.1 地形地貌 ··· 43
  4.1.2 水文气象 ··· 44
  4.1.3 土壤植被 ··· 44
  4.1.4 河流水系 ··· 44
4.2 社会经济状况 ·· 45
4.3 水资源及开发利用概况 ··· 46
4.4 历史旱情概况 ·· 47

第5章 不同干旱指标在海河流域的应用 ·· 48
5.1 数据准备 ··· 48
5.2 干旱指标的选取 ·· 49
5.3 干旱指标的应用结果 ··· 50
  5.3.1 典型旱灾年旱情空间分布对比 ··· 50
  5.3.2 典型研究区的应用结果对比 ··· 71

第6章 海河流域干旱驱动模式识别 ·· 73
6.1 气候变化 ··· 73
6.2 下垫面条件（土地利用）变化 ·· 74
6.3 水利工程条件 ·· 74
6.4 流域干旱驱动模式 ··· 75

第7章 海河流域干旱时空演变特征 ·· 77
7.1 干旱时间变化特征分析 ··· 77
7.2 干旱空间变化特征分析 ··· 83

第 8 章 小结 ··········· 88

第三篇 东辽河流域广义干旱风险评价与综合应对

第 9 章 研究区概况 ··········· 91
  9.1 流域自然地理概况 ··········· 91
    9.1.1 地理位置 ··········· 91
    9.1.2 地质地貌 ··········· 91
    9.1.3 河流水系 ··········· 92
    9.1.4 气候水文 ··········· 94
    9.1.5 土壤特征 ··········· 97
    9.1.6 植被特征 ··········· 104
  9.2 流域社会经济概况 ··········· 106
  9.3 流域土地利用概况 ··········· 107
  9.4 流域水资源概况 ··········· 107
    9.4.1 流域水资源量 ··········· 107
    9.4.2 流域水资源开发利用程度 ··········· 108
  9.5 流域历史旱情概况 ··········· 108
    9.5.1 流域干旱灾害特征 ··········· 108
    9.5.2 流域干旱灾害发展趋势 ··········· 109

第 10 章 东辽河流域广义干旱驱动机制识别 ··········· 111
  10.1 流域气象水文要素演变规律分析 ··········· 111
    10.1.1 大气水汽含量 ··········· 111
    10.1.2 降水量 ··········· 120
    10.1.3 气温值 ··········· 121
    10.1.4 潜在蒸发量 ··········· 122
    10.1.5 天然径流量 ··········· 124
    10.1.6 土壤含水量 ··········· 127
  10.2 流域下垫面条件演变规律分析 ··········· 128
    10.2.1 土地利用条件 ··········· 128
    10.2.2 水利工程条件 ··········· 136
  10.3 流域广义干旱驱动模式识别 ··········· 138

第 11 章 WEP-GD 模型在东辽河流域的应用 ··········· 140
  11.1 输入数据及格式化处理 ··········· 140

	11.1.1	数字高程信息	141
	11.1.2	土壤信息	148
	11.1.3	土地利用信息	149
	11.1.4	气象水文信息	150
	11.1.5	水利工程信息	155
	11.1.6	社会经济及供用水信息	156
11.2		模型校验与验证	156

第 12 章 东辽河流域广义干旱定量化评价 161

12.1	流域广义干旱评价指标构建	161
	12.1.1 指标构建	161
	12.1.2 指标验证	165
12.2	流域广义干旱评价指标模拟效果分析	167
	12.2.1 对比 DI 指标与 SPI 指标模拟结果	168
	12.2.2 对比 DI 指标与 PDSI 指标模拟结果	171
	12.2.3 对比 DI 指标与 RWD 指标模拟结果	173
12.3	流域广义干旱评价内容识别	176
12.4	流域广义干旱时空分布规律	177
	12.4.1 流域广义干旱次数分布规律	177
	12.4.2 流域广义干旱持续时间分布规律	184
	12.4.3 流域广义干旱强度分布规律	192

第 13 章 东辽河流域广义干旱风险评价与风险区划 200

13.1	流域广义干旱风险评价方法	200
	13.1.1 边缘分布函数的确定	200
	13.1.2 联合分布函数的选取	204
	13.1.3 重现期分析	207
	13.1.4 流域广义干旱风险分析	209
13.2	不同驱动力作用下的流域广义干旱风险分析	212
	13.2.1 自然气候变化情景	213
	13.2.2 人为气候变化情景	215
	13.2.3 下垫面条件变化情景	218
	13.2.4 水利工程调节情景	220
	13.2.5 综合分析	223

第 14 章 东辽河流域广义干旱风险应对 225

14.1	应对目标	225
14.2	应对策略	225

14.3 解决方案 ··· 225
　14.3.1 提高农田灌溉水利用系数 ·· 225
　14.3.2 减少田间土面蒸发 ·· 227
　14.3.3 流域外调水 ··· 232
14.4 应对措施 ··· 245

第15章　小结 ··· 246

第四篇　滦河流域干旱驱动机制识别及定量化评价

第16章　研究区概况 ··· 251
16.1 自然地理概况 ··· 251
　16.1.1 地理位置 ··· 251
　16.1.2 自然地理条件 ··· 252
16.2 社会经济概况 ··· 255
　16.2.1 行政区划与人口 ·· 255
　16.2.2 社会经济发展情况 ··· 256
　16.2.3 水利工程建设 ··· 256
16.3 水资源与历史旱情概况 ··· 256
　16.3.1 流域水资源量和开发利用程度 ·· 256
　16.3.2 流域历史旱情概况 ··· 257

第17章　基于SWAT模型的滦河流域分布式水文模拟 ··· 258
17.1 SWAT模型原理及结构 ·· 258
17.2 SWAT模型数据库的构建 ··· 260
　17.2.1 数据格式与坐标系统 ·· 261
　17.2.2 数据库构建过程 ·· 261
17.3 降水空间分布不确定性对分布式流域水文模拟的影响 ·· 266
　17.3.1 雨量站降水数据时间维尺度扩展方法 ·· 267
　17.3.2 武烈河流域SWAT模型构建 ·· 268
　17.3.3 降水输入的不确定性分析 ·· 271
　17.3.4 降水输入对分布式径流模拟结果的影响 ·· 273
17.4 SWAT模型在滦河流域分布式水文模拟中的适用性 ·· 275
　17.4.1 流域离散化与模拟方法选择 ··· 275
　17.4.2 基于SWAT模型的滦河流域分布式水文模拟 ··· 275

第 18 章 滦河流域径流演变归因识别 ... 279
18.1 流域水文气象要素演变规律分析 ... 279
18.1.1 降水量 ... 279
18.1.2 气温 ... 282
18.1.3 潜在蒸发量 ... 283
18.1.4 天然径流量 ... 285
18.2 滦河流域径流演变归因识别方法 ... 286
18.2.1 水文序列阶段划分 ... 287
18.2.2 天然径流量模拟 ... 289
18.3 滦河流域气候与人类活动对径流影响的归因识别 ... 292
18.3.1 流域径流量变化归因的年际特征 ... 292
18.3.2 流域径流量变化归因的年内特征 ... 292

第 19 章 滦河流域干旱评价研究 ... 294
19.1 基于分布式水文模拟的流域干旱评价模式构建 ... 294
19.1.1 基于水分平衡的水分距平指数计算 ... 294
19.1.2 干旱指标计算 ... 296
19.1.3 权重因子修正 ... 297
19.2 干旱评价模式验证 ... 298
19.2.1 历史干旱事件过程验证 ... 298
19.2.2 典型干旱年份旱情发展的空间分布验证 ... 299
19.3 滦河流域干旱时空分布特征 ... 301
19.3.1 流域干旱影响范围演变特征 ... 301
19.3.2 流域干旱频率空间分布特征 ... 303
19.3.3 流域干旱持续时间空间分布 ... 304
19.3.4 流域干旱强度空间分布特征 ... 305
19.4 滦河流域土地利用/覆被变化的干旱响应 ... 307
19.4.1 土地利用/覆被变化对干旱影响范围的影响 ... 307
19.4.2 土地利用/覆被变化对干旱频率的影响 ... 308
19.4.3 土地利用/覆被变化对干旱持续时间的影响 ... 309
19.4.4 土地利用/覆被变化对干旱强度的影响 ... 311
19.5 滦河流域干旱应对措施 ... 312

第 20 章 小结 ... 314

参考文献 ... 316

附表 ... 326

第一篇 理论与技术

第1章 绪 论

1.1 研究背景与意义

1.1.1 选题背景

在气候变化和人类活动的影响下,世界范围内的干旱总体呈现出频发、多发、连发和并发态势。树木年轮等数据表明,在过去1000年里,亚洲、非洲、北美洲和大洋洲均发生过大规模的干旱灾害,特别是1864年以来,均发生了不同程度的干旱灾害(图1-1)。自1900年以来,全球干旱已导致1100多万人死亡,20多亿人受到影响(UNISDRS,2009)。自20世纪50年代以来,北半球很多地区存在着少雨趋势,尤其在欧亚大陆南部、非洲北部、加拿大和阿拉斯加等区域较为显著。自70年代以来,世界上干旱区域[帕尔默旱度指数(PDSI)<-3]的面积增加了1.5倍(Dai,2004)。分析重建降水系列表明,在19世纪末期和20世纪,美国南部干旱事件发生概率显著增加(Le Quesne et al.,2009)。美国平均每年因干旱灾害造成经济损失60亿~80亿美元,1988年甚至高达400亿美元(FEMA,1995;王雪梅,2011)。20世纪80年代与干旱相关的灾害,致使50多万非洲人丧生(Kallis,2008;王雪梅,2011)。随着以增温为主要特征的气候变化影响的深入,气候系统的稳定性降低,干旱、洪涝等极端气象水文事件发生的概率及其影响将进

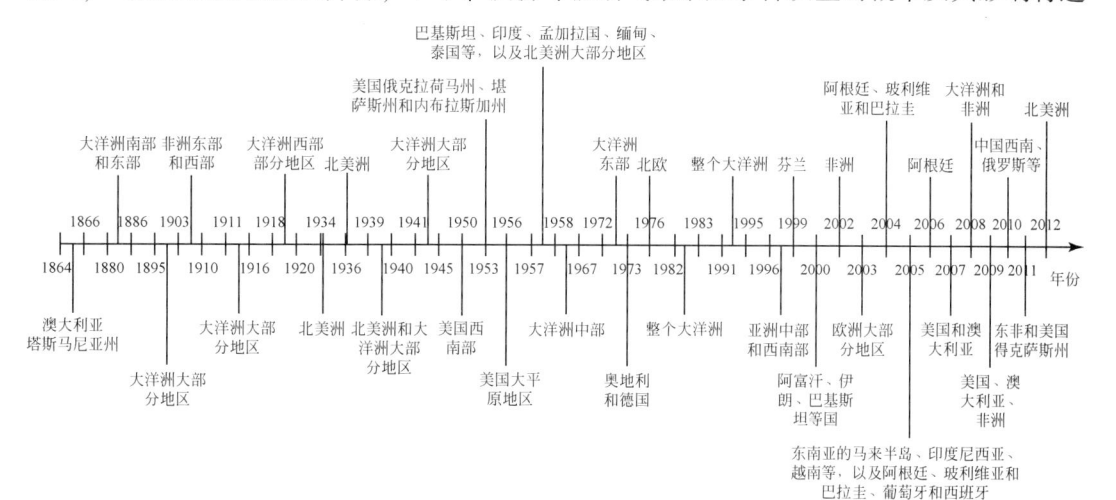

图1-1 1864年以来全球主要干旱事件分布情况

一步增加（Dai，2011）。2012 年 IPCC 特别报告表明，未来全球大部分地区因蒸发量增加和土壤水分减少，干旱化趋势明显；持续干旱将对非洲、东南亚、南欧、澳大利亚、巴西、智利和美国等国家和地区造成严重影响（IPCC，2012）。

我国干旱地区和干旱强度变化与全球干旱变化一样，呈现增加的趋势，干旱问题日益凸显（秦大河，2009）。干旱在我国每年都会发生，平均 2~3 年就会发生一次严重的干旱灾害（翁白莎和严登华，2010）（图1-2）。历史记录显示，过去 500 年中我国东部发生了多次大规模的旱灾，1500~1730 年和 1900 年至今的旱灾分布范围较广（王雪梅，2011）。20 世纪中期以来，我国干旱事件和干旱灾害发生地区大幅增加。1950~2010 年我国年均干旱受灾面积和成灾面积分别为 2155.95 万 hm^2 和 961.36 万 hm^2，是同期年均雨涝受灾面积和成灾面积的 2.19 倍和 1.77 倍（国家防汛抗旱总指挥部办公室，2010）。干旱不仅发生在水资源相对匮乏的北方地区，在水资源相对丰富的南方地区也频繁发生。近年来，我国频繁出现多个破历史纪录的极端干旱事件（秦大河，2009）。例如，2006 年，四川、重庆地区由于持续少雨，出现了百年一遇的高温干旱；2008 年，北方冬麦区降水量较常年同期偏少 5~8 成，出现了大范围的气象干旱（秦大河，2009）；2009 年，西南地区遭遇了历史罕见的特大干旱（翁白莎和严登华，2010）；2011 年，长江中下游大部降水量较常年同期偏少 3~8 成，湖北等多地出现重度干旱。

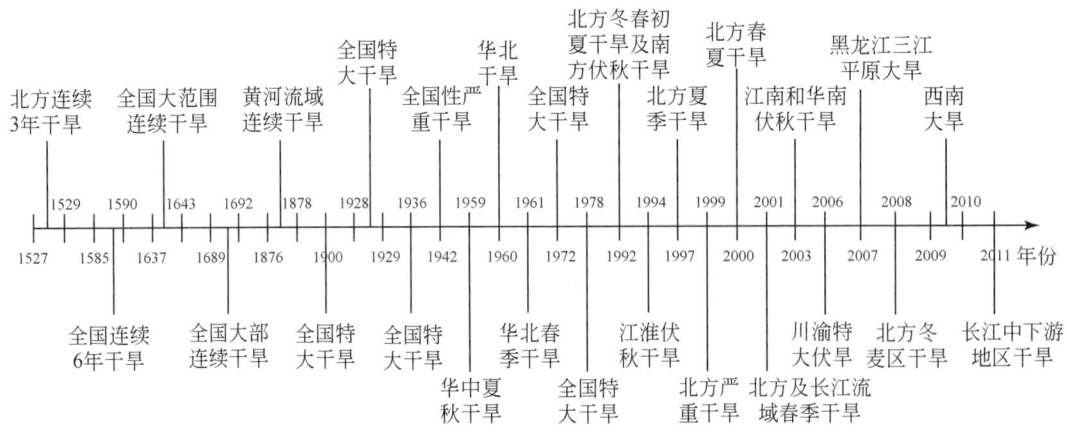

图 1-2　1527 年以来我国主要干旱事件分布情况

干旱已成为经济社会可持续发展的重大障碍性因素之一，识别变化环境下干旱演变规律及驱动机制，并对其进行综合应对，已受到政府部门、社会公众和科研人员的广泛关注，同时也是水文水资源研究领域的前沿和热点问题。

干旱首先表现的是资源问题，并随着其发生逐渐向灾害问题演变。干旱事件的本质是水循环过程的极值过程之一，其发生演变受到流域/区域水循环特性的整体控制，宏观上表现为一定时空尺度上因降水减少或缺失而导致的水资源短缺。在干旱的综合应对中需要遵循水循环过程演变的基本规律。

随着气候变化和人类活动影响的深入，水循环过程呈现出明显的自然-人工二元驱动特性，大气过程、地表过程、土壤过程和地下水过程等天然水循环过程与"取水—输水—

用水—耗水—排水—再生利用"等人工侧支水循环过程间存在着多向反馈作用（王浩等，2006a；王浩，2011）。由于学科分工的不同，在当前针对干旱及其应对的相关研究中，各学科从水循环的单一或多个要素过程开展研究，分别提出了气象干旱、水文干旱、农业干旱（又称土壤水分干旱）、生态干旱、社会经济干旱等的评价理论与方法（American Meteorological Society，1997）（图1-3），尚待从水循环系统全要素过程的角度系统识别其演变规律并进行调控。与此同时，干旱事件的发生具有确定性和随机性的双重特性，需采取风险管理模式对其进行应对，并进行常态和极值情景下水资源的集合管理。

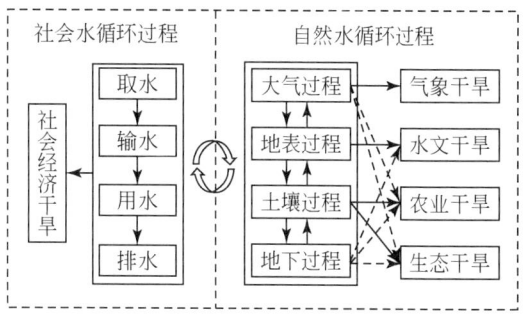

图1-3 传统干旱类型及其所针对的水循环要素过程

1.1.2 理论背景

广义干旱相关理论体系是在两大水资源理论体系的基础上发展起来的，即流域自然-人工二元水循环理论体系和广义水资源相关理论体系。

（1）流域自然-人工二元水循环理论体系

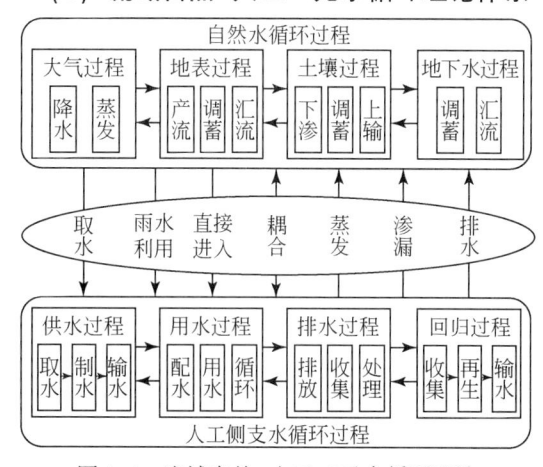

图1-4 流域自然-人工二元水循环理论

王浩院士在主持的973计划课题中，针对我国强烈人类活动对流域水循环过程的影响，将人类活动和自然作用并列作为流域水循环的双重驱动因子，提出了流域自然-人工二元水循环理论（图1-4）。

水循环在垂直方向上含有云的形成、降水、冠层截留、地表填洼、入渗、蒸腾、蒸发等基本过程，在水平方向含有坡面产流、河道汇流以及地下水补给等基本过程，结合大气水汽传输，形成陆地水循环、海上水循环和海陆间水循环等自然营力驱动下的"一元"演变模式。然而，随着人类水土资源开发活动的日渐深入，上述"一元"水循环演变模式逐渐被自然-人工二元水循环的模式所取代（严登华等，2001）。自然-人工二元水循环演变模式在循环驱动力、循环结构和循环参数等方面均较自然"一元"水循环演变模式不同，能更为客观和科学地表达全球变化和人类活动影响下水循环的演变特征。在循环驱动力方面，自然-人工二元水循环模式不仅考虑太阳能、重力势能等自然营力，同时还考虑蓄引提水所附加的人工能量以及全球气候变化导致温度变化而引起的能量的改变（王浩，2010）；在循环结构方面，自然-人工二元水循环模式不仅要对"降水—坡面—河道—地下"这一主导水循环过程进行描述，同时还将"取水—输水—用水—耗水—排水—再生利用"这一人工侧支水循环过程以及水资源开发利用变化对自然水循环的影响等进行客观表达，并与主循环过程相耦合；在循环参数方面，自然-人工二元水循环模式不仅含有降水、径流、地下水等基本水文要素参数，同时还含有人工侧支水循环中取水量、输水效率、用水量、耗水率及用耗水效率等基本参数（王浩，2009，2010）。

（2）广义水资源相关理论体系

王浩院士通过主持国家"八五"重点科技攻关研究，将水资源系统和宏观经济系统有机结合起来，创建了基于宏观经济的水资源合理配置理论与方法；通过主持国家"九五"重点科技攻关专题"西北地区水资源合理配置与承载能力研究"，提出了干旱地区面向生态的水资源合理配置理论与方法；在主持国家"十五"重点科技攻关课题"黑河流域水资源调配管理信息系统"研究中，提出了流域水资源科学调配的理论与方法。通过主持国家西部开发重大项目"宁夏生态经济系统水资源合理配置研究"，在研究成果的基础上，王浩院士进一步将土壤水纳入配置的有效水资源当中，提出了广义水资源合理配置的理论与方法，实现了流域水循环的全口径有效水分在经济社会和生态环境系统之间及其内部的科学配置，并在老一辈院士专家确立的水资源评价理论方法的框架下，提出了包括广义水资源、狭义水资源和国民经济可利用量在内的层次化水资源评价概念（图1-5）。

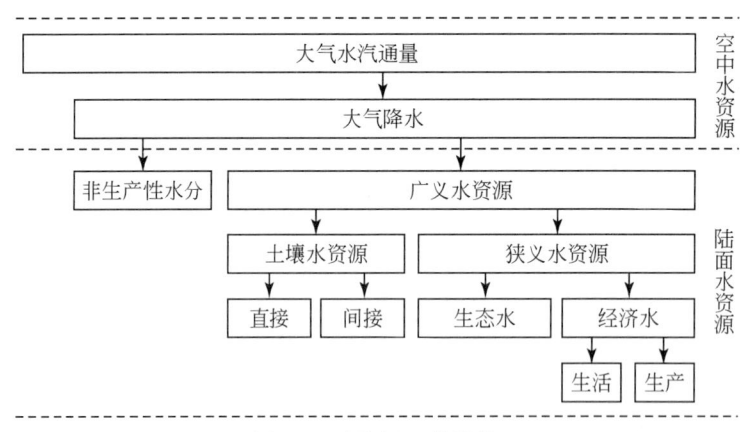

图1-5 水资源立体结构
资料来源：王浩，2009

广义水资源量是指流域水循环中，由降水形成的，对生态环境和人类社会具有效用，且在当前科学技术能力作用下能够被合理调控的水量（仇亚琴，2006）。结合图1-5可知，广义水资源既是年降水通量扣除其中不可调控的降水量，也等于狭义水资源与非径流性水资源（冠层有效截流和土壤水资源）中有效部分之和（贾仰文等，2006b）。

在水资源系统中，根据水资源的有效性、可控性和可再生性，有广义水资源和狭义水资源之分，同样，干旱也有广义与狭义之分，但"广义"和"狭义"的意义不同。对于狭义的干旱，不同学者有不同的看法，有人认为它是一种水分异常现象，是正常气候变化的一部分（Glantz，2003）；有人认为它是一种难以把握的自然灾害（Wilhite，2000，2005），是旱灾的诱因；也有人认为它是一种极端的天气事件。这些看法对于不同研究领域有其自身的价值,也可以在一定程度上解决相关的干旱问题,但是由于看法不同,在制定干旱表征指标和评价标准时就容易出现分歧,没有形成统一的标准,增加了干旱政策制定者和决策者的工作难度。若将研究对象扩展到广义的干旱,便能解决这些问题。因此,严登华从广义的视角,基于水资源系统的角度提出广义干旱的概念及内涵。

在流域自然-人工二元水循环理论和广义水资源相关理论的基础上,严登华通过主持国家"十一五"科技支撑计划重点项目专题"典型流域旱情预报预警技术方法研究",将土壤水资源的相关理论引入流域旱情预报预警技术方法研究中,为从水资源系统的角度提出广义干旱的内涵奠定了一定的基础;通过主持973计划课题"气候变化对旱涝灾害的影响及风险评估",基于自然-人工二元水循环理论,从水资源系统的角度,提出了广义干旱的内涵及定量化评价方法,以及广义干旱风险评价与区划;通过正在主持的"十二五"国家科技支撑计划重点项目课题"气候变化对洪旱影响评估技术研究",提出了气候变化对广义干旱的影响评估技术;通过正在主持的中国工程院重大咨询项目专题"分区域旱涝事件总体应对战略",提出了广义干旱风险应对技术;通过正在主持的国家自然科学基金面上项目"基于水资源系统的广义干旱风险评价与风险区划研究",将上述的理论成果应用于干旱事件频发的海河流域,并进一步完善广义干旱相关理论体系(图1-6)。

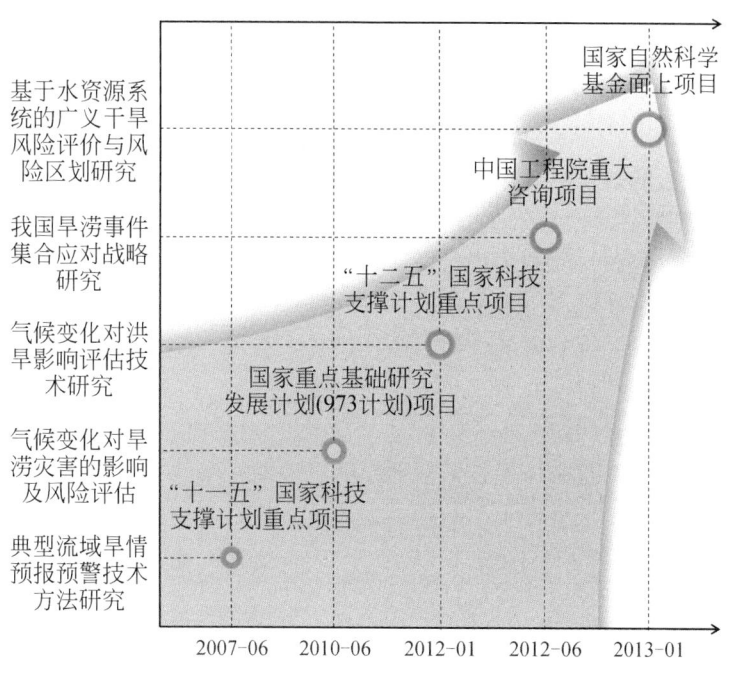

图1-6 广义干旱相关理论体系的发展历程

广义干旱相关理论体系主要包括4个部分:广义干旱的驱动机制、广义干旱的风险评估、广义干旱的影响评估和广义干旱的风险应对。广义干旱的风险评估主要包括广义干旱的演变规律分析、广义干旱的风险评价与区划、广义干旱的风险预测等。广义干旱的影响评估主要包括广义干旱对湿地生态系统的影响、广义干旱对土壤生态系统的影响、广义干旱对水环境的影响等。广义干旱的风险应对主要包括面向广义干旱的水资源合理配置、水利工程群应对广义干旱风险能力评估等。

1.1.3 拟解决的关键科学问题

本书重点解决以下两个关键科学问题。

(1) 广义干旱演变机理与驱动机制

随着气候变化和人类活动影响的深入，水循环系统从自然"一元"驱动模式向自然-人工二元驱动模式转变，在不同时空尺度上，干旱事件演变驱动力的构成及其耦合作用特性也发生了根本改变。总体上看，气候变化影响下的降水变化，从根本上制约着干旱的发生发展；下垫面条件变化影响到流域产汇流过程及土壤水资源的变化，以城市化和生态退化为特征的下垫面条件改变，使得干旱发生频率总体呈增加的趋势，也改变了以降水变化为主导的天然干旱时空分布格局；水利工程（群）布局与优化调度，通过削丰补枯，在一定程度上影响了干旱的时空分布特征。流域/区域干旱事件在上述驱动力的综合作用下发生演化，但不同驱动力构成、作用方式、作用强度及耦合作用机制等的时空分布差异显著，需要采用多技术手段进行综合识别。因此，广义干旱演变机理与驱动机制识别是广义干旱应对中拟解决的关键科学问题之一。

(2) 广义干旱风险评价与综合应对

干旱事件具有确定性和随机性的双重特性，需要结合水资源系统的暴露度和脆弱性特征以及干旱事件发生的强度、频度、持续时间及其组合特征，明晰风险因子及孕育环境，进行广义干旱的动态风险评价。总体上看，干旱综合应对需要采取源头规避和过程统筹调控相结合的方式进行应对，就源头规避而言，就是要遵循"无悔"原则，有序调控下垫面的构成和格局，最大限度减少极端事件发生的强度；通过产业布局调整和实行最严格的水资源管理，降低水资源系统的脆弱性与暴露度特征。在过程统筹调控层面，除要加强干旱监测与预警预报外，尚待结合区域干旱风险特性，进行水利工程（群）的合理布局与调度，以及常态与极值过程的统一水资源管理，提高工程措施应对干旱的能力。上述组合措施总体构成了应对干旱的复杂体系，需要科学明确应对机制，合理部署相关措施，在降低干旱风险的同时，提高流域应对干旱的能力。因此，广义干旱风险评价和综合应对是广义干旱应对中拟解决的关键科学问题之二。

1.1.4 研究意义

本书将从水资源系统的角度，提出广义干旱的内涵，构建广义干旱演变驱动机制识别、风险评价与区划及风险应对的成套技术，具有以下两个方面的研究意义。

(1) 为满足学科发展需求提供理论支撑

由于学科分工的不同，国内外学者分别从气象、水文、农业、生态、社会经济等方面提出了干旱的风险评价理论与方法。干旱事件具有确定性和随机性的双重特性，且受自然–人工二元水循环过程的整体影响。本书从水资源系统的角度，结合干旱情景下水资源系统的暴露度和脆弱性特征，进一步完善干旱事件及其风险评价技术，并在此基础上合理进行干旱事件的风险区划，为满足学科在干旱机理、干旱评价、干旱风险等方面的发展需求提供理论支撑。

（2）为满足流域干旱风险评价与区划需求提供方法支撑

本书从水资源系统的角度构建广义干旱风险评价指标，并验证指标的评价效果；采用游程理论识别广义干旱的持续时间和强度，并分析广义干旱次数、持续时间和强度的时空分布规律；采用 Copula 函数拟合广义干旱持续时间和强度的联合分布函数，并计算广义干旱的重现期，进而得到广义干旱的风险值；基于上述风险值，结合 3S 技术，绘制流域广义干旱风险区划图。同时，从区域和流域两个空间尺度上计算得到自然气候变化和人为气候变化的时间拐点，在上述广义干旱风险评价方法的基础上，识别自然气候变化、人为气候变化、下垫面条件改变和水利工程调节对流域广义干旱风险的影响。上述技术体系为流域干旱驱动机制识别，以及干旱风险评价与区划提供方法支撑。

1.2 国内外研究动态与趋势

结合本书的研究主题，本部分将对干旱驱动机制、干旱评价指标、干旱风险评价、干旱风险区划和干旱风险应对 5 个方面的国内外研究进展进行述评。

1.2.1 干旱驱动机制研究进展

近 10 年来，对干旱驱动机制的研究主要从 3 个方面开展：一是气候变化对干旱事件演变的影响；二是人类活动对干旱事件演变的影响；三是气候变化和人类活动共同对干旱事件演变的影响（图 1-7）。

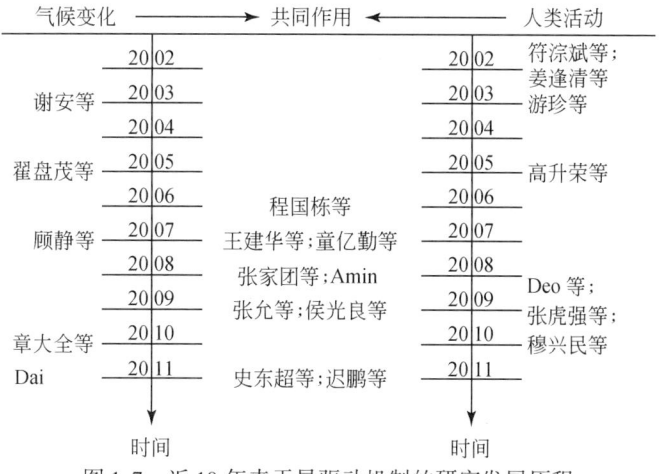

图 1-7 近 10 年来干旱驱动机制的研究发展历程

对于气候变化对干旱事件的驱动机制，国内外学者做了许多相关研究（邓慧平等，2000；刘德祥等，2006；邓振镛等，2007；任国玉等，2008；Polemio and Casarano，2008；Thomas et al.，2008；王新华等，2010；白莹莹等，2010）。谢安等（2003）在我国东北地区，翟盘茂和邹旭恺（2005）在我国东北、华北和西北地区，顾静等（2007）针对元代关中地区，章大全等（2010）在我国东部地区，Dai（2011）在美国等地区均开展了相关研究。结果表明，气候异常（气温升高或者降水减少）是引起上述地区发生干旱，甚至是持续干旱的主要原因。

近些年国内外学者越来越关注人类活动对干旱事件的驱动机制，主要涉及土地利用/覆盖变化、水利工程建设等方面（游珍等，2003；高升荣，2005）。符淙斌和温刚（2002）在我国东北西部和内蒙古东部，姜逢清等（2002）在我国新疆地区，Deo等（2009）在澳大利亚东部地区，Zhang等（2009）在我国西部地区，穆兴民等（2010）在我国西南地区均开展了相关研究。结果表明，人类活动特别是土地利用变化是加剧上述地区干旱化的主要原因。

随着气候变化和人类活动影响的加剧，从气候变化和人类活动两方面同时开展对干旱事件演变影响的研究越来越受到关注。程国栋和王根绪（2006）在我国西北地区，王建华和郭跃（2007）在我国重庆市，童亿勤等（2007）在我国宁波市，张家团和屈艳萍（2008）在我国东北、西南地区，Amin（2008）在地中海地区的黎巴嫩，龚志强和封国林（2008）在我国北方地区，张允和赵景波（2009）在西海固地区，郭瑞和查小春（2009）在泾河流域，侯光良等（2009）在青海东部地区，史东超（2011）在唐山市，迟鹏和张升堂（2011）在我国北方地区均开展了相关研究。结果表明，气候变化和人类活动是上述地区发生干旱和旱灾的主要原因。

1.2.2 干旱评价指标研究进展

纵观超过150种现已公布的干旱定义（Wilhite and Glantz，1985），干旱总体上是一种供水不能满足用水需求的状态（Redmond，2002）。国内外学者从水循环不同要素过程演变产生的影响角度，分别提出了气象干旱、水文干旱、农业干旱、生态干旱、社会经济干旱等概念（American Meteorological Society，1997；Wilhite，2005）（表1-1），但这些定义均是基于水循环的单一或几个环节进行评价，割裂了水循环的整体性。

自1900年以来，干旱指标大致经历了萌芽期、成长期和发展期3个发展阶段（图1-8），相关干旱指标的计算原理及优缺点见附表1~附表5。

萌芽期（20世纪初至60年代）：该阶段的干旱指标主要包括4种类型，一是以降水量为干旱表征因子，如Munger指标（Munger，1916）、Kincer指标（Kincer，1919）、Blumenstock指标（Blumenstock，1942）、标准差指标（徐尔灏，1950）、前期降水指标（McQuigg，1954）等；二是以蒸发量为干旱表征因子，如湿度适足指数（McGuire and Palmer，1957）；三是以降水量和气温为干旱表征因子，如Marcovitch指标（Marcovitch，1930）、Demartonne指数（de Martonne，1926）；四是以降水量和蒸发量为干旱表征因子，如干燥度指数（马柱国等，2003）。该阶段干旱指标的特点是以单因子或者双因子为表征，根据某一地区的特点建立的，虽计算简单，但普适性不强，且缺乏机理性。

表 1-1　干旱类型及其特征

干旱类型	研究目的	研究对象	研究内容
气象干旱	干旱的预警预报；干旱对水循环要素与过程的影响；干旱的应对	过程：大气水循环； 要素：降水、蒸发、温度等	干旱的内涵 干旱的表征 干旱的影响 干旱的应对
水文干旱		过程：地表与地下水循环； 要素：径流、湖库水位、地下水位等	
农业干旱		过程：土壤水循环； 要素：土壤含水量等	
生态干旱		过程：地表与土壤水循环； 要素：土壤含水量、（湿地）水位等	
社会经济干旱		过程：社会经济水循环； 要素：取水、输水、用水、排水等	

成长期（20 世纪 60~90 年代）：该阶段的干旱指标包括 4 种类型，一是以降水量为表征因子，如 Decile 指标、降水量距平百分率（中央气象局气象台，1972）、BMDI 干旱指数（Bhalme and Mooley，1980）、正负距平指标（刘昌明和魏忠义，1989）；二是以径流量为表征因子，如水文干旱强度指标（Dracup et al.，1980b）、地表水供给指数（SWSI）（Shafer and Dezman，1982）；三是考虑地表状况的干旱指标，如 Keetch-Byrum 干旱指数（Keeth and Byram，1968）、土壤热惯量模型（王小平和郭铌，2003）；四是以土壤水分平衡原理为基础的干旱指标，如 Palmer 干旱程度指数（Palmer，1965）、Palmer 水分距平指数（Garen，1991）。该阶段提出的干旱指标以多因子表征为主，且一定程度上考虑了水循环要素与过程，有一定的物理机制。

发展期（20 世纪 90 年代至今）：随着计算机和水文模型的不断发展，该阶段的干旱指标除了考虑多表征因子的结合，更多的是多干旱指标的综合以及评价内容的多样化（Francesco et al.，2009；Shiaua and Modarres，2009）。同时，计算的时空尺度也更为精细，甚至是不同时间尺度的量化，如 SPI 指数（McKee et al.，1993）。该阶段的干旱指标主要包括 3 种类型：一是多个干旱指标的综合，如综合干旱指数（CI）（张强和邹旭恺，2006）、气象干旱指数（DI）（闫桂霞等，2009）；二是以分布式水文模型为基础的干旱指标，如 GBHM-PDSI 模型（许继军等，2008）；三是基于遥感的干旱指标，如植被温度状态指数（VTCI）（王鹏新，2001）、温度植被干旱指数（TVDI）（Sandholt et al.，2002）、植被供水指数（vegetation supply water index，VSWI）（莫伟华等，2006）、垂直干旱指数（perpendicular drought index，PDI）（Ghulam et al.，2007）、标准植被指数（standard vegetation index，SVI）（Peters et al.，2002）、短波红外垂直失水指数（shortwave infrared perpendicular water stress index，SPSI）（Ghulam et al.，2007）等。

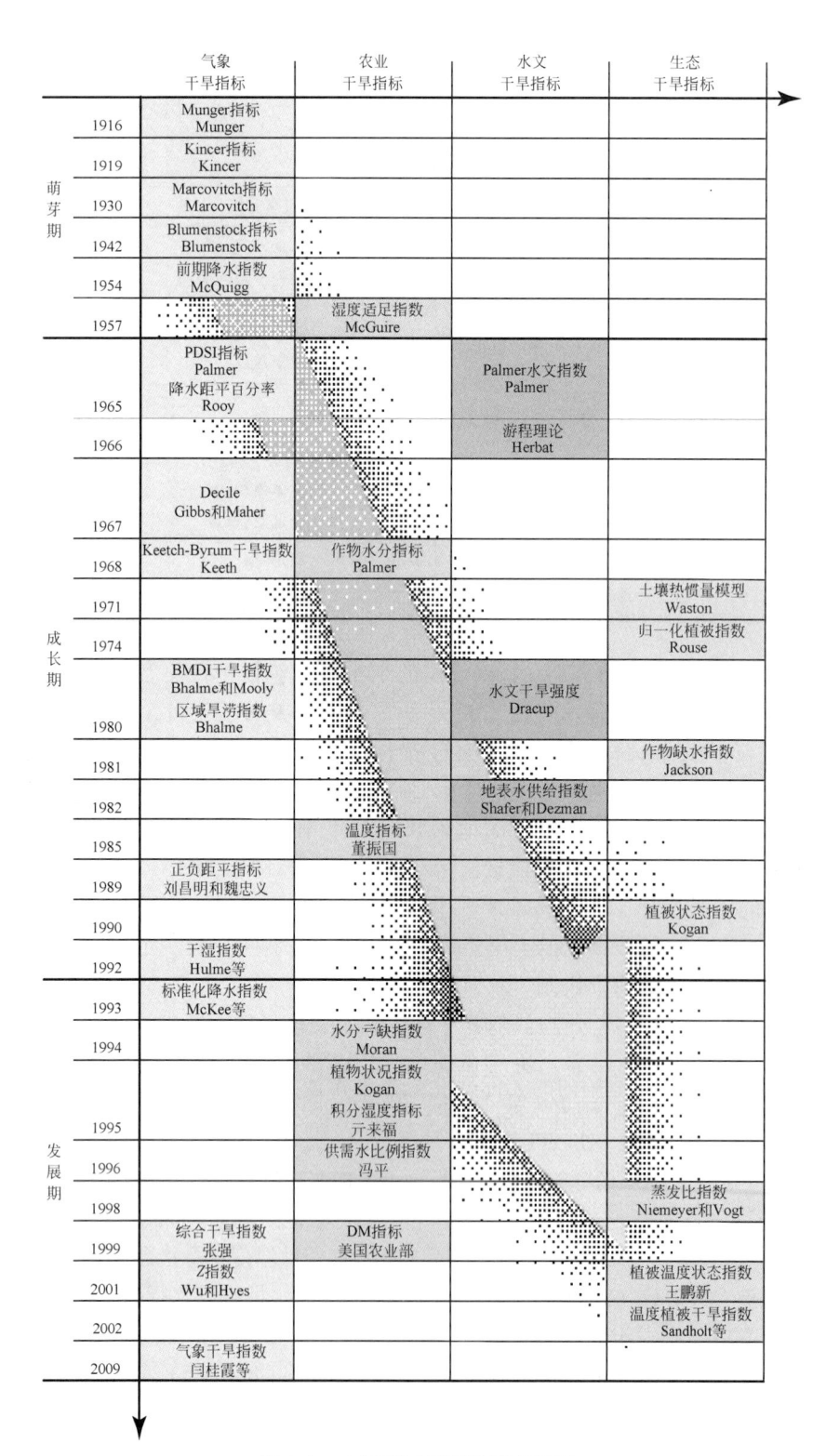

图 1-8 主要干旱指标的演变历程

1.2.3　干旱风险评价研究进展

目前在西方学术界中并没有一个被广泛接受的风险定义，但是西方学者更多地将风险与破坏、伤害、损失等负面的东西相联系（黄崇福，2008）。例如，在权威的韦伯词典中，风险被定义为"损失或伤害的可能性"；保险业中视风险为"损失的可能性"；自然灾害领域中常将"人们在危险事件中的暴露"视为风险（UNEP，2002）；消防领域将"着火概率"定义为火灾风险（Hardy，2005）；联合国大学环境与人类安全研究所的Katharina整理出有影响的风险定义有22种之多（赵学刚，2010）。

由于干旱涉及和影响的方面比较广，目前学者们对干旱的认识仍存在差异，干旱风险也没有统一的定义。1998年，Knutson等认为干旱风险是干旱危险强度、频度及承灾体脆弱性综合作用的潜在负面影响。2000年，Wilhite等在干旱管理研究中提出干旱风险是旱灾（drought hazard）的暴露度和社会脆弱性的共同产物，受经济、环境、社会等因素的影响。

干旱风险评价主要包括两种类型：基于统计分析的干旱风险评价和基于数值模拟的干旱风险评价。

基于统计分析的干旱风险评价主要采用马尔可夫模型、时间序列分析、神经网络算法等方法。Yurekli和Kurunc（2006）、王彦集等（2007）、彭世彰等（2009）、汪哲荪等（2010）将马尔可夫模型与干旱指标相结合用于干旱预测中。国内外学者还将时间序列模型与干旱指标相结合用于干旱预测中（王春乙等，1989；顾本文和谢应齐，1998；Mishra and Desai，2005；迟道才等，2006；杨绍辉等，2006；Yurekli and Kurunc，2006；韩萍等，2008；Han et al.，2010）。近年来随着信息领域新的分析方法的涌现，神经网络算法在干旱评价中得到了广泛的应用（冯平等，2000；尚松浩等，2002；周良臣等，2005；Crespo and Mora，1993；Morid et al.，2007；Incerti et al.，2007；陈晓楠等，2006；Kim and Valdés，2003）。分形理论在干旱风险评价中也得到了广泛应用，如李祚泳和邓新民（1994）采用分形理论计算了四川旱涝灾害时间分布序列的分维数，初步证实了四川旱涝灾害时间分布在一定区间范围内的无标度性；郭毅和赵景波（2010）采用标度变换法测算了陇中地区1368~1948年各旱灾等级及旱季序列的时间分维数及其线性特征、随时间演化的趋势。

此外，薛晓萍等（1999）对棉花各生育期产量与气候因子进行统计分析而得到产量的主要影响因子，根据当年降水对产量造成的损失程度进行评估，建立了区域棉花旱灾损失评估模型；冯利华（2000）用正态分布模型做了基于信息扩散理论的气象要素风险分析；任鲁川（2000）根据信息熵理论与方法，将宏观热力学熵的概念和理论引入区域灾害风险研究中，提出了一个可以表征区域灾害风险总体水平的综合指标——区域灾害加权熵；丁晶等（1997）用符合P-Ⅲ型分布的负轮长统计特性，对中国主要河流177个站的干旱特性做了统计分析，以年径流量序列的负轮长（以多年平均值为切割水平）作为水文干旱现象的定量指标，并指出平均负轮长的分布具有较明显的区域差异；袁超（2008）利用Copula

函数建立了干旱历时与干旱烈度联合分布模型,分析了不同干旱历时与干旱烈度组合时干旱事件的发生规律。

基于数值模拟的干旱风险评价主要包括 3 种类型。一是基于气候模式的气象干旱风险评价(许崇海等,2010;Jason,2004;Juang and Kanamits,1994;冯锦明和符淙斌,2007)。二是基于水文模型的气象干旱风险评价,如许继军等(2008)提出了基于水文模型 GBHM 的 GBHM-PDSI 干旱指标,能够客观表现干旱程度的时空分布特征;黄琳煜等(2008)分别以日土壤含水量指标和日蒸发指标对比研究了超渗产流模型和垂向混合产流模型在干旱评价中的应用;张莉莉(2009)运用分布式水文模型采用降水距平指标、干湿指标和土壤含水量指标以及径流距平指标对汉江上游典型年的旱情发展过程进行了评价。三是基于土壤墒情模型的农业干旱风险评价,如孙荣强(1994)用土壤水分平衡方程建立了两层干旱模拟模型,对河南、河北、陕西等 7 省市的农业干旱进行评估,得到了农业干旱的严重程度;顾颖和刘培(1998)根据农田水量平衡原理建立了两层土壤水量平衡模型,模拟了区域旱作物的生长过程及旱情的时空分布规律、旱情演变和发展过程;卞传恂等(2000)建立了以土壤缺水量为指标的干旱模型,包括土壤蒸发模型和土壤下渗模型,宏观评估单站的干旱程度,然后利用多站评估结果绘制等值线图来表示区域的干旱状况。

1.2.4 干旱风险区划研究进展

干旱风险区划主要是在干旱指标的基础上,经过风险评价后,在地理信息系统的支撑下进行风险分区。干旱风险区划图的绘制可为产业布局调整、水利工程优化布局和应急水源建设提供重要的支撑。

王文楷和张震宇(1991)根据旱涝地域特点,将河南省旱涝进行分区;李克让等(1996)利用全国 160 个站 1951~1991 年逐月的降水资料,根据前期降水短缺干旱指数分析了我国干旱的时空特征,指出我国主要存在 4 个干旱中心:黄淮海、东南沿海、西南和东北西部;李世奎(1999)采用直线滑动平均法和动态聚类分析法,对全国各省级地区粮食单产历史相对产量序列进行分布型判别,并采用灰色预测、Logistic 曲线、正交多项式法等组成的集成模型进行单产趋势分析,提出了具有普适性的风险指标进行评估及区划;王素艳(2004)建立了自然水分亏缺率与实际产量减产率之间的相关关系,根据提出的冬小麦旱灾损失综合风险指数区划指标,将北方冬小麦旱灾损失划分为高、较高、中、低 4 个风险区;张文宗等(2010)在有灌溉条件下的冀鲁豫地区,对冬小麦区干旱灾害造成的减产损失进行风险评估和区划;何斌等(2010)基于 1960~2002 年湖南省降水资料,构建了干旱灾害危害性评价模型,对湖南省农业旱灾风险格局进行分析;陈红等(2010)利用 74 个站点的降水距平指标对黑龙江 1971~2000 年的农业干旱程度进行了划分,并分析了玉米旱灾高中低风险区。

1.2.5 干旱风险应对研究进展

干旱的综合应对主要包括干旱减缓和干旱防范两个方面,目的是减少干旱产生的影响并提升抵御干旱的能力。干旱应对措施主要包括工程措施和非工程措施两方面。工程措施主要包括蓄水工程、引水工程、提水工程、调水工程、节水灌溉工程、应急水源工程等；非工程措施主要包括组织体系、法规制度、抗旱规则、抗旱预案、信息管理、经费及物资保障、抗旱服务组织、抗旱水量调度、农业抗旱节水技术等（国家防汛抗旱总指挥部办公室，2010；王浩，2010；成福云，2009）。目前，国内外在干旱应对方面开展了很多研究，并取得了一定的成绩（表1-2）。

表1-2 国内外干旱应对措施

	工程措施	非工程措施
中国	水源工程，水资源调配工程，灌区工程，节水工程	法规和制度，抗旱责任制，抗旱预案，抗旱经费和物资，抗旱服务组织，抗旱信息系统
美国	以干旱期节水为核心的短期应急措施，如限制灌溉用水等 在干旱严重的加利福尼亚州、内华达州等建设跨流域和跨州的调水工程	按照启动的时间，美国干旱综合应对体系大致可以分为3个部分，即干旱发生前监测与早期预警、干旱前期的风险分析和干旱过程中应急应对行动（Hayes et al.，2004）
澳大利亚	灌区工程，节水工程，水资源调配工程等	干旱管理模式转变（成福云等，2003） 干旱管理政策：政府帮助农民实施风险管理、根据预测进行风险管理、政府实施农民收入税平均方案、向遇灾农民提供福利补贴等
日本	水利工程调配、节水灌溉、再生水回用等。在严重干旱的情况下，以临时性的调水工程来保证供水的稳定性	干旱管理法规：根据《河川法》进行水资源管理和流域管理；成立抗旱协会（Masayoshi et al.，2004）；建立高效的节水型社会等
印度	在继续发挥管、井、渠、塘小型灌溉工程作用的同时，加速大中型灌溉工程建设	干旱管理：印度农业部于2010年1月正式发行《干旱管理手册》；干旱预警预报；干旱监测等（MAGI，2009）
以色列	调水工程：北水南调工程；节水工程：高效节水灌溉技术；进口淡水：从土耳其安塔利亚进口淡水等	干旱管理与政策：国家对水资源实施严格控制和管理
南非	保护和利用地下水等	可持续管理模式；风险管理模式等

资料来源：国家防汛抗旱总指挥部办公室，2010

为应对干旱问题，我国有关部门也制定了许多相关规定。2006年，国家质量监督检验检疫总局和国家标准化管理委员会首次发布了《气象干旱等级》（GB/T 20481—2006）；2008年，水利部颁布实施了我国历史上第一部综合评价旱情等级的行业标准《旱情等级标准》（SL 424—2008）；2009年，国务院通过并公布了《中华人民共和国抗旱条例》[①]；2011年11月，国务院常务会议讨论通过了《全国抗旱规划》[②]；2012年1月，水利部公布了由水利部国际合作与科技司和国家防汛抗旱总指挥部组织中国水利水电科学研究院制定

[①] http://www.gov.cn/gzdt/2006-11/28/content_455914.htm.
[②] http://www.chinaam.com.cn/detail.asp？ID=2535.

的《干旱灾害评估标准》（征求意见稿）①。

1.3　区域干旱应对存在问题

我国有几千年的干旱管理经验，具有全球规模最大的灌溉农业，新中国成立后随着大规模的农业水利工程的修建，已经初步建立起一套干旱管理的体制；干旱应对也逐渐从"以抗为主"的应急管理模式向"以防为主，防抗结合"的综合管理模式转变。当前，尚有以下3个方面的问题亟待解决：复杂环境下干旱事件演变的驱动机制如何？干旱事件及其风险应如何评价？又如何进行应对？

（1）复杂环境下干旱事件演变驱动机制的识别

随着气候变化和人类活动影响的深入，水循环过程呈现出明显的自然-人工二元驱动特性；水利工程和灌溉设施的修建，在一定区域内改变了干旱事件的时空分布特征，干旱事件的发生存在着多元、复杂驱动特征。因此，应以自然-人工二元水循环整体要素过程为主线，明晰自然气候变化、人为气候变化、下垫面条件改变、水利工程调节等对干旱的影响，进一步完善复杂环境下干旱驱动机制的识别。

（2）干旱事件风险评价与区划技术

根据学科分工的不同，分别提出了气象、水文、农业、生态、社会经济等干旱的风险评价理论与方法，然而干旱事件具有确定性和随机性的双重特性，且受自然-人工二元水循环过程的整体影响。因此，应从水资源系统的角度，结合干旱情景下水资源系统的暴露度和脆弱性特征，进一步完善干旱事件及其风险评价技术，并在此基础上合理进行干旱事件的风险区划。

（3）基于干旱风险的水资源综合管理技术

我国干旱事件的发生具有显著的时空分异特征，需要结合各分区干旱事件发生的驱动机制、风险特征，进行分区、分类应对。需在遵循水循环过程演变基本规律基础上，完善基于常态情景的水资源配置，进行常态和应急情景下的水资源集合管理和水利工程（群）优化配置，并优化水利工程的支撑条件。

1.4　研究内容与技术路线

1.4.1　研究内容

围绕变化环境下干旱综合应对的重大实践需求，以自然-人工二元水循环为主线，从水资源系统的角度，明晰广义干旱的内涵，并提出广义干旱定量化评价指标体系；结合自然气候变化、人为气候变化、下垫面条件改变、水利工程调节对干旱事件的影响特性，构建广义干旱演变的整体驱动模式，并定量识别其驱动机制；结合干旱事件演变的确定性和

---

① http://www.chinawater.net.cn/CWSNews_View.asp?CWSNewsID=34328.

随机性特征，提出广义干旱风险评价方法和基于3S技术的广义干旱风险区划方法；从节流与开源两方面提出广义干旱风险应对措施，并评估应对措施的实施效果。选取干旱事件频发的海河流域、东辽河流域和滦河流域为研究区，进行广义干旱风险评价与应对的实证研究。具体包括以下4个方面的研究内容。

（1）流域广义干旱风险评价与风险应对的理论框架及技术体系

流域广义干旱风险评价与风险应对的理论框架及技术体系主要包括6个方面：广义干旱的内涵、驱动机制、定量评价、风险评价、风险区划和综合应对。其中，从干旱对流域水源及供水特性、"三生"需水和水资源配置与调度的影响等3个方面，结合干旱事件的演变过程，提出广义干旱的基本内涵；以自然-人工二元水循环为主线，从自然气候变化、人为气候变化、下垫面条件改变、水利工程（群）布局及调节能力等方面识别干旱演变的驱动模式；从水资源系统的角度，构建广义干旱评价指标；结合干旱情景下水资源系统的暴露度和脆弱性特征分析，从广义干旱持续时间、强度等方面建立广义干旱风险评价方法，并确立广义干旱风险等级；结合广义干旱驱动机制识别、风险评价和应对需求分析，以3S技术为关键支撑，绘制广义干旱风险图；针对风险分区的基本特征，从节流和开源两个层面，提出宏观经济发展布局、水利工程（群）优化布局、常态与应急情景相结合的水资源集合管理、应急水源建设与调度等整体应对体系与应对模式。

（2）海河流域干旱时空演变特征分析

以干旱灾害频发的海河流域作为研究区，从气象干旱、水文干旱等方面选取典型干旱指标，客观评价其在海河流域的适用性，系统研究海河流域干旱的时空变化特征。主要包括以下3个方面的研究内容：①在系统总结国内外干旱指标研究进展的基础上，从气象干旱指标和综合干旱指标中选取典型干旱指标，评价海河流域历史干旱过程；②将干旱指标评价结果与实际历史旱情作对比分析，分析干旱指标的内在机理、优缺点、适用范围，并针对海河流域自身的自然条件及水资源系统特点，评价干旱指标的适用性，找出与海河流域历时旱情较接近的干旱指标；③基于确定的干旱指标从干旱程度、笼罩范围等方面分析海河流域干旱的时空变化规律。

（3）东辽河流域广义干旱风险评价与综合应对

以干旱灾害频发的东辽河流域为研究区，研究东辽河流域广义干旱风险评价与综合应对，主要包括以下4个方面的研究内容：①东辽河流域广义干旱驱动机制识别。通过分析气象水文要素的变化规律和下垫面条件的变化规律，识别流域广义干旱驱动机制，特别是区分各个时段广义干旱的主要驱动因子。②东辽河流域广义干旱定量化评价。从水资源系统的角度，结合东辽河流域的供需水特征，构建广义干旱评价指标，并验证指标的合理性；通过与标准化降水指标、Palmer干旱指标和缺水率指标的模拟效果对比，评估广义干旱评价指标的模拟效果，并分析1960年以来东辽河流域广义干旱次数、持续时间和强度的时空分布规律。③东辽河流域广义干旱风险评价与风险区划。计算1960年以来东辽河流域的广义干旱风险，并分析广义干旱风险的时空分布特征。通过情景设置，识别自然气候变化、人为气候变化、下垫面条件变化和水利工程调节对东辽河流域广义干旱风险的影响。④东辽河流域广义干旱风险应对。从节流和开源两个层面，提出提高农田灌溉水利用系数、减少田间土面蒸发和跨流域调水等广义干旱风险应对方案,并评估应对方案的实施效果。同时,从工程和非工程措施两个方面提出东辽河流域应对广义干旱风险的具体措施。

(4) 滦河流域干旱驱动机制识别及定量化评价

以干旱灾害频发的滦河流域为研究区,研究滦河流域干旱驱动机制识别及定量化评价,主要包括以下3个方面的研究内容:①流域分布式水文模型构建及适用性研究。构建流域 SWAT 分布式水文模型,检验模型在滦河流域径流模拟中的适用性。②流域历史径流演变的归因识别。应用降水—径流双累积曲线和有序聚类法确定流域径流受气候变化和人类活动影响相对较小的基准期;通过分布式水文模拟还原人类活动影响期间的天然径流量,定量识别滦河流域径流演变中气候因素和人类活动的贡献。改进径流演变归因识别方法,进一步细分经济社会和下垫面因素等具体的人类活动对径流演变的影响程度。③流域土地利用/覆被变化的干旱特征响应评价。从流域水文循环角度,基于流域 SWAT 分布式水文模型模拟各主要水文分量的输出结果,构建滦河流域干旱评价模式,并验证其合理性,分析 1973 年以来滦河流域干旱影响范围、发生频率、持续时间和强度等特征的演变规律。基于滦河流域干旱评价模式开展流域干旱影响范围、频率、持续时间和强度等特征对土地利用/覆被变化过程的响应研究。

1.4.2 技术路线

本书融合水文学、水资源学、气象学、气候学、系统科学等多学科理论与技术的新进展,并结合国内外有关干旱的研究前沿,以自然−人工二元水循环及水资源系统演变为主线,以长系列原型观测数据、数值模拟模型与现代地理信息技术为关键支撑,按照"机理识别—风险评价—风险应对"的总体思路予以完成,同时通过针对东辽河流域的实证研究完善驱动机制识别、风险评价与区划、风险应对的相关理论与技术(图 1-9)。

1) 基础数据整备。在总结分析大量前期研究工作的基础上,收集和整理研究区近 50 年历史干旱事件记录资料、1950 年以来气象水文观测资料、供需水统计资料、基础地理信息资料(土地利用、地形地貌、土壤植被、水文地质等)及其他相关资料,野外高密度采样监测土壤数据,野外踏勘调查研究区社会经济数据与水利工程及调度运行资料,建立工作数据库。

2) 机理识别。以干旱情景下自然−人工二元水循环及水资源系统演变特征为主线,从水源及供水、用水户及需水、水资源配置体系为一体的水资源系统的角度,提出广义干旱的内涵;结合干旱情景下水资源供需平衡分析,建立广义干旱评价指标和评价方法;明晰人为气候变化、下垫面条件改变(重点考虑土地利用变化)、水利工程(群)运行与调度等对广义干旱的影响特征,定量化识别广义干旱演变驱动机制。对 1960 年以来东辽河流域典型干旱事件进行评价,定量化识别其广义干旱的驱动机制,并分析结果的合理性。

3) 风险评价。结合干旱情景下风险因子、孕育环境以及水资源系统的暴露度和脆弱性特征,从频度、强度、持续时间等方面构建广义干旱风险评价指标体系,并确立风险等

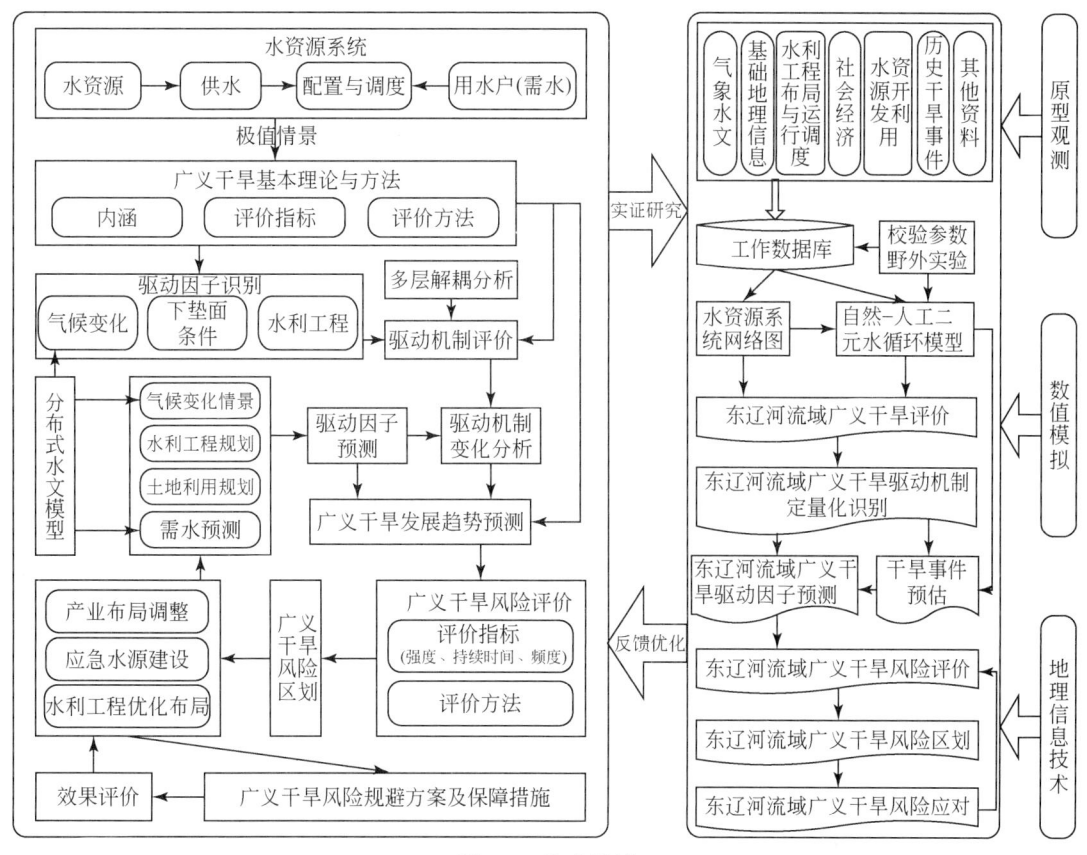

图1-9 技术路线

级标准;以水资源系统随机分析为支撑,提出广义干旱风险评价方法;采用地理信息系统技术对以上分析结果进行空间分析及图斑合成,绘制广义干旱风险区划图;将以上风险评价与区划方法应用于东辽河流域,绘制其广义干旱风险区划图,并通过结果的合理性分析,优化风险评价与区划方法。

4)风险应对。结合区域水资源合理配置与调度,从宏观产业布局的空间调整、节水、优化水利工程布局等方面提出气候变化下应对广义干旱的整体策略;考虑常态和极值情景下的供水能力和需水要求进行水资源的集合配置;合理规划应急水源的规模、类型与布局,完善常态与极值情景下的水资源管理体制;在此基础上构建风险应对体系。以东辽河流域为典型流域进行实证研究,建立东辽河流域的干旱风险应对体系,并评估应对措施的实施效果。

第 2 章 广义干旱风险评价与风险应对理论框架及技术体系

2.1 广义干旱的内涵

随着气候变化和人类活动影响的深入，水循环过程呈现出明显的自然-人工二元驱动特性，大气过程、地表过程、土壤过程和地下水过程等天然水循环过程与"取水—输水—用水—耗水—排水—再生利用"等社会水循环过程间存在着多向反馈作用（王浩等，2006b）。干旱事件的本质是水循环过程的极值过程之一，其发生演变受到流域水循环特性的整体控制，宏观上表现为一定时空尺度上因降水减少或缺失而导致的水资源短缺。干旱影响的本质是干旱时段内缺水的影响，但缺水不一定仅是干旱造成的。相对于洪涝而言，干旱是从资源短缺向灾害凸显的动态转变过程。

广义干旱是指因降水减少而导致流域在一定时段内的缺水情势劣于正常状况的水资源系统演变过程，受到气候变化、下垫面条件改变和水利工程的综合影响。一次完整的广义干旱的演变历程包括4个阶段：出现旱象（轻度干旱）、发生旱情（中度干旱）、旱灾发生（重度干旱或极端干旱）和旱情解除（图2-1）。广义干旱首先表现的是资源问题，所以旱象是水资源偏离正常状况的现象；随着旱象的发展，广义干旱才表现出灾害问题，因此旱情和旱灾是指随着旱象的继续发展对自然系统和社会经济系统产生的影响和破坏。旱象的核心内容是降水持续减少造成某一时段水分短缺现象，由于社会经济因素的影响，水分短缺不一定直接造成不利影响和损失；旱情则是侧重考虑水资源短缺对社会经济相关领域造成的影响情况，是旱象逐渐发展的结果；旱灾是旱情发展的结果，由于社会系统或生态系统都具有承受一定程度水资源短缺的能力，发生了旱情不一定会出现旱灾，旱情的严重程度与旱灾损失的大小也并非完全直接相关，还受到水源条件、作物种植结构、当地的

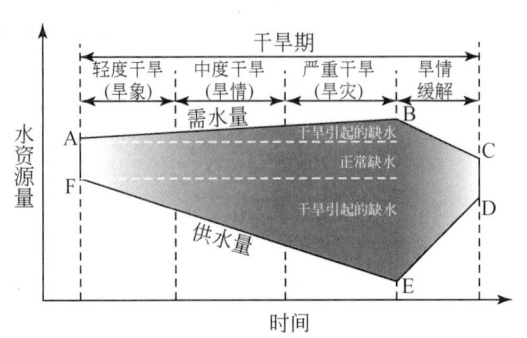

图 2-1 基于水资源系统的广义干旱的内涵

经济发展程度、抗旱能力和措施等因素的影响（国家防汛抗旱总指挥部办公室，2010）。

以雨养农业为例，在作物生育期内，随着降水的持续减少，甚至长时间无降水，土壤含水量与蒸散发量的偏离程度大于多年平均值，土壤相对湿度小于60%，作物缺水率大于5%（国家防汛抗旱总指挥部办公室，2010），此时出现旱象；随着土壤水分得不到降水和地下水的适量补给，偏离程度加大，土壤相对湿度小于50%，作物缺水率大于20%（国家防汛抗旱总指挥部办公室，2010），农作物从土壤中吸收的水分不能满足正常生长要求，作物体内出现水分胁迫，此时发生旱情；作物本身虽具有一定的抗旱能力，但土壤水分仍得不到适量补给，土壤相对湿度小于40%，作物缺水率大于35%（国家防汛抗旱总指挥部办公室，2010），旱情不断发展，作物生长受到抑制，甚至死亡，此时即为旱灾；接下来若土壤水分能得到适量补给，则旱情会慢慢得到缓解，直至土壤含水量与蒸散发量的偏离程度达到多年平均值，则旱情解除；然而即使旱情解除了，由于旱情和旱灾起止时间以及影响程度的不同，作物的受旱程度亦不同。若旱象不是发生在作物生育期内，则可能不会发展成为旱情和旱灾，这取决于旱象的强度和持续时间。

下面着重讨论在所关注的作物的生育阶段内分别发生以下几种情景时，土壤水分状况变化及广义干旱发生与发展的情况。讨论前，先作两方面假设：一是研究时段主要为作物从分蘖—拔节开始的生育阶段，此阶段随气温回升，叶面积生长，作物对水分的需求急剧增长，广义干旱产生的土壤水分胁迫对作物生理、产量影响较大；二是假定其他条件正常（播种时间、播种密度、土壤肥力、病虫害防治等都处于合适的水平），即水分条件是制约作物正常生长发育的唯一因子。

（1）前期发生轻度干旱、后期及时复水

作物需水量由植株蒸腾量、棵间蒸发量和组成植株体的水量3部分构成，通常组成植株体的水量不足作物总耗水量的1%，可忽略不计，作物需水量就可以简化为植株蒸腾量与棵间蒸发量之和，这里称之为作物蒸散量。要保证作物的最佳生长环境和最大限度地发挥产量潜力，就要保证合理的耗水量，而在正常灌溉条件下（不受土壤水分胁迫），影响作物蒸散发量的主要因素包括气象条件（大气蒸发力）、作物叶面积指数和生育阶段。在正常情况下，作物叶面积由零逐渐增大，到营养生长末期达到最大，并且，不论哪种作物的叶面积指数，均是在拔节期上升最快，这也是这一阶段作物耗水量上升最快的重要原因之一。一般蒸腾作用的季节变化曲线大致与作物生长和叶面积指数的发展曲线大致平行，作物蒸散量随作物叶面积指数变化而变化。另外，由于作物根系从土壤中吸收水分，需要克服土壤对蒸腾的阻力，所以要求土壤含水量能够维持在较高的水平，这一含量需要大于作物需水量，定义为适宜土壤含水量下限，而适宜土壤含水量上限值对于旱作物和水田一般分别指田间持水率和饱和含水率。

如图2-2所示，记充分供水条件下的作物叶面积指数为LAI_0，作物蒸散量为ET_0，适宜土壤含水量上、下限分别为S_1、S_0。S_0与ET_0的差额，表征土壤对植被吸收水分的阻力"土壤阻抗"大小的度量。在$0\sim t_1$时段内，土壤可利用含水量S_a随作物生长、耗水量增加而呈现快速下降趋势，作物叶面积指数LAI与蒸散量ET均较快增长。在t_1时刻，曲线S_a与S_0相交，土壤可利用含水量下降至S_{a1}，干旱发生。$t_1\sim t_2$时段，土壤可利用含水量低于适宜土壤含水量下限,并且缺水率不断加大,干旱持续,作物叶面积指数 LAI 与蒸散量 ET 出现一定程度的下降。t_2 时刻以后,经过灌溉(I)或有效降水(P),土壤水分恢复正常,LAI 与 ET 快速回升,并且由于作物在 $t_1 \sim t_2$ 时段受旱过程中产生的对恶劣环境的"抗性",根系生长的"趋水性"促进根系向土壤更深、更广处延伸,特别是促进了吸收根的生长,所以复水后,作物蒸发蒸腾速率甚至要超出未受旱条件下的速率(如 $t_2 \sim t_3$ 时段,ET 的增长速率超过 ET_0),出现蒸发蒸腾强度"反弹现象"。在营养生长的末期,作物叶面积指数达到峰值,作物蒸散量也达到最大,随着叶面指数下降、叶面蒸腾活力逐渐下降至枯黄,根系吸水活力下降,加上土壤含水率下降,作物蒸散量快速下降。

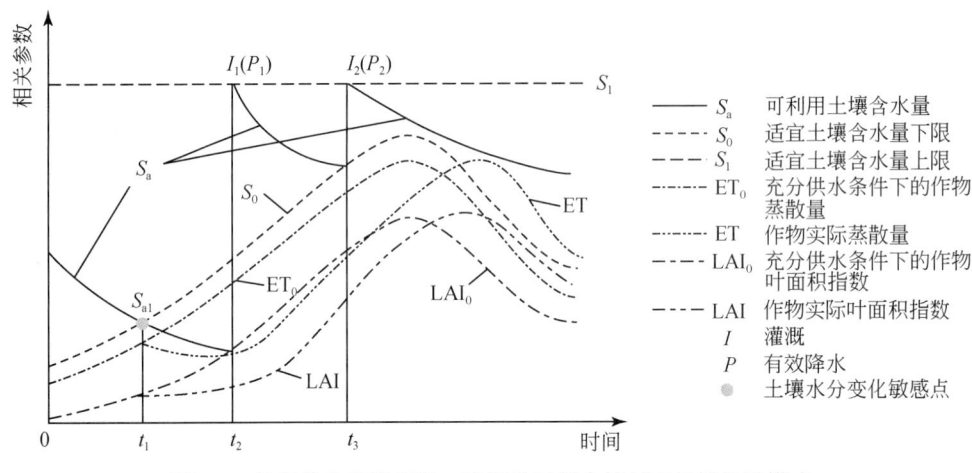

图 2-2 前期发生轻度干旱、后期及时复水情景下旱情发展模式

(2)前期发生连续干旱、后期复水不及时

在 t_1 时刻,干旱发生以后,如果复水不及时,致使干旱在作物几个连续的关键生育阶段持续发展,即使后期复水,土壤水分供给正常,但在持续干旱环境中,作物组织尤其是根系的生长发育受阻,生理活动受到抑制,根系吸水能力降低,同时,在长期的土壤水分胁迫状态下,叶气孔的保卫细胞会受到严重的破坏,以致叶气孔在相当长的时间内保持较小的开度。因此,在连续干旱、后期不及时复水的情况下作物叶面积与蒸散量均较小,并且复水后一般也不会出现"反弹"现象(图 2-3)。

(3)干旱持续、后期无有效水分补给

在 t_1 时刻干旱发生以后,后期一直没有有效水分补给的情况下,土壤可利用含水量 S_a 随作物耗水快速增加而不断下降,土壤水分亏缺量(这里定义为土壤可利用含水量与适宜土壤含水量下限的差值)加大,并影响到作物正常的生长发育,到 t_2 时刻,亏缺量达到一定程度时,干旱演变成旱灾。干旱发生以后,作物的叶面积指数和蒸散量均呈现大幅度减小趋势,当土壤可利用含水量 S_a 下降至土壤毛管断裂含水量 S_2 时,土壤的毛管供水作用受到破坏,土壤水分只能以膜状水或气态水形式向土壤表面移动,作物将不能从土壤中有效吸收水分,作物蒸腾作用和棵间蒸发基本停止,作物生长停止甚至凋萎死亡(图 2-4)。

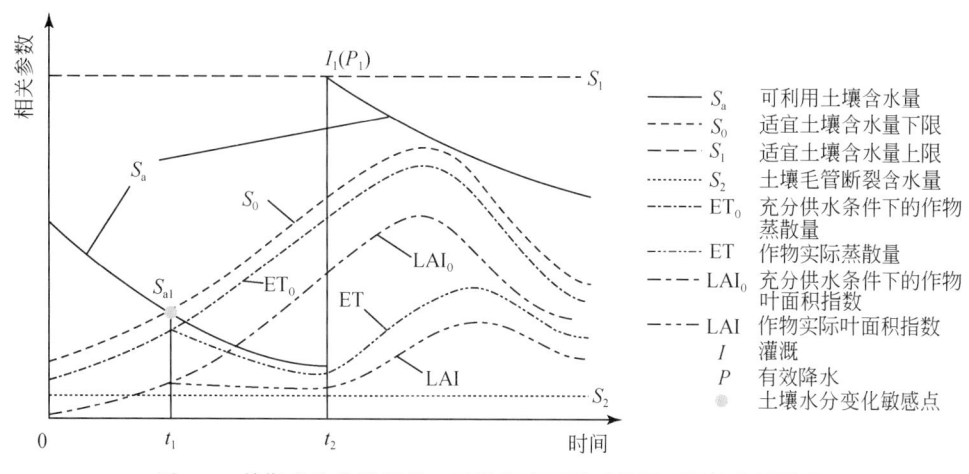

图 2-3　前期发生连续干旱、后期复水不及时情景下旱情发展模式

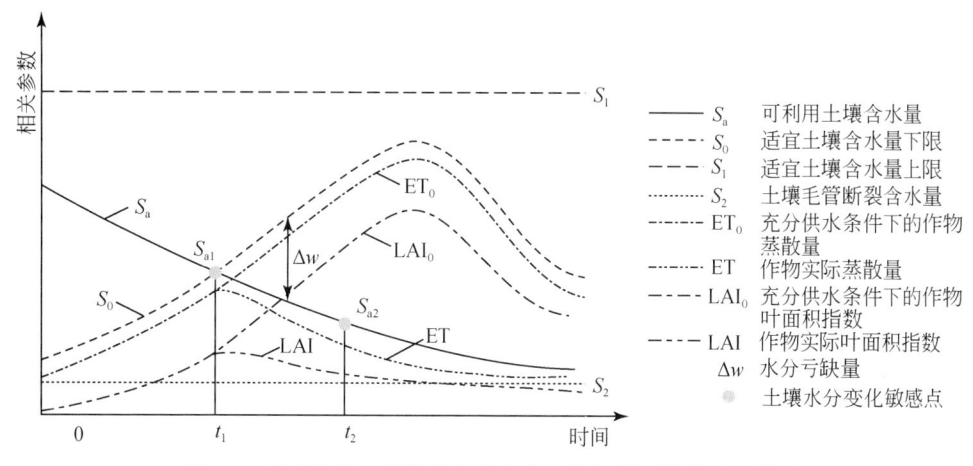

图 2-4　干旱持续、后期无有效水分补给情景下旱情发展模式

（4）传统灌溉模式下的充分灌溉

对作物耕作层土壤墒情变化进行动态监测，以制定合理的灌溉制度，进行实时灌溉。当可利用土壤含水量下降至 S_{a1} 时，进行第一次灌溉 I_1，在作物生育期内，结合土壤水分状况和可能的气象条件，可能需要进行若干次灌溉，使得土壤可利用含水量始终维持在适宜土壤含水量下限曲线 S_0 与适宜土壤含水量上限 S_1 之间。由于水分供应充足，作物实际蒸散量变化曲线 ET 与叶面积指数发展曲线都分别与充分供水条件下的作物蒸散曲线 ET_0 和叶面积发展曲线 LAI_0 重合。总之，通过实时灌溉和有效降水量对土壤水分的及时补充，满足作物蒸腾蒸发耗水量要求，在作物生育期内无旱灾发生（图 2-5）。

（5）滴灌模式下的充分灌溉

在对作物进行实时灌溉时，改革传统的地面灌溉方式（即水流沿着地表流动，边流入渗的灌溉方式），采用更为先进的滴灌模式，可以有效减少作物棵间蒸发量，而作物根系

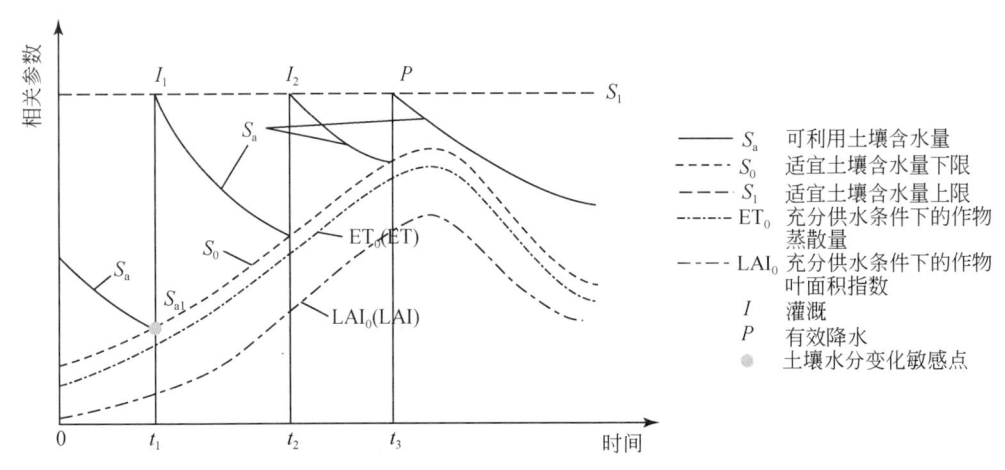

图 2-5 传统地面灌溉、充分灌溉情境下无旱灾发生模式

吸水并未受到影响,叶面积生长情况与传统灌溉模式、充分灌溉情景下相同,但由于棵间蒸发减少,作物总的蒸散量有所减少。滴灌模式下每次灌水量较小,在作物耗水量较大的生育阶段需要根据实际情况进行多次灌溉（I_1,I_2,…,I_n）,灌溉次数通常多于传统地面灌溉模式。同样,滴灌模式下的充分灌溉,亦能满足作物蒸腾蒸发耗水量要求,在作物生育期内无旱灾发生（图 2-6）。

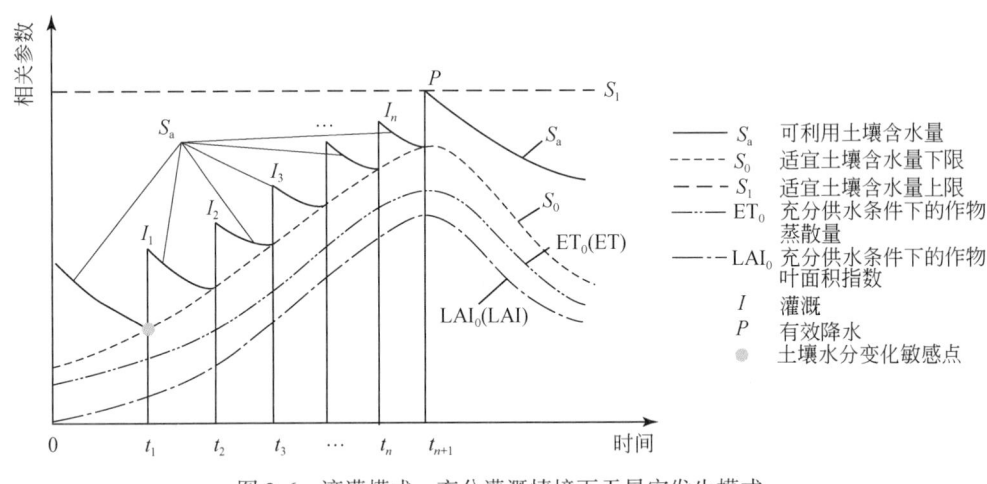

图 2-6 滴灌模式、充分灌溉情境下无旱灾发生模式

（6）后期缺少灌溉

在干旱发展后期供水水源不足、水量有限的情况下,可根据作物不同生育阶段对水分需求的差异性和敏感性以及天气条件,酌情控制每次灌溉的时间和水量。例如,图 2-7 中,在 t_1 时刻,当可利用土壤含水量曲线 S_a 与适宜土壤含水量下限 S_0 曲线相交时即进行灌溉,且灌溉达到适宜土壤含水量上限,灌溉水量充足,所以 I_1 为实时充分灌溉；I_2 灌溉时刻延后,并且灌溉水量明显减少,随土壤水分消耗,对作物叶面积生长和蒸散量的影响

较大；虽然在 t_3 时刻，发生一场降水，大大提高土壤的有效含水量，作物蒸散量随土壤水分的恢复而增加，但由于前期受旱程度较重，复水后的蒸散强度不能恢复到原有水平。

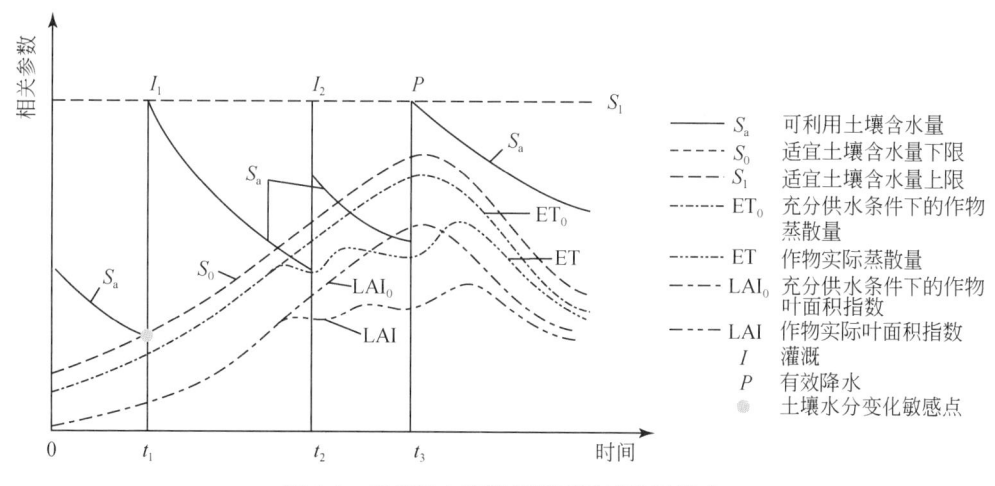

图 2-7 后期缺少灌溉情景下旱情发展模式

2.2 广义干旱的驱动机制

广义干旱是气候自然演变中的一类极值过程，受自然节律影响，具有重现期。随着气候和下垫面条件的变化，广义干旱发生的频度、强度及时间和空间分布特征均发生了显著变化。为减小广义干旱损失，人类通过水利工程的布局与优化调度，在一定程度上影响了广义干旱发生的频度、强度及影响范围。自然气候变化、人为气候变化、下垫面条件变化和水利工程调节整体构成了广义干旱演变的 4 类驱动力。在以增暖为基本特征的人为气候变化影响下，极端和连续少雨发生的频率呈增加态势，从根本上改变了广义干旱的基本特征；下垫面条件变化改变了流域降水产流特征，从而影响到流域的水资源量和可供水量；通过流域水利工程（群）的优化调度，提高了干旱期的流域供水保障，减小广义干旱的影响程度和范围（图 2-8）。在广义干旱演变驱动机制识别中，重点是识别人为气候变化、下垫面条件变化和水利工程调节对广义干旱的频度、强度和持续时间变化的贡献，以支撑干旱的综合应对。

自然气候变化和人为气候变化通过影响大气水汽含量、降水和蒸散发，影响水资源系统的供需水；下垫面条件变化通过影响流域产汇流机制，影响地表水、土壤水和地下水量；蓄水、引水、提水、调水等水利工程的调节影响了水资源系统的供水侧。因此，降水、大气水汽含量、下垫面条件、水利工程是识别上述 4 类驱动力对广义干旱的主要影响时段的指示因子。而下垫面条件的改变会影响大气水汽含量，其并非一个独立因子，根据因子选取独立性原则，选取降水量、大气水汽含量和水利工程作为判断自然气候变化、人为气候变化和水利工程对广义干旱的主要影响时段的指示因子。考虑到流域所在纬度带降水量受大气环流格局的影响，具有地带性，本书又选取了非地带性降水因子，即流域所在

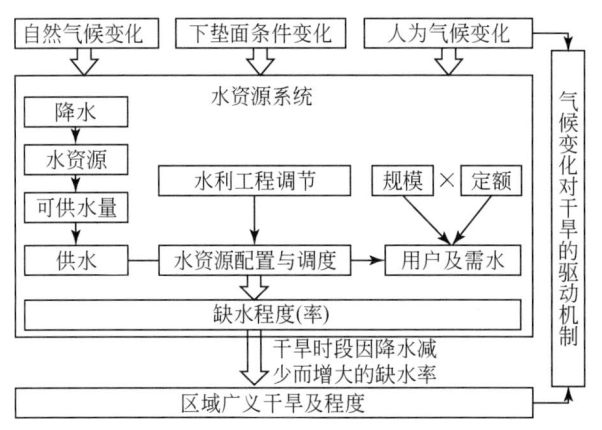

图 2-8 基于水资源系统的广义干旱整体驱动机制

行政分区的降水量和流域自身的降水量。

由图 2-9 可知，$[t_s, t']$ 为计算时段内自然气候变化对广义干旱的影响时段；$[t', t]$ 为计算时段内自然气候变化和水利工程对广义干旱的影响时段；$[t, t_e]$ 为计算时段内自然气候变化、人为气候变化和水利工程对广义干旱的影响时段。其中，t_s 为起始时间；t_e 为结束时间；t' 为流域内水利工程最早投入运用的时间；t 为自然气候变化和人为气候变化对广义干旱主要影响时段的分割点，即人为气候变化从 t 时刻开始对广义干旱产生影响，可用 $t=\min\{t_1, t_2, t_3, t_4\}$ 计算，式中，t_1 为流域所在纬度带年降水量突变点；t_2 为流域所在分区年降水量突变点，以东辽河流域为例，此为东北地区的年降水量突变点；t_3 为流域年降水量突变点；t_4 为流域所在分区大气水汽含量突变点。

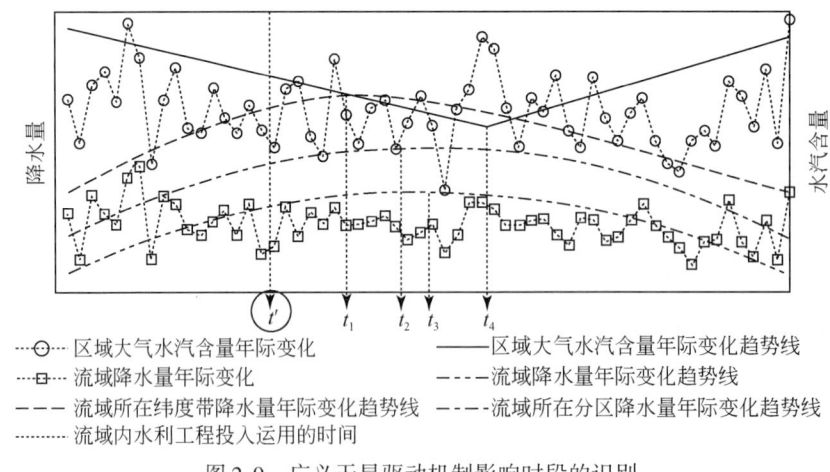

图 2-9 广义干旱驱动机制影响时段的识别

2.3 广义干旱的定量评价

水资源系统由供水水源、用水户、输配水工程等组成，广义干旱评价中采用的广义供水量主要包括有效降水、水利工程供水量等，广义需水量主要包括农业、生活、生产和生态等的需水量。基于流域自然-人工二元水循环过程，根据流域内的气象水文数据以及用水数据，利用流域二元水循环模型可实现对不同评价单元不同情景下的供水与需水的模拟，从而明确流域的供水与需水情况。基于水资源系统建立的广义干旱评价指标值受到两个因素的影响：前一时刻的广义干旱情况和当前时刻的水资源短缺情况，因此，广义干旱评价指标是上述两个因素的函数。

2.3.1 广义供水量

广义水资源包括径流性水资源和生态系统利用的有效降水，其来源为大气降水，赋存形态为地表水、土壤水和地下水（王浩等，2004），可表示为

$$W_{广义} = \sum P_{有效} = P - \sum P_{无效} = W_{狭义} + W_{土壤} \tag{2-1}$$

式中，$W_{广义}$ 为广义水资源量；$P_{有效}$ 为有效降水通量；$P_{无效}$ 为无效降水通量；$W_{狭义}$ 为狭义水资源量；$W_{土壤}$ 为土壤水资源量。

其中，狭义水资源量可表示为

$$W_{狭义} = R_S + R_g \tag{2-2}$$

式中，R_S 为地表水资源量，可由计算单元的地表径流、地下水出流及壤中径流简单相加得出；R_g 为不重复地下水水资源量，可由潜水蒸发量、地下潜流量及开采净消耗量相加得到（贾仰文等，2006b；仇亚琴，2006）。

土壤水资源，是指赋存于土壤包气带中，具有更新能力，并能被人类生产和生活直接和间接利用（包括人类对生态环境的维持）的土壤水量和对维持天然生态环境具有一定作用的土壤水量（王浩等，2006b）。由于土壤水资源是一个动态转化的过程量，在其接受补给的同时也在进行消耗，在一定的时段内，是消耗利用量和未被利用量之和，可表示为

$$W_{土壤} = E_T + E_S + \Delta W \tag{2-3}$$

式中，E_T 为植被蒸腾通量；E_S 为土壤蒸发通量；ΔW 为时段土壤水蓄变量，可认为是土壤水资源未被利用量。

由于蒸发蒸腾机理不同，流域水资源蒸发蒸腾可根据下垫面条件的不同在水平向分成八大类：灌溉农田蒸发、非灌溉农田蒸发、林地蒸发、草地蒸发、水域蒸发、居工地蒸发（包括城镇用地、农村居民点和其他建设用地）、裸土蒸发和裸岩蒸发；在垂向结构分五大类：植物的冠层截留蒸发量、植被蒸腾量、地表截留蒸发量、土壤水蒸发和水面蒸发（仇亚琴，2006）。

由于蒸发蒸腾在人类社会中的作用不同，同时由于水资源的稀缺性，所以蒸发蒸腾产生了有效和无效之分。

对于耕地、林地和草地来说，冠层截留蒸发可直接降低植物表面和体内的温度，对维护植物正常生理是有益的，属于有效蒸发；植被蒸腾量直接参与生物量的生产，属于有效蒸发（仇亚琴，2006）；土壤裸间蒸发和土壤填洼蒸发，均通过调节植被生长的小气候而间接作用于植被，本书认为其为有效蒸发。

河渠、湖泊及水库坑塘等水域及沼泽地、滩涂属于湿地系统，其在提供生物多样性、风景和娱乐、渔业和野生动植物产品以及在防洪等方面提供了价值（仇亚琴，2006），本书认为其蒸发是有效蒸发。

居工地是人类居住和活动的集散地，绿地、路面和建筑物等各类下垫面上的蒸发均可以起到降温湿润等直接改善环境的作用，本书认为是有效蒸发（贾仰文等，2006b；仇亚琴，2006）。

天然状态中的难利用土地、裸土和裸岩以及天然水域等的蒸发量，尽管在维持生态环境方面发挥了重要的作用，但是由于远离人类生产和生活，其发挥的作用极其微小，本书认为是无效蒸发。

对于社会水循环——"输水—用水—排水—回归"过程中的水面蒸发量（无论是输水管道渗漏水量形成的蒸发量，还是用水过程的渠系蒸发以及排水过程的排水管网中渗漏水量形成的蒸发量），尽管均在生产环境方面发挥了积极作用，但是与用水的初衷——增加社会用水量而言是一种无效的消耗，因此，本书认为是无效蒸发。

因此，广义水资源量为

$$W_{广义} = R_S + R_g + E_i + E_t + E_s + E_o + E_w + E_c \quad (2-4)$$

式中，E_i 为冠层截留蒸发量；E_t 为植被蒸腾量；E_s 为植被棵间土壤有效蒸发量；E_o 为植被棵间地表截留有效蒸发量；E_w 为水面蒸发量（包括滩涂、滩地、沼泽地等未包含在狭义水资源量中的水面蒸发量）；E_c 为居工地蒸发量；其他符号同上。

广义干旱评价指标中的广义供水量（下文简称供水量，但区别于水资源系统中的可供水量和实际供水量）采用广义水资源量的计算结果，即

$$SW = W_{广义} \quad (2-5)$$

2.3.2 广义需水量

广义干旱评价中的广义需水量（下文简称需水量）采用评价单元的实际需水量，包括国民经济需水量和生态环境需水量两大部分，其中，国民经济需水又分为生活需水、第二产业需水、第三产业需水和农业需水 4 部分。

评价单元的需水量 DW 可表示为

$$DW = L_w + I_w + F_w + E_w \quad (2-6)$$

式中，L_w 为生活需水量；I_w 为第二产业、第三产业需水量；F_w 为农业需水量；E_w 为生态环境需水量。

2.3.3 广义干旱评价指标

Friedman（1957）明确了任何干旱指数应符合的 4 个基本标准：①时间尺度应与所考虑问题匹配；②指数应是大尺度长期持续干旱的定量度量；③指数应对所研究的问题有使用价值；④指数应具有或能计算出长期精确的历史记录。用于干旱监测业务时应加上第 5

个标准：指数应能在短期内或实时地计算出。一般而言，合理的干旱指标首先应该能够精确地描述干旱的强度、范围和起止时间；其次，指标应该包含明确的物理机制，充分考虑降水、蒸散发、径流、渗透及土壤特性等因素对水分状况的影响；最后，指标的实用性也是关系到它能否被广泛应用的关键（袁文平和周广胜，2004）。1965 年，Palmer 对美国中西部地区多年气象资料进行了分析研究，提出了"对当前情况气候上适应的降水"，即 CAFEC（climatically appropriate for existing condition）降水的概念，从而推导出一套分析计算干旱严重程度的完整方法（Palmer，1965）。基于上述的干旱指标构建原则，本书在 Palmer 干旱指标框架的基础上构建流域广义干旱评价指标（generalized drought assessment index，公式中用 DI 表示）。与 PDSI 不同的是，本书是从水资源系统的角度考虑水分过剩或短缺值，即水资源短缺量。

水资源短缺量 D 指的是评价单元内供水量与需水量的差值，若需水量大于供水量，则评价单元内水分不足；若需水量小于供水量，则评价单元内水分过剩；若需水量等于供水量，则评价单元内水分达到平衡。

$$D = \text{SW} - \text{DW} \tag{2-7}$$

式（2-7）表示了评价单元中总需水量与总供水量的偏离，虽然该式表示出了评价单元水分异常情况，但存在缺点，即同一个水资源短缺量在不同评价单元和不同评价时期意义不同。该式可以比较同一评价单元相同时期不同年份的水资源短缺，但是不能把不同时期的水资源短缺相提并论，也不能比较不同评价单元的水资源短缺，除非事先确定了它们的可比较性。为保证广义干旱评价指标在不同评价单元不同时期具有普适性，修正 D，得到水资源短缺指数 Z，即

$$Z = K \times D \tag{2-8}$$

式中，K 为水资源短缺量的修正系数，其值与需水量和供水量有关。

式（2-8）提供了一个可供时空对比的相对水资源异常指标。Z 值不但可以表示干旱期，也可以表示湿润期；在湿润期，Z 值为正，表示评价单元内供水量大于需水量，即正异常；在干旱期，Z 值为负，表示评价单元内供水量小于需水量，即负异常。但是 Z 还不是广义干旱评价指标，因为它不能表示干旱历时和干旱程度，因此，还需要对它进行修正。

以旬为时间尺度，计算得到长序列的 Z 值，从中选取各种时间间隔中负的旬指标累积值 $\sum Z$，绘制 $\sum Z \sim t$ 图，得到回归直线。这条直线本身并不表示旬指标值的累积速率，它表示在各种长度的极干期中，Z 值以所观察到的近似最大速率累积的累计值，因此这条直线可以表示极端干旱，令广义干旱评价指标值为 DI_1。如果将纵坐标从正常到极端分成 4 等份，还可以绘制 3 条直线，这些直线依指标的绝对值大小分别表示重度干旱、中度干旱和轻度干旱，并且令它们的广义干旱评价指标值分别为 DI_2、DI_3 和 DI_4。由此得到第 i 个旬的广义干旱评价指标 DI_i 为

$$\text{DI}_i = \sum_{t=1}^{i} Z_t / (at + b) \tag{2-9}$$

式中，a 和 b 为待定系数，根据 $\sum Z \sim t$ 图中极端干旱直线确定。

式（2-9）只是广义干旱评价指标 DI 的一个近似式，因为它仅是不同时期水资源短缺指数 Z 的代数和。这样处理可能产生一些影响：譬如在长期干旱中的一个特别湿的旬，即使在数年后也会直接反映在 $\sum Z$ 中，很显然，这是不实际的。因为在较长的干旱期中，仅仅一个湿旬往往对持续着的干旱的严重程度影响不大。因此，应排除直接考虑时期因子，而使时期因子间接地成为各旬对干旱严重程度贡献的累积结果。

为了估计每个旬的贡献，在式（2-9）中令 $i=1$，$t=1$，得

$$DI_1 = Z_1/(a+b) \tag{2-10}$$

即

$$DI_1 - DI_0 = \Delta DI_1 = Z_1/(a+b) \tag{2-11}$$

对于一次极端干旱，如果在其后来的旬中都属于正常天气，则这一次的极端干旱也是无法维持的。为了保持 DI 为一恒定值（$\Delta DI = 0$），指数 Z 必须以某个速率增加，这个速率取决于所要保持的 DI 值的大小。因此，式（2-9）中需增加一个附加项 c，即

$$\Delta DI_i = Z_i/(a+b) + cDI_{i-1} \tag{2-12}$$

式中，$\Delta DI_i = DI_i - DI_{i-1}$。通过任意两个 DI_{i-1} 等于 DI_i 的值和任意两个 t 值所计算的 Z 值，可确定 c 值。

式（2-12）可用来计算各旬对干旱严重程度的贡献，这些增加量的总和，为广义干旱严重程度本身，即

$$DI_i = (1+c)DI_{i-1} + Z_i/(a+b) \tag{2-13}$$

式中，系数 a、b、c 在不同流域取不同的值，在东辽河流域的取值将在第三篇中详细介绍。干湿等级的规定仍旧采用帕默尔旱度模式的划分标准（Palmer，1965），见表 2-1。

表 2-1　广义干旱评价指标的干湿等级

指标值 DI	等级	指标值 DI	等级
极端湿润	$4.0 \leq DI$	轻度干旱	$-2.0 < DI \leq -1.0$
严重湿润	$3.0 \leq DI < 4.0$	中度干旱	$-3.0 < DI \leq -2.0$
中度湿润	$2.0 \leq DI < 3.0$	严重干旱	$-4.0 < DI \leq -3.0$
轻度湿润	$1.0 \leq DI < 2.0$	极端干旱	$DI \leq -4.0$
正常	$-1.0 < DI < 1.0$		

广义干旱评价指标除了用于评价研究单元内广义干旱的时空演变规律，运用游程理论，还可评价研究单元内广义干旱持续时间和广义干旱强度的演变规律。具体的计算方法将在东辽河流域的实例研究中进行说明。

2.4　广义干旱的风险评价

广义干旱风险 R 是指评价单元在未来 N 年内广义干旱发生的可能性（Chow et al.，1988），即

$$R = 1 - \left(1 - \frac{1}{T}\right)^N \tag{2-14}$$

式中，T 为评价单元内广义干旱的重现期，包括 3 种情况：广义干旱持续时间的重现期 T_D（$D>d$）、广义干旱强度的重现期 T_S（$S>s$）、广义干旱持续时间和广义干旱强度的联合分布的重现期。其中，广义干旱持续时间和广义干旱强度的联合分布的重现期又包括两种情况：T_o（$D>d$ 或 $S>s$）和 T_a（$D>d$ 且 $S>s$）。T_D 和 T_S 可由 Shiau 和 Shen 于 2001 年推导出的式（2-15）和式（2-16）计算得到（Shiau and Shen, 2001），T_o 和 T_a 可由 Shiau 于 2003 年提出的式（2-17）和式（2-18）计算得到（Shiau, 2003）：

$$T_D = \frac{E(L)}{1 - F_D(d)} \tag{2-15}$$

$$T_S = \frac{E(L)}{1 - F_S(s)} \tag{2-16}$$

$$T_o(d, s) = \frac{E(L)}{1 - F(d, s)} \tag{2-17}$$

$$T_a(d, s) = \frac{E(L)}{1 - F_D(d) - F_S(s) + F(d, s)} \tag{2-18}$$

式中，$F_D(d)$、$F_S(s)$ 分别为广义干旱持续时间和广义干旱强度的边缘分布函数；$E(L)$ 为广义干旱间隔的期望值；$F(d, s)$ 为广义干旱持续时间和广义干旱强度的联合分布函数。其中边缘分布函数可采用核密度估计，联合分布函数可采用 Copula 函数计算得到。

核密度估计是一种常用的非参数估计方法（Guo et al., 1996）。单变量核概率密度函数估计式为

$$\hat{f}_X(x) = \frac{1}{nh} \sum_{i=1}^{n} K\left(\frac{x - x_i}{h}\right) \tag{2-19}$$

式中，n 为样本观测值 x_i 的个数；$K(\cdot)$ 为核密度估计函数（核函数）；h 为窗宽，其决定了核函数的方差。常用的核函数有 Uniform、Triangle、Epanechnikov、Gaussian 等（Silverman, 1986；Kim et al., 2003；Lall et al., 1996）。窗宽和核函数的选取在不同流域仍需要进行比较分析。

Copula 函数实际上是一类将联合分布函数与它们各自的边缘分布函数连接在一起的函数（韦艳华和张世英，2008）。二元 Copula 函数是具有以下性质的函数 $C(\cdot, \cdot)$（Nelsen, 2006）：①$C(\cdot, \cdot)$ 的定义域为 $\mathbf{I}^2$，即 $[0, 1]^2$；②$C(\cdot, \cdot)$ 有零基面，且是二维递增的；③对任意变量 $u, v \in [0, 1]$，满足 $C(u, 1) = u$ 和 $C(1, v) = v$。假定 $F(x)$，$G(y)$ 是连续的一元分布函数，令 $u = F(x)$，$v = G(y)$，则 u, v 均服从 $[0, 1]$ 均匀分布，即 $C(u, v)$ 是一个边缘分布服从 $[0, 1]$ 均匀分布的二元分布函数，且对于定义域内的任意一点 (u, v) 均有 $0 \leq C(u, v) \leq 1$。

基于 Sklar 定理（Sklar, 1959），令 $H(\cdot, \cdot)$ 为具有边缘分布 $F(\cdot)$ 和 $G(\cdot)$ 的联合分布函数，那么存在一个 Copula 函数 $C(\cdot, \cdot)$，满足

$$H(x, y) = C[F(x), G(y)] \tag{2-20}$$

若 $F(\cdot)$，$G(\cdot)$ 连续，则 $C(\cdot,\cdot)$ 唯一确定；反之，若 $F(\cdot)$，$G(\cdot)$ 为一元分布函数，$C(\cdot,\cdot)$ 为相应的 Copula 函数，那么由式（2-20）定义的函数 $H(\cdot,\cdot)$ 是具有边缘分布 $F(\cdot)$，$G(\cdot)$ 的联合分布函数。

目前，常用的二元 Copula 函数有：正态 Copula 函数（Nelsen，2006）、t-Copula 函数（Bouyé et al.，2000；Cherubini et al.，2004）和阿基米德 Copula 函数（Genest and Mackay，1986）。Gumbel、Clayton 和 Frank Copula 函数是 3 类常用的二元阿基米德 Copula 函数（Frees and Valdez，1998；Patton，2002）。Copula 函数的选取在不同流域仍需要进行比较分析。

广义干旱的风险等级标准应能体现广义干旱的内涵，并反映广义干旱的发展过程，即反映旱象、旱情和旱灾的演变过程。广义干旱风险等级的划分应考虑到评价单元内的水源与用水户之间的联系，社会经济发展状况，以及应对广义干旱的能力。根据系统性原则、代表性原则、可比性与可操作性原则，将广义干旱的风险划分为 5 个等级，见表 2-2。

表 2-2 广义干旱风险等级划分

风险等级	1 级	2 级	3 级	4 级	5 级
图例					
R	$0 \leqslant R < 10\%$	$10\% \leqslant R < 20\%$	$20\% \leqslant R < 30\%$	$30\% \leqslant R < 75\%$	$75\% \leqslant R \leqslant 100\%$

2.5　广义干旱的风险区划

广义干旱的风险区划应能较全面综合地反映一个流域的广义干旱情况，同时，亦能客观准确地区分不同评价单元的广义干旱特征。以气象干旱指数和水文干旱指数等值线（带）为基础的干旱风险区划，未能体现水利工程的影响范围和社会经济布局，难以直接指导应对干旱。水资源配置单元充分融合了气象、水文、下垫面条件、水利工程的影响范围和社会经济布局的需求，是广义干旱风险区划的基本单元。

下垫面因素（地形、土壤类型、植被覆盖等）和气象因素的空间非均匀性非常明显，为了反映这些因素的影响以及人类活动对流域水循环过程的干扰（赵勇等，2007），基于土地利用现状，按照流域内水源地布局及供水范围，将流域进行细化，形成广义干旱风险评价分区。第 1 层评价单元划分为研究区对应的水资源三级区；在此基础上，结合流域上、中、下游的布局，根据流域干流上水库分布确定第 2 层评价单元；然后，根据流域上、中、下游支流水库的分布确定第 3 层评价单元；最后，在第 3 层评估单元的基础上根据土地利用剖分每一个灌区，再考虑不同作物种植结构，将农田域细化，得到最终的广义干旱风险评价单元（图 2-10）。

通过对各水资源配置单元在不同驱动力作用下的广义干旱风险评价，结合风险等级划分，在地理信息技术的支撑下进行广义干旱风险区划，分别得到自然气候变化、人为气候变化、下垫面条件改变和水利工程调节作用下的广义干旱风险区划图，以及它们之间的组合风险区划图（图 2-11）。

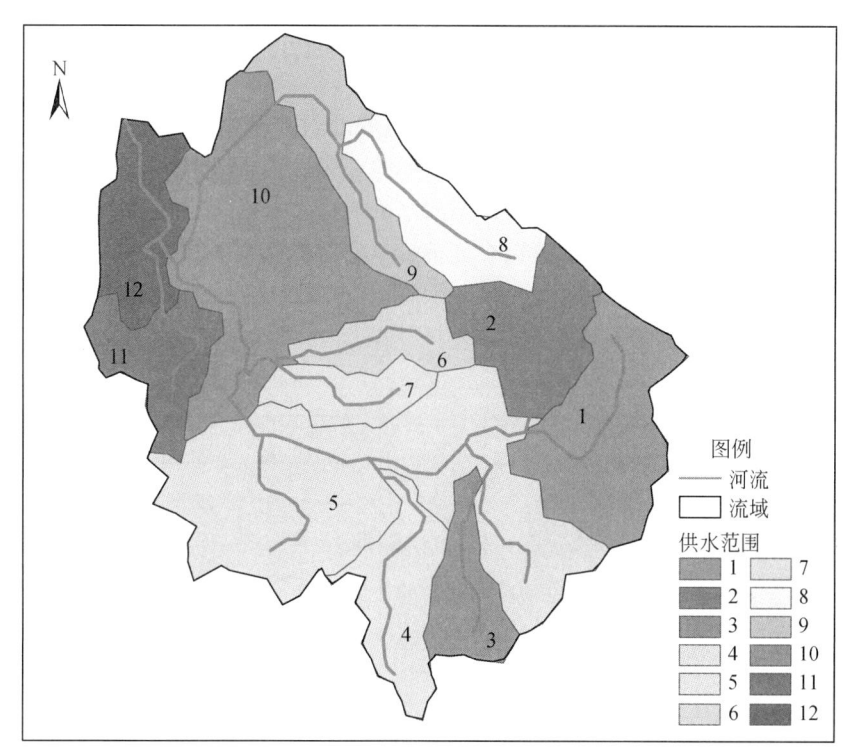

图 2-10　流域广义干旱风险区划单元

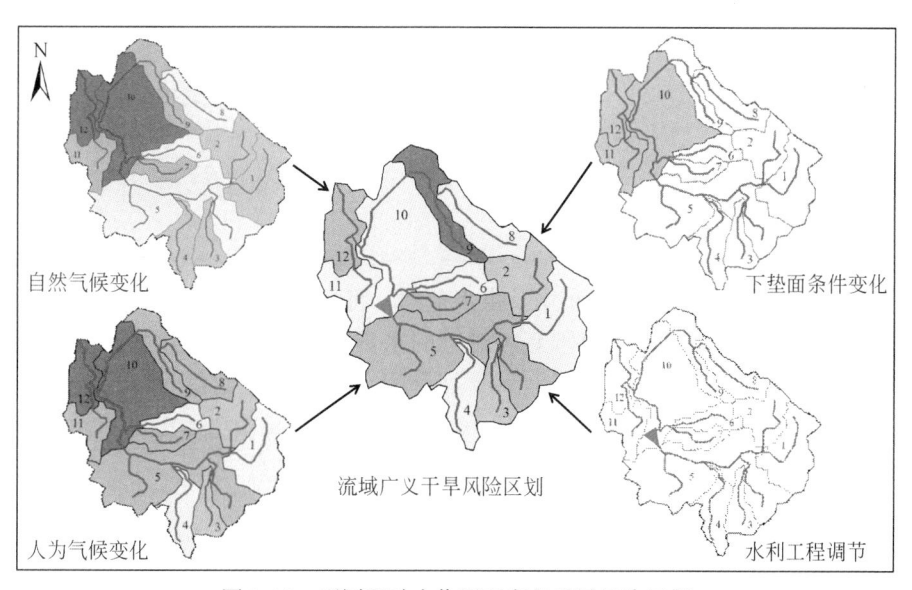

图 2-11　不同驱动力作用下广义干旱风险区划

2.6 广义干旱的综合应对

在广义干旱的宏观应对能力建设上，一方面要通过产业结构及布局的空间调整和节水，从整体上减少流域内需水和降低广义干旱风险；另一方面要优化水利工程布局，提高流域水资源的调配能力；与此同时，在常态的水资源配置中，需合理配置广义干旱应急水源。在广义干旱实时应对过程中，其核心是结合水资源的供需预报，进行多水源的合理配置与调度，延长轻度干旱段持续时间，最大限度减少中度干旱段和严重干旱段的持续时间（图 2-12）。

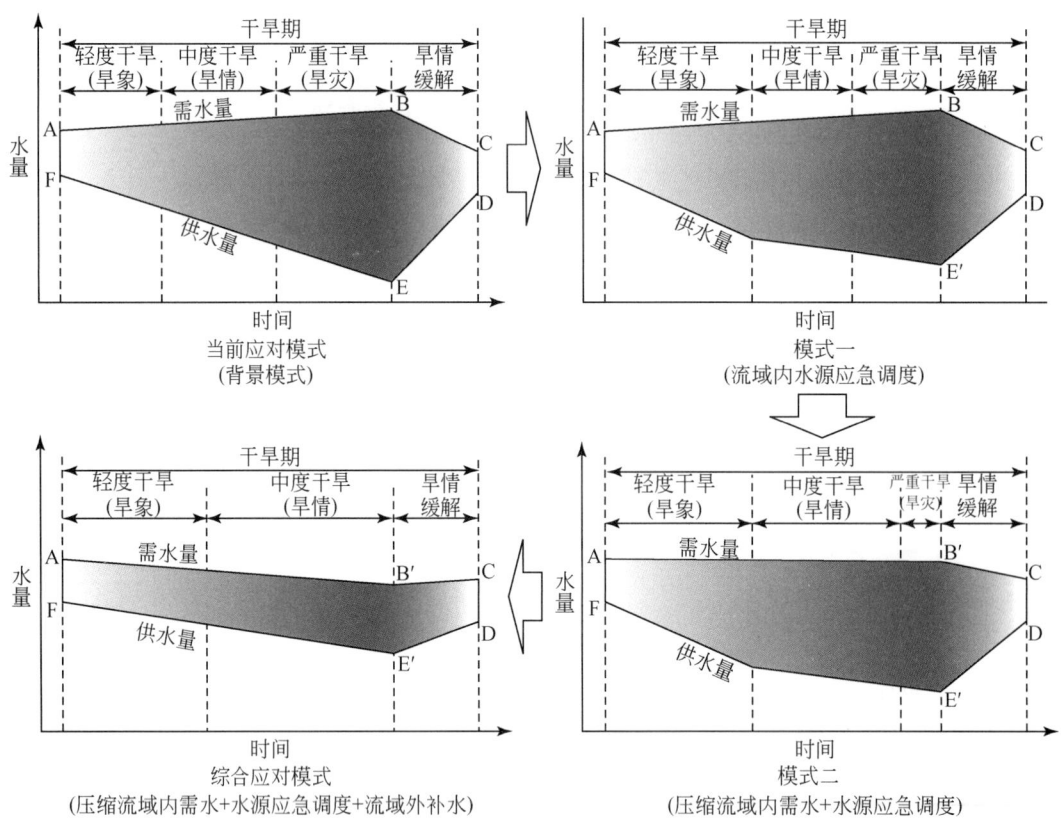

图 2-12 广义干旱风险应对模式

广义干旱综合应对能力建设及技术需求主要表现在：①风险管理能力——居安思危与源头风险规避。科学核算区域水资源承载能力，据此优化产业结构，全面建设节水型社会；加强水资源保护，实行最严格的水资源管理；识别干旱成因，划定干旱类型；结合区域供需水及其变化特征，绘制并及时修订干旱风险图；结合干旱风险等级和各行业用水需求，优化产业布局和水利工程布局。②干旱监测评估及预警预报能力。加强"天—地"一体化监测与多源数据的快速同化能力、旱情及其影响客观表征与快速评估能力、又准又快的旱情预警预报能力；实现"长—中—短"期相结合的干旱预报，提高预见期。③工程措施和调度技术相结合的应急调度管理能力。加强基础设施建设，提高抗旱的硬件支撑能力；编制应急预案，加强应急水源建设；加强多水源的联合应急调度能力；完善应急保障机制。

为建立完善的干旱综合应对体系，需从规划层、监测层、评价层、预警预报层、管理层和评估层出发，完善对应层次的关键支撑技术，包括基于风险管理模式的抗旱规划技术、基于水循环过程及"天地一体化"模式的干旱监测技术、基于水资源供需态势的干旱评价技术、基于遥感和气-陆耦合模式的干旱预警预报技术、面向干旱的多水源综合应急调度管理技术、面向区域协调发展的干旱影响实时与综合评估技术。

第3章 广义干旱风险评价与风险应对模拟模型

3.1 需求分析与整体开发思路

流域广义干旱风险评价与风险应对模拟平台需要具有以下4个方面的功能：①仿真模拟流域内历史干旱事件；②识别流域干旱的驱动机制；③预测流域内干旱事件风险；④应对流域内的干旱事件。

围绕流域的实践需求，广义干旱风险评价与风险应对模拟平台包括4部分（图3-1）：一是流域自然-人工二元水循环模型，即WEP-GD模型（water and energy transfer process for generalized drought），该模型用于计算自然水循环过程和人工侧支水循环过程中的要素值，进而得到基于水资源系统的评价单元的总供水量和总需水量；二是流域广义干旱评价模型，即GDAM模型（generalized drought assessment model），含流域广义干旱评价指标构建和广义干旱评价内容识别，根据WEP-GD模型模拟得到的评价单元供水量与需水量结果，完善广义干旱评价指标，实现对流域内历史干旱事件的仿真模拟，在此基础上，采用游程理论识别广义干旱的评价内容，即广义干旱持续时间和广义干旱强度；三是流域广义干旱风险评价与区划模型，即GDRAD模型（generalized drought risk assessment and division model），含广义干旱风险评价和广义干旱风险区划，根据GDAM模型模拟得到的广义干旱持续时间和广义干旱强度结果，以及第2章介绍的广义干旱风险评价指标与方法得到广义干旱风险评价结果，进而基于地理信息系统绘制广义干旱风险区划图；四是流域广义干旱风险应对模型，即CGDR模型（the model to cope with generalized drought risk），从种植制度调整、流域内水源应急调度、压缩流域内需水、流域外调水等角度提出广义干旱方案集，通过方案比选得到应对广义干旱的最优方案，将流域广义干旱风险值降到最低。

为了方便结果分析，本章主要介绍WEP-GD模型的模型结构与要素过程，GDAM模型、GDRAD模型和CGDR模型将结合东辽河流域的实例分析进行介绍。

WEP-GD模型的原型是WEP模型，由中国水利水电科学研究院水资源研究所贾仰文教授研制开发，已在国内外多个流域推广应用，国内曾在黑河流域、黄河流域、海河流域和松辽流域使用，都有较好的模拟结果（贾仰文等，2005，2006a；Jia et al.，2001）。本书为进一步系统揭示流域水循环过程的驱动机制，同时能够精细描述灌区的水循环过程，将人工侧支水循环过程耦合到天然水循环过程的各要素过程中，进行一体化的自然-人工水循环模拟，构建WEP-GD模型，该模型以正方形网格为计算单元，是网格型分布式流域水文模型。

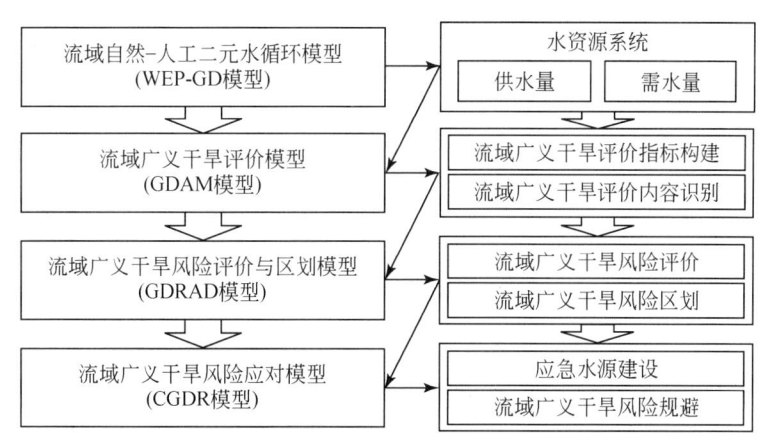

图 3-1 流域广义干旱风险评价与风险应对模拟平台建模策略

3.2 WEP-GD 模型结构

WEP-GD 模型从水循环过程上分析，主要分成水平结构与垂直结构。

（1）水平结构

模型的空间计算单元采用正方形网格，网格单元大小是 500m×500m（图 3-2）。考虑网格内土地利用的不均匀性，采用"马赛克"法，即把网格内的土地归成数类，分别计算各类土地类型的地表面水热通量，取其面积平均值为网格单元的地表面水热通量。土地利用首先分为水域、裸地-植被域、不透水域三大类。裸地-植被域又分为裸地、草地与耕地、林地三大类；不透水域分为地表面与都市建筑物。另外，根据流域数字高程（DEM）

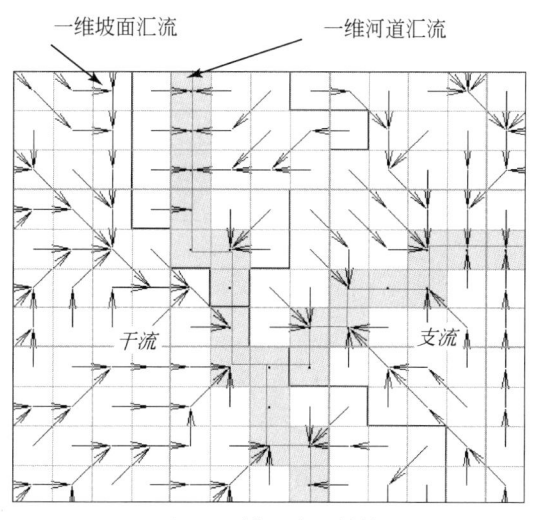

图 3-2 模型水平结构
资料来源：贾仰文等，2005

及数字化实际河道等，设定网格单元的汇流方向来追迹计算坡面径流。而各支流及干流的河道汇流计算，根据有无下游边界条件采用一维运动波法或动力波法由上游端至下游端追迹计算。

(2) 垂直结构

模型的垂直结构如图 3-3 所示。从上到下包括植被或建筑物截留层、地表洼地储留层、土壤表层、过渡带层、浅层地下水层和深层地下水层等。状态变量包括植被截流量、洼地储流量、土壤含水率、地表温度、过渡带层储水量、地下水位及河道水位等。主要参数包括植被最大截流深、土壤渗透系数、土壤水分吸力特征曲线参数、地下水渗透系数和产水系数、河床透水系数和坡面、河道糙率等。另外，为反映表层土壤的含水率随深度的变化和便于描述土壤蒸发、草或作物根系吸水和树木根系吸水，将透水区域的表层土壤分割成土壤表层、土壤中层和土壤底层。

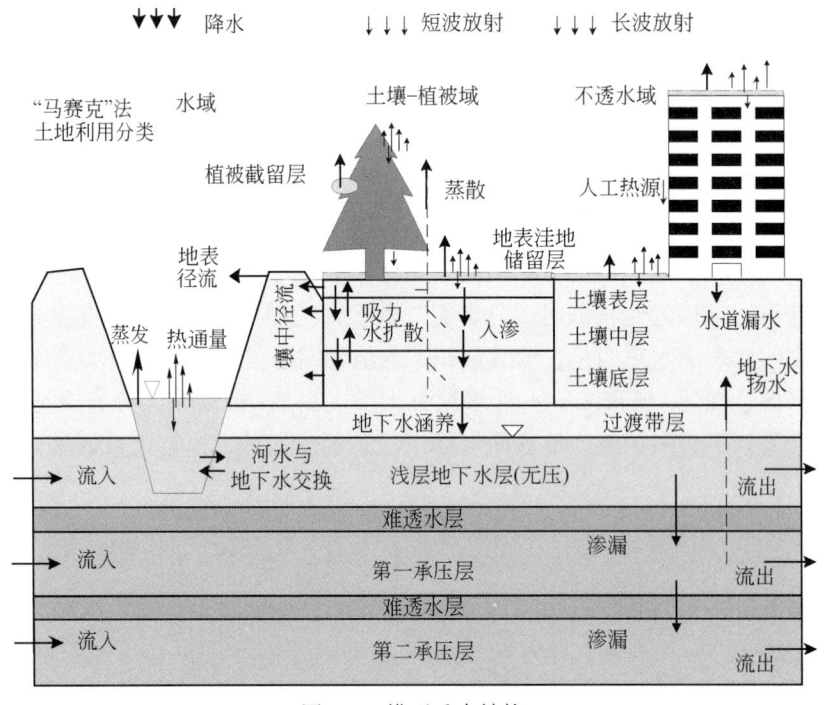

图 3-3 模型垂直结构

资料来源：贾仰文等，2005

3.3 WEP-GD 模型要素过程

WEP-GD 模型主要包括水循环过程模拟和能量过程模拟，其中水循环过程模拟又包括空中水循环过程模拟、地表水循环过程模拟、土壤及地下水循环过程模拟和人工侧支水循环过程模拟。人工侧支水循环过程主要考虑农业灌溉用水、地下水扬水和水库调节 3 个方面。模型主要要素过程见表3-1,具体模拟方法见参考文献(贾仰文等,2005)。本书省略了空中水循环过程模拟,直接采用插值方法将相关气象要素(降水、气温、相对湿度、风速、日照时数)进行空间展布。

表3-1 WEP-GD模型的主要要素过程

要素过程				参考文献
水循环过程	地表水循环过程	地表蒸发蒸腾	水域	Penman, 1948
			植被截留	Noilhan and Planton, 1989
			裸地-植被域	Monteith, 1973; Jia, 1997
			不透水域	Penman, 1948
		坡面汇流		贾仰文等, 2005
		河道汇流		
		地表径流	水域	
			裸地-植被域	
			不透水域	Penman, 1948
		积雪融雪过程		Maidment, 1992
	土壤及地下水循环过程	入渗		Jia and Tamai, 1998
		植物蒸腾		Monteith, 1973
		壤中径流		贾仰文等, 2005
		地下水运动、地下水流出和地下水溢出		
	人工侧支水循环过程	农业灌溉及林牧用水		贾仰文等, 2005
		地下水扬水		
		水库取水与水库调节		
能量过程	短波辐射			
	长波辐射			

WEP-GD模型采用组件式的软件开发技术进行开发,该模型含有14个一级计算模块,分别为:①主程序与计算控制模块(WEPM);②输入输出数据文件的开设模块(OPENFILE);③共用参数、变量及数组的定义模块(PARAVAR);④数据、参数的输入模块(INPUT);⑤初期条件及边界条件的设定模块(INC);⑥网格内土地利用再分类模块(LUMAN);⑦水热通量计算模块(SURSOIL);⑧二维多层地下水计算模块(GWATER);⑨坡面汇流计算模块(OVERLAND);⑩河道汇流计算模块(RIVER);⑪积雪融雪计算模块(SNOW);⑫人工渗透设施计算模块(TRENCH);⑬水库及蓄水池计算模块(POND);⑭结果汇总与输出模块(OUTPUT)。此外,部分模块还含有多个二级模块。模型的计算流程如图3-4所示。

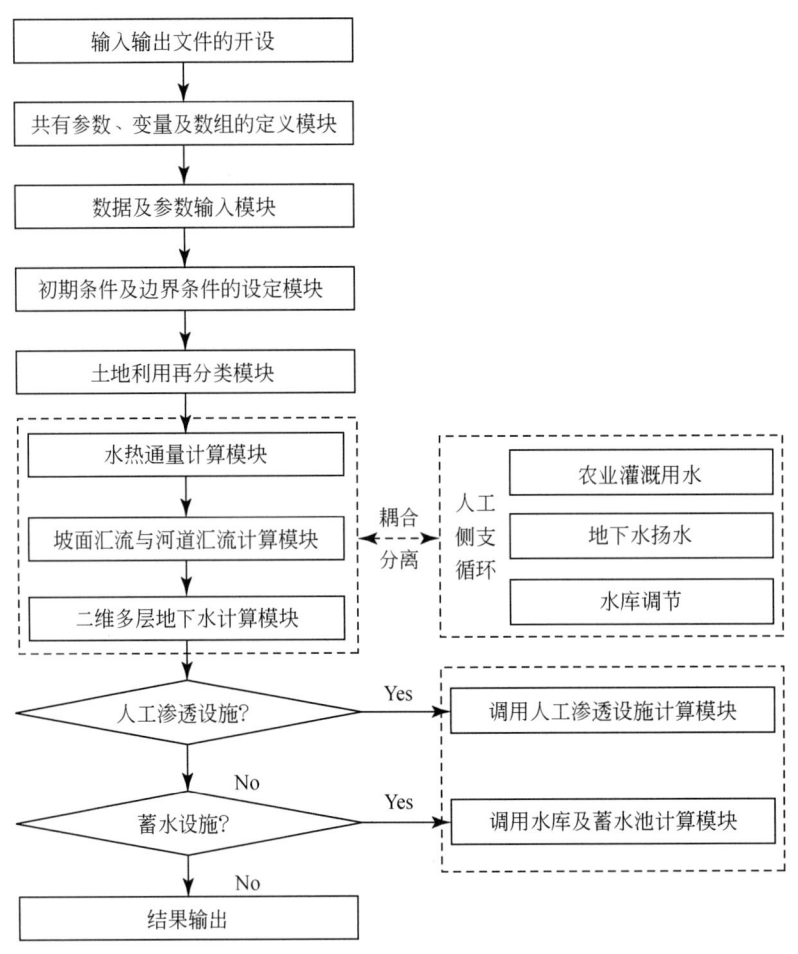

图 3-4　模型模拟流程

第二篇　海河流域干旱时空演变特征

第 4 章　研究区概况

4.1　自然地理条件

4.1.1　地形地貌

海河流域地理坐标为 112°E~120°E、35°N~43°N，东临渤海，南界黄河，西靠云中、太岳山，北依蒙古高原。行政区划包括北京市、天津市，河北省绝大部分，山西省东部，河南省、山东省北部，辽宁省及内蒙古自治区的一部分，流域面积为 31.78 万 km²。

海河流域总地势西北高东南低，东部和东南部为平原，北部和西部为山地和高原。平原面积为 12.84 万 km²，占 40%；山地和高原面积为 18.94 万 km²，占 60%。流域内，北有燕山，西北有军都山，西有太行山、五台山，海拔一般在 1000m 左右，最高峰为五台山的北台顶，海拔达 3058m（图 4-1）。这些山脉环抱着平原，形成一道高耸的屏障。山地与

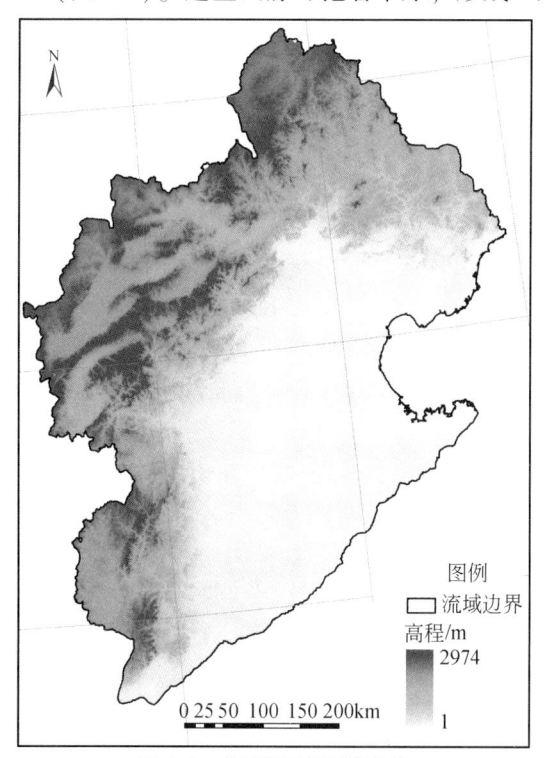

图 4-1　海河流域地形地貌

平原近于直接交接,山区和平原间几乎没有过渡丘陵带。按成因,平原可分为山前冲积洪积平原,中部冲积湖积平原和滨海冲积海积平原。平原地势自北、西、西南3个方向向渤海湾倾斜,其坡降由山前平原的1‰~2‰渐变为东部平原的0.1‰~0.3‰。

4.1.2　水文气象

海河流域属于温带半湿润、半干旱大陆性季风气候区,冬季盛行北风和西北风,气候寒冷干燥,雨雪稀少。春季西南暖气流比冬季活跃,气温回暖快,风力大,蒸发量大,常出现春旱。夏季多东南风,天气变化存在明显的阶段性,以东亚大气环流演变的阶段性为背景。初夏6月,天气干旱少雨;盛夏7月中旬进入雨季,是海河流域降雨和暴雨集中期。有时候副热带高压长时间控制流域,也可出现伏旱。秋季为夏、冬过渡季节,气温迅速下降,降水骤减。海河流域降水时空分布不均,具有地带性、季节性和年际差异的特点。夏季海河流域暴雨集中,冬季和春季雨雪稀少,形成春旱、秋涝,晚秋又旱的情势,年降水量呈现连丰或连枯的变化规律,是我国东部沿海降水量最少的地区。流域年平均气温为1.5~14℃,年平均日照时数为2500~3000h,年平均相对湿度为50%~70%,年平均陆面蒸发量为470mm,水面蒸发量为1100mm。海河流域水资源的主要特点是水资源总量少、降水时空分布不均、经常出现连续枯水年。

4.1.3　土壤植被

海河流域土壤类型繁多,分布复杂。研究区共有27个土类,75个土壤类型,其中潮土面积最大,占整个研究区土壤总面积的29.41%;其次为褐土,占22.33%;区域下垫面条件复杂、气象条件空间差异明显,区域内土壤类型空间分布差异明显,其中流域西部及北部地区海拔较高、气温较低,植被类型以林草地为主,北部地区土壤以栗钙土、棕壤、褐土、潮褐土为主,灰色森林土、草原风沙土、粗骨土也占有一定比例;流域西部地区以黄绵土、褐土、栗褐土、栗钙土、粗骨土为主,淋溶褐土、石灰性褐土、石质土、潮土、草甸土均占有一定比例;东南部平原区则以潮土为主,占平原区土壤类型的85%以上,为主要的耕作土壤,平原区其余类型主要以脱潮土、湿潮土、褐土为主,此外,在靠近河口处土壤类型则以滨海盐土为主。

海河流域植被类型多样(图4-2),依据地貌类型、气候带和主要植被组合体,命名为"区";依据地理位置、主要建群优势种,命名为"亚区"。全流域共划分为3个区,11个亚区。

4.1.4　河流水系

海河流域包括海河、滦河、徒骇马颊河三大水系。滦河水系位于海河流域的东北部,其下游有冀东沿海若干条独流入海的小河;海河水系位于滦河水系的西南,包括蓟运河、

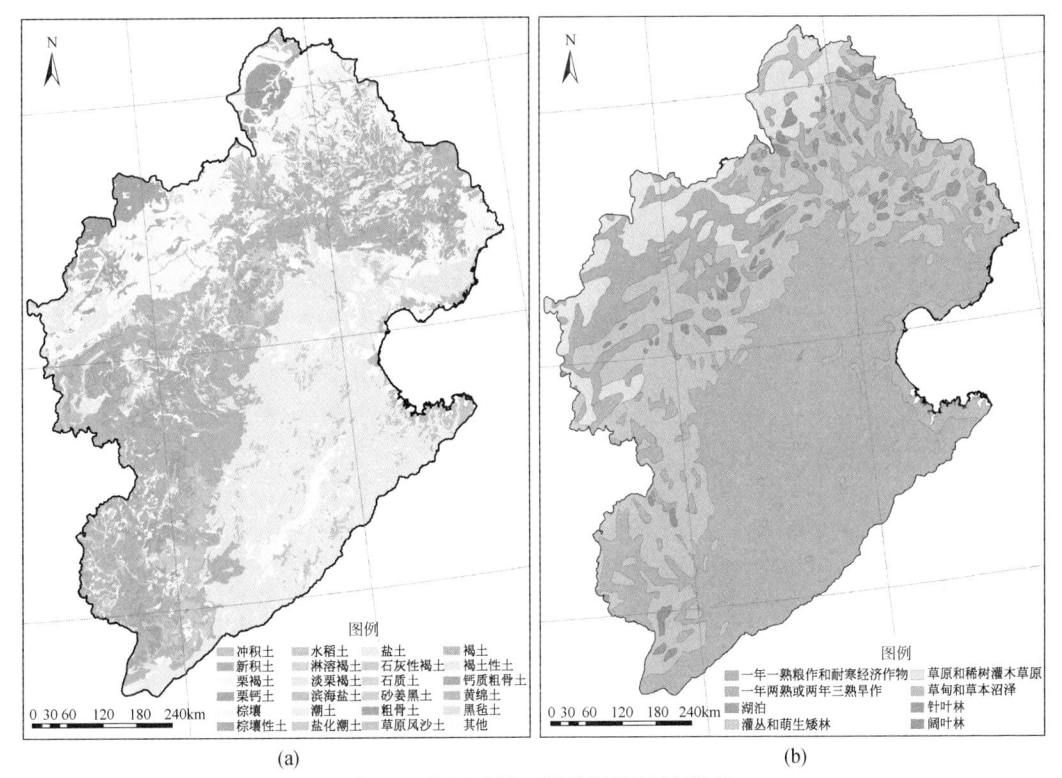

图 4-2 海河流域土壤植被及植被类型

潮白河、北运河、永定河、大清河、子牙河、漳卫南运河及海河干流和黑龙港运东地区；徒骇马颊河水系位于流域的最南部，是平原排涝河流。由于特定的地形地貌条件，海河流域河流分为两类：发源于燕山、太行山迎风坡的河流，源短流急，泥沙量较少，蓟运河、北运河、大清河、滏阳河（子牙河水系）、卫河（漳卫南水系）属这类河流；发源于黄土高原、蒙古高原河流源远流长，泥沙含量较多，两类河流相间分布，滦河、潮白河、永定河、滹沱河（子牙河水系）、漳河（漳卫南水系）均属这类河流（图 4-3）。

4.2 社会经济状况

海河流域人口密集，大中城市众多，流域内有北京、天津以及石家庄、唐山、秦皇岛、张家口、承德、保定等 26 座大中城市，在我国政治经济中占有重要地位。2005 年流域总人口为 13 415 万，占全国的近 10%，其中农村人口为 8393 万，城镇人口为 5022 万，城镇化率为 37%，流域平均人口密度为 422 人/km^2。海河流域是我国主要的工业基地和高新技术产业基地，流域经济逐年增长；陆海空交通便利，北京是全国的铁路交通中枢，天津、秦皇岛等是我国的重要海港；矿产等自然资源丰富，其中煤炭储量占全国的 45%。2005 年流域国内生产总值（GDP）为 25 756 亿元，人均 GDP 为 19 199 元，是 2005 年我国人均 GDP 的 1.38 倍。海河流域具有发展经济的技术、人才、资源、地理优势。海河流域亦是我国的主要粮食生产基地，主要粮食作物有小麦、玉米、高粱、水稻、豆类等，主

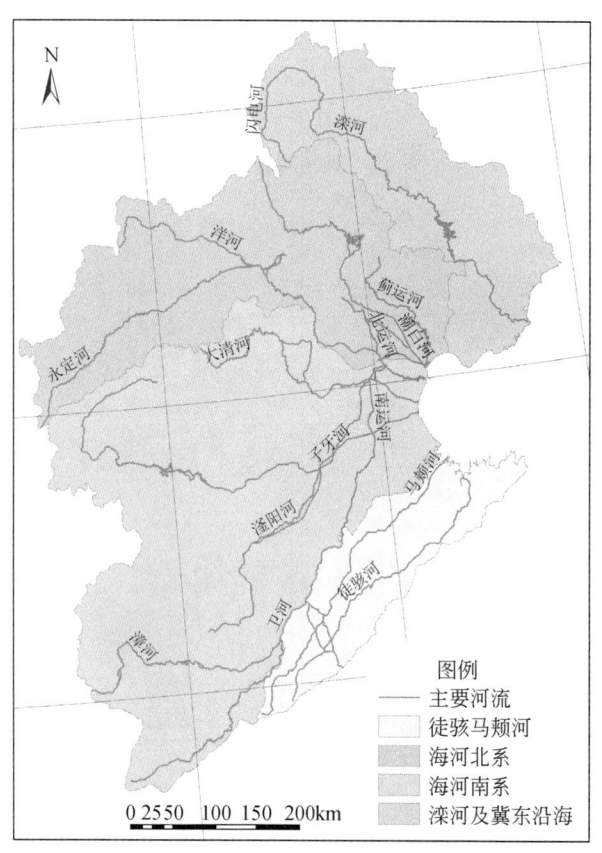

图 4-3 海河流域水系

要经济作物有棉花、油料、麻类、甜菜、烟叶等，2005 年耕地面积为 15 947 万亩[①]，有效灌溉面积为 11 314 万亩，占耕地面积的 71%，实际灌溉面积为 9543 万亩，粮食总产量为 5594 万 t，占全国的 10%。

4.3 水资源及开发利用概况

海河流域 1956~2000 年平均年径流量为 216 亿 m^3，其中山丘区（含山间盆地）为 164 亿 m^3，占 76%，华北平原区为 52 亿 m^3，占 24%；最大为 1956 年的 491 亿 m^3，次大为 1964 年的 481 亿 m^3；最小为 1999 年的 83.8 亿 m^3，次小为 1981 年的 104 亿 m^3。地表水资源量分布具有以下 3 个特点：沿太行山、燕山山脉迎风坡，有一个径流深大于 100mm 的高值区；太行山、燕山的背风坡，径流深比迎风坡明显减少，多年平均径流深为 25~50mm；华北平原区多年平均径流深一般为 10~50mm。根据"海河流域水资源规划"第二次规划成果，平原区地下水资源量为 160.37 亿 m^3，其中华北平原区为 140.89 亿 m^3，占

---

① 1 亩 ≈ 666.67m^2。

87.85%；山间盆地平原区为 19.48 亿 m³，占 12.15%。

海河流域 2000 年总供水量为 402.32 亿 m³，其中地表水供水量为 99.07 亿 m³，占总供水量的 24.6%；引黄水量为 37.35 亿 m³，占总供水量的 9.3%；地下水为 263.58 亿 m³，占总供水量的 65.5%，其中浅层淡水为 223.22 亿 m³，深层承压水为 37.64 亿 m³，微咸水为 2.72 亿 m³；其他水源供水量为 2.32 亿 m³，占总供水量的 0.6%。

2000 年全流域用水总量为 402.32 亿 m³。其中农田灌溉用水量为 264.85 亿 m³，占总用水量的 65.8%；林牧渔用水量为 15.47 亿 m³，占总用水量的 3.9%，农业总用水量为 280.32 亿 m³，占总用水量的 69.7%；城镇生活用水量为 32.39 亿 m³，占总用水量的 8.0%；农村生活用水量为 20.47 亿 m³，占总用水量的 5.1%；工业用水量为 69.13 亿 m³，占总用水量的 17.2%。

1980~2000 年，流域水资源总开发利用程度达 98.2%。滦河及冀东沿海开发利用率为 73.7%，海河北系 105.4%，徒骇马颊河为 73.7%，海河南系高达 112.1%。

4.4　历史旱情概况

根据《海河流域水旱灾害》、《河北省水旱灾害》和《中国气象灾害大典》记载，海河流域商代已有旱灾。其后，从西周经春秋战国至秦朝，旱灾时有发生。汉代至元代，海河流域河北、北京等地发生旱灾 71 次。明清时期，从 1470 年至 1911 年，海河流域发生干旱和偏旱灾共 94 次，平均每百年 21 次。民国时期，发生流域性大旱灾 2 次。新中国成立后，1949~1985 年，海河流域受灾范围大、灾情严重的典型干旱年有 1965 年、1972 年和 1981 年，受旱面积分别达 6487 万亩、6118 万亩和 5492 万亩，成灾面积分别达 3644 万亩、3597 万亩和 3170 万亩。海河流域旱灾具有普遍性、季节性、连续性等分布特点。

1) 普遍性。1949~1990 年特大旱灾有 3 次，平均 14 年一次，频率为 7.14%；大旱灾发生 5 次，平均 8.4 年一次，频率为 11.9%；一般旱灾发生 12 次，平均 3.5 年一次，频率为 28.57%。研究的 480 年中旱灾总次数为 192 次，频率为 40%，新中国成立之初的 42 年中，旱灾总次数为 20 次，频率为 47.62%。流域旱灾发生频率很高。波及全流域的特大旱灾和大旱灾，480 年中发生 105 次，频率为 21.88%；新中国成立之初的 42 年中发生 8 次，频率为 19%。可见全流域性的干旱灾害具有很高的发生频率。

2) 季节性。海河流域旱灾的季节性主要是由于降水季节分配不均形成的。春旱、夏旱是海河流域旱灾的主要类型，春旱发生最为频繁，一般各地春旱发生的频率大于夏旱，根据《海河流域水旱灾害》中 17 个代表站统计的结果，春旱频率为 87%，夏旱为 69.5%。除春旱、夏旱外，尚存在"春夏连旱"、"夏秋连旱"、"春夏秋连旱"等旱象，其中春夏连旱发生频率较高。

3) 连续性。1469~1948 年 480 年全流域性的连续大旱年频频发生，最长的连续 7 年，发生在 1637~1643 年；其次是连续 4 年大旱，发生在 1875~1878 年；连续 3 年的大旱发生 8 次，分别是 1484~1486 年、1527~1529 年、1585~1587 年、1599~1601 年、1615~1617 年、1689~1691 年、1720~1722 年、1941~1943 年。

第 5 章 不同干旱指标在海河流域的应用

5.1 数据准备

气象数据是由国家气象信息中心提供的中国地面753个测站的1951~2010年逐日降水量、日最高气温、日最低气温、日平均气温、日照时数、相对湿度。本书选取海河流域及周边的1961~2010年的58个气象站资料（图5-1），并将资料插值到20km×20km网格上，使其更精确。

径流资料来自第二次"全国水资源综合规划"和水资源公报的1956~2000年全国主要控制站历年逐月径流资料以及海河流域二级水资源分区年径流资料。

海河流域山前三级流域均有水文站控制，山前三级流域用控制站点1961~2000年逐月径流资料，平原区则采用海河流域各二级水资源分区年径流资料减去相应山前水资源分区年径流资料，再根据相应山前三级水资源分区历年逐月径流分配关系对平原年径流进行逐月分配（图5-2）。最终将各三级流域历年逐月径流资料赋值到20km×20km网格上。

图 5-1 气象站点分布

图 5-2 主要控制水文站点分布

土壤资料来自欧洲中期预报中心提供的 1959~2000 年 ERA40 土壤湿度再分析资料，本书提取海河流域及其附近 39 个小单元（单位为 2.5°×2.5°）的土壤湿度再分析资料（图 5-3）。

图 5-3　土壤有效含水量站点分布

海河流域历史旱情综合参考《海河流域水旱灾害》、《河北省水旱灾害》以及《中国气象灾害大典》中的海河流域内的河北卷、北京卷、天津卷、山西卷、山东卷、内蒙古卷、河南卷和辽宁卷。

5.2　干旱指标的选取

干旱受自然节律、人类活动等多方面因素的影响，从流域治理和水资源利用的角度来讲，水文干旱和气象干旱更富有综合的特点（王玲玲等，2004）。气象指标是其他指标的基础和参考依据，常见的主要有降水量距平百分率、相对湿润度指数、标准化降水指数（SPI）、降水 Z 指数等。目前在干旱的分析研究中，运用较多的为降水量距平百分率、标准化降水指数和降水 Z 指数。降水量距平百分率是气象学者最常用的表征干旱的指标，此外气象干旱指标中的降水 Z 指数在我国各区域广泛应用。此外，帕默尔干旱指数（PDSI）是对造成干旱的因素考虑较全面的干旱指数，物理意义明确，但其计算较为复杂，本书将其作为一个综合干旱指标。故本书综合气象、水文、农业等各类型干旱指标，从中选取比较典型、应用较广泛的以降水量距平百分率、以降水 Z 指数为代表的气象干旱指标、以帕默尔干旱指数为代表的综合干旱指标。

降水量距平百分率计算简单、方便，在我国的干旱监测中得到广泛应用，其假定某时段降水服从正态分布，这对一般的干旱区是可行的，但受季风影响显著的季节性降水差异明显的区域，降水往往不服从正态分布，而且降水量距平百分率对降水均值的依赖性很大，降水空间极不均匀的地区不宜采用该指标，会出现相同的距平百分率表征不同的干旱情况，其时空可比性差，确定不同时间、不同地区的干旱时没有统一的标准，容易造成误解，其只适用于同一时间、同一地区的干旱分析。

降水 Z 指数是考虑了降水序列服从偏态分布的事实，通过对降水序列进行正态化处理对干旱进行评估，其指标对不同时段均适宜，但其稳定性较差，有时会出现降水 Z 指数的变化趋势与降水量变化趋势不一致的情况，降水 Z 指数分析效果与偏态系数密切相关，偏态系数越大，降水 Z 指数的分析结果越好，其缺点是没有考虑造成干旱的其他因子。

PDSI 指数考虑因子较全面，系统地考虑了水分补给、水分流失和水分储存，物理意义明确，能对干旱的各种特征进行较合理的描述，并具有较好的时空对比性。但帕默尔干旱指数计算相对复杂，资料不易获取，其参数的修正以及在我国各地的适用性有待进一步研究。

5.3 干旱指标的应用结果

5.3.1 典型旱灾年旱情空间分布对比

据《海河流域水旱灾害》和《中国气象灾害大典》中海河流域内的河北卷、北京卷、天津卷、山西卷、内蒙古卷、山东卷、河南卷和辽宁卷记载，1949～1990 年海河流域的典型旱灾年份为 1965 年、1972 年、1980～1982 年、1999 年。本书选取这些年份作为典型旱灾年分析干旱指标的评价结果。由于海河流域易发生春旱、春夏连旱、夏秋连旱甚至春夏秋连旱，所以选取典型年 3～11 月对比分析，其中春季为 3 月、4 月、5 月，夏季为 6 月、7 月、8 月，秋季为 9 月、10 月、11 月。

(1) 1965 年的旱情、旱灾

1965 年全流域的降水量普遍偏小，是全流域性的大旱年。河北省春、夏、秋连旱，石家庄、邯郸、张家口、邢台、衡水等地区干旱严重，河北省受旱面积达 235.3 万 hm²，粮食减产 9.22 亿 kg，受灾人口为 858 万人；流域西南部的河南省豫北地区也出现了严重干旱，5～8 月 4 个月降雨量大幅减少，受旱面积达 51 万 hm²，占耕地面积的 69%，减产粮食 27 万 t；北京市严重干旱，据北京站观测资料，1964 年 10 月中旬到 1965 年 4 月下旬，连续 190 天无降水；天津市水资源明显减少，出现供水紧张；山西省雁北地区左云、广灵、大同等县市出现严重干旱，晋东南地区春、夏连旱。内蒙古自治区永定河流域年降水仅 200mm，乌兰察布盟出现大面积严重干旱。

基于降水量距平百分率的1965年3~11月干旱分布如图5-4所示，基于降水Z指数的1965年3~11月干旱分布如图5-5所示，基于PDSI指数的1965年3~11月干旱分布如图5-6所示。从图5-4降水量距平百分率、图5-5降水Z指数和图5-6 PDSI指数的评价结果可看出，三个指数在海河流域1965年3~11月均呈现出不同程度的干旱。但从整体上看，PDSI的评价结果更能反映干旱的真实过程。图5-6中干旱范围逐渐扩张，干旱程度在逐渐加重，这反映了干旱的累积效应，3月和4月出现的干旱的范围很小，5~7月干旱范围逐渐扩散，主要集中在海河流域北部，严重干旱中心出现在河北省张家口附近，8~10月干旱范围逐渐扩散，干旱程度亦加剧，严重干旱地区扩散到张家口及北京地区，11月干旱范围较10月略微缩小。史料记载的严重的干旱地区的张家口、北京等地区与评价结果较吻合，但其他严重干旱地区，如河北省石家庄、邯郸、邢台和河南省豫北等地的严重干旱区干旱程度评价结果较轻，而史料记载从3月开始就出现严重的春夏秋连旱。

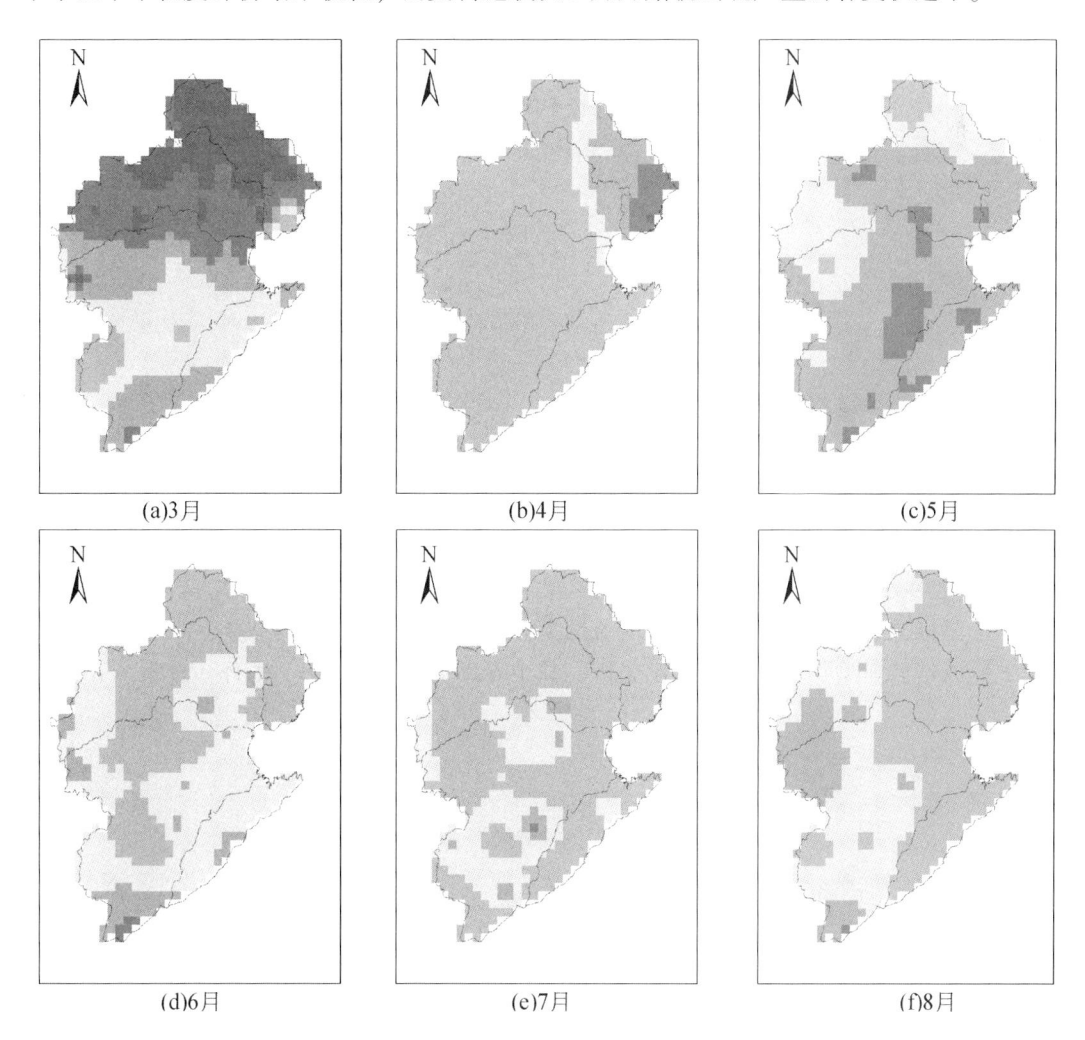

(a)3月　　　　　　　(b)4月　　　　　　　(c)5月

(d)6月　　　　　　　(e)7月　　　　　　　(f)8月

(g)9月　　　　　　　　　(h)10月　　　　　　　　　(i)11月

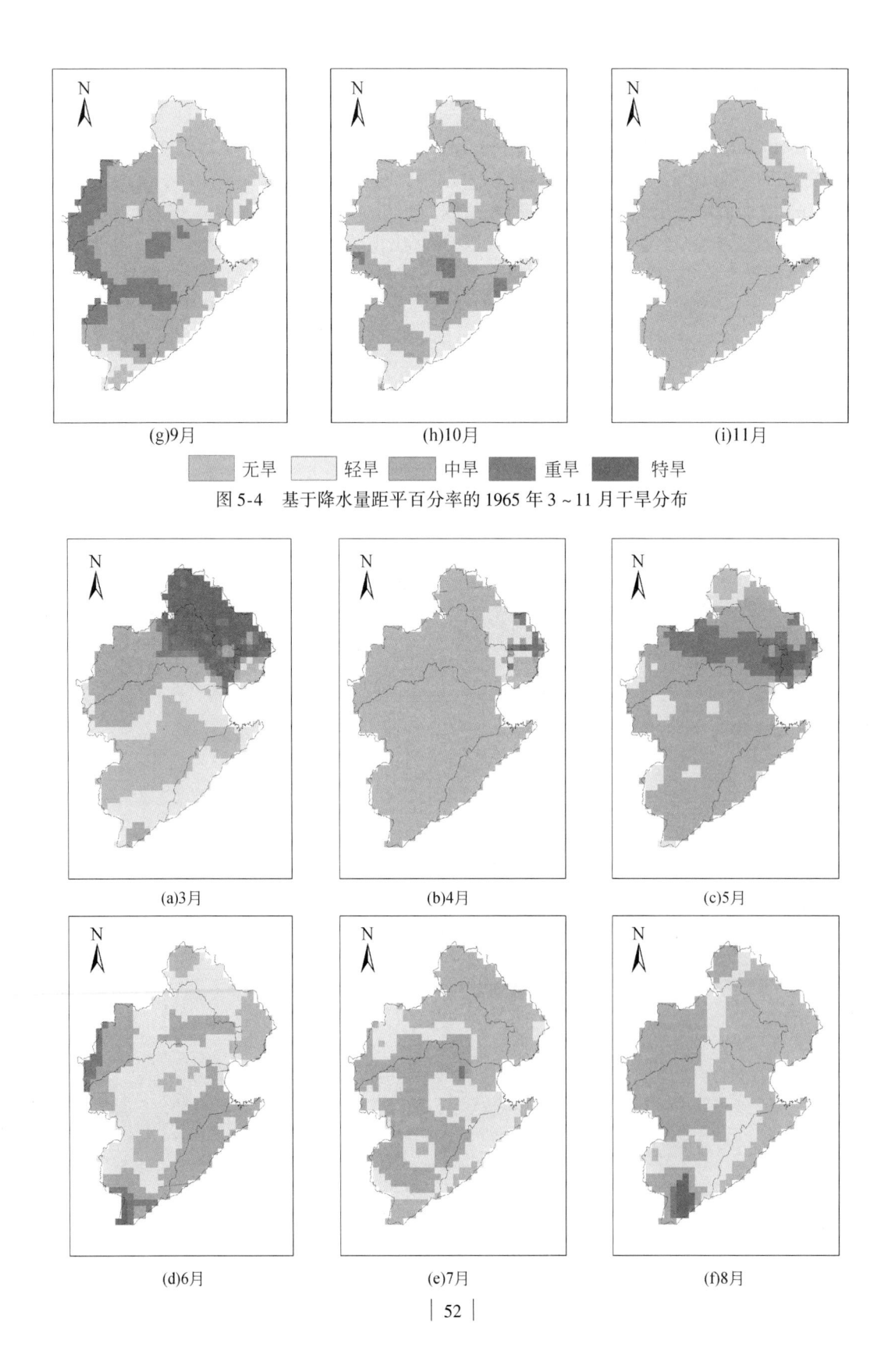

■ 无旱　□ 轻旱　■ 中旱　■ 重旱　■ 特旱

图 5-4　基于降水量距平百分率的 1965 年 3~11 月干旱分布

(a)3月　　　　　　　　　(b)4月　　　　　　　　　(c)5月

(d)6月　　　　　　　　　(e)7月　　　　　　　　　(f)8月

(g)9月　　　　　　　　　(h)10月　　　　　　　　　(i)11月

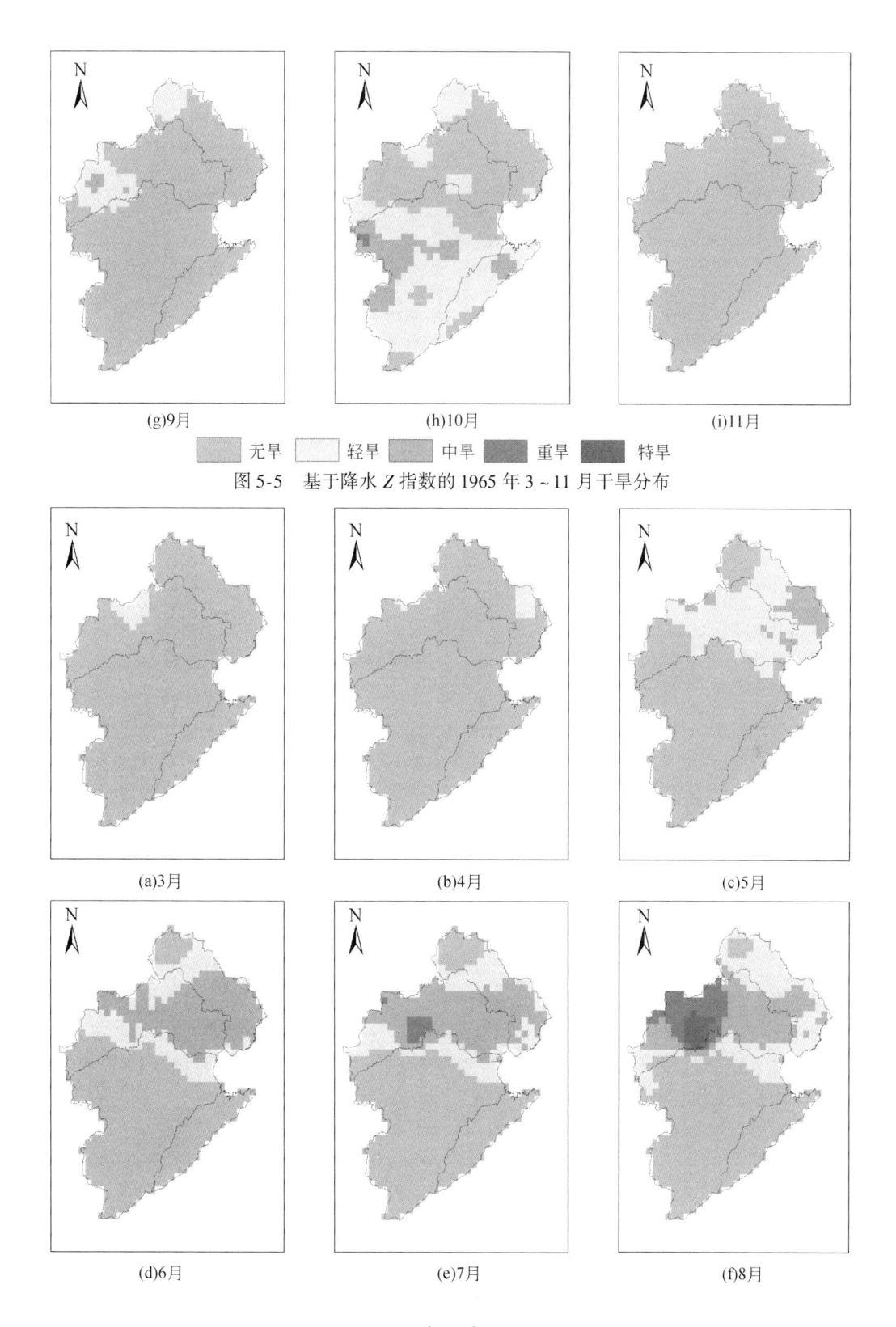

□ 无旱　□ 轻旱　■ 中旱　■ 重旱　■ 特旱

图 5-5　基于降水 Z 指数的 1965 年 3~11 月干旱分布

(a)3月　　　　　　　　　(b)4月　　　　　　　　　(c)5月

(d)6月　　　　　　　　　(e)7月　　　　　　　　　(f)8月

(g)9月　　　　　　　　　(h)10月　　　　　　　　　(i)11月

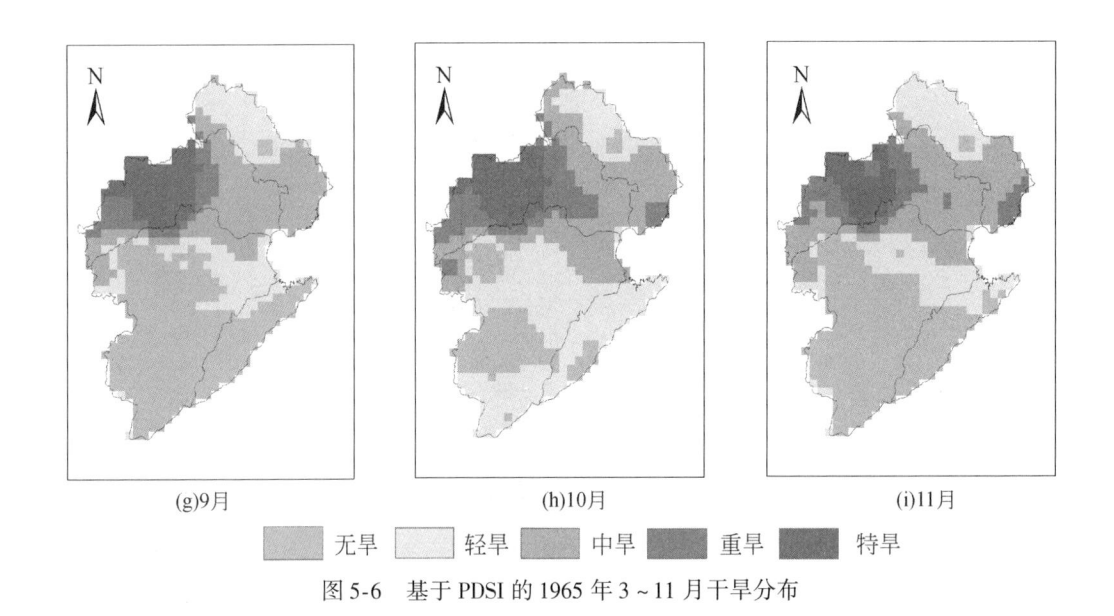

□无旱　□轻旱　□中旱　■重旱　■特旱

图 5-6　基于 PDSI 的 1965 年 3~11 月干旱分布

(2) 1972 年的旱情、旱灾

1972 年海河流域春、夏连旱。北京市受旱面积达 20.8 万 hm²，占耕地面积的 50%。河北省年平均降水量仅为多年平均值的 60%，大部分地区连续无雨日超过 50 天，2 月下旬，旱象在张家口、承德和唐山等地发生，后向南延伸，波及沧州、保定、衡水、石家庄、邢台等地，到 4 月上旬蔓延至全省。河北全省受旱面积达 270 万 hm²，减产粮食 18.1 亿 kg，受灾人口为 1178 万人。天津市春旱以后出现水荒，山西省雁北地区大面积春夏连旱，山东省的鲁北地区大旱。

基于降水量距平百分率的 1972 年 3~11 月干旱分布如图 5-7 所示，基于降水 Z 指数的 1972 年 3~11 月干旱分布如图 5-8 所示，基于 PDSI 指数的 1972 年 3~11 月干旱分布如图 5-9 所示。从图 5-7 降水量距平百分率、图 5-8 降水 Z 指数和图 5-9 PDSI 指数的评价结果可以看出，降水量距平百分率的评价结果只在 3 月、4 月和 6 月出现大范围的严重干旱，其他月份干旱范围很小，甚至基本无旱；而降水 Z 指数的评价结果为 3 月严重干旱区主要集中在承德、北京，4 月向南延伸，严重干旱区主要集中在保定、石家庄、衡水，与史料记载较吻合，但 5 月旱情较轻，6 月旱情突然转重，这与实际旱灾情况不符，一定程度上反映了 Z 指数的不稳定性；从图 5-9 中可看出海河流域从 1972 年 3 月即出现严重干旱，主要集中在海河流域北部滦河山区承德及张家口，4~9 月干旱向南延伸，直到 6 月干旱已波及河北全省。严重干旱区主要分布在海河北部，包括河北承德、唐山、张家口、保定以及北京、天津、山西雁北地区，与史料记载旱情较吻合，说明 PDSI 指数拟合效果较好。

(a)3月　(b)4月　(c)5月

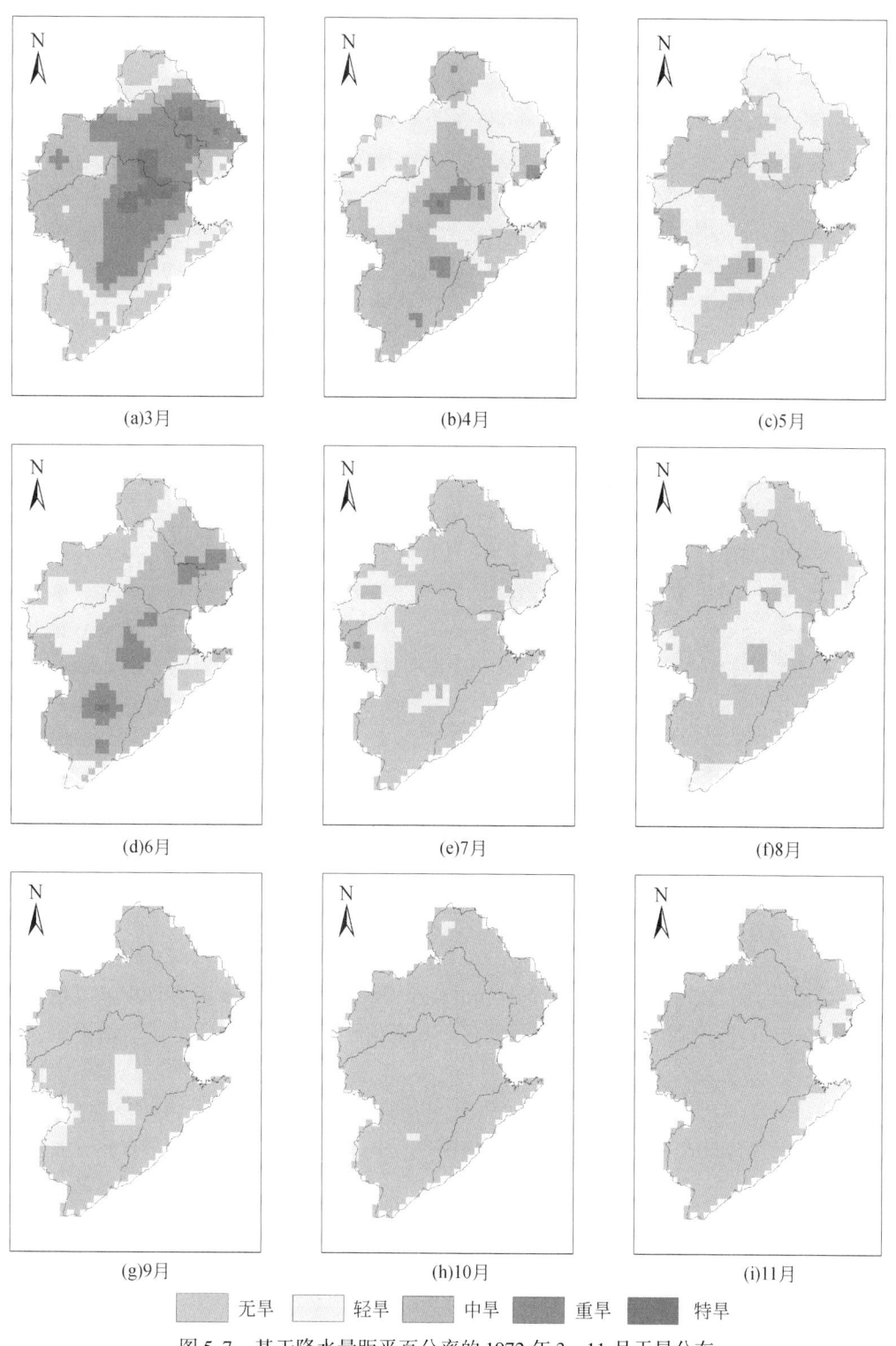

(d)6月　(e)7月　(f)8月

(g)9月　(h)10月　(i)11月

无旱　轻旱　中旱　重旱　特旱

图 5-7　基于降水量距平百分率的 1972 年 3～11 月干旱分布

图 5-8 基于降水 Z 指数的 1972 年 3～11 月干旱分布

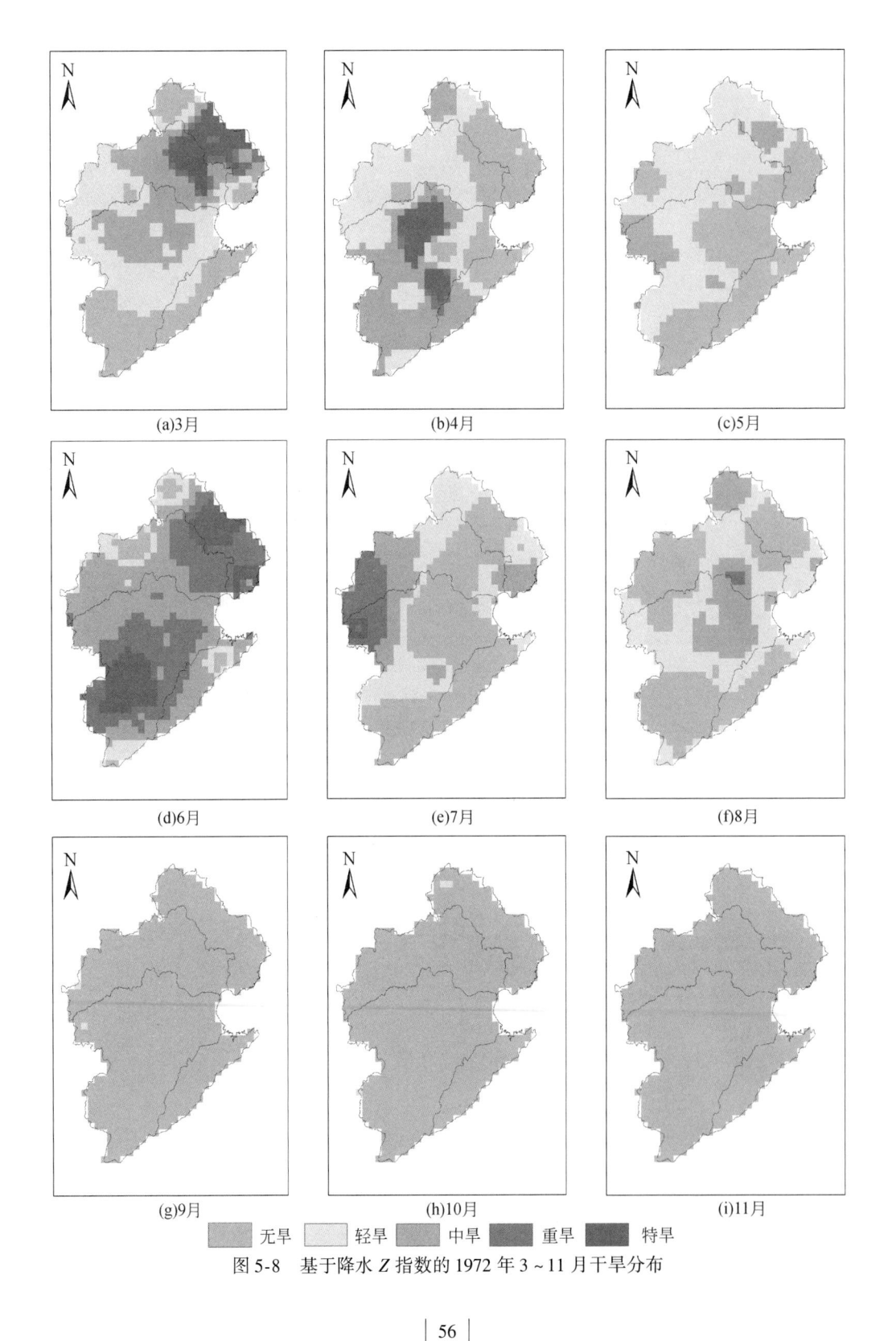

第 5 章 | 不同干旱指标在海河流域的应用

(a)3月 (b)4月 (c)5月

(d)6月 (e)7月 (f)8月

(g)9月 (h)10月 (i)11月

无旱　轻旱　中旱　重旱　特旱

图 5-9　基于 PDSI 的 1972 年 3~11 月干旱分布

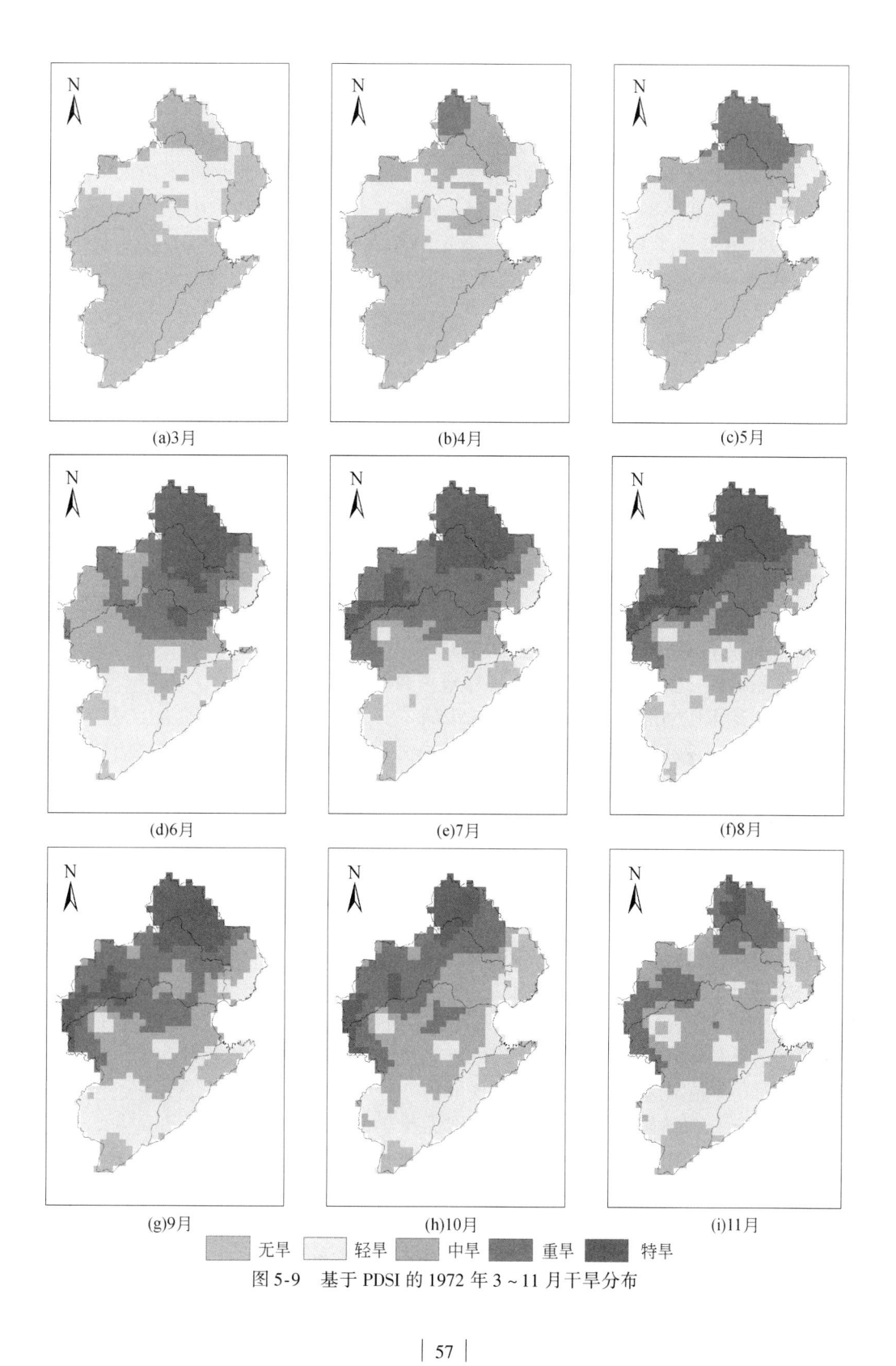

(3) 1980~1982 年的旱情、旱灾

河北省 1980 年春、夏、秋连旱，1981 年继续干旱，邯郸、邢台、唐山、石家庄、承德、沧州等地出现供水紧张，1982 年春旱严重，水库蓄水量减少，供水紧张，饮水困难。北京市、天津市 1980~1982 年水源危机严重，出现水荒，河南省豫北地区 1978~1982 年连续大旱 4 年，直到 1982 年 6~7 月降雨接近正常，大旱期才结束。山西省滹沱河流域，1980 年、1981 年春旱严重；内蒙古自治区永定河流域 1980 年春夏连旱 100 余天；山东省鲁北地区 1979~1983 年连续干旱；辽宁省滦河流域 1980~1982 年连续干旱。

基于降水量距平百分率的 1980~1982 年 3~11 月干旱分布分别如图 5-10~图 5-12 所示，基于降水 Z 指数的 1980~1982 年 3~11 月干旱分布分别如图 5-13~图 5-15 所示，基于 PDSI 指数的 1980~1982 年 3~11 月干旱分布分别如图 5-16~图 5-18 所示，从 3 种干旱指标在连续干旱年的评价结果可看出，降水量距平百分率和降水 Z 指数的 1980~1982 年干旱评价结果不具有连续性，且评价结果不稳定，不能反映历史旱情的真实状况；而 PDSI 指数的评价结果反映了一定的滞后效应，1980 年 3~11 月 PDSI 的评价结果基本上没有反映旱情，全流域基本无旱，1980~1982 年是海河流域全流域的连旱年，严重干旱区集中在河北邯郸、邢台、唐山、石家庄、承德、沧州以及北京、天津、河南豫北地区、山东鲁北地区、辽宁滦河流域，与史料记载较吻合，PDSI 的评价结果较好。

(4) 1999 年的旱情、旱灾

1999 年河北省发生干旱程度为 1961 年以来历史同期罕见的大旱，张家口、沧州、衡水、邢台、石家庄、秦皇岛、唐山、承德等地出现严重干旱；北京市夏季持续高温少雨，官厅、密云水库汛期来水量均是建库以来最少的一年，旱情严重；天津市春、夏连旱，长期干旱少雨，气温偏高，旱情严重，全市因旱农田受灾 412.5 万亩，成灾 282 万亩；山西省全省性大旱，大同等地春、夏、秋连旱。

基于降水量距平百分率的 1999 年 3~11 月干旱分布如图 5-19 所示，基于降水 Z 指数的 1999 年 3~11 月干旱分布如图 5-20 所示，基于 PDSI 指数的 1999 年 3~11 月干旱分布如图 5-21 所示。由图可知，降水量距平百分率的评价结果反映海河流域 1999 年 3~11 月的干旱程度较轻，干旱类型主要为无旱、轻旱和中旱，重旱和特旱出现的范围极小；降水 Z 指数的评价结果反映出严重干旱主要出现在夏季 6 月、7 月、8 月以及秋季的 9 月，严重干旱主要集中在河北张家口、秦皇岛、石家庄、邢台及山西大同等地区，基本与史料记载吻合，但春季无严重干旱区，与实况不符；从 PDSI 的评价结果来看，海河流域 1999 年 3~11 月的严重干旱区主要集中在海河流域西部，严重干旱区集中在河北张家口和山西大同，3~11 月干旱范围出现略微变化，体现了 3~11 月的春、夏、秋三季连旱，但河北其他地区干旱评价结果较好，北京、天津等地严重干旱评价结果较差。

从海河流域 1949~1999 年的典型旱灾年份 1965 年、1972 年、1980~1982 年、1999 年对比分析降水量距平百分率、降水 Z 指数及 PDSI 指数评价结果可以看出：3 种干旱指数在海河流域典型旱灾年 1965 年、1972 年、1999 年均呈现出不同程度的干旱。降水量距平百分率的评价结果较好，干旱波及范围比实际小、干旱程度轻；降水 Z 指数的干旱评价

(a)3月   (b)4月   (c)5月

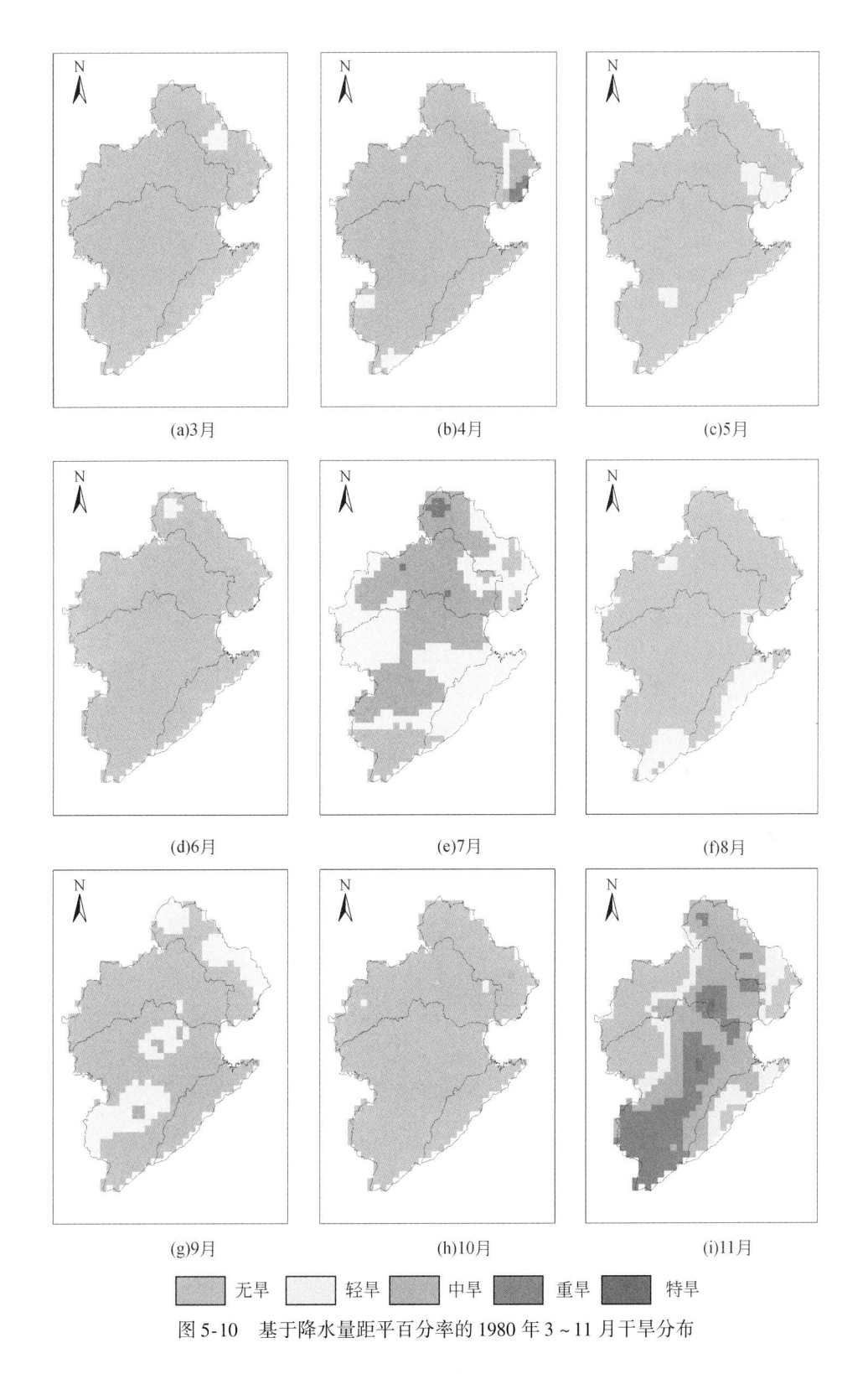

(d)6月   (e)7月   (f)8月

(g)9月   (h)10月   (i)11月

无旱　轻旱　中旱　重旱　特旱

图 5-10　基于降水量距平百分率的 1980 年 3~11 月干旱分布

(a)3月　　　　　　　　　(b)4月　　　　　　　　　(c)5月

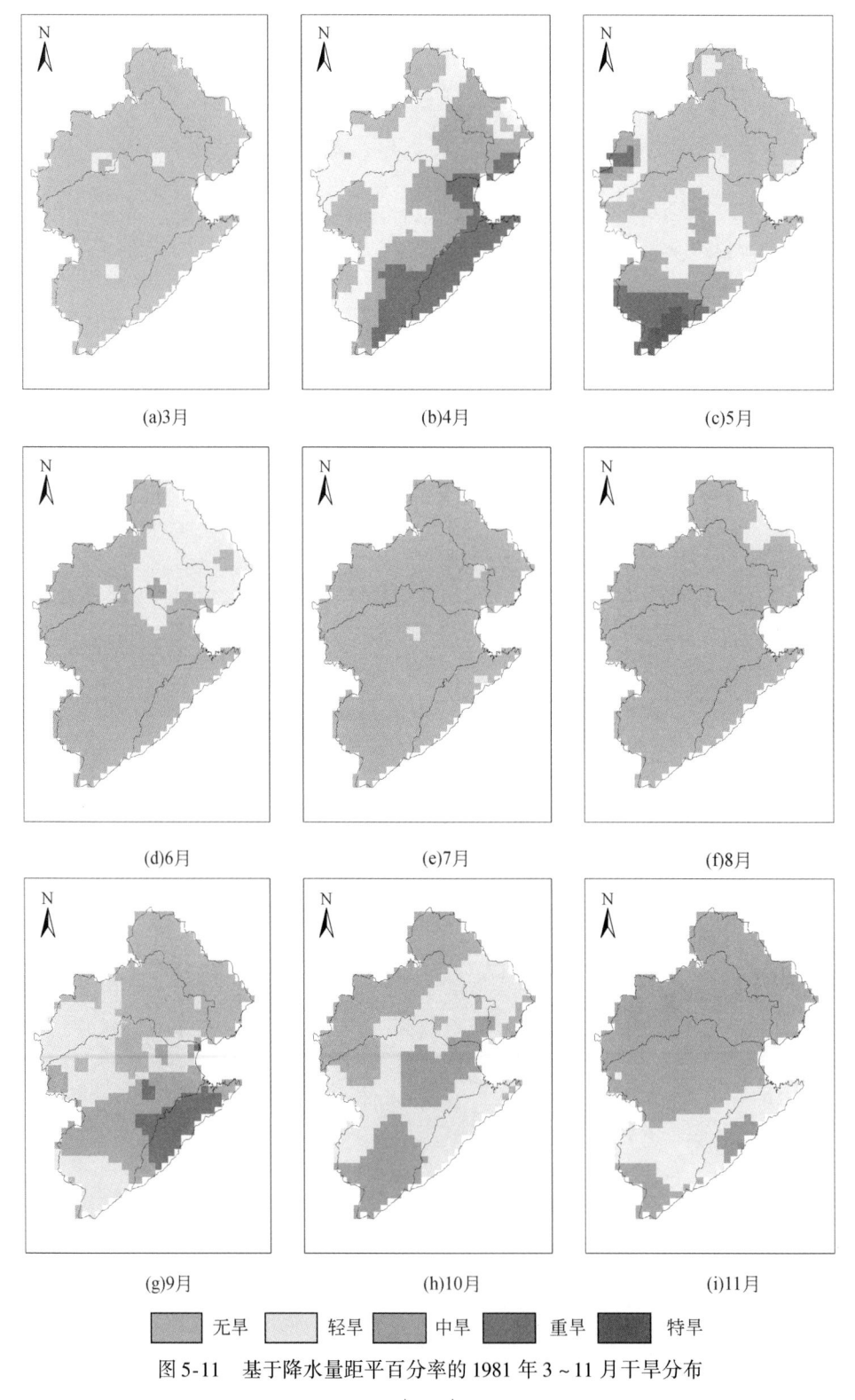

(d)6月　　　　　　　　　(e)7月　　　　　　　　　(f)8月

(g)9月　　　　　　　　　(h)10月　　　　　　　　 (i)11月

无旱　　轻旱　　中旱　　重旱　　特旱

图 5-11　基于降水量距平百分率的 1981 年 3~11 月干旱分布

(a)3月 (b)4月 (c)5月

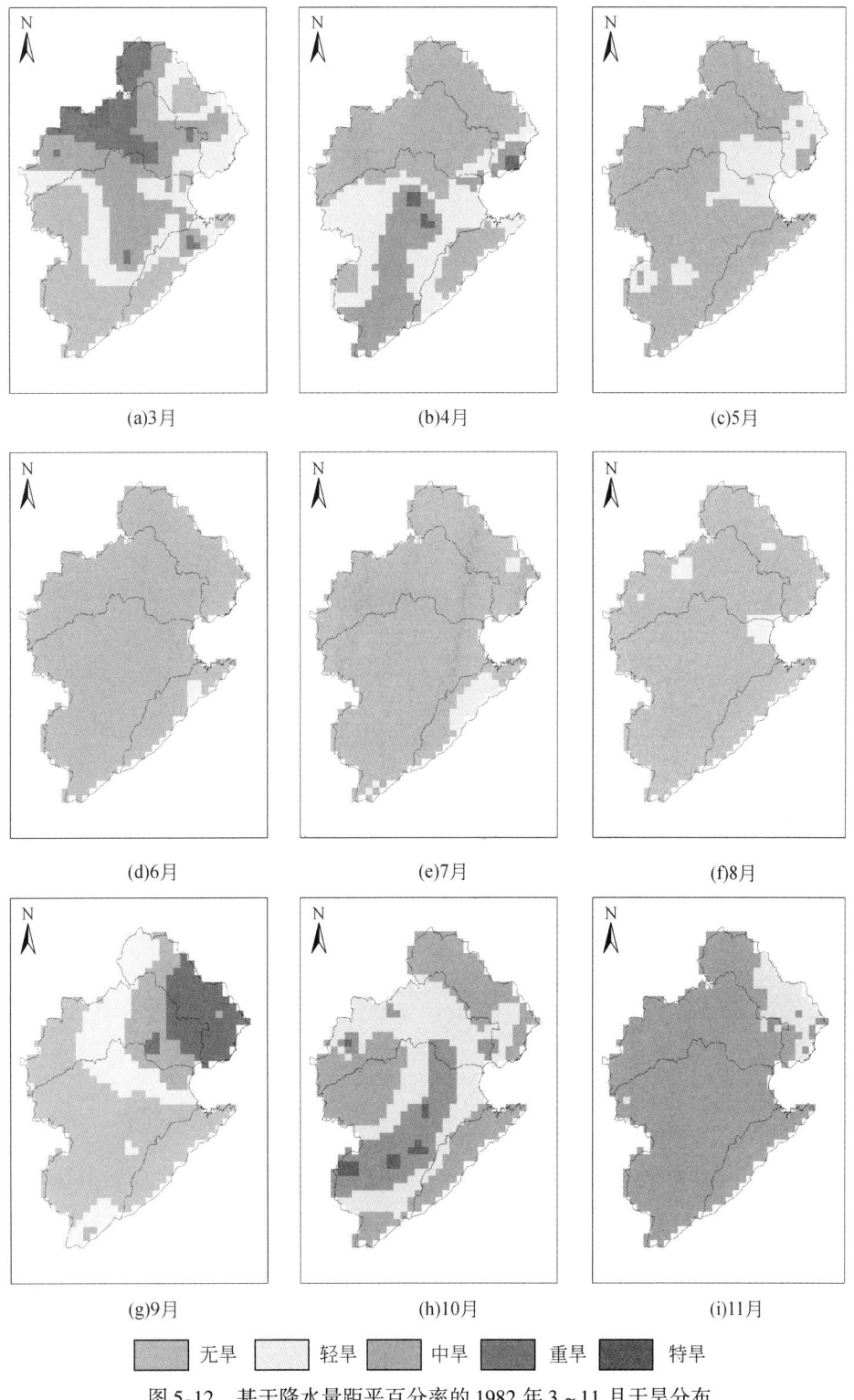

(d)6月 (e)7月 (f)8月

(g)9月 (h)10月 (i)11月

无旱　轻旱　中旱　重旱　特旱

图 5-12　基于降水量距平百分率的 1982 年 3~11 月干旱分布

(a)3月   (b)4月   (c)5月

(d)6月   (e)7月   (f)8月

(g)9月   (h)10月   (i)11月

无旱　轻旱　中旱　重旱　特旱

图 5-13　基于降水 Z 指数的 1980 年 3~11 月干旱分布

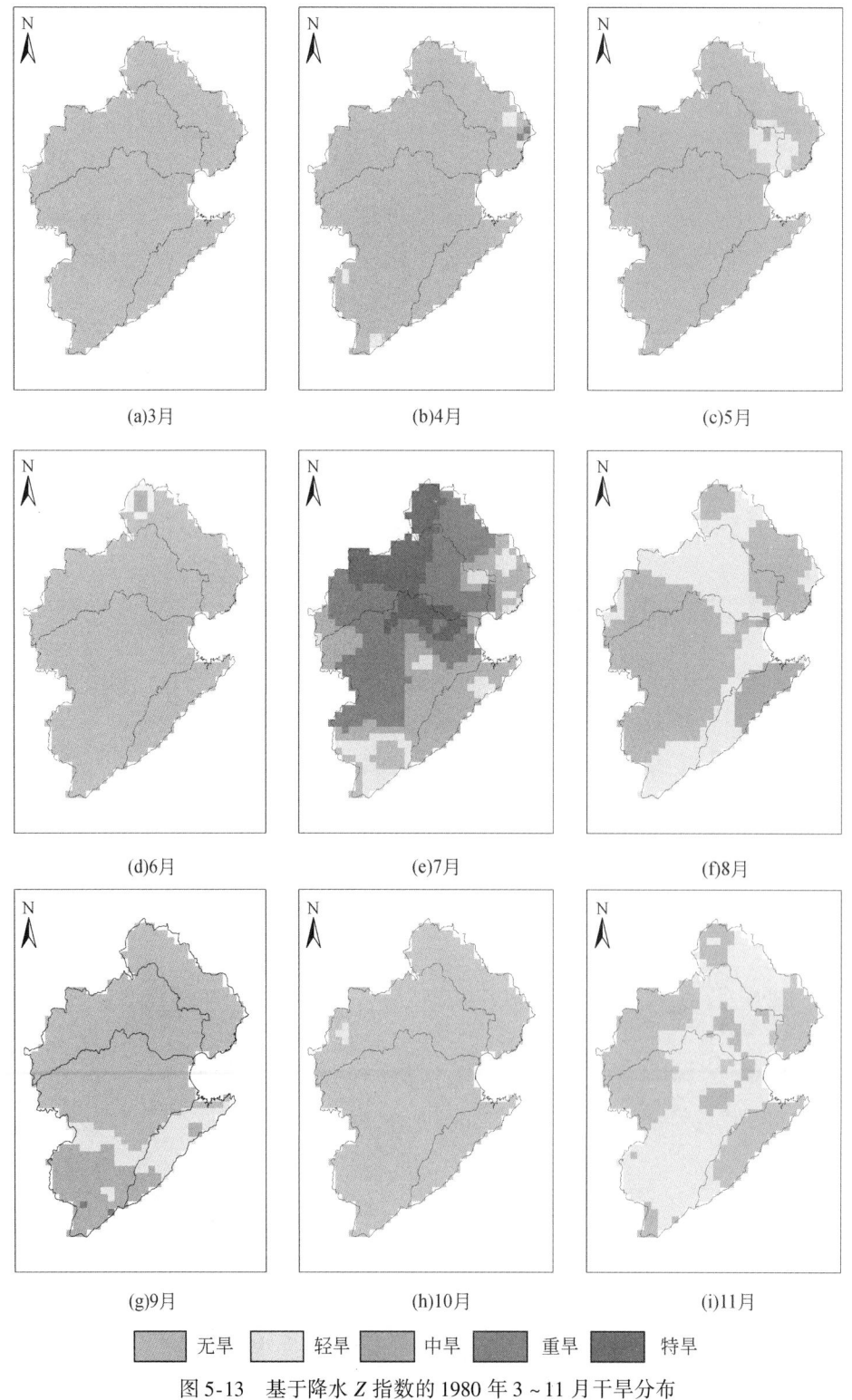

(a)3月　(b)4月　(c)5月

(d)6月　(e)7月　(f)8月

(g)9月　(h)10月　(i)11月

无旱　轻旱　中旱　重旱　特旱

图 5-14　基于降水 Z 指数的 1981 年 3～11 月干旱分布

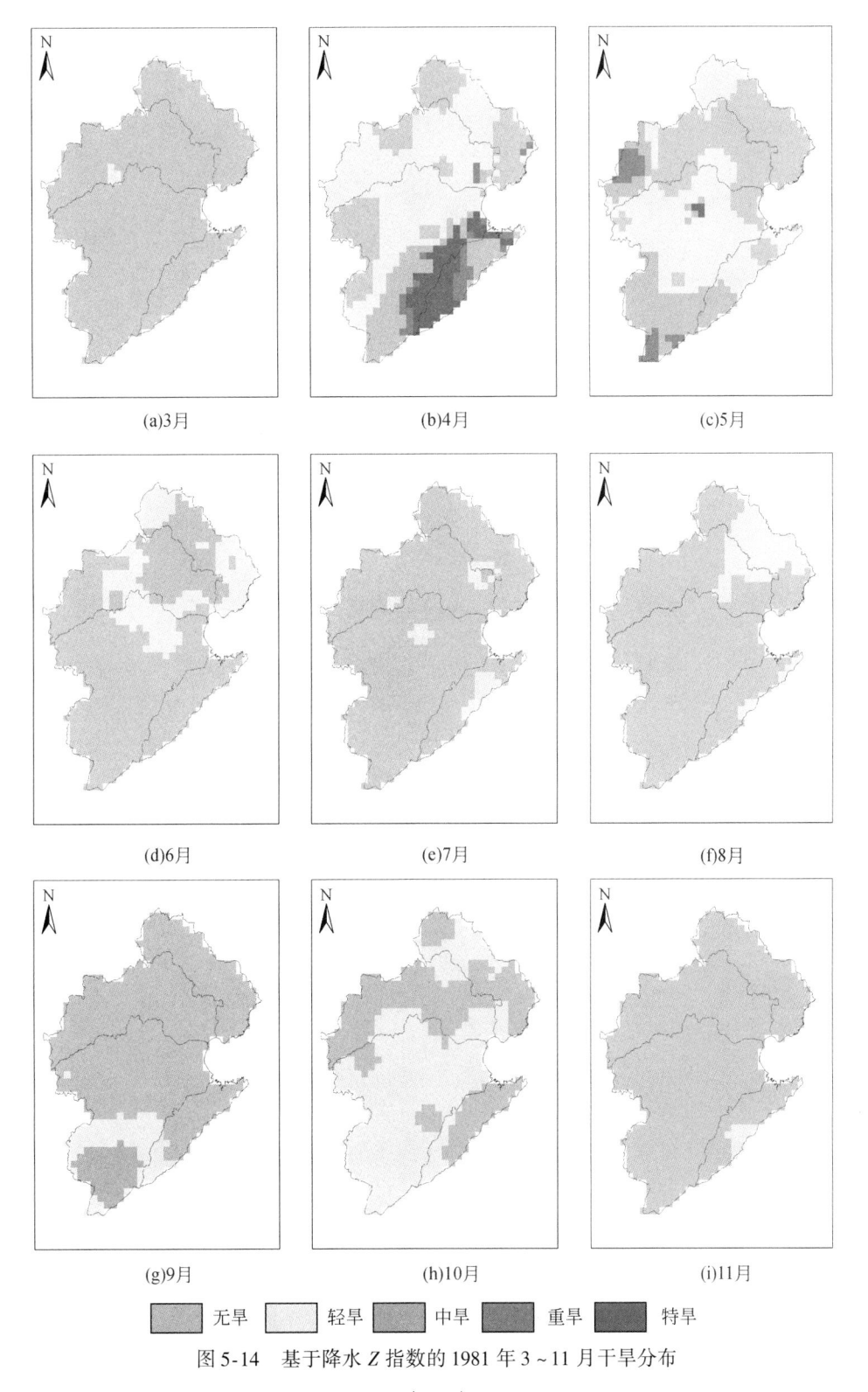

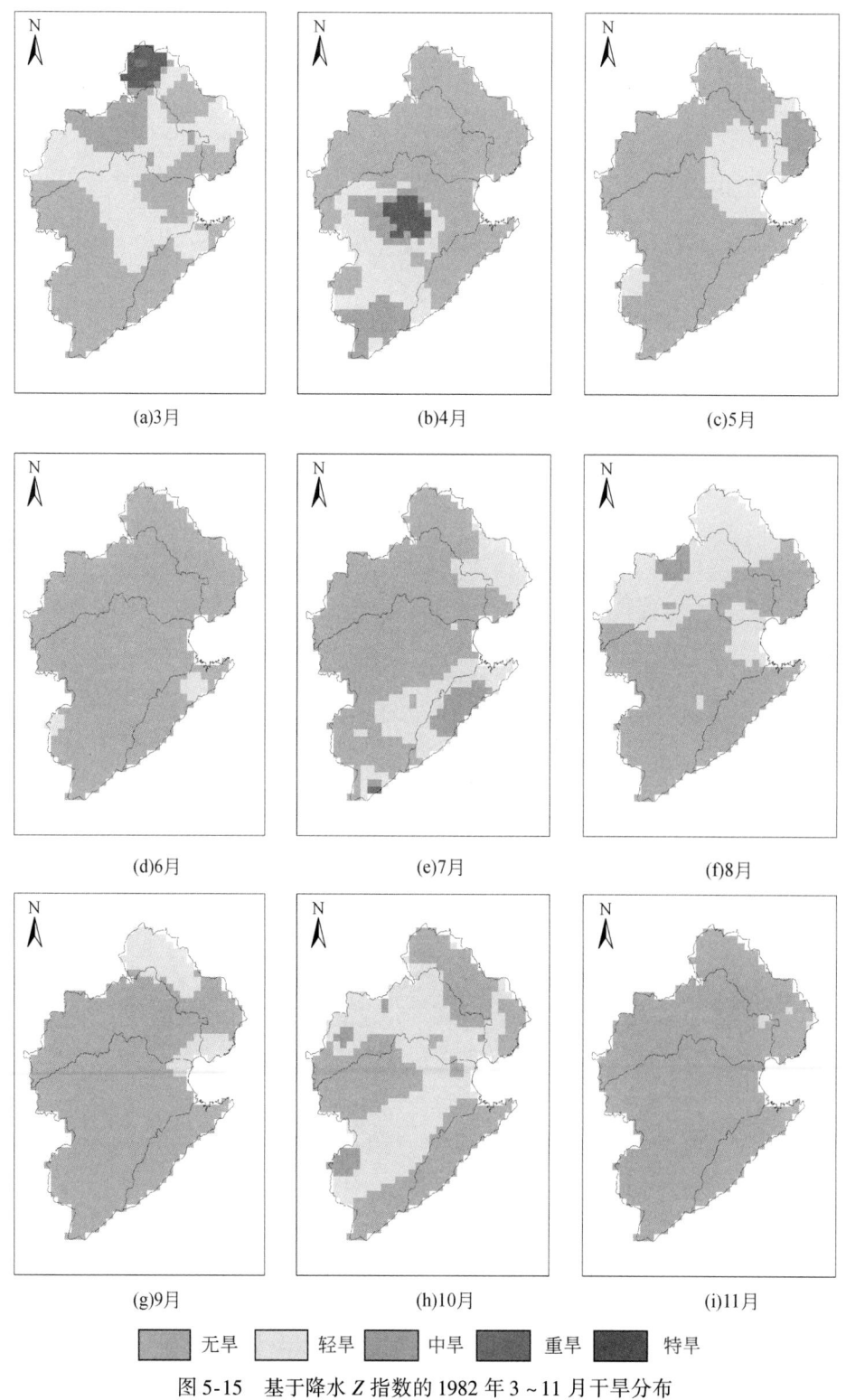

(a)3月　　(b)4月　　(c)5月

(d)6月　　(e)7月　　(f)8月

(g)9月　　(h)10月　　(i)11月

无旱　　轻旱　　中旱　　重旱　　特旱

图 5-15　基于降水 Z 指数的 1982 年 3~11 月干旱分布

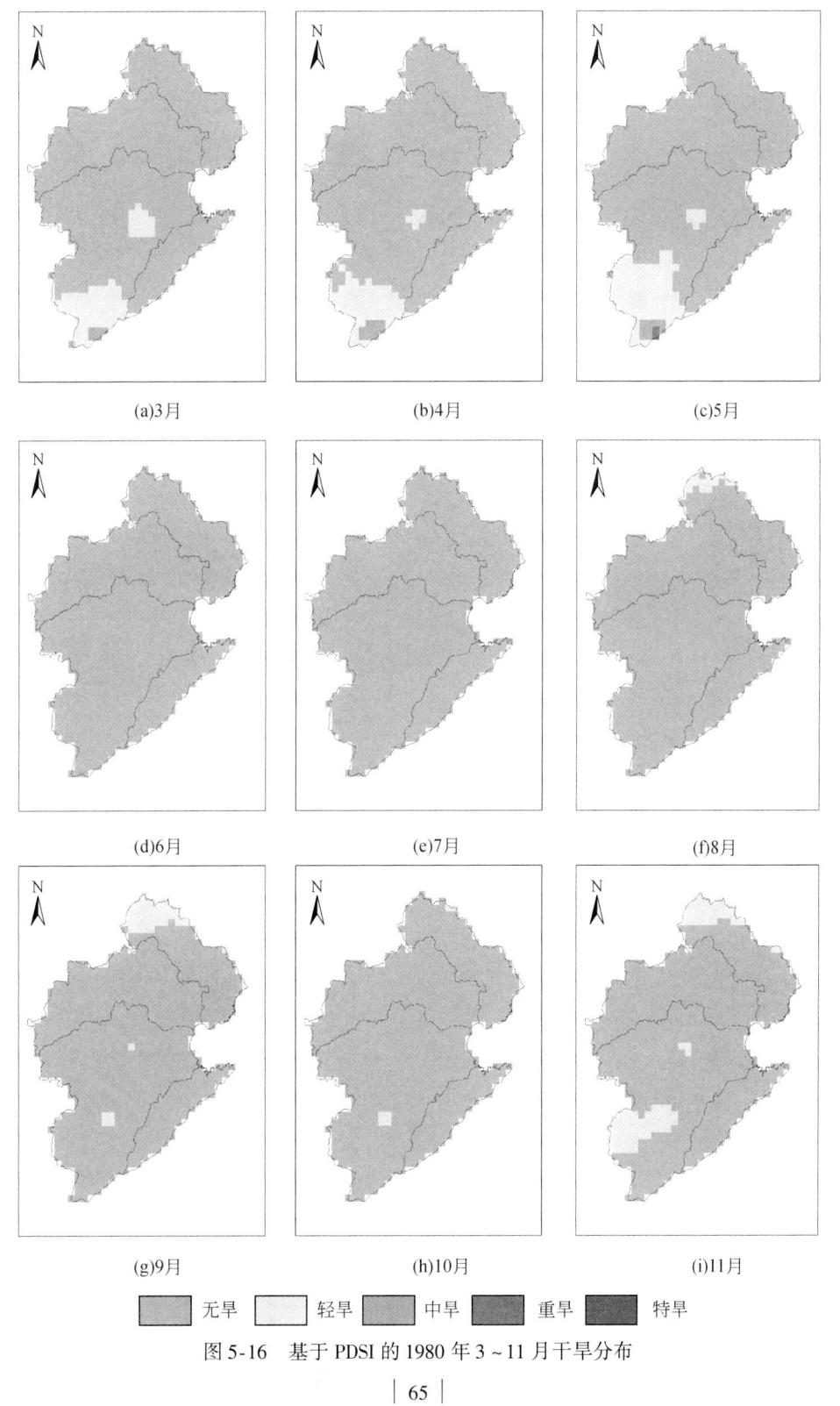

| 无旱 | 轻旱 | 中旱 | 重旱 | 特旱 |

图 5-16 基于 PDSI 的 1980 年 3~11 月干旱分布

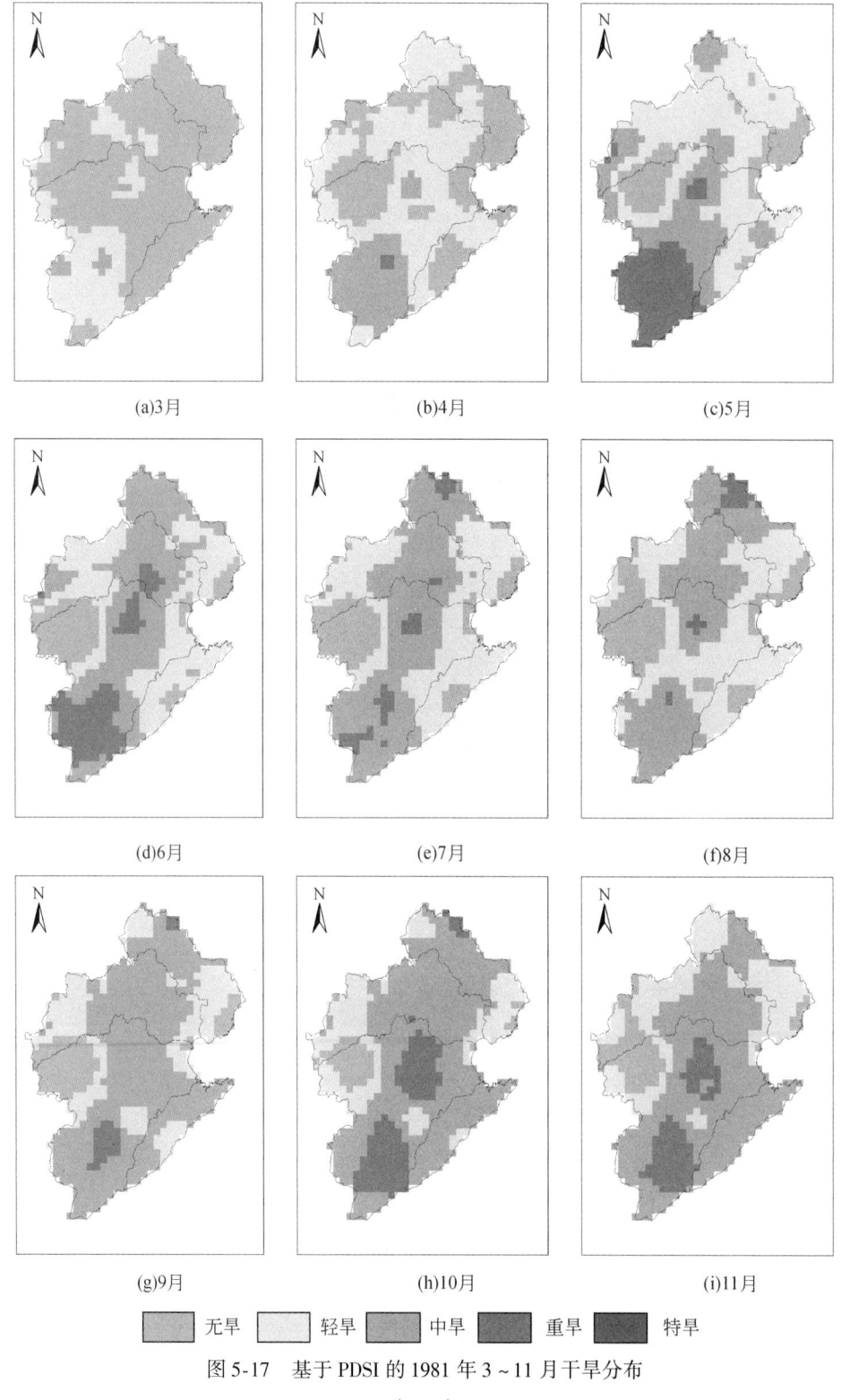

(a)3月　(b)4月　(c)5月

(d)6月　(e)7月　(f)8月

(g)9月　(h)10月　(i)11月

　　无旱　　轻旱　　中旱　　重旱　　特旱

图 5-17　基于 PDSI 的 1981 年 3~11 月干旱分布

(a)3月　　　　　　　　　　(b)4月　　　　　　　　　　(c)5月

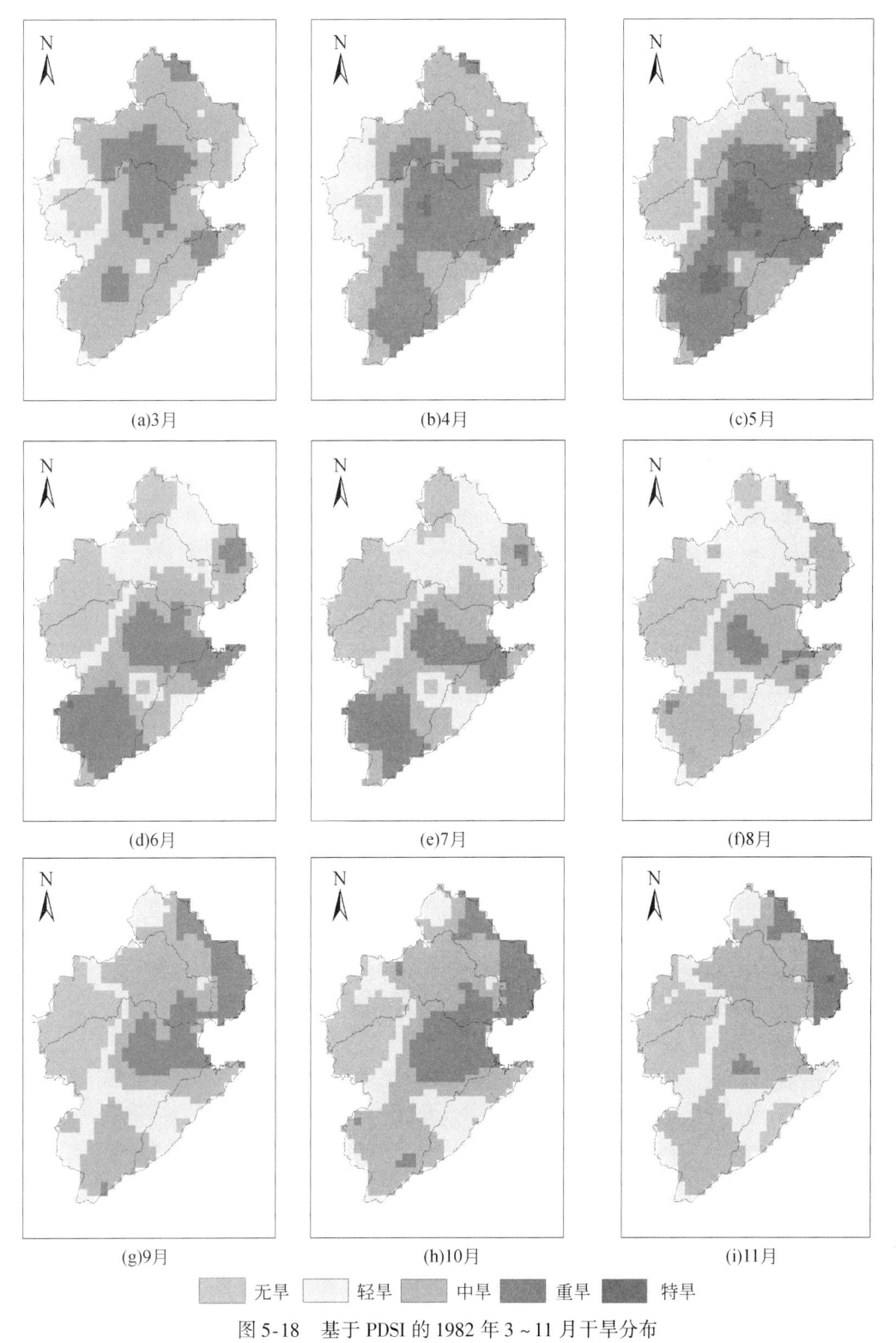

(d)6月　　　　　　　　　　(e)7月　　　　　　　　　　(f)8月

(g)9月　　　　　　　　　　(h)10月　　　　　　　　　　(i)11月

无旱　　轻旱　　中旱　　重旱　　特旱

图 5-18　基于 PDSI 的 1982 年 3~11 月干旱分布

(a)3月 (b)4月 (c)5月

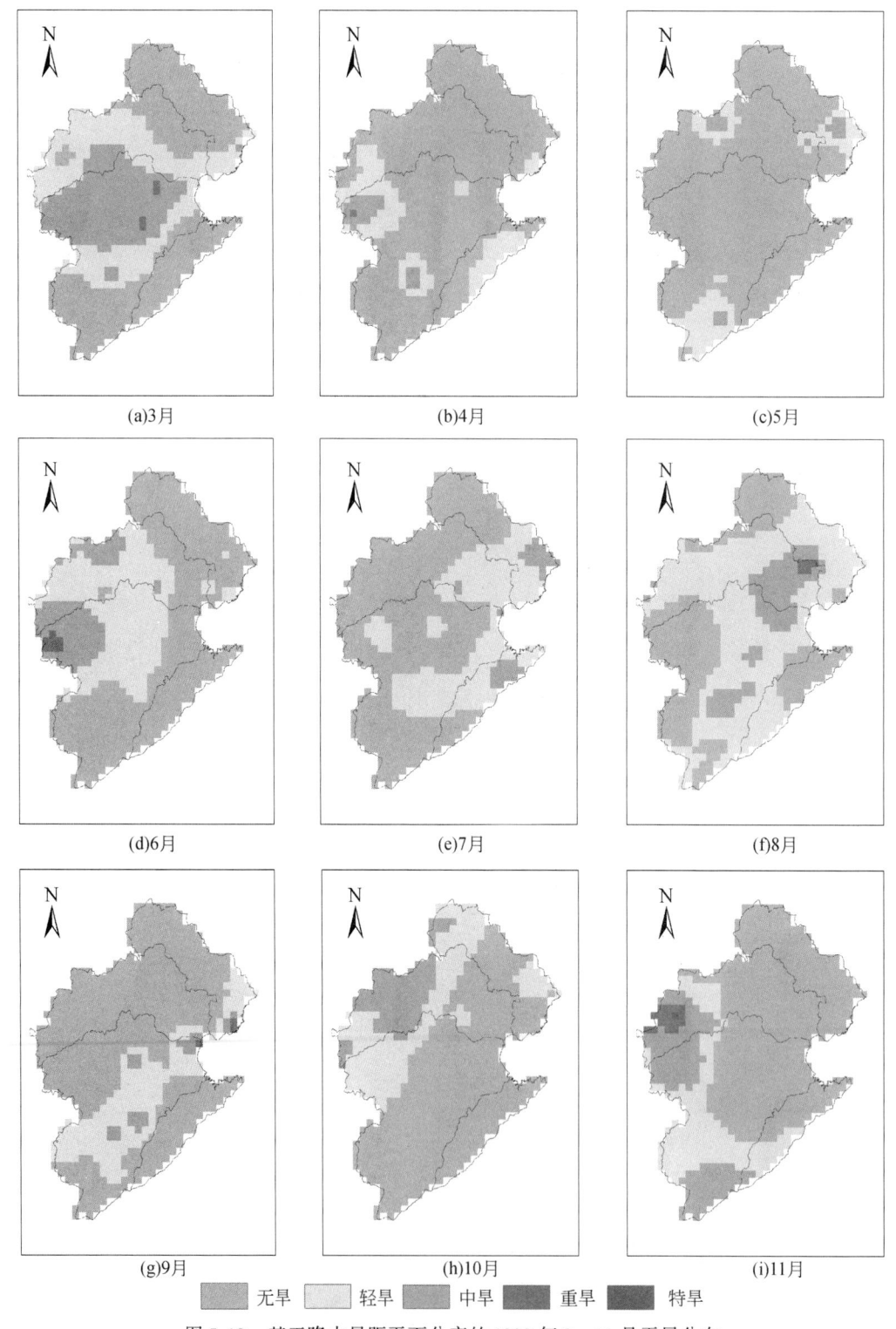

(d)6月 (e)7月 (f)8月

(g)9月 (h)10月 (i)11月

无旱　轻旱　中旱　重旱　特旱

图 5-19　基于降水量距平百分率的 1999 年 3~11 月干旱分布

| 第 5 章 | 不同干旱指标在海河流域的应用

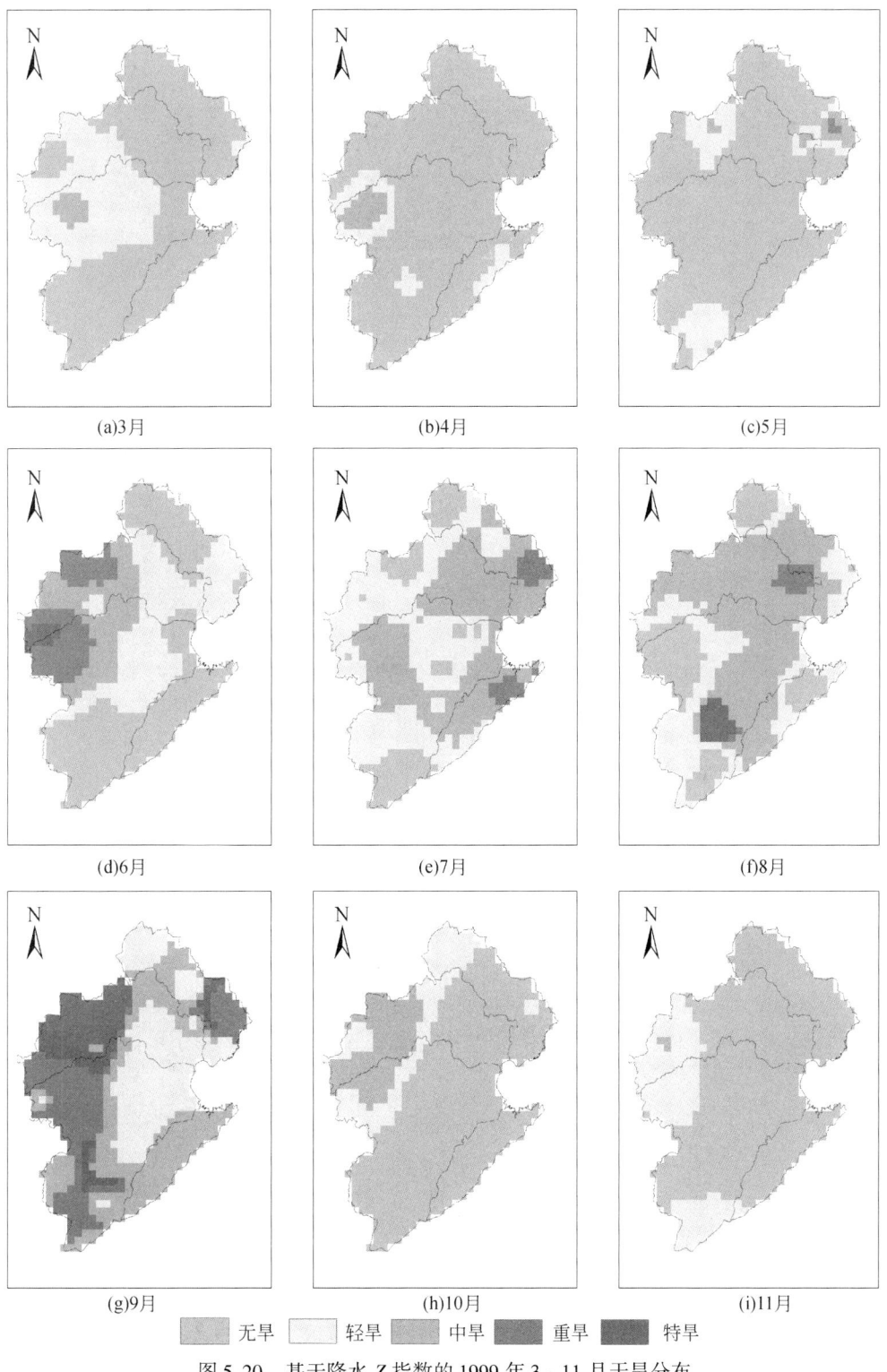

(a)3月　　　　　　　　(b)4月　　　　　　　　(c)5月

(d)6月　　　　　　　　(e)7月　　　　　　　　(f)8月

(g)9月　　　　　　　　(h)10月　　　　　　　(i)11月

无旱　　轻旱　　中旱　　重旱　　特旱

图 5-20　基于降水 Z 指数的 1999 年 3～11 月干旱分布

(a)3月　　　　　　　　(b)4月　　　　　　　　(c)5月

(d)6月　　　　　　　　(e)7月　　　　　　　　(f)8月

(g)9月　　　　　　　　(h)10月　　　　　　　(i)11月

无旱　　轻旱　　中旱　　重旱　　特旱

图 5-21　基于 PDSI 的 1999 年 3~11 月干旱分布

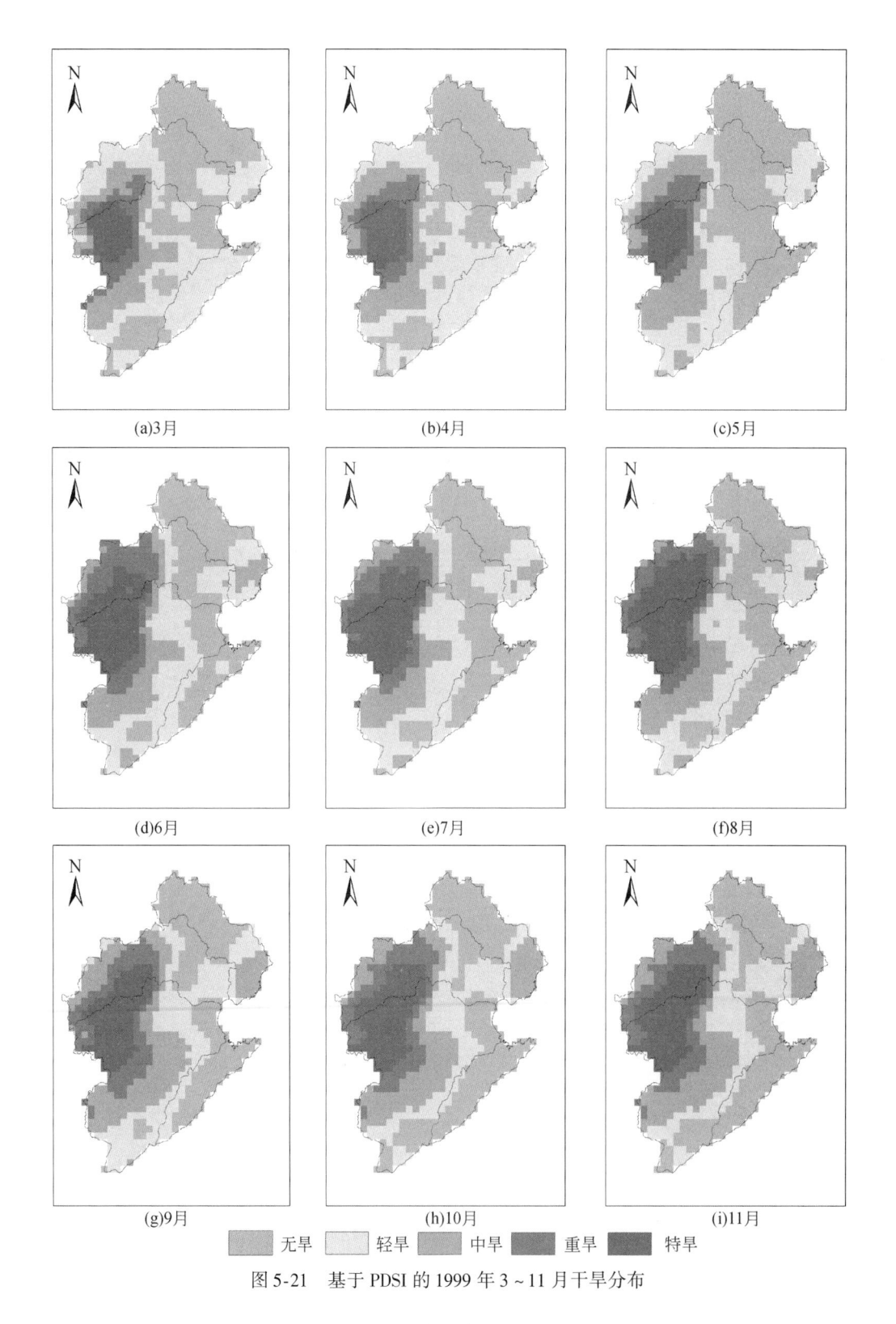

结果具有不稳定性；PDSI 的评价结果与干旱的真实过程较为吻合，但存在一定的滞后效应。3 种干旱指数在连续旱灾年 1980~1982 年的评价中，降水量距平百分率和降水 Z 指数的 1980~1982 年干旱评价结果不具有连续性，且评价结果不稳定，不能反映历史旱情的真实过程，而 PDSI 的评价结果仍存在一定的滞后效应。总体而言，虽然 PDSI 指数出现一定的滞后效应，但基本能反映海河流域的历史干旱分布及趋势，与史料记载较吻合，3 个指标中 PDSI 指数的评价效果较好。

5.3.2 典型研究区的应用结果对比

干旱灾害是北京地区发生最频繁、波及面最大、持续时间最长的一种气象灾害。北京地区干旱出现频率高，据不完全统计，公元 1271~2000 年这 730 年间，发生干旱的年数为 386 年，出现频率为 53%，平均两年一遇，其中大旱年 149 年，出现频率为 20%，平均 5 年一遇。北京地区连旱频数大，有连续数年甚至 10 年以上年年干旱的特点。据统计，公元 1271~2000 年，连旱两年以上的年数有 298 年，占干旱年数的 77%，连旱 3 年以上的年数有 258 年，占干旱总年数的 67%，连旱 4 年以上的年数有 188 年，占干旱总年数的 49%。新中国成立后 1992~2000 年每年均发生干旱，重大旱灾年（指大和特大旱灾年）比例大，1949~2000 年重大旱灾占旱灾年数的 40%。

根据《中国气象灾害大典：北京卷》中现代（1950~2000 年）干旱灾害记载的北京 1961~2000 年干旱灾害情况，结合 1961~2000 年降水量距平百分率、降水 Z 指数及 PDSI 指数的逐月干旱指标评价结果，对比历史旱灾情况与干旱指标评价结果，见表 5-1。根据《中国气象灾害大典：北京卷》记载，将旱灾年份干旱程度分为大旱和旱，其中大旱指的是重大旱灾，旱指的是一般旱灾。从表 5-1 可看出北京市 1961~2000 年发生旱灾的年数为 25 年，其中重大旱灾年数为 10 年，将 3 种干旱指数评价结果中的特旱的标准作为评定重大旱灾的标准，重旱和中旱的标准作为评定一般旱灾的标准，从而得到 3 种干旱指标的干旱评定结果。降水量距平百分率评定的旱灾年与历史旱灾年吻合年数为 16 年，吻合率为 64%；降水 Z 指数评定的旱灾年与历史旱灾年吻合年数为 17 年，吻合率为 68%；PDSI 指数评定的旱灾年与历史旱灾年吻合年数为 21 年，吻合率达到 84%。对比 3 种干旱指标的评定结果，说明 PDSI 与实际干旱过程吻合得较好，能基本反映研究区的干旱情况。

表 5-1　1961~2000 年北京市历史旱灾情况与干旱指标评价结果对比

年份	历史实际旱情记载	历史干旱程度	降水量距平百分率	Z	PDSI
1961	1~7 月一直无降水，郊区旱情较严重，全市农田受灾面积为 265 万余亩	旱	旱	旱	旱
1962	夏季降水量比常年偏少 37%，郊区 300 万亩农作物受旱	大旱	旱	旱	旱
1963	降水时空过于集中，涝中有旱，官厅水库汛期水库供水紧张	旱	旱	无旱	旱
1965	夏季降水比常年偏少 59%，1~6 月干旱严重	大旱	大旱	旱	大旱

续表

年份	历史实际旱情记载	历史干旱程度	降水量距平百分率	Z	PDSI
1968	夏季降水不足常年一半，1~6月降水是1949年以来的最小值	大旱	旱	无旱	大旱
1971	春季干旱，1~5月降水比常年同期减少1/3	旱	旱	无旱	旱
1972	夏季降水为常年一半，全市受旱面积为313万亩，成灾面积为203万亩	大旱	大旱	大旱	大旱
1975	夏粮受旱严重，全市受灾面积为206万亩	旱	旱	旱	旱
1976	全市受旱面积为160万亩，成灾面积为40万亩	旱	旱	旱	旱
1980	春夏秋持续干旱，全市粮田受灾面积为380万亩，成灾面积为146万亩，受灾人口为300万，成灾人口为174万	大旱	旱	旱	无旱
1981	1~6月比常年同期少66%，全市粮食作物受旱面积为294万亩	大旱	旱	旱	大旱
1982	1~5月干旱，全市粮食作物受灾面积为193.5万亩，成灾面积为33.6万亩	大旱	旱	旱	大旱
1983	夏季降水比常年偏少30%，7月、8月高温天气，大秋作物受旱面积达258.7万亩	旱	旱	旱	旱
1984	1~7月降水比常年少71%，冬、春连旱，夏季伏旱，全市农业受旱面积为157万亩，成灾面积为136万亩	旱	旱	旱	旱
1986	1985年12月至1986年5月降水量比常年同期偏少60%，冬春干旱持续到6月底，全市受旱面积为113万亩，成灾面积为52万亩	旱	旱	旱	旱
1987	全市大部分地区遭受旱灾，农田受灾面积为72万亩，受灾人口为90万	旱	无旱	无旱	旱
1992	全市受旱面积为107.4万亩，其中75%成灾，12%绝收	旱	旱	无旱	旱
1993	1~5月大部分地区降水比常年同期偏少40%~70%，其中成灾面积为45万亩	旱	旱	旱	旱
1994	1~4月降水量仅为6.9mm，比常年同期少80%，1月、2月、4月气温偏高，旱情加剧，春旱严重	旱	旱	旱	旱
1995	春旱严重，山区40万亩田地难以播种，其中15万亩基本无收，5万人饮水困难	旱	旱	无旱	旱
1996	1~5月降水不足常年同期的一半，山区60万亩耕地难以播种，2万余人饮水困难	旱	旱	无旱	旱
1997	夏季降水比常年偏少43%，8月高温，山区发生严重干旱，受旱面积为41万亩，9万亩粮田绝收，2.7万人饮水困难	大旱	旱	大旱	大旱
1998	郊区农田遭受伏旱，受旱面积为217万亩，成灾面积为75万亩	旱	旱	无旱	无旱
1999	夏季降水比常年少69%，是有降水记录以来夏季降水最少年，夏季持续高温，旱情严重，全市受旱面积为198万亩，成灾面积为80万亩	大旱	旱	大旱	旱
2000	夏季降水比常年减少49%，持续高温近1个月，全市受旱面积为248万亩，成灾面积为80万亩，绝收22万亩	大旱	旱	大旱	大旱
吻合频次	—	25	16	17	21
吻合频率	—	100%	64%	68%	84%

第6章 海河流域干旱驱动模式识别

干旱事件的形成既受大尺度的气候背景影响，同时又受区域尺度地–气相互作用的影响，是自然变化和区域人类活动影响共同作用的结果。气候变化和人类活动是干旱事件演变的两个主要的驱动因子。气候变化分为自然气候变化和人为气候变化，包括降水、气温等方面，而人类活动包括土地利用/土地覆盖变化、水利工程调节等方面。

6.1 气候变化

本书考虑将降水量作为气候变化的驱动因子，根据海河流域及周边58个气象站点1961~2010年的逐年降水数据，用反距离权重法（IDW）插值，并计算海河流域逐年面雨量，海河流域年降水量变化时间序列如图6-1所示。从图6-1可看出，年降水量整体呈减少趋势，20世纪70年代末和90年代中期降水量有两次明显下降。应用滑动图滑动 t 检验法对年降水量进行突变性检验，图6-2为滑动 t 检验法的突变点结果。由图6-2可知，年降水量序列的突变点为1978年和1996年左右，其 t 值均大于1.73（$\alpha=0.1$），达到了 $\alpha=0.1$ 的显著性水平。

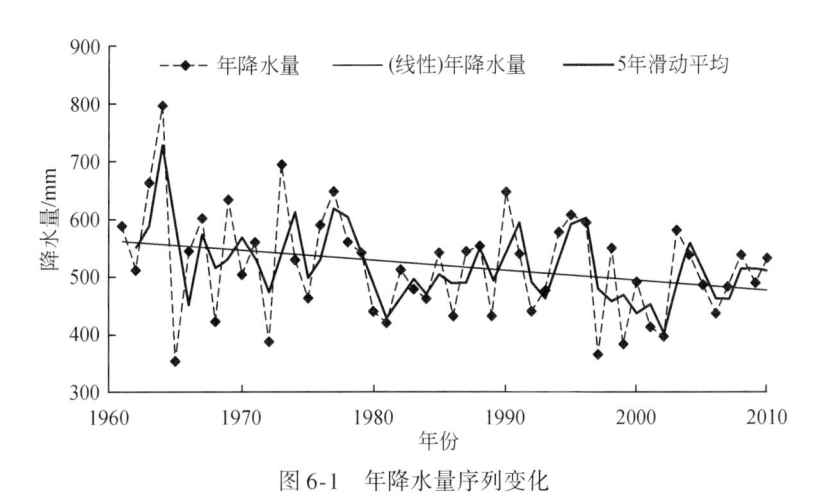

图6-1 年降水量序列变化

另外考虑海河流域所在较大的气候区，需结合分析华北地区的降水变化特征。目前国内已有许多学者研究了华北地区的降水变化特征，其中陈隆勋等（2004）指出，1978年以后，华北降水呈现出显著减少趋势，自20世纪60年代开始一直在减少。周连童和黄荣辉（2003）指出，中国夏季降水在1976年前后发生了一次明显的气候跃变，华北地区从1977年起，降水减少。丁一汇和张莉（2008）指出，近60年来华北降水发生了明显的年

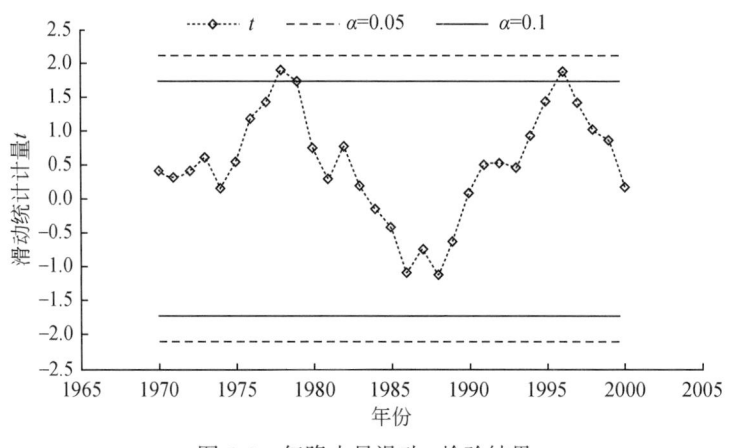

图 6-2 年降水量滑动 t 检验结果

代际变化，20 世纪 60 年代中期以前降水偏多，60 年代后期以来出现减少趋势，特别是从 70 年代以来减少更加明显。华北夏季降水确实在 20 世纪 70 年代中后期发生了突变，之后降水显著减少。张皓和冯利平（2010）的研究表明，1980 年为由多雨期向少雨期的转折点，20 世纪 50~60 年代降水较多，70 年代为过渡期，80~90 年代为少雨期。根据这些学者的研究成果，本书认为华北地区的降水突变点为 1978 年左右。

结合上述华北地区降水变化的研究成果以及海河流域降水突变点识别结果，本书认为人为气候变化对海河流域干旱开始的影响时间为 1978 年。

6.2 下垫面条件（土地利用）变化

目前已有学者对海河流域的土地利用变化作了相关研究，根据卢明龙（2010）研究海河流域土地利用变化特征的成果，其以滦河和大清河流域为研究区，结合土地利用和 DEM 数据，应用 GIS 提取各典型流域 1970 年、1980 年和 2000 年的土地利用情况，总体上看两个典型流域在 1970~1980 年土地利用发生了较大规模的变化。张琳（2009）在研究海河流域下垫面变化情况中选取 1980 年和 2000 年两期的海河流域土地利用数据，分析了海河流域 20 年来土地利用时空变化过程，发现 20 年来海河流域耕地、林地、草地面积增加，建设用地、水域面积减少，土地利用向耕地转化，土地利用程度有所提高。

综合以上研究分析，本书认为海河流域从 1961~2000 年下垫面条件（主要是土地利用）发生改变，因此海河流域 1961~2000 年这个研究时段的干旱受到海河流域下垫面条件（主要是土地利用）变化的影响。

6.3 水利工程条件

海河流域自 1949 年以来，经开发治理，共修建了以防洪、灌溉、供水、发电、养殖为目的的各类水库 1900 多座，总库容为 293.5 亿 m^3。其中山区水库共 1860 座，总库容为

285.4亿m³，占水库总库容的97%。表6-1为海河流域主要大型水库的概况表，从海河流域主要水库的投入运用情况可知，1961年以前海河流域已经开始受水利工程的影响，所以认为流域干旱的演变在1961~2000年的整个研究时段均受水利工程的影响。

表6-1 海河流域主要水利工程概况

水利工程名称	地理位置 经度	地理位置 纬度	所在县市	所在河流	投入运用时间	控制流域面积/km²	效益	类型	总库容/亿m³	主要供水范围
官厅水库	115°36′E	40°14′N	张家口市、北京市延庆县	永定河	1955年	43 402	用水、灌溉、发电等综合利用	大（Ⅰ）型	41.6	北京、天津、河北
岳城水库	114°11′E	36°16′N	邯郸市磁县、河南省安阳县	漳卫河系漳河	1970年	18 100		大（Ⅰ）型	13	邯郸、安阳
于桥水库	117°27′E	40°02′N	天津市蓟县	蓟运河支流州河	1960年	2 060		大（Ⅰ）型	15.59	天津
黄壁庄水库	114°18′E	38°15′N	鹿泉市黄壁庄村	子牙河水系滹沱河干流	1968年	23 400（连同上游28km处的南岗水库）		大（Ⅰ）型	12.1	石家庄、北京
西大洋水库	114°47′E	38°45′N	唐县西大洋村	大清河南支唐河	1960年	4 420		大（Ⅰ）型	11.37	保定、唐河灌区、北京
岗南水库	114°00′E	38°19′N	平山县岗南村	滹沱河干流	1969年	15 900		大（Ⅰ）型	15.71	石家庄、北京
王快水库	114°31′E	38°44′N	曲阳县郑家庄村	大清河南支沙河	1960年	3 370		大（Ⅰ）型	13.89	保定、北京
潘家口水库	118°17′E	40°23′N	唐山市迁西县、承德市宽城县	滦河干流	1985年	33 700		大（Ⅰ）型	29.3	天津、唐山
密云水库	116°59′E	40°27′N	北京市密云县	潮白河	1960年	15 788		大（Ⅰ）型	43.75	北京、天津

6.4 流域干旱驱动模式

通过研究气候变化、下垫面条件变化、水利工程条件得到海河流域人为气候变化的起始时间为1978年，认为1961~1977年这段时间受自然气候变化的影响，1978~2000年这段时间受人为气候变化的影响，1961~2000年整段时间均受下垫面条件（主要指土地利用）变化和水利工程调节的影响，所以1961~1977年海河流域干旱演变受自然气候变化、下垫面条件变化和水利工程调节的共同影响，1978~2000年海河流域干旱受自然气候变化、人为气候变化、下垫面条件变化和水利工程调节的共同影响。海河流域干旱驱动模式识别结果如图 6-3 所示。

```
┌─────────────────────────────┬─────────────────────────────┐
│     自然气候变化+            │   自然气候变化+人为气候变化+  │
│ 下垫面条件变化(土地利用)+    │ 下垫面条件变化(土地利用)+    │
│     水利工程调节             │     水利工程调节             │
└──────●──────────────────────●──────────────────────●──────→ 时间
     1961年                1978年                 2000年
┌─────────────────────────────┬─────────────────────────────┐
│        自然气候变化          │        人为气候变化          │
└─────────────────────────────┴─────────────────────────────┘
┌───────────────────────────────────────────────────────────┐
│              下垫面条件变化(土地利用)                      │
└───────────────────────────────────────────────────────────┘
┌───────────────────────────────────────────────────────────┐
│                     水利工程调节                           │
└───────────────────────────────────────────────────────────┘
```

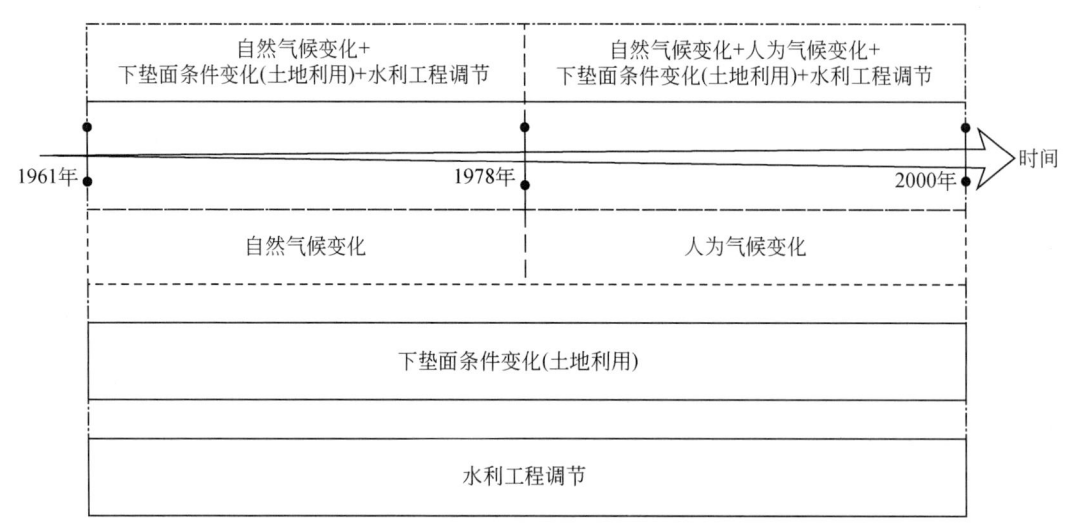

图 6-3 海河流域干旱驱动模式识别

第 7 章　海河流域干旱时空演变特征

7.1　干旱时间变化特征分析

根据海河流域干旱驱动模式识别的结果，将研究时段分为两个：时段 1 为 1961~1977 年（17 年），时段 2 为 1978~2000 年（23 年）。由 PDSI 评价结果按轻旱、中旱、重旱、特旱和干旱（包括轻旱、中旱、重旱和特旱）5 种类型统计格子来对海河流域各类干旱面积比进行时间序列分析。通过统计各干旱类型的格子数来计算干旱面积，用干旱面积占全流域的面积百分比来表示海河流域干旱年际变化特征。

由于海河流域重大旱灾主要发生在春、夏、秋 3 个季节，因此本书选取 4 月、7 月和 10 月作为春季、夏季和秋季的代表月。春季（4 月）各干旱类型面积变化如图 7-1 所示，夏季（7 月）各干旱类型面积变化如图 7-2 所示，秋季（10 月）各干旱类型面积变化如图 7-3 所示。由图 7-1 可知，春季（4 月）整体干旱面积呈增加趋势，其中重旱和特旱干旱面积增加趋势显著，轻旱面积略微减少，中旱面积的年际变幅不大；由图 7-2 和图 7-3 可知，夏季（7 月）和秋季（10 月）整体干旱面积年际变化不大，其中特旱面积均呈增加趋势，重旱面积均呈减少趋势，轻旱面积变化不大，而夏季中旱面积减少，秋季中旱面积增加。表 7-1 统计了不同时段各干旱类型的面积，可知春季时段 2 较时段 1 特旱面积增加了 36% 左右，重旱面积增加 16% 左右，说明 1978 年以后海河流域春季极端干旱事件发生的范围扩大显著；而夏季和秋季的特旱和重旱面积时段 2 较时段 1 显著减少，整体干旱发生的范围呈减少趋势，因此应该重点关注海河流域春季干旱的发生，做好相应的抗旱工作。

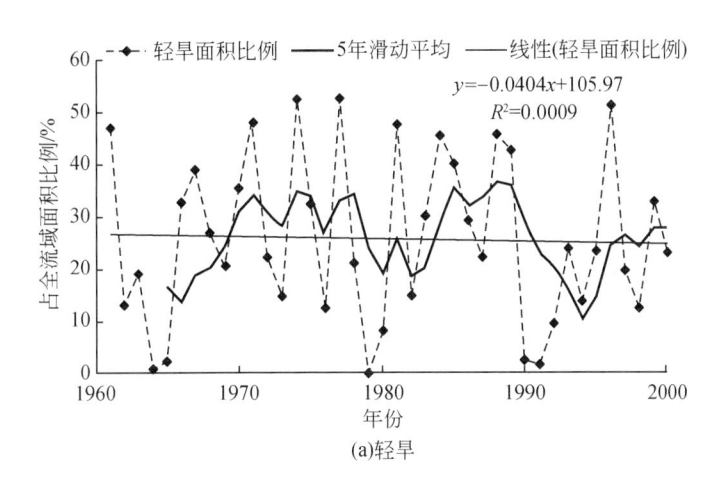

(a) 轻旱

(b) 中旱

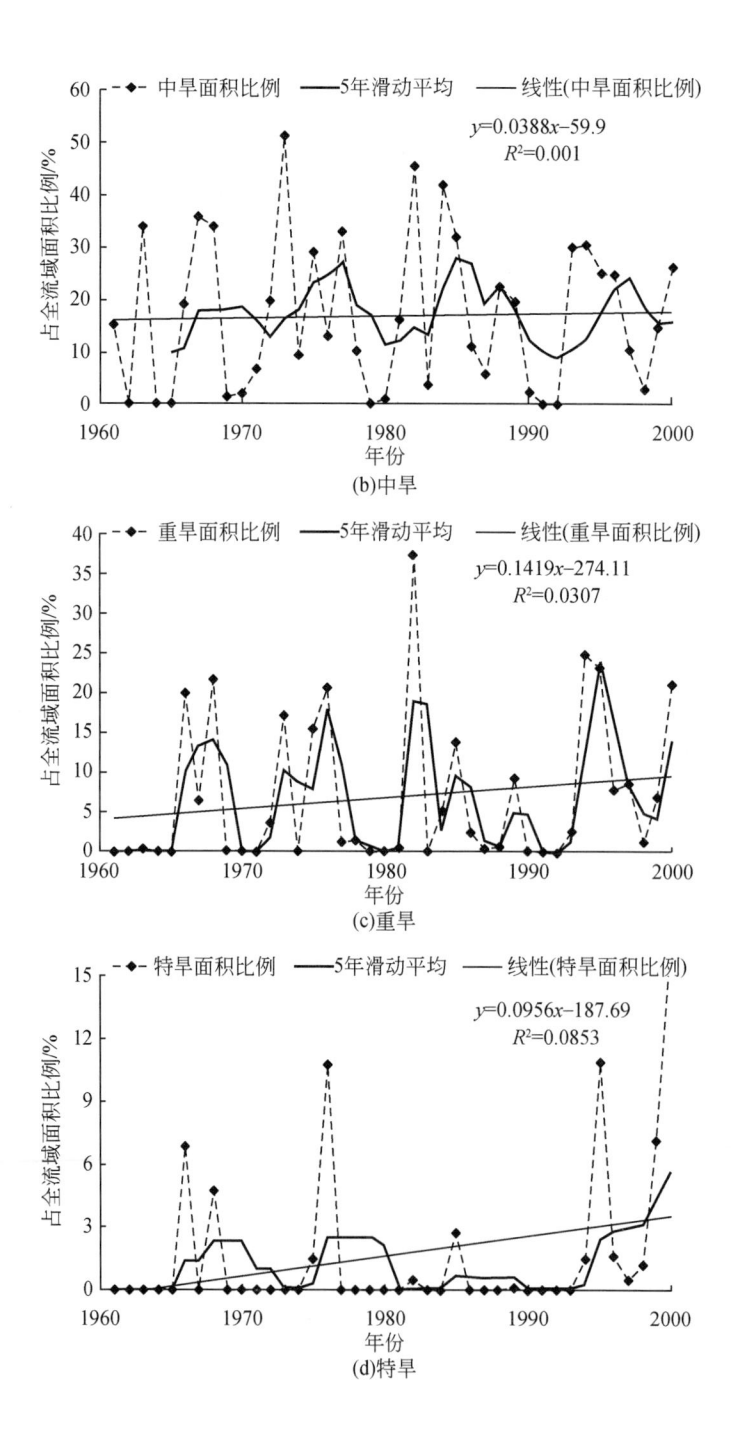

(c) 重旱

(d) 特旱

(e)干旱

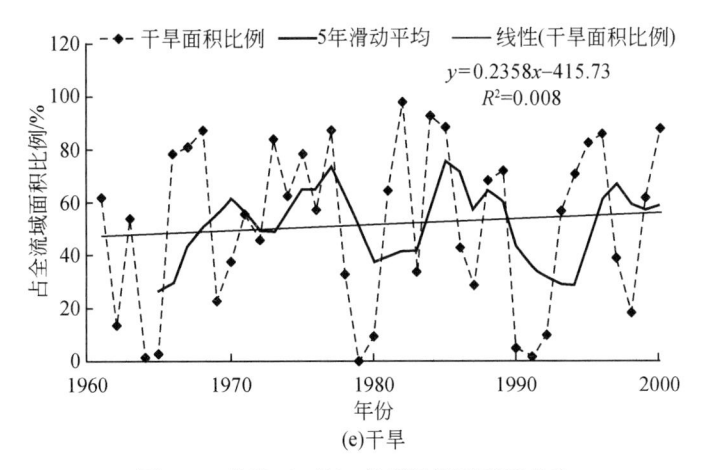

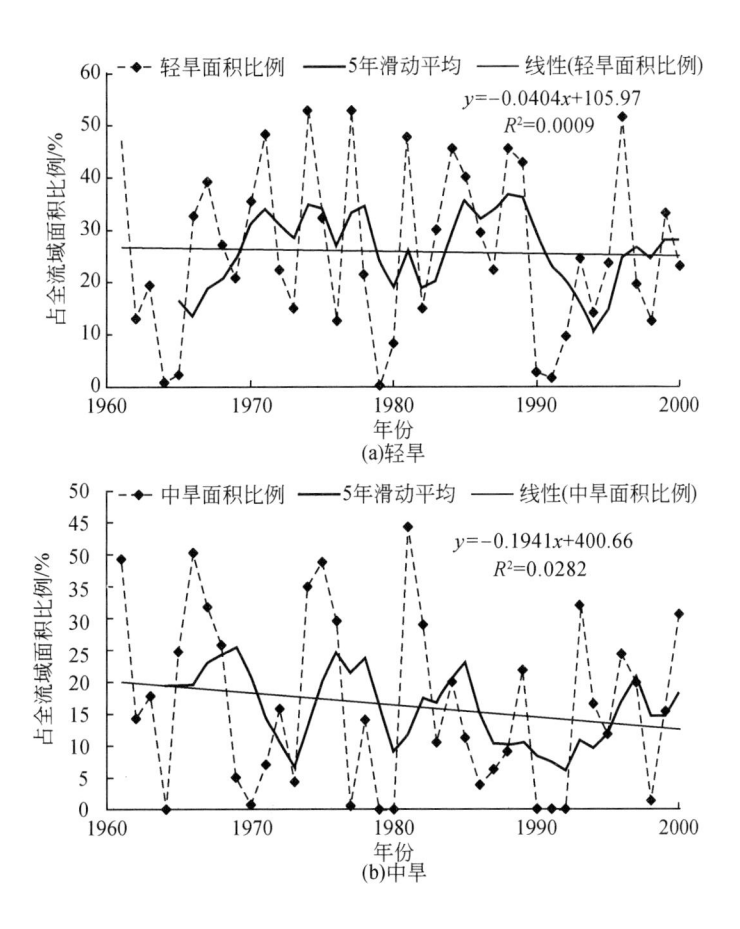

图 7-1 春季（4月）各干旱类型面积变化

(a)轻旱

(b)中旱

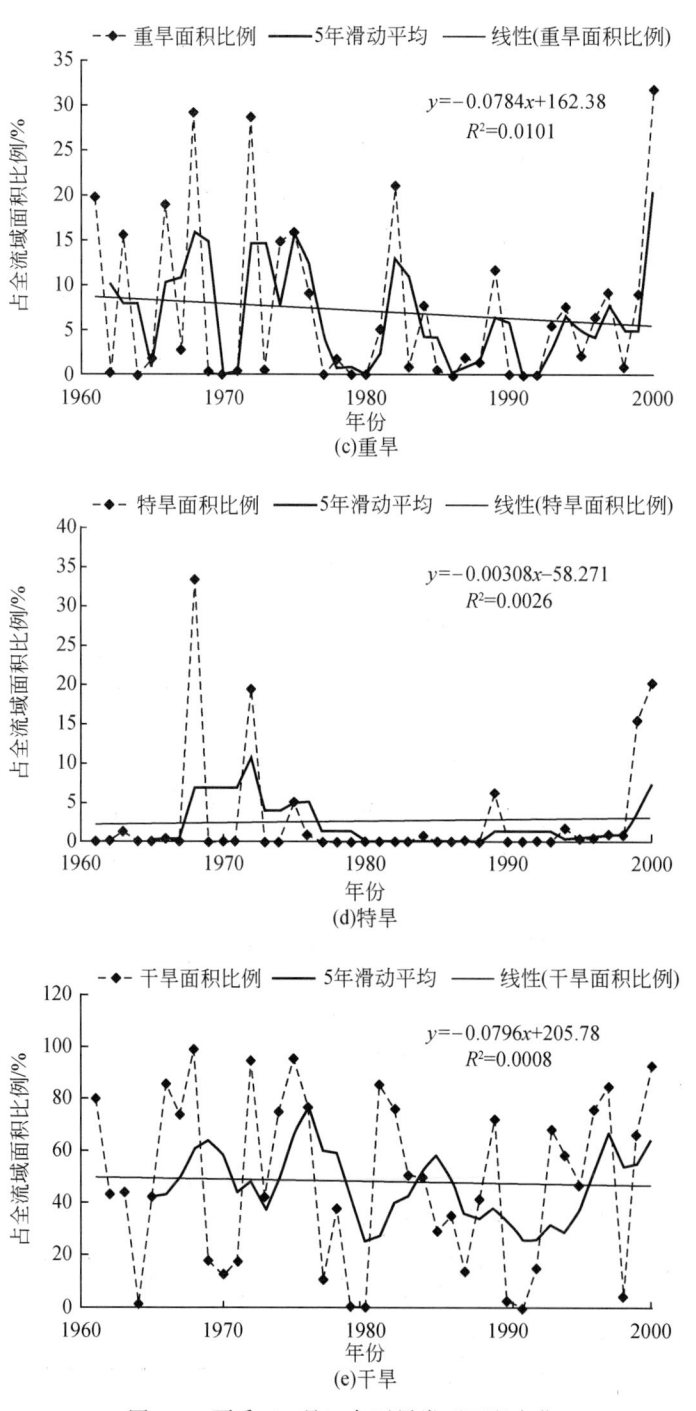

图 7-2　夏季（7月）各干旱类型面积变化

(a)轻旱

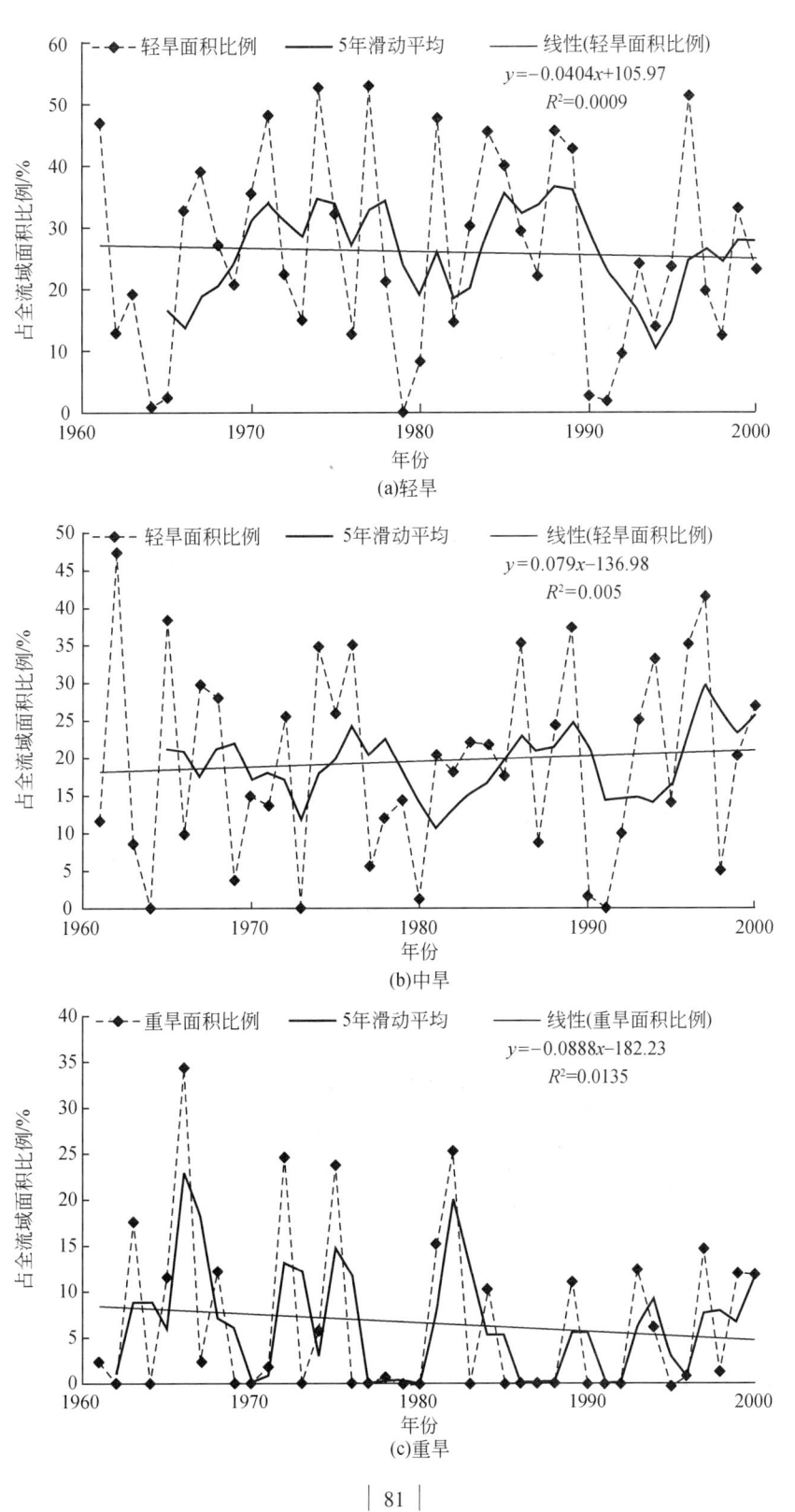

(b)中旱

(c)重旱

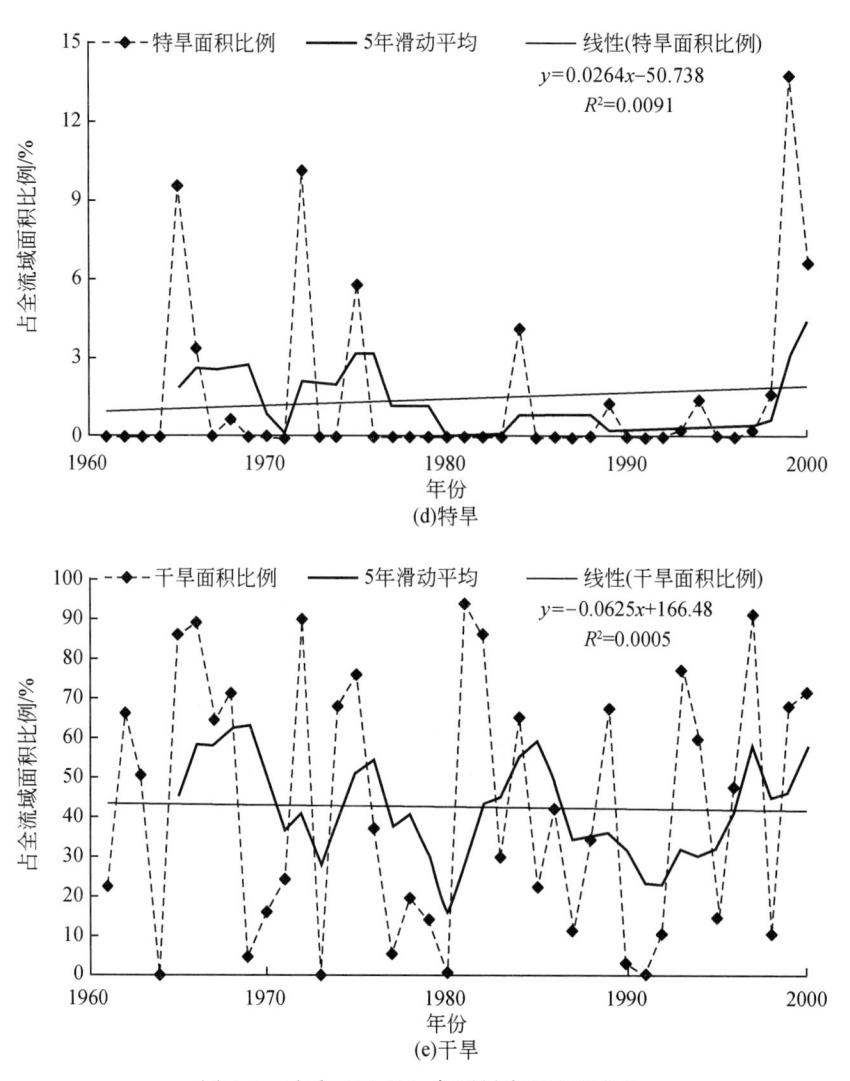

图 7-3 秋季（10 月）各干旱类型面积变化

表 7-1 不同时段各季节各干旱类型面积统计

季节	类型	各时段各干旱类型面积比例/%			突变点前后干旱面积变化率/%
		1961～1977 年	1978～2000 年	1961～2000 年	
春季（4 月）	轻旱	27.83	24.46	25.89	-12.10
	中旱	17.83	16.29	16.95	-8.62
	重旱	6.26	7.24	6.83	15.64
	特旱	1.40	1.91	1.70	36.22
	干旱	53.33	49.91	51.37	-6.41

续表

季节	类型	各时段各干旱类型面积比例/%			突变点前后干旱面积变化率/%
		1961~1977年	1978~2000年	1961~2000年	
夏季 （7月）	轻旱	21.51	22.41	22.03	4.21
	中旱	19.44	14.04	16.33	−27.79
	重旱	9.29	5.36	7.03	−42.28
	特旱	3.55	2.05	2.69	−42.16
	干旱	53.79	43.87	48.09	−18.45
秋季 （10月）	轻旱	19.58	19.36	19.46	−1.11
	中旱	15.96	14.97	15.39	−6.20
	重旱	8.03	5.29	6.45	−34.14
	特旱	1.74	1.27	1.47	−26.71
	干旱	45.31	40.90	42.77	−9.74

7.2　干旱空间变化特征分析

本书研究春（4月）、夏（7月）、秋（10月）3个季节的重旱、特旱、干旱（包括轻旱、中旱、重旱、特旱）的发生频率分布。根据海河流域内各网格1961~2000年逐月PDSI值，评定其干旱类型，分别统计1961~1977年、1978~2000年和1961~2010年3个研究时段各网格重旱、特旱、干旱的发生频率。春季各类型干旱发生频率分布如图7-4所示，夏季各类型干旱发生频率分布如图7-5所示，秋季各类型干旱发生频率分布如图7-6所示。

从图7-4可以看出：①春季海河流域1961~2000年重旱发生频率达10%~30%的区域主要集中在滦河及冀东沿海东南部、海河北系中部地区，其中发生频率达20%~30%的区域集中在北京地区。1961~1977年重旱发生频率达10%~20%的区域主要集中在滦河及冀东沿海西北部和东南部、海河北系中部、海河南系东北部地区，其中发生频率达20%~30%的区域集中在北京、天津地区。1978~2000年重旱发生频率达10%~20%的区域主要集中在滦河及冀东沿海东南部、海河北系大部地区，其中发生频率达20%~30%的区域集中在北京、天津地区。从春季3个研究时段的重旱发生频率分布可知，海河流域春季重旱易发区发生一定程度的转移，从海河北系西部和滦河及冀东沿海西北部转移到海河北系中南部以及滦河及冀东沿海东南部。②春季海河流域1961~2000年特旱发生频率达10%~20%的区域集中在山西忻州附近。1961~1977年海河流域春季特旱发生频率均在10%以下，而1978~2000年特旱发生频率达10%~20%的区域集中在山西忻州和河北张家口，说明春季海河流域特旱发生频率增加，反映干旱程度加重，干旱易发区集中在山西忻州和河北张家口地区。③春季海河流域1961~2000年干旱发生频率达60%~80%的区域主要集中在滦河及冀东沿海西北部、海河北系北部和东部地区。1961~1977年海河流域春季干旱发生频率达60%~80%的区域主要在滦河及冀东沿海西北部和东部、海河北系西北部和西南部以及海河南系东北部和南部。而1978~2000年干旱发生频率达60%~80%的区域

(a) 重旱

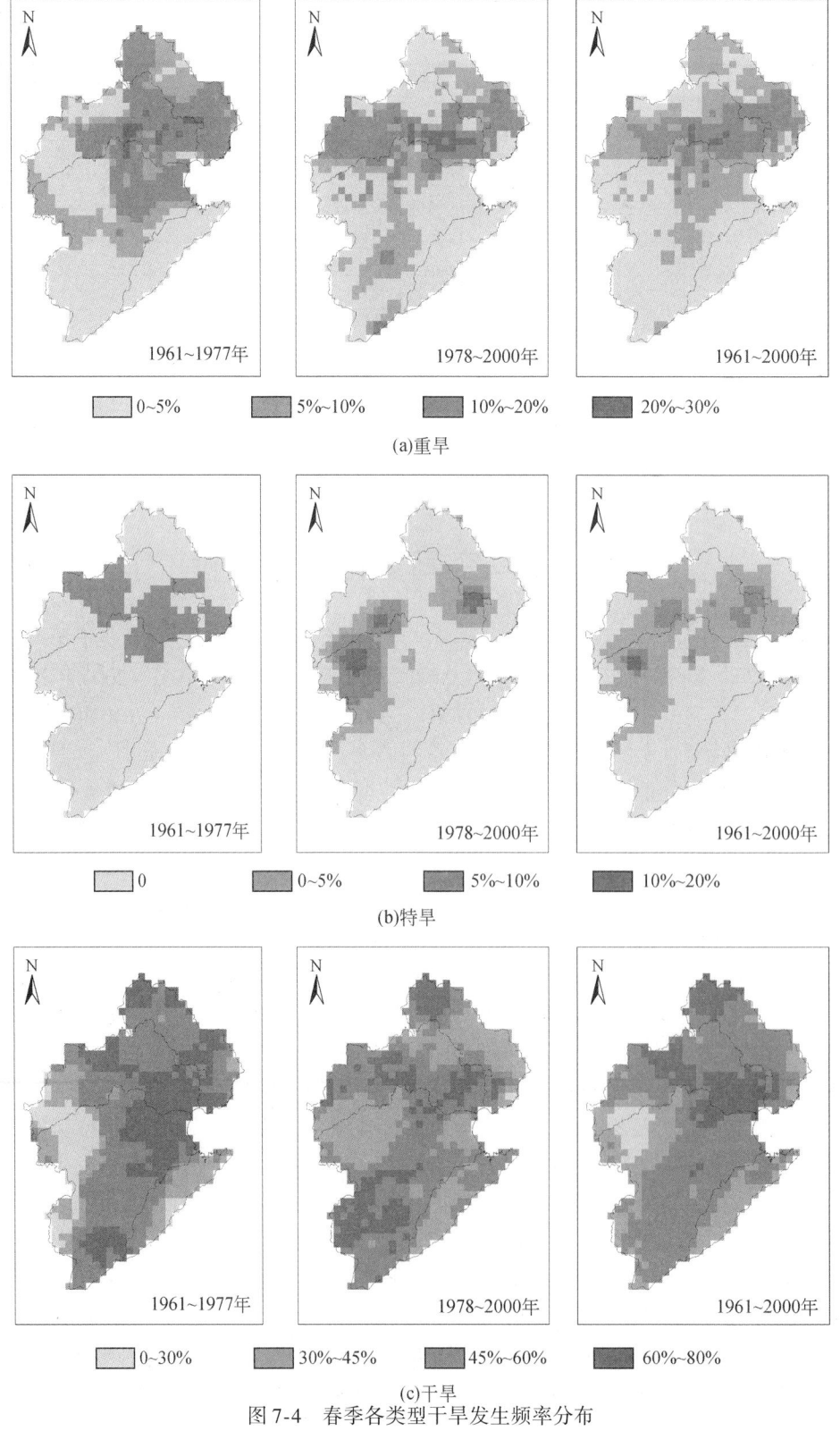

(b) 特旱

(c) 干旱

图 7-4 春季各类型干旱发生频率分布

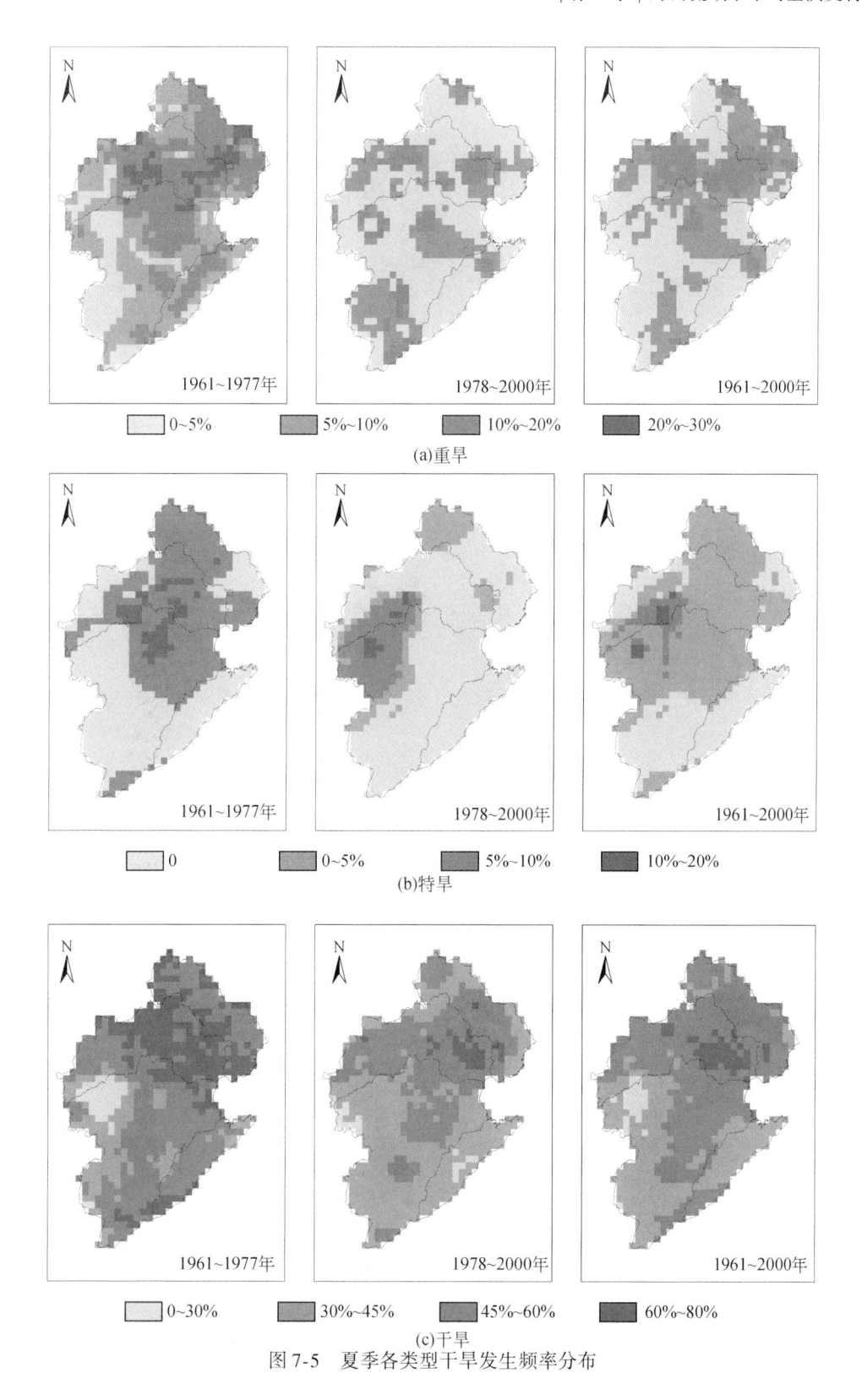

图 7-5 夏季各类型干旱发生频率分布

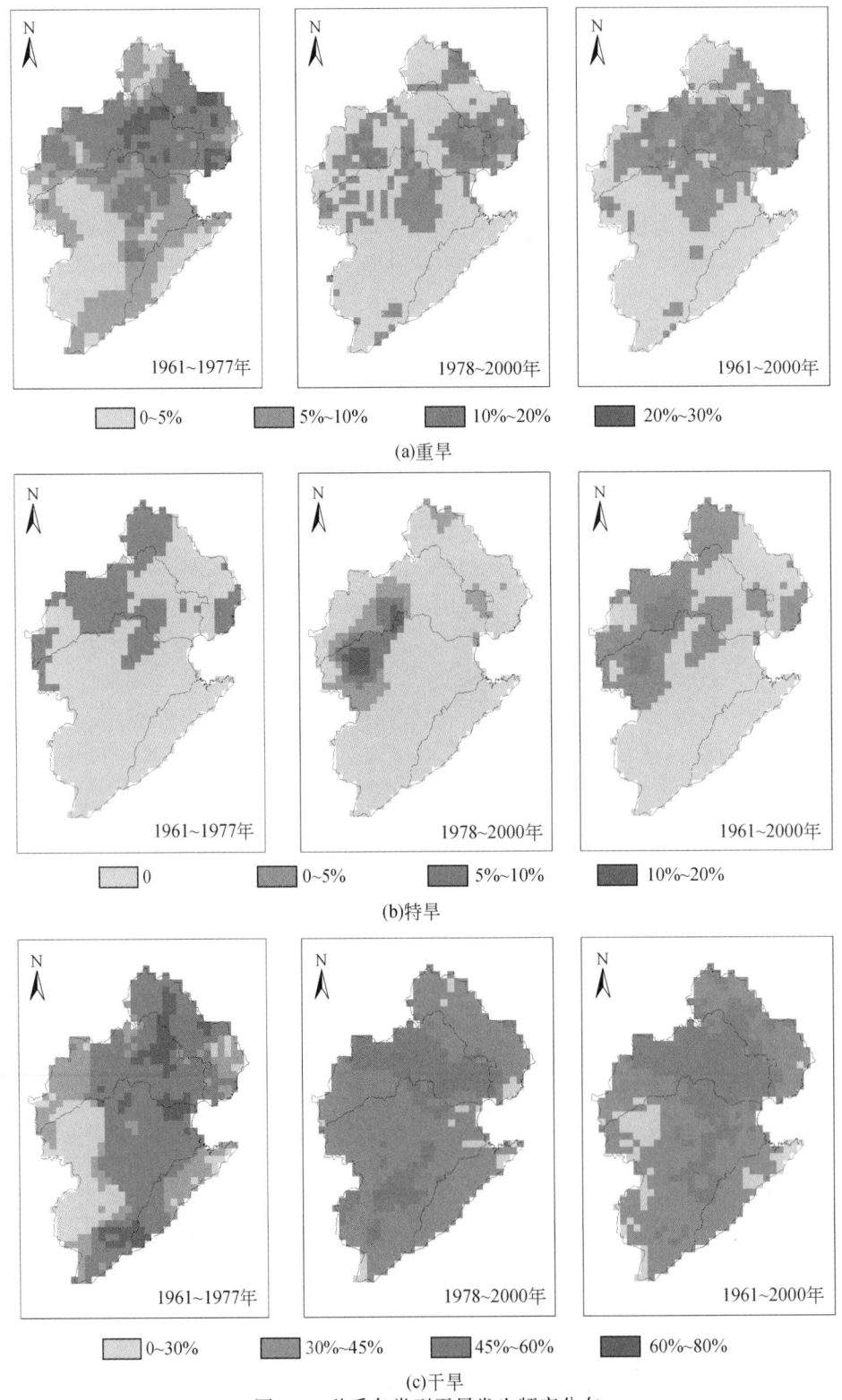

图 7-6 秋季各类型干旱发生频率分布

面积缩小，干旱易发区由海河南系南部向上转移至西部，海河北系干旱发生频率有所降低。

从图 7-5 可看出：①夏季海河流域 1961~2000 年重旱发生频率达 10%~20% 的区域主要集中在滦河及冀东沿海东南部、海河北系北部地区。1961~1977 年重旱发生频率达 10%~30% 的区域主要集中在滦河及冀东沿海中部和东南部、海河北系中部、海河南系北部以及徒骇马颊河地区，其中发生频率达 20%~30% 的区域集中在天津、河北唐山。1978~2000 年重旱发生频率达 10%~20% 的区域主要集中在滦河及冀东沿海东南部、海河北系中部地区，重旱易发区范围较 1961~1977 年有所缩小。②夏季海河流域 1961~2000 年特旱发生频率达 10%~20% 的区域集中在山西忻州和河北张家口附近。1961~1977 年特旱发生频率达 10%~20% 的区域集中在北京以及河北张家口、保定。1978~2000 年特旱发生频率达 10%~20% 的区域集中在山西忻州和河北张家口，表明特旱易发区向西转移。③夏季海河流域 1961~2000 年干旱发生频率达 60%~80% 的区域主要集中在北京和天津。1961~1977 年干旱发生频率达 60%~80% 的区域主要集中在海河北系中部和东部地区以及滦河及冀东沿海边缘地区。而 1978~2000 年干旱发生频率达 60%~80% 的区域面积缩小，缩减至北京、天津，干旱易发区面积缩小。

从图 7-6 可看出：①秋季海河流域 1961~2000 年重旱发生频率达 10%~20% 的区域主要集中在滦河及冀东沿海东南部、海河北系东北部地区。1961~1977 年重旱发生频率达 10%~30% 的区域主要集中在滦河及冀东沿海中部和东南部、海河北系大部分、海河南系北部，其中重旱发生频率达 20%~30% 的区域集中在河北承德、唐山、张家口以及北京附近。1978~2000 年重旱发生频率达 10%~20% 的区域主要集中在滦河及冀东沿海东南部、海河北系西北部地区，重旱易发区范围较 1961~1978 年有所缩小。②秋季海河流域 1961~2000 年特旱发生频率达 5%~10% 的区域集中在山西忻州和河北张家口。1961~1977 年特旱发生频率达 5%~10% 的区域集中在滦河及冀东沿海西北部、海河北系北部和中部地区。1978~2000 年特旱发生频率达 10%~20% 的区域集中在山西忻州和河北张家口，说明特旱易发区向西南转移，相比时段 1961~1978 年，特旱发生频率增加。③秋季海河流域 1961~2000 年干旱发生频率达 45%~60% 的区域主要集中在滦河及冀东沿海中部、海河北系大部分以及海河南系中部地区。1961~1977 年干旱发生频率达 45%~80% 的区域主要集中在滦河及冀东沿海大部、海河北系中部和东部地区以及海河南系东部和南部地区。而 1978~2000 年干旱发生频率达 30%~60% 的区域扩张到整个海河流域，流域普遍干旱发生频率在 30% 以上，其中干旱发生频率在 45%~60% 的区域主要集中在海河北系中部和东部以及海河南系中部和西南部地区。

综合分析以上海河流域春、夏、秋 3 个季节重旱、特旱、干旱的发生频率分布可知，1961~2000 年春季较其他季节发生干旱频率达 60% 以上的干旱面积最大，说明海河流域春季比夏季、秋季易发生大范围面积的干旱，且春季发生重旱和特旱的频率更大，说明海河流域春季较夏季、秋季易发生大旱灾；从海河流域干旱易发区来看，海河北系中东部是海河流域的干旱易发区，其次滦河及冀东沿海以及海河南系中部地区亦是干旱的易发区。从春、夏、秋季特旱的发生频率分布来看，特旱的易发区主要集中在山西忻州和河北张家口以及北京，1978~2000 年比 1961~1977 年春季和秋季更易发生特旱。

第8章 小 结

本篇将基于降水量距平百分率、降水 Z 指数、PDSI 3 种干旱指标的评价结果与海河流域历史典型旱灾年史料记载进行对比分析，并进一步在海河流域典型研究区——北京市进行对比分析，从而确定 PDSI 为海河流域干旱评价的指标，最后对海河流域干旱时空变化特征进行分析，根据海河流域干旱驱动模式识别结果来进一步分析海河流域干旱时间变化特征和空间变化特征。主要结论有以下几点：

1) 典型旱灾各种干旱指标评价结果对比分析。选取海河流域 1949~1999 年的典型旱灾年份 1965 年、1972 年、1980~1982 年、1999 年对比分析降水量距平百分率、降水 Z 指数以及 PDSI 评价结果在海河流域的干旱空间分布，可以看出降水量距平百分率反映干旱程度较轻，降水 Z 指数反映了其不稳定性，虽然 PDSI 出现一定的滞后效应，但基本能反映海河流域的历史干旱分布及趋势。

2) 典型研究区各种干旱指标评价结果对比分析。在北京市的历史旱灾年的对比分析中，北京市 1961~2000 年发生旱灾总计 25 年，降水量距平百分率评定的旱灾年与历史旱灾年吻合年数为 16 年，吻合率为 64%；降水 Z 指数评定的旱灾年与历史旱灾年吻合年数为 17 年，吻合率为 68%；PDSI 评定的旱灾年与历史旱灾年吻合年数为 21 年，吻合率达到 84%。对比 3 种干旱指标的评定结果，说明 PDSI 与历史旱情吻合得较好，能基本反映研究区的干旱情况。

3) 基于 PDSI 的海河流域干旱时间变化特征分析。春季（4 月）整体干旱面积呈增加趋势，其中重旱和特旱干旱面积增加趋势显著，轻旱面积略微减少，中旱面积的年际变幅不大，夏季（7 月）和秋季（10 月）整体干旱面积年际变化不大，其中特旱面积均呈增加趋势，重旱面积均呈减少趋势，轻旱面积变化不大，而夏季中旱面积减少，秋季中旱面积增加；1978 年以后海河流域春季极端干旱事件发生的范围扩大显著；夏季和秋季的特旱和重旱面积 1978~2000 年较 1961~1977 年显著减少，整体干旱发生的范围呈减少趋势。

4) 基于 PDSI 的海河流域干旱空间变化特征分析。从海河流域春、夏、秋 3 个季节重旱、特旱、干旱的发生频率分布可知，海河流域 1961~2000 年春季比夏季、秋季易发生大范围的干旱，且春季发生重旱和特旱的频率更大，说明海河流域春季较夏季、秋季易发生大旱灾；从海河流域干旱易发区来看，海河北系中东部是海河流域的干旱易发区，其次滦河及冀东沿海以及海河南系中部地区亦是干旱的易发区。从春、夏、秋季特旱的发生频率分布来看，特旱的易发区主要集中在山西忻州和河北张家口以及北京，1978~2000 年比 1961~1977 年春季和秋季更易发生特旱。

第三篇 东辽河流域广义干旱风险评价与综合应对

第9章 研究区概况

在流域广义干旱风险评价与风险应对理论框架及技术体系的基础上，选取干旱事件频发的东辽河流域进行实证研究。本章将介绍东辽河流域的自然地理、社会经济、土地利用和水资源开发利用概况，以及流域历史旱情概况。

9.1 流域自然地理概况

9.1.1 地理位置

东辽河是辽河上游左侧的大支流，发源于东辽县宴平乡安乐村小葱顶子山东南，流经吉林省辽源、伊通、梨树、怀德、双辽，辽宁省西丰、昌图、康平等市县，全长448km，在辽宁省康平县三门郭家屯东与西辽河汇合后称为辽河。

东辽河流域位于我国东北地区中部，地处北温带，地理范围为：123°30′E～125°36′E，42°36′N～44°6′N，流域控制面积为11 306 km²。流域南与辽河流域相接，北与饮马河流域相邻，东与辉发河流域相邻，西与西辽河流域相接（图9-1）。

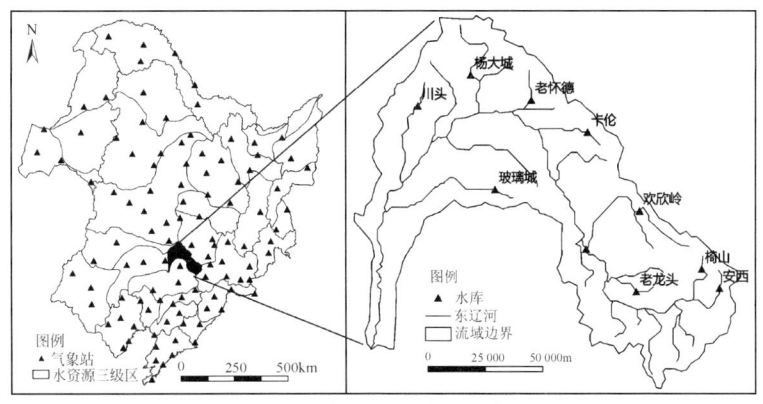

图9-1 东辽河流域地理位置

9.1.2 地质地貌

东辽河流域位于松辽盆地的西部边缘，是中、新生代松辽巨型断陷盆地的一部分，属于新华夏系第二沉降带，中生代前的古老构造体系以纬向为主，东北大陆裂谷发育后的构造体系以北东及北西向为主，形成了十分复杂的构造网络。

流域大致分3段，上游为二龙山水库以上，中游为二龙山水库坝下至城子上站，下游为城子上站至平齐线三江口铁桥。上游属低山丘陵区，海拔为200~600m；中游属丘陵地区，海拔为100~300m；下游属平原区，海拔为0~200m。

流域内的地形、地貌条件和构造特征，严格控制着该区地下水的储存和运动规律。从地质构造上分析，流域地质构造位于新华夏系低热第二巨型沉降带的松辽沉降盆地西部边缘。白垩系晚期以来，接受了较厚的碎屑岩沉积和第四系松散堆积物，无疑为地下水的储存和运移提供了良好的空间和通道，因而使流域普遍分布孔隙潜水，又有多层相置的孔隙承压水（图9-2）。

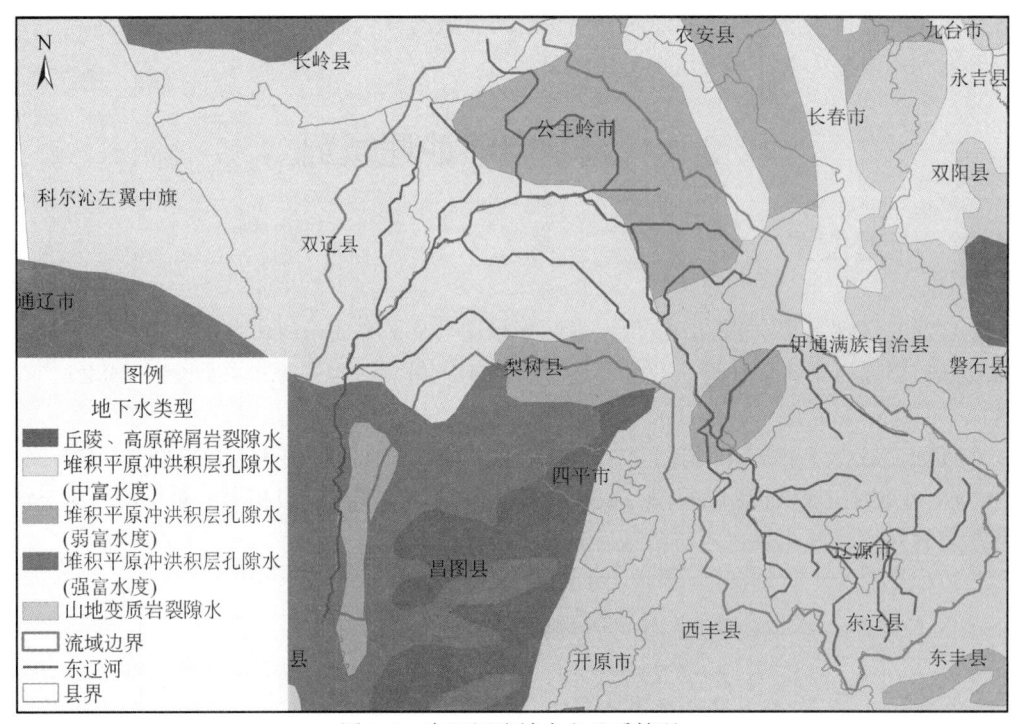

图9-2 东辽河流域水文地质情况

孔隙潜水层：潜水形成于第四系上更新统顾乡屯组，含粉土质砂层最上部潜水，地下水层厚度为1.10~12.80m，水位埋藏深度为7.20~13.50m，高程为125.0~128.0m，由于流域内地形较平缓，坡降小，潜水主要靠大气降水补给，其排泄仍以蒸发和蒸腾为主。

孔隙承压水层：潜水下伏二层可供开采的承压水，浅层第四系下更新统白土山组砂砾石孔隙承压水，含水层厚为20~25m，含水层埋深为70~75m，水头高补给来源充沛。流域内地下水的水位动态变化各承压水不甚显著，潜水明显受气压因素影响，枯水期在每年的1~2月，为冬春干旱所致，而丰水期在8~9月，显然是夏季降水集中造成的。

9.1.3 河流水系

东辽河干流出源后，当地称为拉津河，至辽源乡小街，左岸有保安河汇入后称为东辽河。干流转向西北，在辽源市附近汇入左岸的渭津河、大梨树河，之后干流向西北流并进入二龙山水库。东辽河经水库坝址以下向北流，于蔡家附近穿过大铁路，再向北流，待卡伦河于右岸汇入后，东辽河干流转向西流，河道左岸即是东北地区有名的四大灌区之一的梨树灌区。干流在桑树台附近纳入右岸的较大支流的小辽河，然后干流于三江口附近穿越平齐铁路，在辽宁省康平县的三门郭家附近（当地称为富德店）与西辽河汇合（图9-3）。

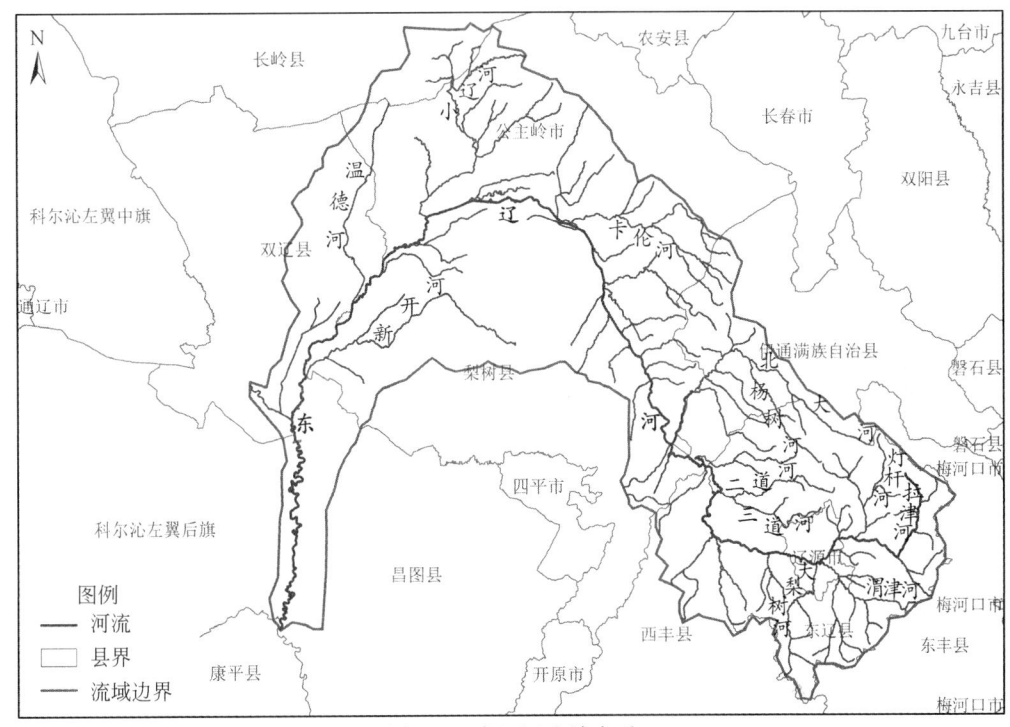

图 9-3 东辽河流域水系

东辽河在二龙山水库以上为低山丘陵区，河谷较开阔，两岸多为耕地，河道弯曲，河槽宽为30～70m，有塌岸现象；二龙山水库以下至长大铁路，两岸是丘陵，多树木，河道弯曲，河槽窄深，河床由砂和卵石组成；长大铁路以下，河道进入平原，两岸为大面积耕地，是吉林省的产粮区，河槽宽40～90m，河底为泥沙，河岸塌岸现象较严重。

东辽河支流众多，面积大于20km^{2}的支流有74条，其中面积大于200km^{2}的支流有14条，支流中以小辽河为最大，面积为1140km^2（表9-1）。

表 9-1 东辽河流域主要支流分布情况

由左岸汇入				由右岸汇入			
河名	河长/km	流域面积/km^2	平均坡降/‰	河名	河长/km	流域面积/km^2	平均坡降/‰
渭津河	33.0	383	2.4	灯杆河	30.5	283	2.0
大梨树河	41.0	242	2.4	二道河	39.6	346	2.1
新开河	89.7	808	0.9	卡伦河	60.8	523	1.3
		—		小辽河	88.4	1 140	0.8
				温德河	48.2	544	1.1

小辽河为东辽河的最大支流，位于二龙山水库以下，发源于公主岭市莲花山乡五道泉子，出源后向西流，至赵家屯转向南流，以后复转向西南，于桑树台镇附近注入干流，全长88.4km，流域面积为1140km²。根据三道圈水文站资料，1956~1976年，年平均流量为17.40m³/s，1976年最大流量为640m³/s。赵家屯以上为丘陵台地，河槽窄深；赵家屯以下为平原，河道弯曲，冲淤变化大，两岸均为农田。

二道河是东辽河上游右岸支流，集水面积为346km²，河道长度为40km，河道平均坡降为0.21%，流域形状呈树叶形，距河口以上10km处有三道河汇入，该河口以上两支流流域形状相似。二道河以上集水面积为153km²，河道长度为30.6km，河道平均坡降为0.3%，二道河在建安镇西园村与三道河汇合后注入二龙山水库。

9.1.4 气候水文

东辽河地处吉林省中部，气候变化受太平洋低压和西伯利亚高压控制，四季明显。降雨量由上游至下游递减，1960~2011年多年平均降水量从上到下由710mm降到450mm（图9-4）；年内分配很不均匀，6~9月占年降雨量的75%，7~8月占年降雨量的50%（尹津航等，2012）；降雨量年际变化，西部大于东部；丰、枯水年及实测最大与最小年降雨量比差达2~4倍。气温由西南向西北递减，多年平均气温值由6.7℃降到5.6℃（图9-5）；每年由11月平均气温转负，降雨转为降雪，地表冻结，径流终止，靠地下水补给河流，流量小，甚至断流；冰期最长可达5个月。风速由上游至下游递增，多年平均风速值由2.62m/s升到3.44m/s（图9-6）。日照时数由上游至下游递增（图9-7），而相对湿度由上游至下游递减（图9-8）。蒸发量由上游至下游递增，多年平均蒸发量由850mm升到1200mm（图9-9）。

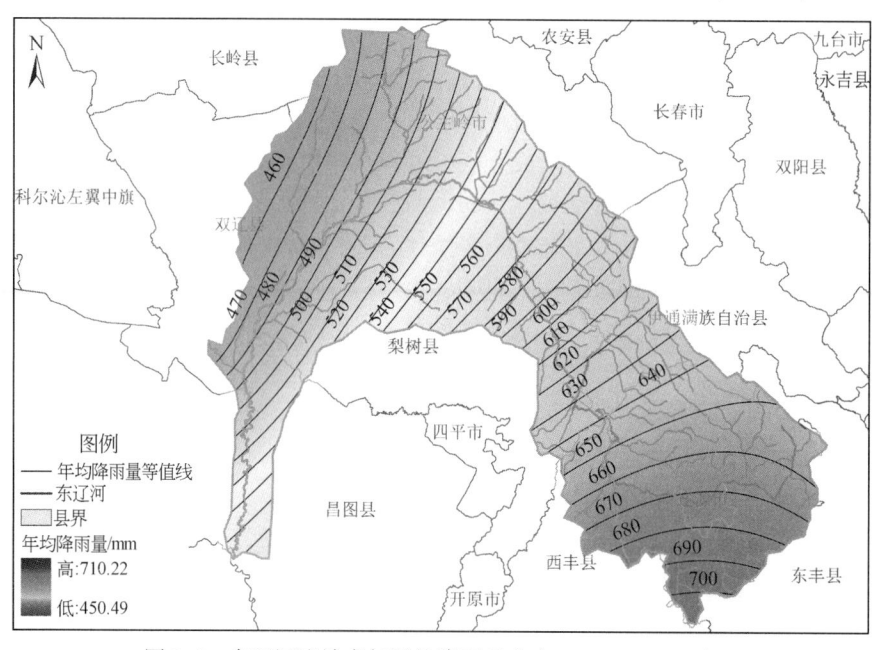

图9-4 东辽河流域多年平均降雨量分布（1960~2011年）

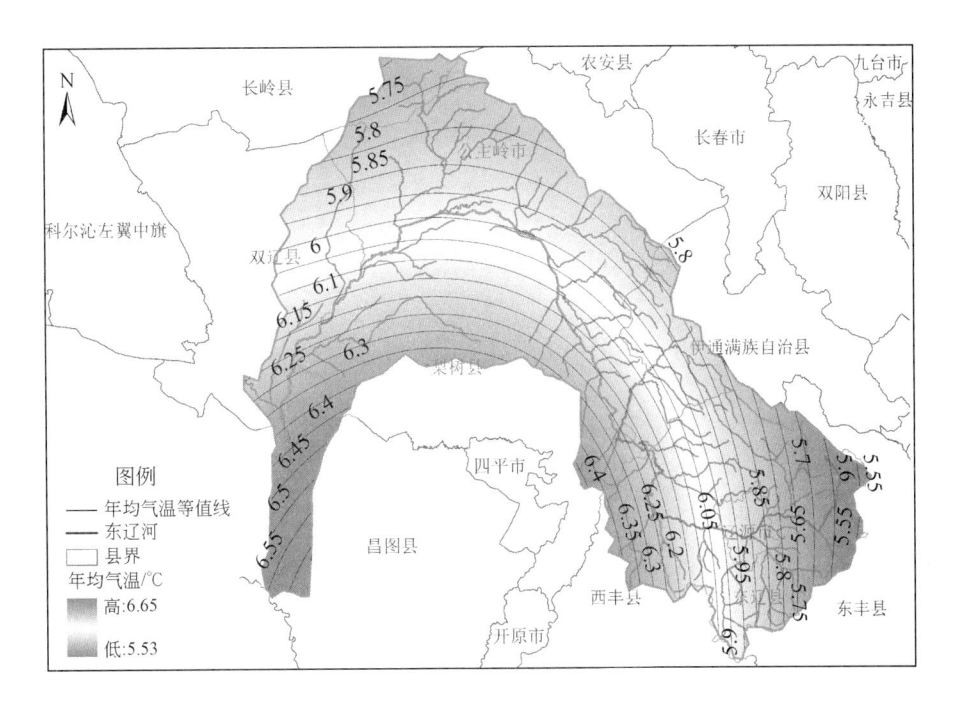

图 9-5　东辽河流域多年平均气温分布（1960～2011 年）

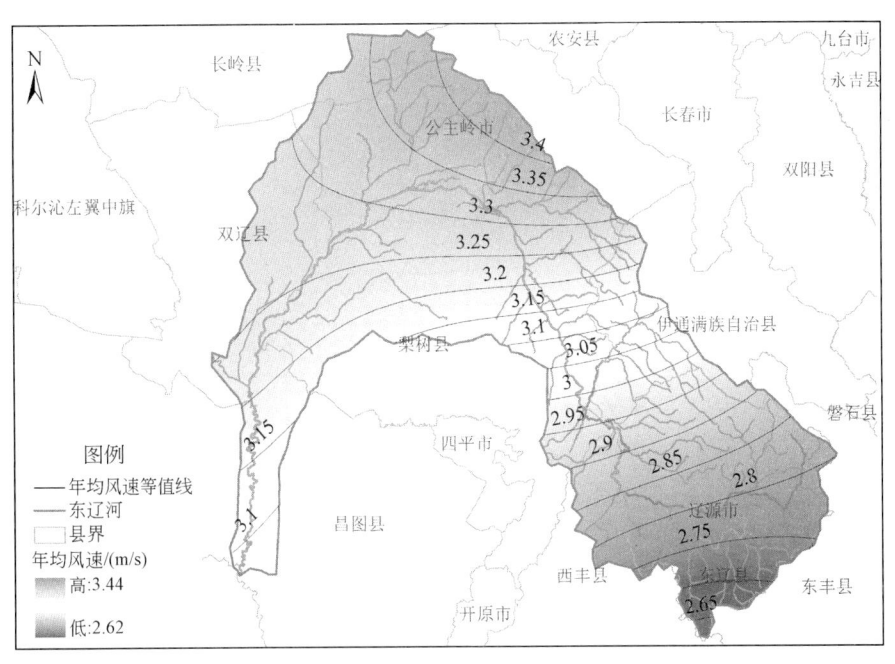

图 9-6　东辽河流域多年平均风速分布（1960～2011 年）

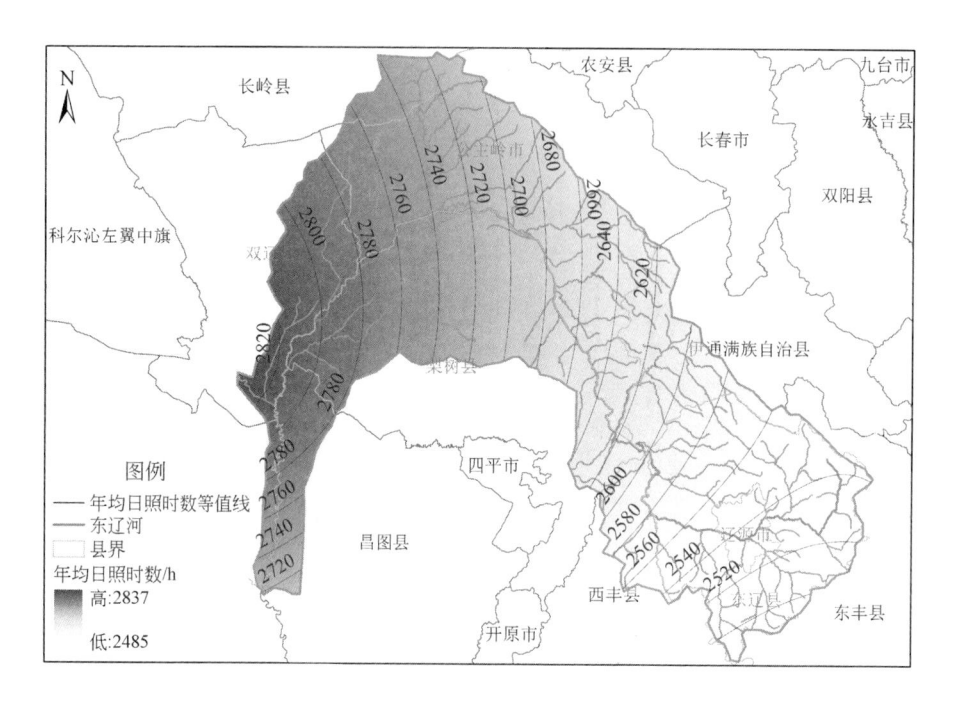

图 9-7　东辽河流域多年平均日照时数分布（1960~2011 年）

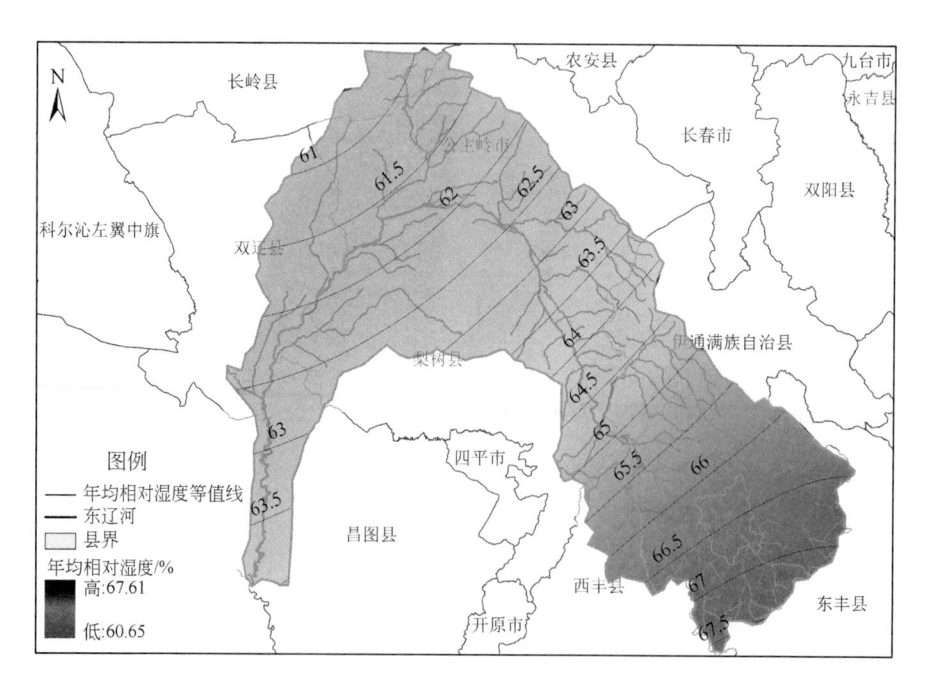

图 9-8　东辽河流域多年平均相对湿度分布（1960~2011 年）

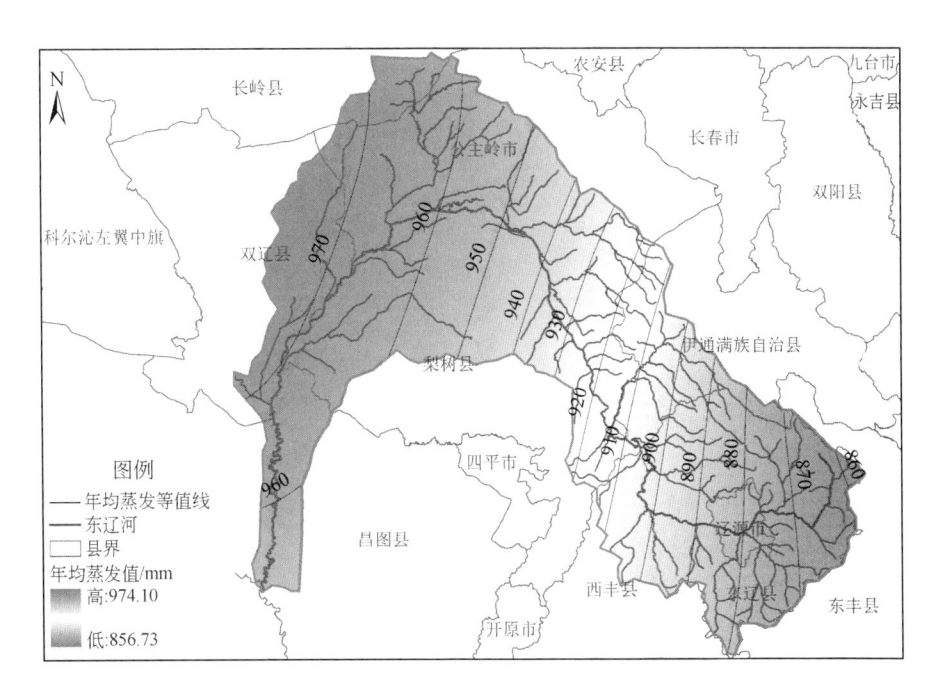

图 9-9 东辽河流域多年平均蒸发量分布（1960~2011 年）

地表径流分布与年降雨量相似，由上游低山丘陵到下游平原区，径流深由 150mm 递减到 25mm 以下。6 月进入汛期，6~9 月径流量占年径流量的 80%。在双辽县境内，由于年降雨量少，地势平坦，土壤沙性大，产流条件差，年径流深不足 10mm。

9.1.5 土壤特征

流域范围内的土壤可以划分为 12 类（29 亚类），即草甸土、黑钙土、黑土、暗棕壤、风沙土、白浆土、水稻土、红黏土、潮土、棕壤、沼泽土、泥炭土（表 9-2）。流域上游以暗棕壤、白浆土为主，中游以黑土、草甸土为主，下游以草甸土、盐化黑钙土、草原风沙土为主。整个流域草甸土的面积最大，占 27.45%，广泛分布在全流域的丘陵区和平原区；其次为黑钙土，占 15.94%，集中分布在流域中游的丘陵区；再次为黑土，占 13.12%，集中分布在流域中游的平原区。此外，暗棕壤、风沙土和白浆土的面积也比较大，分别占 10.36%、13.0% 和 7.95%（图 9-10）。

为了更好地了解流域土壤特征，同时为流域自然-人工二元水循环模型提供校验与验证数据，在 2008 年 8 月、2009 年 5 月和 8 月、2010 年 5 月到东辽河流域进行土壤墒情监测，以及通过采集土壤样品测定土壤容重、机械组成和有机质等数据。

表 9-2 流域主要土壤类型及其面积权重

序号	土壤类型	比例/%	序号	土壤类型	比例/%
1	草甸土	27.45	7	水稻土	5.02
2	黑钙土	15.94	8	红黏土	2.71
3	黑土	13.12	9	潮土	3.16
4	暗棕壤	10.36	10	棕壤	0.24
5	风沙土	13.00	11	沼泽土	0.14
6	白浆土	7.95	12	泥炭土	0.27

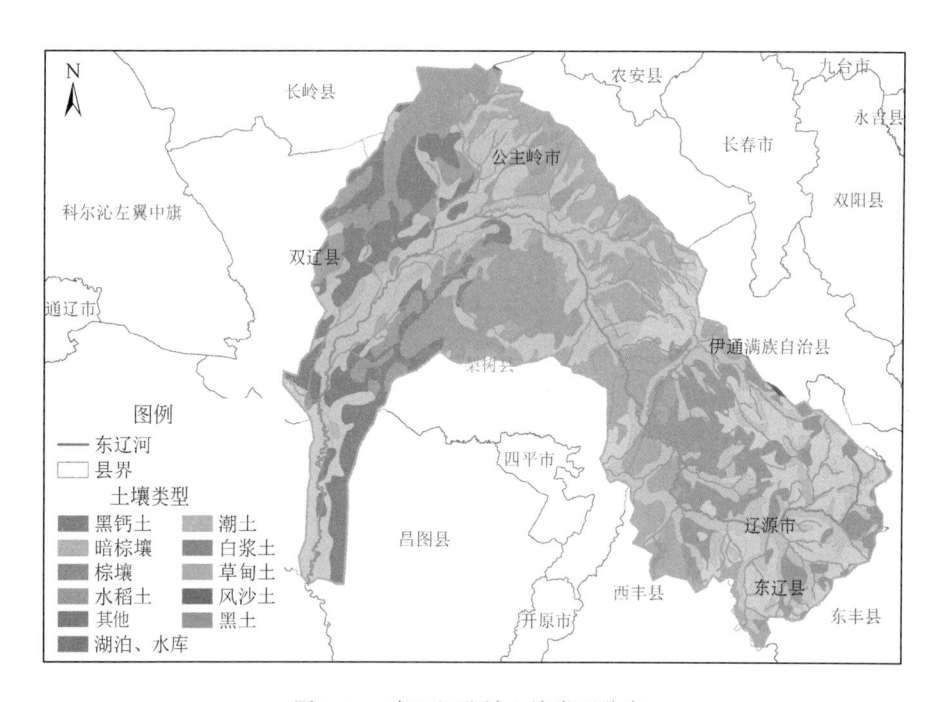

图 9-10 东辽河流域土壤类型分布

为保证土壤样品的代表性，本研究的主要采样原则是：第一，采样点分布在东辽河的左右岸；第二，采样点平均分布在上下游；第三，采样点布置在不同土壤类型中，特别是土壤过渡带中，以及在同种土壤类型的不同土地利用情况下等。根据上述原则，在东辽河全流域中平均布置 15km×15km 的网格，共 50 个格点，除此之外，在东辽河左右岸以及土壤结构和植被类型复杂的地段加密样点的布置，如图 9-11 和图 9-12 所示。在每个样点内分别挖土壤剖面，从地表向下至 100cm 深每隔 10cm 用直径 55mm、高 35mm 的铝盒取原状土，用于测定每层土壤的含水量，土壤含水量采用烘干法测定；每个样点土壤从地表向下至 100cm 深每隔 10cm 用高 50mm、直径 50mm、体积 100cm³ 的环刀取原状土，现场测定土样的容重；每个样点取混合土样，用 Mastersizer 2000 激光粒度仪进行土壤颗粒分析，按照中国科学院南京土壤研究所 1978 年制订的土壤质地分类标准，分为细黏粒（<0.001mm）、粗黏粒（0.001~0.005mm）、细粉粒（0.005~0.010mm）、粗粉粒（0.010~0.050mm）、细砂粒

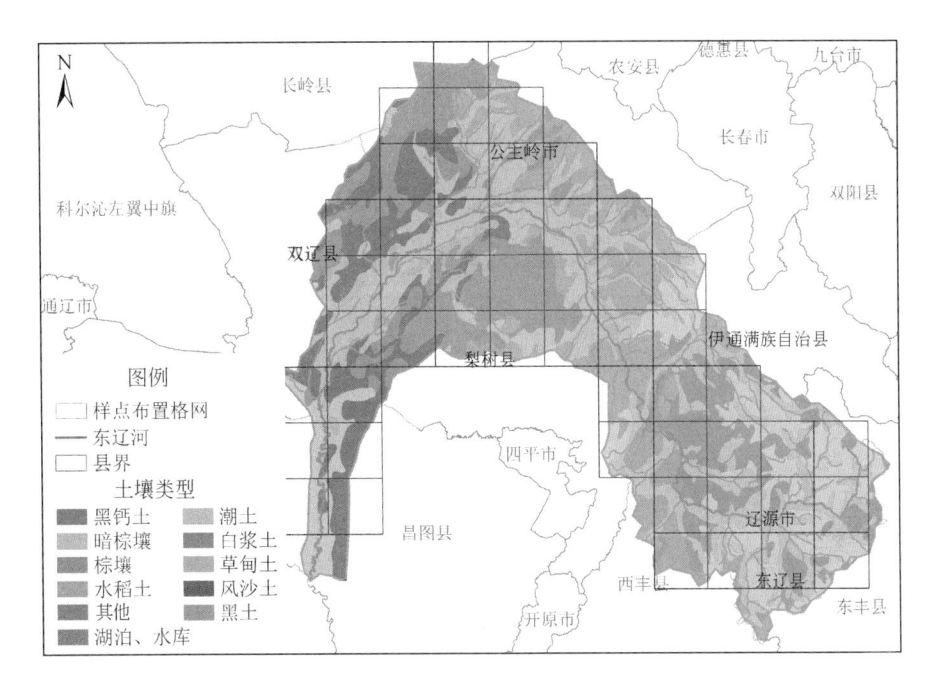

图 9-11 东辽河流域采样点格网布置

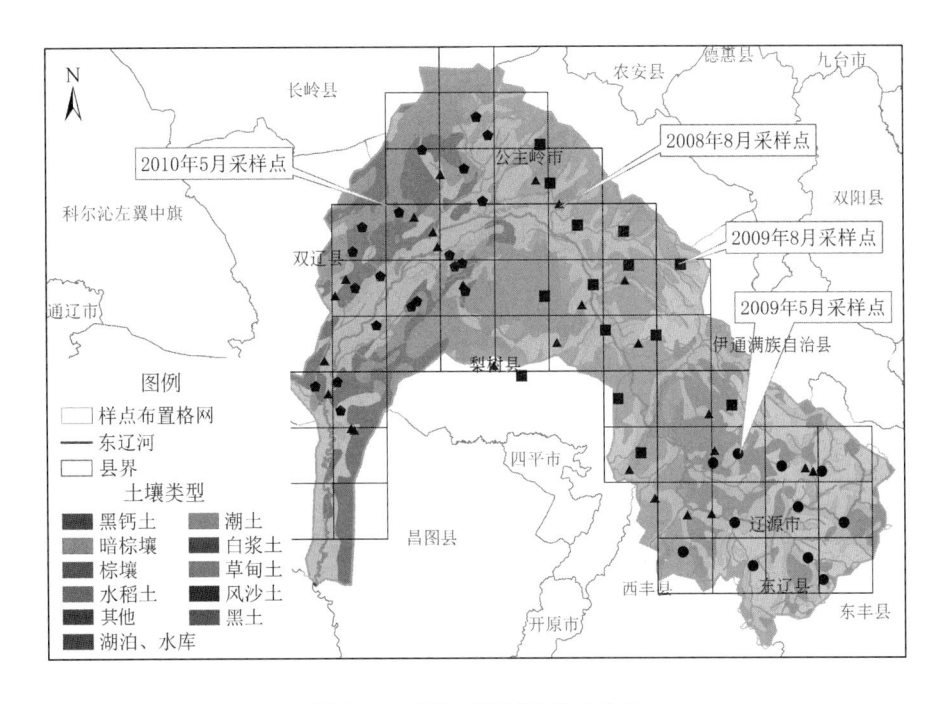

图 9-12 东辽河流域采样点分布

（0.050～0.250mm）和粗砂粒（0.250～1.0mm）6 类。同时，采用 Guelph 土壤入渗仪测定土壤的饱和导水率。

遵循上述采样原则，并依据标准的采样方法，本研究从 2008～2010 年共进行了 4 次野外试验，共采集用于测定土壤容重的样品 73 个，用于测定土壤机械组成的混合土样 62 个，用于测定土壤含水率的样品 73 个，现场测定土壤饱和导水率样点 46 个（表 9-3）。一些野外采样过程如图 9-13 所示。

表 9-3　2008～2010 年野外采样　　　　　　　　　　（单位：个）

时间	采集样品（测定样点）数量			
	土壤容重	土壤机械组成	土壤含水率	土壤饱和导水率
2008 年 8 月	27	27	27	0
2009 年 5 月	11	0	11	11
2009 年 8 月	14	14	14	14
2010 年 5 月	21	21	21	21

图 9-13　部分野外采样过程

由图 9-14 可知，东辽河流域的粗砂粒和细砂粒含量呈现出由东向西递增的变化特征，其中，粗砂粒含量高的地区集中在双辽县东部，含量低的地区分布在梨树县北部 [图 9-14 (a)]，平均值为 3.37%，标准差为 3.46，变异系数为 1.03；而细砂粒含量高的地区分布在公主岭市的西部，含量低的地区分布在梨树县北部 [图 9-14 (b)]，平均值为 38.81%，

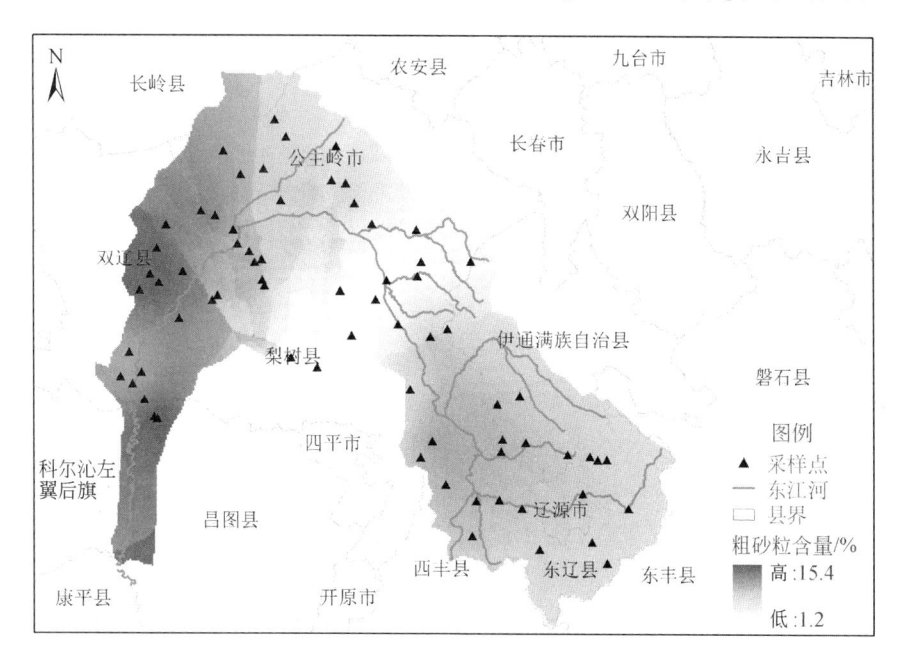

(a) 粗砂粒含量

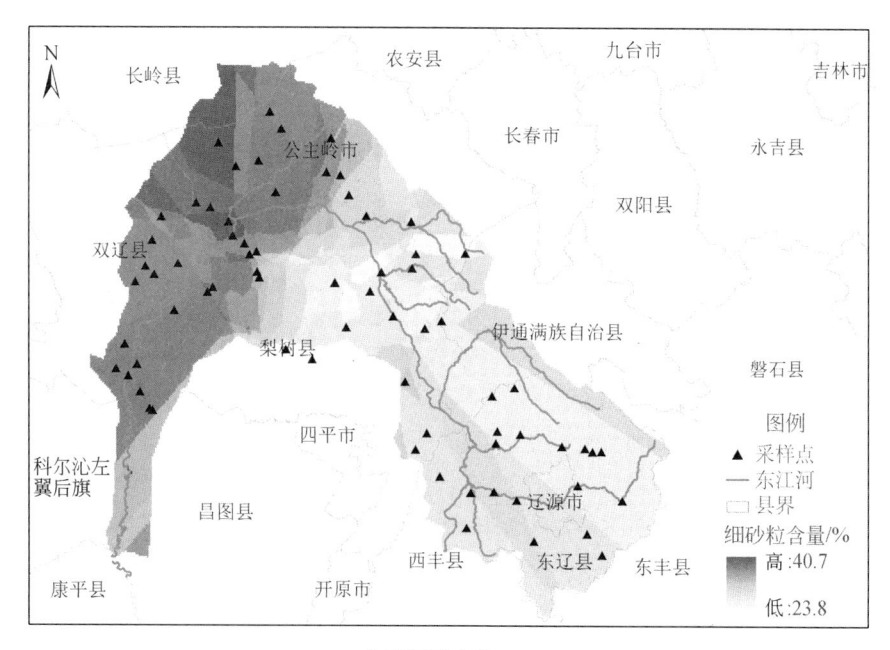

(b) 细砂粒含量

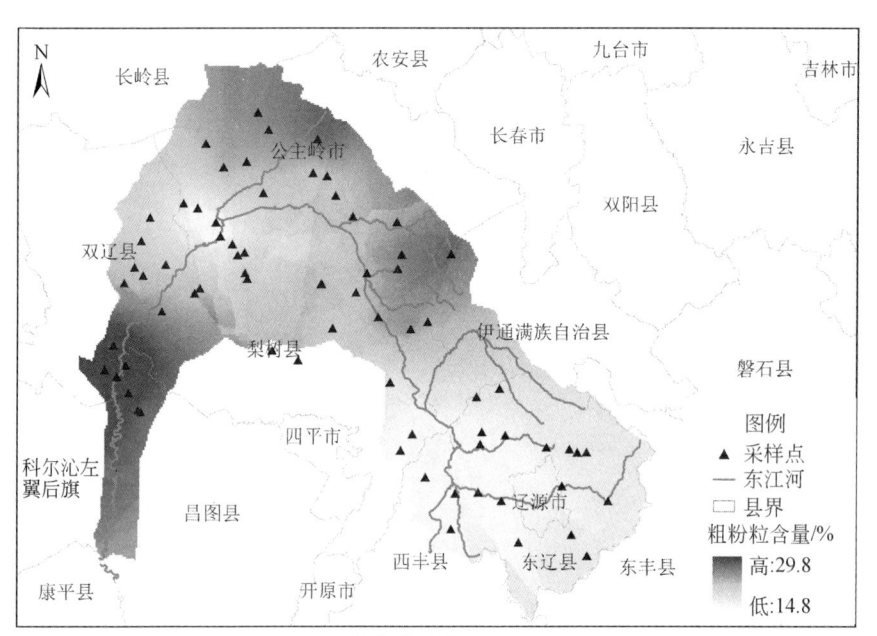

(c) 粗粉粒含量

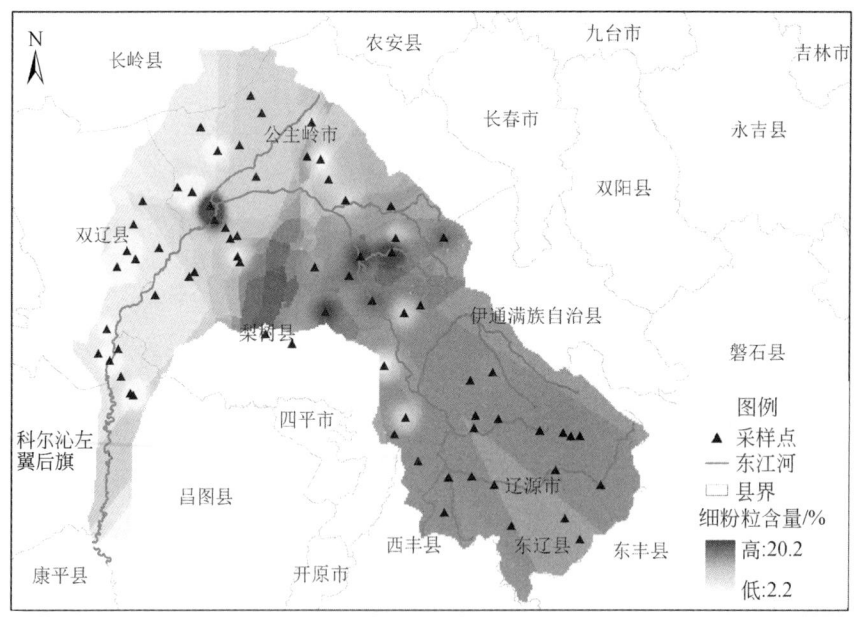

(d) 细粉粒含量

(e)粗黏粒含量

(f)细黏粒含量

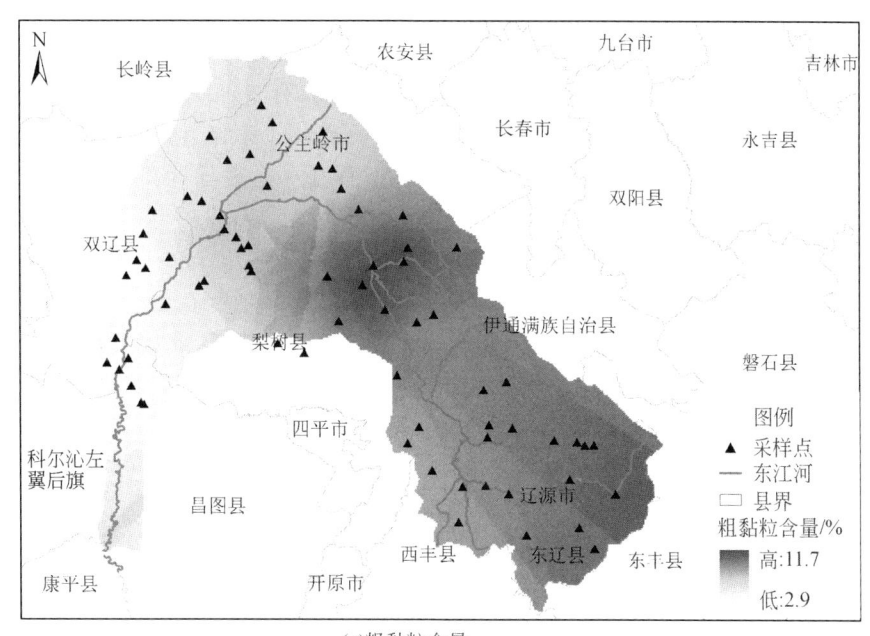

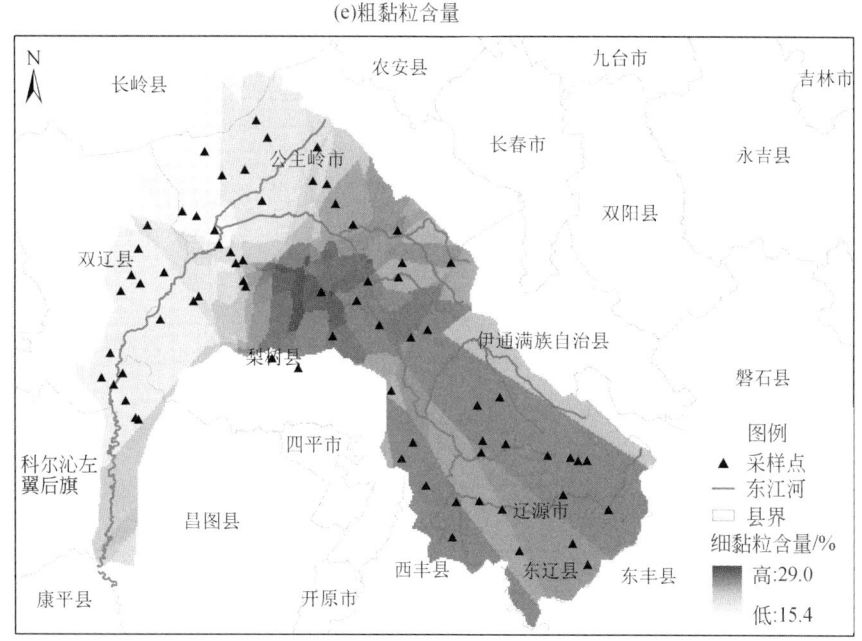

图 9-14 土壤机械组成分布

标准差为 12.12，变异系数为 0.31。粗粉粒含量呈现由东向西递增的变化特征 [图 9-14(c)]，平均值为 21.66%，标准差为 7.52，变异系数为 0.35；而细粉粒呈现由东向西递减的变化特征 [图 9-14(d)]，平均值为 8.95%，标准差为 3.18，变异系数为 0.36。粗黏粒和细黏粒的含量均呈现由东向西递减的空间变化特征 [图 9-14(e)和(f)]，粗黏粒含量的平均值为 8.95%，标准差为 3.07，变异系数为 0.34；细黏粒含量的平均值为 18.26%，标准差为 6.26，变异系数为 0.34。可见，粗砂粒具有强变异性，细砂粒具有中等变异性；粗粉粒和细粉粒均具有中等变异性；粗黏粒和细黏粒亦具有中等变异性。

分析 2009 年 8 月的土壤入渗数据可知（表 9-4），30cm 深的土壤稳定入渗率的平均值为 0.04cm/min，标准差为 0.04，变异系数为 0.87，属于中等变异性；50cm 深的土壤稳定入渗率的平均值为 0.04cm/min，标准差为 0.05，变异系数为 1.11，属于强变异性；土壤容重的平均值为 12.83g/cm³，标准差为 2.63，变异系数为 0.21，属于中等变异性；10cm 深的土壤含水率的平均值为 9.91%，标准差为 2.75，变异系数为 0.28，属于中等变异性；20cm 深的土壤含水率的平均值为 11.39%，标准差为 2.50，变异系数为 0.22，属于中等变异性；30cm 深的土壤含水率的平均值为 12.74%，标准差为 3.11，变异系数为 0.24，属于中等变异性。

表 9-4 土壤入渗特性、容重、含水率和机械组成的统计特征

项目	30cm 深导水率 /(cm/min)	50cm 深导水率 /(cm/min)	干容重 /(g/cm³)	10cm 深含水率 /%	20cm 深含水率 /%	30cm 深含水率 /%
最大值	0.14	0.16	18.01	14.09	16.55	18.13
最小值	0.00	0.00	8.07	5.09	7.24	7.05
中值	0.04	0.02	13.07	9.51	11.00	12.57
标准差	0.04	0.05	2.63	2.75	2.50	3.11
平均值	0.04	0.04	12.83	9.91	11.39	12.74
变异系数	0.87	1.11	0.21	0.28	0.22	0.24

项目	粗砂粒 /%	细砂粒 /%	粗粉粒 /%	细粉粒 /%	粗黏粒 /%	细黏粒 /%
最大值	10.66	60.61	36.73	14.29	14.29	29.15
最小值	0.00	15.21	12.24	4.08	4.08	8.33
中值	1.89	37.56	20.41	10.20	10.20	20.82
标准差	3.46	12.12	7.52	3.18	3.07	6.26
平均值	3.37	38.81	21.66	8.95	8.95	18.26
变异系数	1.03	0.31	0.35	0.36	0.34	0.34

9.1.6 植被特征

流域主要有 9 类植被类型，包括一年一熟粮食作物及耐寒经济作物、温带落叶阔叶林、寒温带和温带山地针叶林、温带落叶灌丛、温带落叶小叶疏林、温带禾草和杂类草盐生草甸、温带禾草和杂类草草甸草原、温带针叶和落叶阔叶混交林、温带丛生禾草典型草原（表 9-5）。但境内的自然植被破坏较严重，除人工营造的林地外，仅有次生林和野生植物的生长。其中，农作物占流域面积的 77.37%，粮食作物以水稻和玉米为主，上游低

山丘陵区多种植春玉米，中下游平原区种植水稻和春玉米；经济作物则有大豆、甜瓜等。温带落叶阔叶林占流域面积的11.99%，集中分布在上游地区，包括黑杨林、椴、槭林、辽东栎林等（图9-15）。

表9-5 流域主要植被类型及其面积权重

植被亚类	植被名称	比例/%
一年一熟粮食作物及耐寒经济作物	水稻、中晚熟大豆、玉米等	77.37
温带落叶阔叶林	黑杨林、椴、槭林、辽东栎林	11.99
寒温带和温带山地针叶林	樟子松疏林、樟子松林、长白落叶松林	3.77
温带落叶灌丛	榛子灌丛、二色胡枝子灌丛	2.27
温带落叶小叶疏林	榆树疏林	2.03
温带禾草和杂类草盐生草甸	羊草、碱茅盐生草甸	1.35
温带禾草和杂类草草甸草原	贝加尔针茅、羊草、杂类草草甸草原	0.66
温带针叶和落叶阔叶混交林	红松、春榆、水曲柳林	0.32
温带丛生禾草典型草原	冰草、丛生小禾草草原	0.25

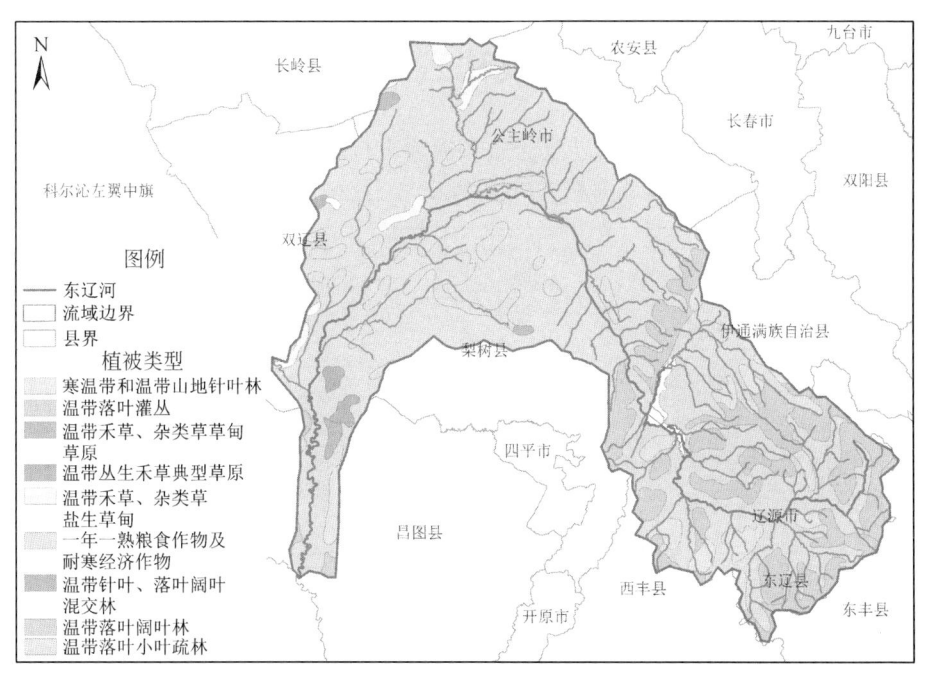

图9-15 东辽河流域植被类型分布

为更好地了解流域的植被特征，同时为模型提供植被参数，本次研究对各类植被信息进行加工处理，并获取所需的相关植被参数，如归一化植被指数、植被盖度。

本书选取2007年8月29日的TM影像作为基础数据，在该时间研究区内各种植被生长良好，而且影像无云无雪，满足研究精度。采用ENVI 4.6软件计算得到东辽河流域的

NDVI 分布情况（图 9-16）和植被覆盖情况（图 9-17）。由图 9-17 可知，东辽河流域森林覆盖率低，主要分布在上游低山丘陵区和二龙山水库周围，在下游平原区，除有少量的防护林带外，未有其他林地分布。

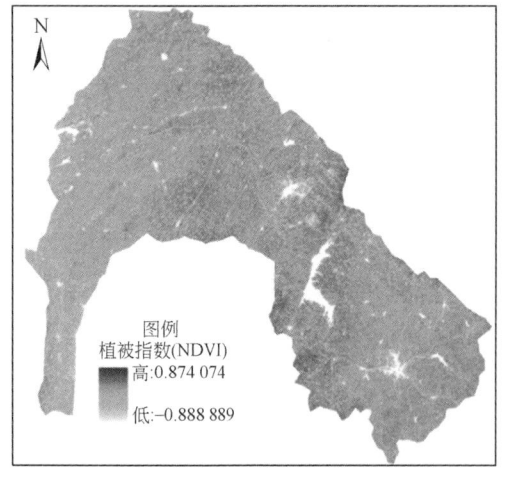

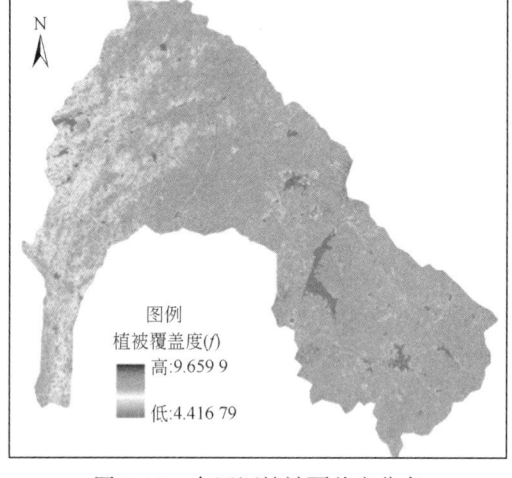

图 9-16　东辽河 NDVI 分布

图 9-17　东辽河植被覆盖度分布

9.2　流域社会经济概况

东辽河流域范围内涉及吉林省、辽宁省和内蒙古自治区的 14 个县（市、旗、区）120 个乡镇（图 9-18）。2006 年流域内总人口为 243.73 万，其中城镇人口为 102.24 万，农村

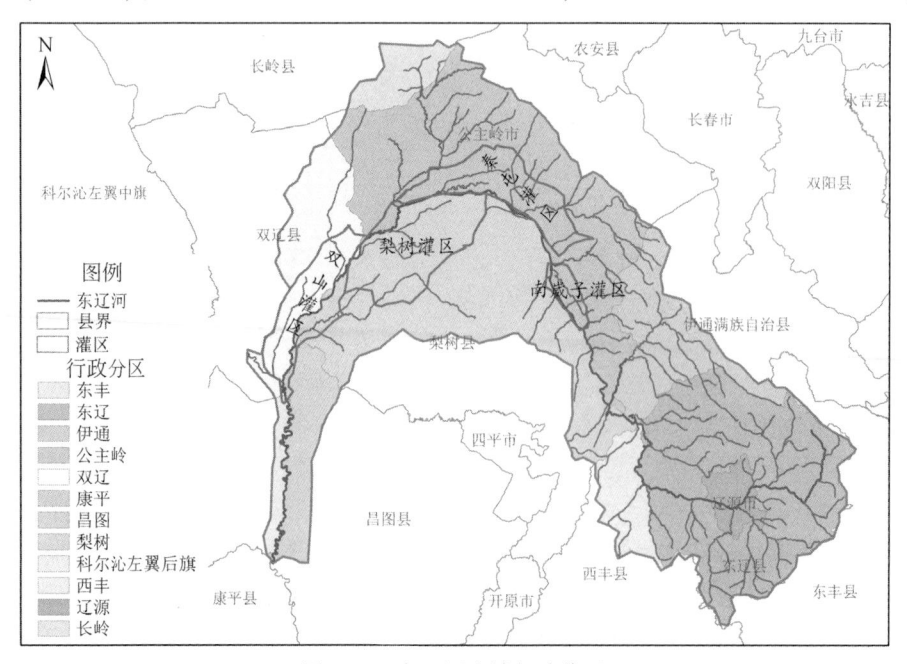

图 9-18　东辽河流域行政分区

人口为141.49万,城镇化率为41.95%,人口密度为234.36人/km²。

东辽河下游地区主要为农耕区,修建有梨树灌区(孤家子农场)、秦家屯灌区、双山灌区和南崴子灌区。2006年流域内耕地面积为679.71万亩,农田有效灌溉面积为173.23万亩,农田实际灌溉面积为172.46万亩,其中水田106.56万亩。全流域以农业生产为主,主要作物有玉米、水稻、高粱、谷子、大豆和其他杂粮等。全流域开发较早,耕地成片、农业人口密集,自然条件好,是吉林省农业比较发达的区域之一,是商品粮生产基地。2006年粮食产量为401.92万t,人均粮食产量为1.65t。

9.3 流域土地利用概况

统计2005年流域土地利用数据可知,流域内土地利用类型主要包括耕地、林地、草地、水域、建筑用地、未利用土地六大类,分别占流域总面积的71.97%、16.06%、0.97%、2.85%、7.71%、0.43%。其中耕地又包括水田和旱地,分别占流域面积的10.76%和61.21%。可见,旱地是流域内最主要的土地利用类型。流域上游低山丘陵区以耕地和林地为主,分别占流域面积的82.32%和14.14%,其中耕地又以旱地为主,占流域面积的79.40%;流域中下游丘陵区和平原区以耕地、林地和建筑用地为主,分别占流域面积的80.54%、8.16%和7.10%,其中旱地占流域面积的69.90%,水田占流域面积的10.64%。

与20世纪50年代末期相比,流域耕地、水域和建筑用地的面积分别增加了6.79%、288.77%和256.10%,林地、草地和未利用土地的面积分别减少了14.25%、90.32%和54.97%。耕地中水田面积由原来的134.61km²增加到1201.92km²,增加了792.89%,而旱地减少了7.52%;水域中滩地面积由原来的8.69km²增加到217.92km²,增加了2407.71%,而河流和湖泊的面积分别减少了93.56%和74.33%;未利用土地中盐碱地的面积由原来的1.58km²增加到31.0km²,增加了1862.03%,而沼泽地有所减少。

9.4 流域水资源概况

9.4.1 流域水资源量

东辽河流域1956~2000年多年平均地表水资源量为8.3亿m³,占辽河区2.0%,折合径流深79.6mm,最大与最小年地表水资源量比值在20倍以上;1980~2000年多年平均地下水资源量为6.88亿m³,其中山丘区计算面积为0.44万km²,地下水资源量为1.42亿m³,河川基流量为0.98亿m³,平原区计算面积为0.6万km²,地下水资源量为5.71亿m³,可开采量为4.3亿m³,山丘区与平原区之间的重复计算量为0.25亿m³。流域1956~2000年多年平均降水量为58.7亿m³,地表水资源量为8.3亿m³,不重复地下水资源量为4.52亿m³,水资源总量为12.82亿m³。

东辽河流域多年平均天然地表水资源量为8.3亿m³,河道内生态环境用水量为1.6亿m³,

占地表水资源量的 19.3%；难以被利用的洪水量为 3.1 亿 m³，占 37.3%；地表水资源可利用量为 3.89 亿 m³，可利用率（地表水资源可利用量与地表水资源量的比值）为 47.2%；平原区地下水可开采量为 4.3 亿 m³，水资源可利用总量为 6.47 亿 m³，水资源可利用率为 50.5%。

9.4.2 流域水资源开发利用程度

2006 年东辽河流域总供水量为 6.34 亿 m³，地表水供水量为 3.87 亿 m³，其中蓄水 1.06 亿 m³，引水 2.14 亿 m³，提水 0.67 亿 m³；地下水供水量为 2.47 亿 m³，其中浅层淡水供水量为 2.29 亿 m³，深层承压水量为 0.18 亿 m³。

2006 年东辽河总用水量为 6.34 亿 m³，生活用水量为 0.71 亿 m³，占 11.20%，其中城镇生活用水量为 0.39 亿 m³，农村生活用水量为 0.32 亿 m³；生产用水量为 5.57 亿 m³，占 87.85%，其中农业用水量为 4.65 亿 m³，工业用水量为 0.75 亿 m³，建筑业用水量为 0.03 亿 m³，三产用水量为 0.14 亿 m³；生态用水量为 0.06 亿 m³，占 0.95%。

东辽河流域现状水资源开发利用程度（供水量与水资源量的比值）：地表水为 66.59%，平原区浅层地下水为 58.84%，水资源总量开发程度为 67.36%。

9.5 流域历史旱情概况

9.5.1 流域干旱灾害特征

根据《中国气象灾害大典：吉林卷》和《东北区水旱灾害》（水利部松辽水利委员会，2003）的资料统计可知（表 9-6），东辽河旱灾具有普遍性、连续性、季节性等分布性特征。

表 9-6 东辽河流域历史时期（1161~2010 年）旱灾频次统计

年份	旱灾年份	频次
1161~1210 年	1161 年、1176 年	2
1211~1260 年	1260 年	1
1261~1310 年	1281 年、1293 年、1295 年、1296 年	4
1311~1360 年	1330 年、1334 年	2
1361~1410 年	—	0
1411~1460 年	1436 年	1
1461~1510 年	1481 年、1493 年、1494 年、1500 年、1502 年	5
1511~1560 年	1522 年、1523 年、1532 年、1533 年	4
1561~1610 年	—	0
1611~1660 年	—	0

续表

年份	旱灾年份	频次
1661~1710 年	1689 年、1695 年	2
1711~1760 年	1727 年、1747 年、1757 年、1759 年、1760 年	5
1761~1810 年	1762~1764 年、1766 年、1778 年、1785~1787 年、1791 年、1794 年、1795 年、1807 年	12
1811~1860 年	1811 年、1812 年、1817 年、1823 年、1825 年、1829 年、1832 年、1838 年、1840 年、1848 年、1858 年、1860 年	12
1861~1910 年	1865 年、1875 年、1876 年、1879 年、1883 年、1885 年、1893 年、1898~1900 年、1903~1907 年、1909 年	16
1911~1960 年	1911~1914 年、1916~1921 年、1923 年、1924 年、1926 年、1928~1931 年、1936~1940 年、1942 年、1943 年、1945~1960 年	40
1961~2010 年	1961~1989 年、1991~1997 年、1999~2001 年、2003 年、2005 年、2007~2009 年	44
1161~2010 年	—	150

(1) 普遍性

1161~2010 年的 850 年间，流域发生旱灾 150 次，平均 5 年一次。1950~2010 年的 61 年间，流域有 55 年发生了旱灾，发生频次为 90.2%。从 1991~2010 年的 20 年间，流域有 15 年发生了旱灾，发生频次为 75.0%。2000 年东辽河流域甚至发生断流，最长断流河段从城子上至太平站，断流河段长度为 126km，累积断流天数为 37 天。

(2) 季节性

旱灾发生的季节性主要是因为年内降水在时间上分布不均形成。春旱是流域发生范围较广、危害很大、出现概率最高的一个季节性干旱。以公主岭站为例，其春旱的发生率为 38%，其中，轻旱的发生率为 30%，重旱的发生率为 8%。

(3) 连续性

1949~2011 年的 62 年间，流域连旱 3 年 2 次（1999~2001 年，2007~2009 年），连旱 7 年 1 次（1991~1997 年），更甚者，1949~1989 年年年发生干旱。

9.5.2 流域干旱灾害发展趋势

随着全球气候的变化，以及经济社会发展带来的用水需求的增加，流域干旱问题十分突出，主要表现在：发生频率增加、受旱范围扩大、影响领域扩展、灾害损失加重等方面。

(1) 干旱发生频率和影响范围扩大

干旱灾害历史平均 5 年发生一次，在近 50 年中几乎年年发生。由于受季风影响以及年、月、季降水量时空变化较大，流域出现连年持续干旱。进入 20 世纪 80 年代，尤其是 90 年代以后，干旱持续时间最长为 41 年（1949~1989 年）一组和持续 7 年一组（1991~

1997年),灾情级别以重大灾情为主,重大灾情占56%,重灾情占25%,中灾情占了13%,轻灾情占6%。

(2) 干旱影响领域扩展

干旱影响领域已由农业为主扩展到工业、城市、生态等领域,工农业争水、城乡争水和国民经济挤占生态用水现象越来越严重。例如,1980~2007年,流域总用水量从约0.44×10^{12} m³增加到0.58×10^{12} m³,增加了32%,其中生活用水从约0.03×10^{12} m³增加到0.07×10^{12} m³,增长了1.3倍;工业用水从0.05×10^{12} m³增加到0.14×10^{12} m³,增长了1.8倍。

(3) 干旱灾害造成的损失加重

1951~2000年,流域干旱灾害的成灾频次达到92%,成灾面积逐年扩大。主要分3个时段:1951~1960年,成灾面积和成灾率呈下降趋势;1961~1978年,成灾面积呈近平缓的波动上升下降趋势;进入20世纪80年代以后,成灾面积是前两个时段平均值的10倍多,且呈阶梯状上升、增长趋势,最严重的2000年成灾面积占播种面积的80%以上,农业收成不到1/3。20世纪80年代至2000年是有记录以来干旱最严重时期。

第10章　东辽河流域广义干旱驱动机制识别

本章将通过分析东辽河流域气象水文要素和下垫面条件的演变规律，识别流域广义干旱驱动模式。其中，气象水文要素的演变规律主要分析大气水汽含量、降水量、气温值、潜在蒸发量、天然径流量和土壤含水量的趋势性、突变性和周期性；下垫面条件的演变规律主要分析土地利用变化特征和水利工程运行情况。

10.1 流域气象水文要素演变规律分析

透析流/区域内大气水汽含量、降水、气温、蒸发、径流、土壤含水量等气象水文要素的演变规律（趋势性、突变性和周期性），能更好地了解东辽河流域的气候水文特征，同时为识别流域广义干旱驱动机制，特别是为识别自然气候变化和人为气候变化对流域广义干旱的影响时段提供依据。本书采用三次样条函数进行气象水文要素的趋势性分析，其中，显著性检验采用非参数统计检验方法（黄嘉佑，1995）；突变性检测采用 Mann-Kendall 法（魏凤英，1999）和 Yamamoto 法（Yamamoto and Sanga，1986）；采用最大熵谱估计法进行周期提取（魏凤英，1999；邵骏等，2008；张明等，2009；桑燕芳和王栋，2008）。大气水汽含量应用 NCEP/NCAR 的全球月平均再分析网格点（2.5°×2.5°）资料，选取 122.5°E～127.5°E，40°N～45°N 为计算区域，分析时间段为 1948～2010 年共 63 年的资料（比湿 q、地表气压 p）。降水量、气温、潜在蒸发量的资料来自流域及其周边分布的 9 个气象站月平均资料，分析时间段为 1960～2010 年；天然径流量的资料来自流域内的王奔、梨树、二龙山水库、泉太 4 个主要水文站的逐年天然径流资料，分析时间段为 1960～2000 年；土壤墒情监测资料来自流域内的十屋和辽源监测站逐旬 0～10cm、10～20cm、20～40cm 深土层的监测成果，十屋监测站内的土壤质地以砂土为主，辽源监测站内的土壤质地以黏土为主，二者的作物均以春玉米为主，分析时间段为 2002 年 5 月至 2010 年 6 月。

10.1.1 大气水汽含量

大气中水汽含量计算公式为

$$W_a = \frac{1}{g} \int_{P_z}^{P_s} q \, dp \tag{10-1}$$

式中，g 为重力加速度（m/s²）；q 为比湿（g/kg）；P_z 为大气层顶高度 z 处的气压值（hPa）；P_s 为地表面气压（hPa）；W_a 的含义为单位气柱内水汽全部凝结降落后所形成的水层深度，即水汽质量（g/cm²）（刘建西等，2010）。由于整层大气的水汽主要集中在

400hPa 以下的大气低层，本书采用了从地面 $P_s=P_0$ 到 $P_z=300hPa$ 的垂直积分（共8层）。

（1）趋势性分析

图 10-1 为近 63 年来东辽河流域平均逐年水汽含量距平及三次样条拟合曲线。从图中可清楚看到，东辽河流域近 63 年平均水汽含量变化非常明显。流域大气中水汽含量自 20 世纪 40 年代末至 70 年代末期呈持续下降趋势，20 世纪 70 年代末期至 90 年代初期呈上升趋势，20 世纪 90 年代初期至 21 世纪初期又呈现下降趋势，总体上，东辽河流域大气水汽含量呈现"减—增—减"的变化趋势。大气水汽含量高值期出现在 20 世纪 40 年代末至 60 年代初期。20 世纪 60 年代中期至 21 世纪初期，大气水汽含量距平基本处于 0 线以下，为低值期。

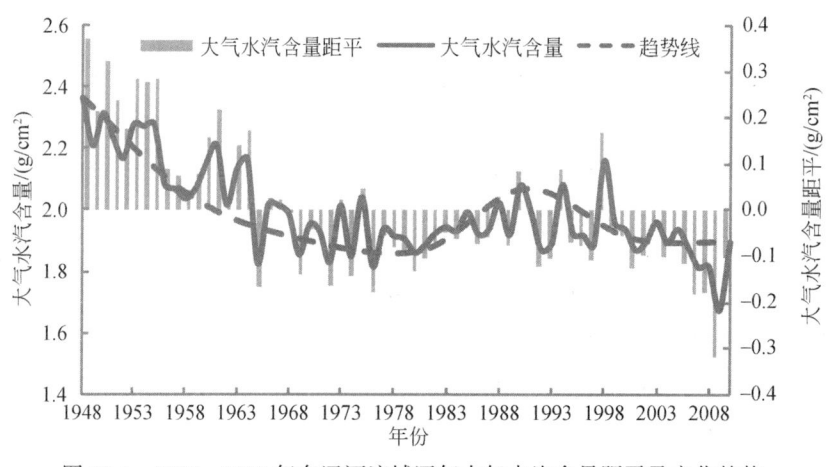

图 10-1 1948～2010 年东辽河流域逐年大气水汽含量距平及变化趋势

图 10-2 为东辽河流域 1948～2010 年近 63 年来春、夏、秋、冬各季节平均大气水汽含量距平及三次样条拟合曲线。春季 [图 10-2（a）]，大气水汽含量近 63 年来呈明显下降趋势，偶有反弹，但幅度很小。20 世纪 40 年代末期大气中水汽含量最大，60 年代中期以后水汽含量在平均值以下，为低值期。夏季 [图 10-2（b）]，大气水汽含量在近 63 年中变化较大。20 世纪 40 年代末期至 60 年代末期呈下降趋势，20 世纪 60 年代末期至 90 年代初期呈上升趋势，之后呈下降趋势，2000 年之后又有轻微的上升趋势。20 世纪 40 年代末期至 60 年代中期是水分含量的丰值期，之后迅速下降，自 20 世纪 60 年代末期至 21 世纪初，大气含水量在平均值以下，为低值期。秋季 [图 10-2（c）]，20 世纪 40 年代末期至 21 世纪初大气水汽含量呈下降趋势，虽然中间有反弹，但是幅度很小。20 世纪 60 年代末至 21 世纪初是大气含水量相对较少的时期，水汽含量低于平均值。冬季 [图 10-2（d）]，从大气水汽含量距平来看，东辽河流域大气水汽含量在近 63 年中变化较大，其中 20 世纪 40 年代末期至 50 年代末期以及 80 年代初期至 90 年代初期呈上升趋势，20 世纪 50 年代末期至 80 年代初期及 90 年代初期至 21 世纪初期呈下降趋势。

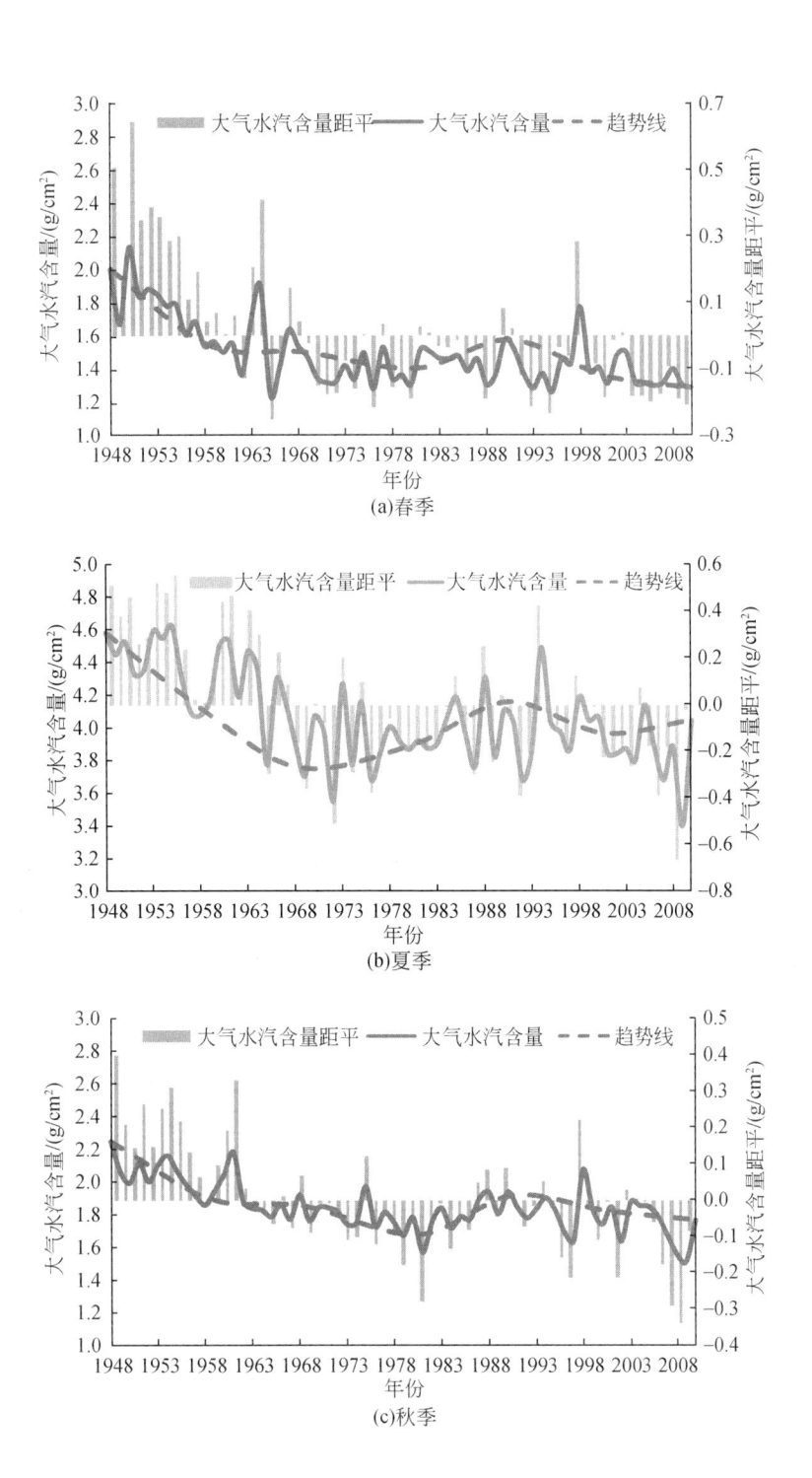

第 10 章 东辽河流域广义干旱驱动机制识别

(a) 春季

(b) 夏季

(c) 秋季

(d) 冬季

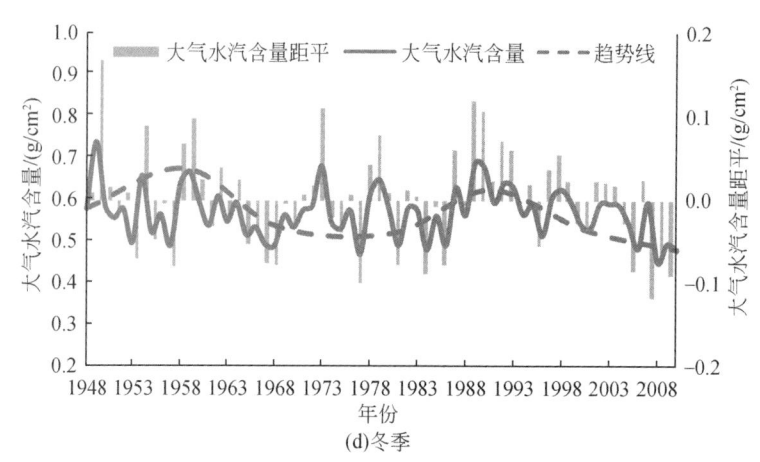

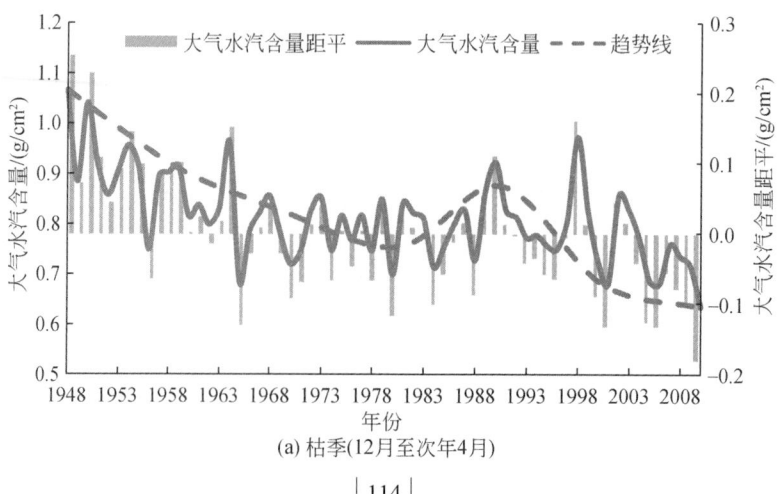

图 10-2　东辽河流域近 63 年来春、夏、秋、冬各季平均大气水汽含量距平及变化趋势

图 10-3 为近 63 年来东辽河流域枯季（12 月至次年 4 月）和雨季（5~10 月）水汽含量距平及三次样条拟合曲线。枯季［图 10-3（a）］，大气水汽含量大体上呈下降趋势，只是在 20 世纪 80 年代初期至 90 年代初期有上升趋势。20 世纪 40 末期至 60 年代末期为丰值期；低值期出现在 20 世纪 60 年代末期至 21 世纪初期，大气水汽含量距平基本处于 0 线以下。雨季［图 10-3（b）］，20 世纪 40 年代末期至 70 年代末期大气水汽含量呈下降趋势，70 年代末期至 90 年代初期呈上升趋势，20 世纪 90 年代初期至 21 世纪初期呈下降趋势，2000 年之后变化不大。丰值期出现在 20 世纪 40 年代末期至 60 年代中期，之后大气水汽含量迅速下降，大部分处于均值以下，20 世纪 60 年代中期至 21 世纪初期为低值期。

图 10-4 为近 63 年来东辽河流域春玉米生长期（5~9 月）水汽含量距平及三次样条拟合曲线。春玉米生长期水汽含量变化趋势与雨季的相似，20 世纪 40 年代末期至 70 年代末期大气水汽含量呈下降趋势，70 年代末期至 90 年代初期呈上升趋势，20 世纪 90 年代初期至 21 世纪初期呈下降趋势，2000 年之后呈上升趋势，但是上升幅度不大。丰值期出现在 20 世纪 40 年代末期至 60 年代中期，之后大气水汽含量大部分处于均值以下，20 世纪 60 年代中期至 21 世纪初期为低值期。

(a) 枯季(12月至次年4月)

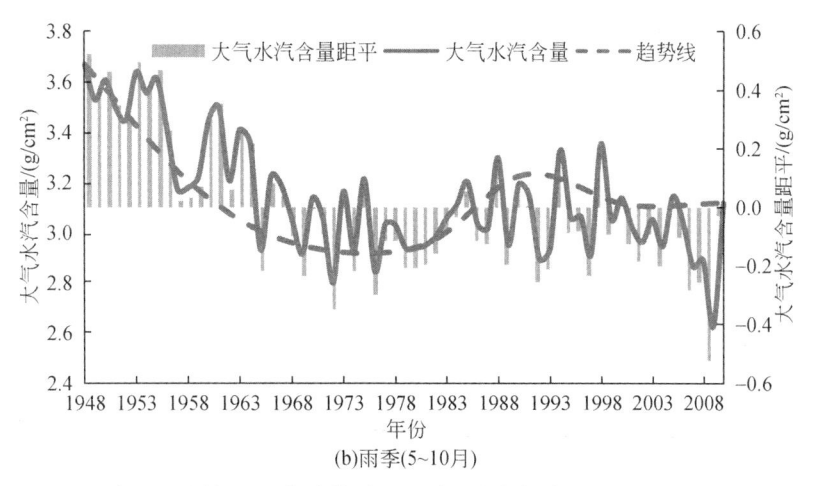

图 10-3　东辽河流域近 63 年来枯季和雨季平均大气水汽含量距平及变化趋势

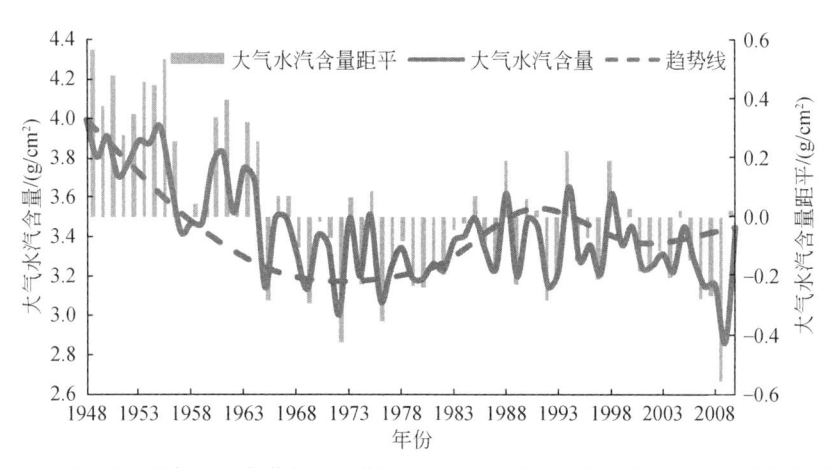

图 10-4　东辽河流域近 63 年作物生长期（5~9 月）平均大气水汽含量距平及变化趋势

表 10-1 是用非参数统计量对东辽河流域大气水汽含量变化趋势作显著性检验，可知，在 0.05 显著性水平下，春、夏、秋季大气水汽含量的变化趋势是显著的，而冬季的变化趋势不显著；枯季和雨季的变化趋势是显著的；春玉米生长期的变化趋势是显著的；逐年的变化趋势也是显著的。

表 10-1　不同时间尺度上东辽河流域大气水汽含量变化趋势的显著性检验结果

序列	春季	夏季	秋季	冬季	枯季	雨季	生长季	年均
显著性检验	显著	显著	显著	不显著	显著	显著	显著	显著

（2）突变性检测

由 UF 曲线可见［图 10-5（a）］，自 20 世纪 40 年代末期以来，东辽河流域年均大气水汽含量有一明显的下降趋势，20 世纪 50 年代末期这种下降趋势超过了显著水平 0.05 对应的下限临界线，表示下降趋势是十分显著的，这与前面的趋势性分析吻合。根据 UF 和 UB 曲线交点的位置，确定东辽河流域年均大气水汽含量的突变现象是从 1962 年开始，但是在 Mann-Kendall 检验中该交点在临界线外，因此，本书又采用 Yamamoto 法进行检验 ［图 10-5（b）］，发现大气水汽含量的突变点发生在 1964 年，与 Mann-Kendall 检验的结果出入不大。可见，东辽河流域年均大气水汽含量的突变点发生在 1964 年左右。

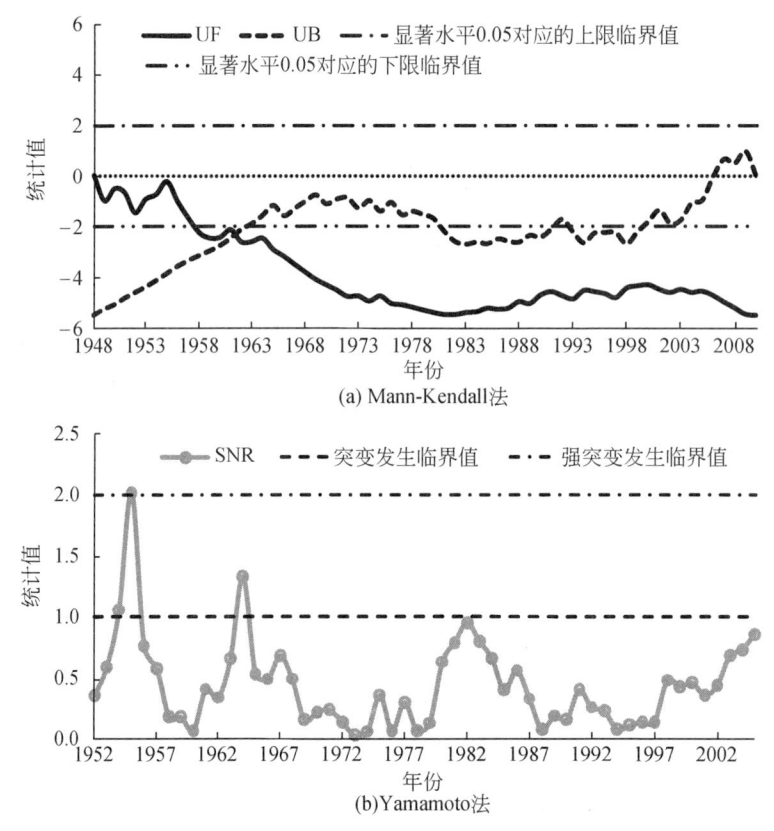

图 10-5　东辽河流域年均大气水汽含量突变判别曲线

图 10-6 是近 63 年来东辽河流域各季平均大气水汽含量 Mann-Kendall 统计量曲线，图 10-7 是近 63 年来东辽河流域各季平均大气水汽含量 Yamamoto 法突变判别曲线图，根据 UF 和 UB 曲线交点的位置，确定东辽河流域各季大气水汽含量的突变现象。春季［图 10-6（a）］，突变现象从 1957 年开始，突变点出现在 1959 年附近，结合 Yamamoto 法检验结果，东辽河流域春季平均大气水汽含量的突变点可能发生在 1957 年；夏季［图 10-6（b）］，东辽河流域夏季平均大气水汽含量的突变点可能发生在 1964 年；秋季［图 10-6（c）］，突变现象从 1963 年开始，突变点出现在 1959 年附近，结合 Yamamoto 法检验结果，东辽河流域秋季平均大气水汽含量的突变点可能发生在 1962 年；冬季［图 10-6（d）］，东辽河流域冬季平均大气水汽含量的突变点可能发生在 1964 年。

图 10-8 是近 63 年来东辽河流域枯季、雨季和春玉米生长期平均大气水汽含量 Mann-

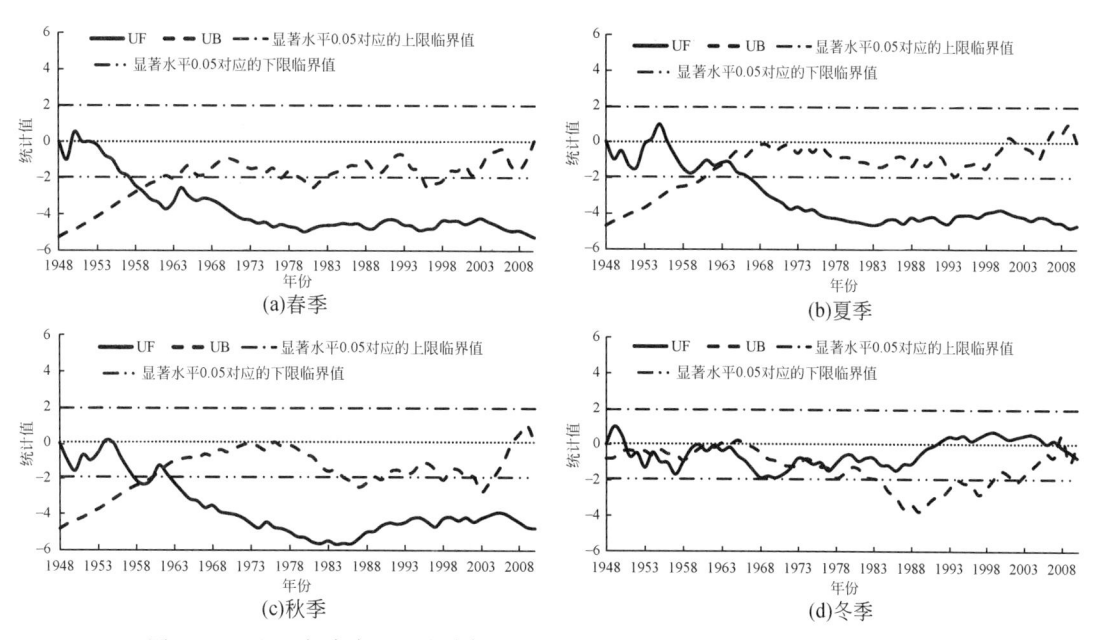

图 10-6 近 63 年来东辽河流域各季平均大气水汽含量 Mann-Kendall 统计量曲线

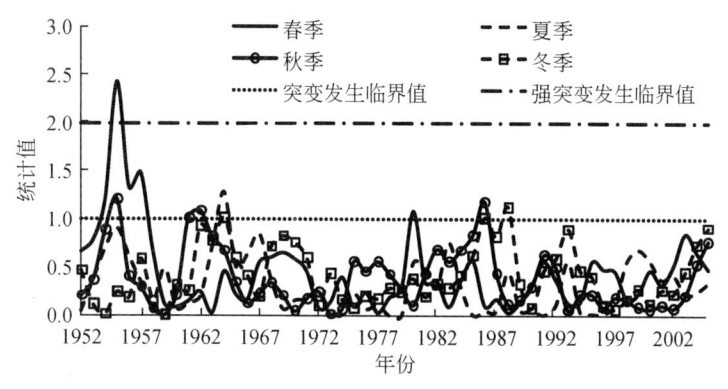

图 10-7 近 63 年来东辽河流域各季平均大气水汽含量 Yamamoto 法突变判别曲线

Kendall 统计量曲线，图 10-9 是近 63 年来东辽河流域枯季、雨季和春玉米生长期平均大气水汽含量 Yamamoto 法突变判别曲线图，根据 UF 和 UB 曲线交点的位置，枯季 [图 10-8 (a)]，突变现象从 1961 年开始，突变点出现在 1961 年附近，东辽河流域枯季平均大气水汽含量的突变点可能发生在 1961 年；雨季 [图 10-8 (b)]，突变现象从 1959 年开始，突变点出现在 1959 年附近，结合 Yamamoto 法检验结果，东辽河流域夏季平均大气水汽含量的突变点可能发生在 1964 年；春玉米生长期 [图 10-8 (c)]，突变现象从 1958 年开始，突变点出现在 1959 年附近，结合 Yamamoto 法检验结果，东辽河流域秋季平均大气水汽含量的突变点可能发生在 1964 年。

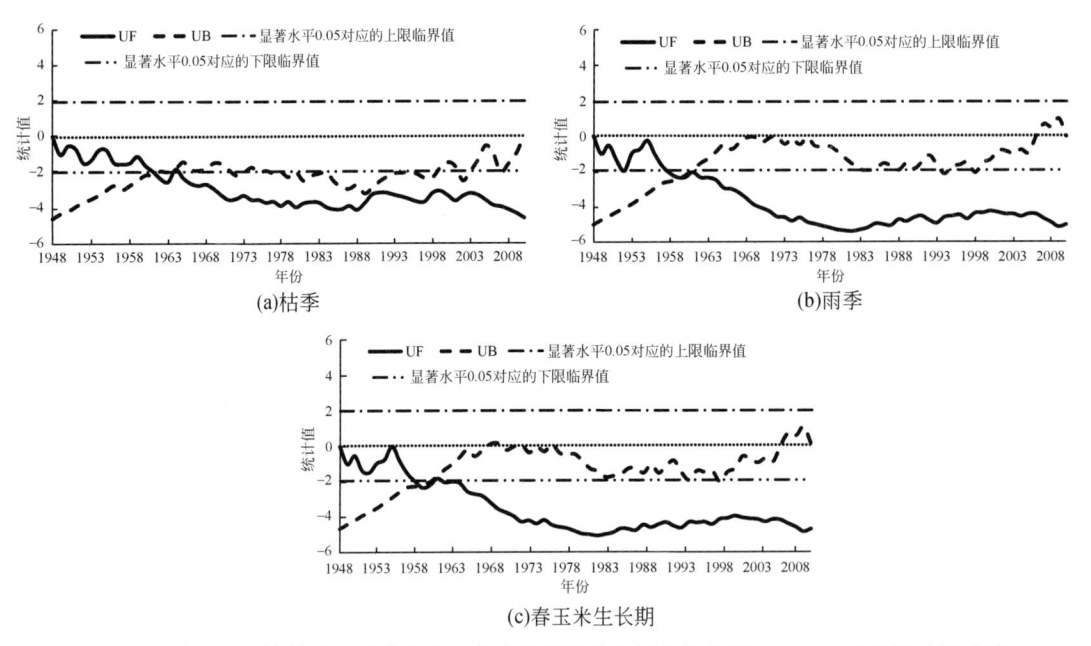

图 10-8　东辽河流域枯季、雨季和春玉米生长期平均大气水汽含量 Mann-Kendall 统计量曲线

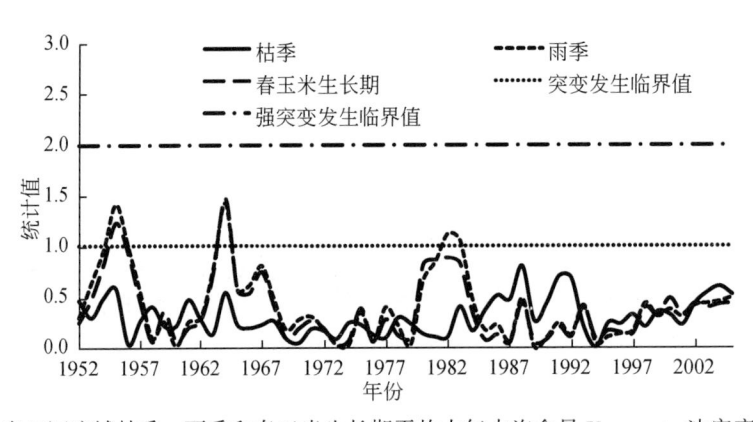

图 10-9　东辽河流域枯季、雨季和春玉米生长期平均大气水汽含量 Yamamoto 法突变判别曲线

综上所述，东辽河流域平均大气水汽含量突变点春季可能出现在 1957 年，夏季 1964 年，秋季 1962 年，冬季 1964 年；枯季可能出现在 1961 年，雨季 1964 年；春玉米生长期可能出现在 1964 年；逐年平均水汽含量突变点可能出现在 1964 年（表 10-2）。

表 10-2　不同时间尺度上东辽河流域大气水汽含量突变点检验结果

序列	春季	夏季	秋季	冬季	枯季	雨季	生长期	年均
突变点	1957 年	1964 年	1962 年	1964 年	1961 年	1964 年	1964 年	1964 年

（3）周期提取

近51年流域年均大气水汽含量的周期性不明显（图10-10）。流域春季大气水汽含量的最大熵谱图有两个明显的峰点，最高峰值对应在3.9年周期上，次峰值对应在4.1年周期上[图10-11（a）]。可见，流域近51年春季大气水汽含量序列主要在3～5年的短周期时间尺度上变化。夏季大气水汽含量有2～3年的演变周期[图10-11（b）]；秋季大气水汽含量的周期性不明显[图10-11（c）]；冬季大气水汽含量主要振荡周期为2～5年的短周期和15～16年的中周期[图10-11（d）]。

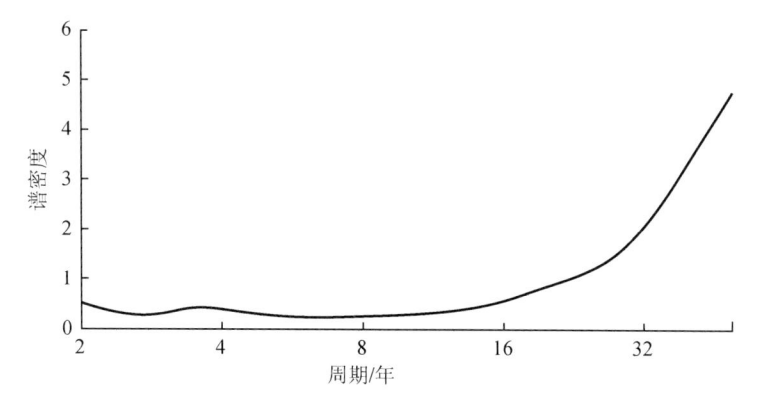

图10-10 1960～2010年东辽河流域年均降水量最大熵谱图

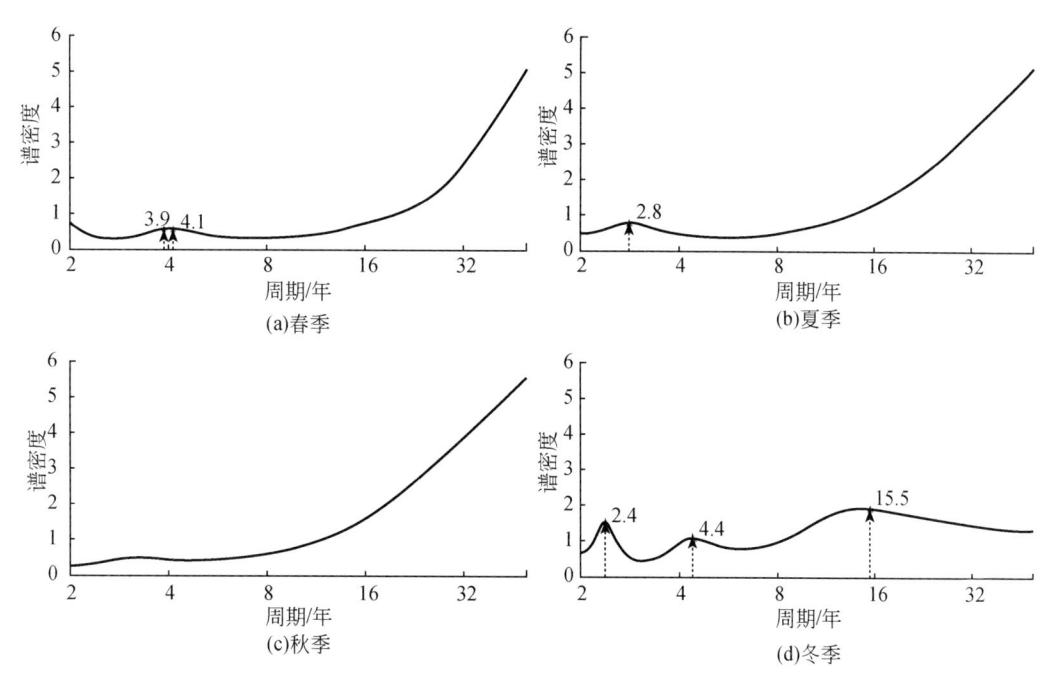

(a)春季

(b)夏季

(c)秋季

(d)冬季

图10-11 1960～2010年东辽河流域各季年均降水量最大熵谱图

10.1.2 降水量

(1) 趋势性分析

图 10-12 为近 51 年来东辽河流域平均逐年降水量距平及三次样条拟合曲线。从图中可清楚看到，流域近 51 年平均降水量变化非常明显。自 20 世纪 60 年代初至 60 年代末期呈持续下降趋势，20 世纪 70 年代初期至 80 年代末期呈上升趋势，20 世纪 90 年代初期至 21 世纪初期呈下降趋势，21 世纪初期以后又呈现上升趋势。总体上，东辽河流域降水量呈现"减—增—减—增"的变化趋势。在 0.05 显著性水平下，流域逐年的降水量变化趋势是显著的。

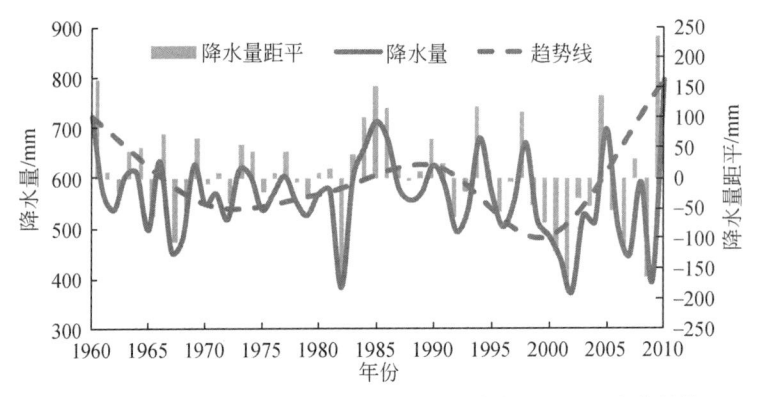

图 10-12　1960~2010 年东辽河流域逐年降水量距平及变化趋势

(2) 突变性检测

用 Mann-Kendall 法对东辽河流域 1957~2010 年逐年的年平均降水进行突变检验（取 0.05 的显著性水平），绘制 UF、UB 曲线（图 10-13）。从图 10-13（a）可看出 1982~1985 年是突变的时间区域，UF、UB 两条曲线的交点都在临界线之间，分别是：1964 年、1965 年、1967 年、1968 年、1995 年。根据对 Mann-Kendall 法的分析说明，超过临界线的范围确定为出现突变的时间区域，如果 UF、UB 两条曲线出现交点，且交点在临界线之间，那么交点对应的时刻便是突变开始的时间，据此 1982~1985 年是发生突变的区域，所有的交点都是突变开始的时间，但是如此频繁的突变点显然是不正常的，因此，本书又选用 Yamamoto 法。图 10-13（b）是用 Yamamoto 法作出的突变判别曲线图（取 0.05 的显著性水平），检验中子序列的长度是 5 年，从检验结果中可发现 1957~2010 年东辽河流域年均降水在 1982 年附近发生了突变，这与前面 Mann-Kendall 法检测到的 1982~1985 年附近发生突变的结果基本吻合，所以东辽河流域年均降水量的突变点在 1982 年左右。

(3) 周期提取

近 51 年流域降水量序列的最大熵谱图有 4 个明显的峰点（图 10-14），最高峰值对应在 2.4 年周期上，次峰值对应在 5.6 年周期上。可见，流域近 51 年降水量趋势主要以波动为主，主要振荡周期分别为 2~6 年的短周期和 16~17 年的中周期。从总体上看，流域近 51 年降水量序列主要在 2~3 年的短周期时间尺度上变化。

(a) Mann-Kendall法

(b) Yamamoto法

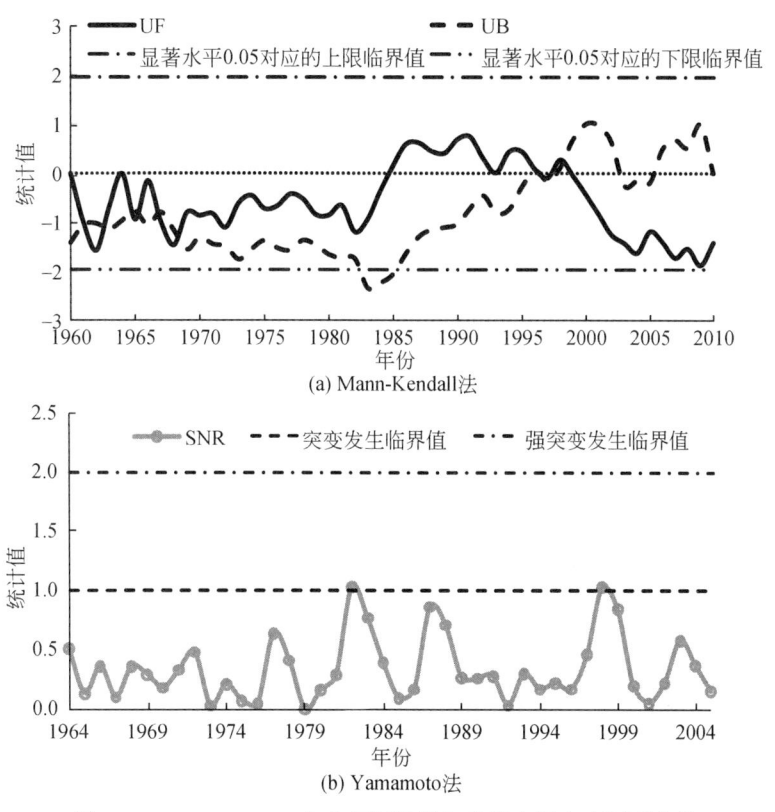

图 10-13　1960～2010 年东辽河流域年均降水量突变判别曲线

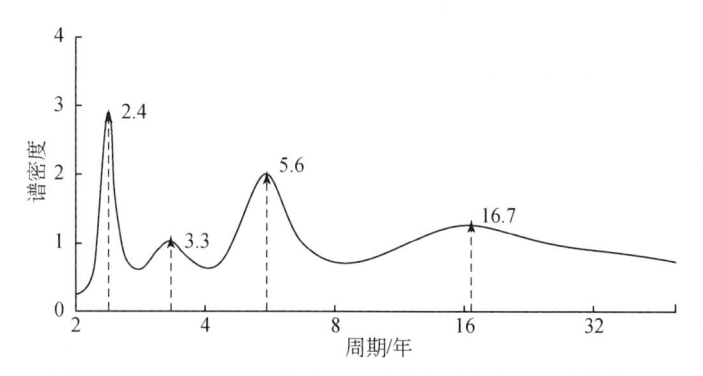

图 10-14　1960～2010 年东辽河流域年均降水量最大熵谱图

10.1.3　气温值

(1) 趋势性分析

图 10-15 为近 51 年来东辽河流域平均逐年气温距平及三次样条拟合曲线。从图中可清楚看到，流域近 51 年平均气温变化非常明显。自 20 世纪 60 年代初至 70 年代末期呈下

降趋势，20世纪80年代初期至80年代末期呈上升趋势，20世纪90年代初期以后呈下降趋势。总体上，东辽河流域气温值呈现"减—增—减"的变化趋势。在0.05显著性水平下，流域逐年的气温值变化趋势是显著的。

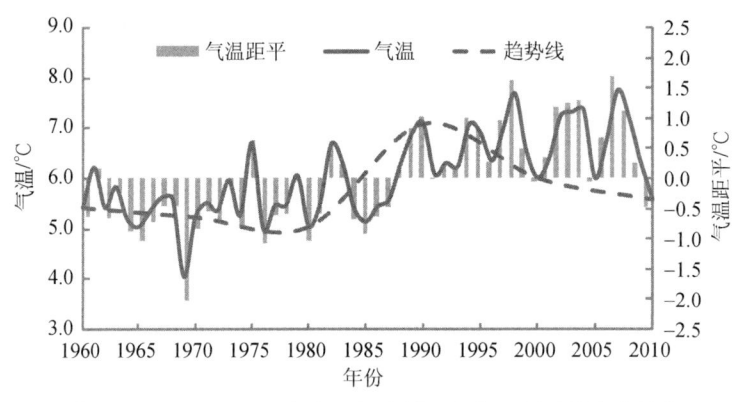

图10-15　1960~2010年东辽河流域逐年气温距平及变化趋势

（2）突变性检测

分别用Mann-Kendall法和Yamamoto法对东辽河流域1960~2010年逐年的年平均气温进行突变检验，两者均取0.05的显著性水平，其中Yamamoto法的检验中子序列的长度是5年。从图10-16可知，东辽河流域年均气温值的突变点在1988年左右。

(a) Mann-Kendall法　　(b) Yamamoto法

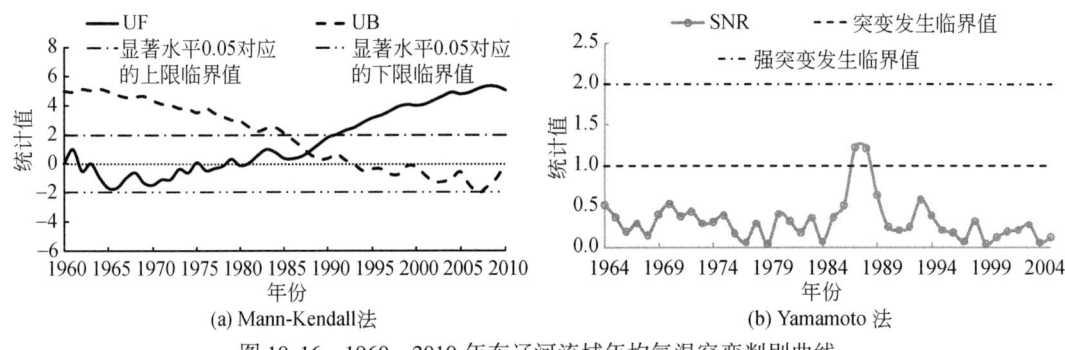

图10-16　1960~2010年东辽河流域年均气温突变判别曲线

（3）周期提取

近51年流域气温值序列的最大熵谱图有一个明显的峰点（图10-17），最高峰值对应在4.5年周期上。可见，流域近51年气温值序列主要在2~3年的短周期时间尺度上变化。

10.1.4　潜在蒸发量

（1）趋势性分析

图10-18为近51年来东辽河流域平均逐年蒸发量距平及三次样条拟合曲线，从图中可清楚看到，流域近51年平均蒸发量变化非常明显。自20世纪60年代初至80年代末期

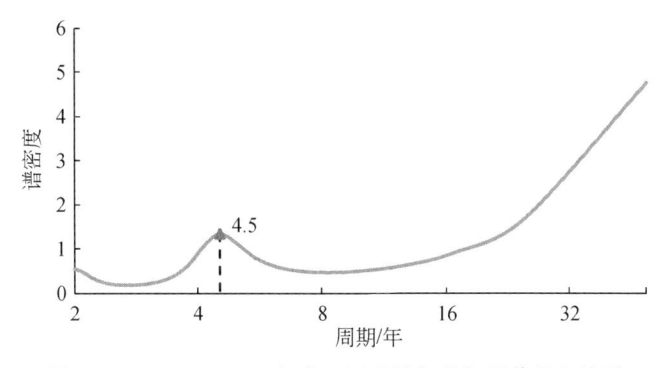

图 10-17　1960～2010 年东辽河流域年均气温值最大熵谱

呈下降趋势，20 世纪 90 年代初期至 90 年代末期呈上升趋势，21 世纪初期以后呈下降趋势。总体上，东辽河流域蒸发量呈现"减—增—减"的变化趋势。在 0.05 显著性水平下，流域逐年的蒸发量变化趋势是显著的。

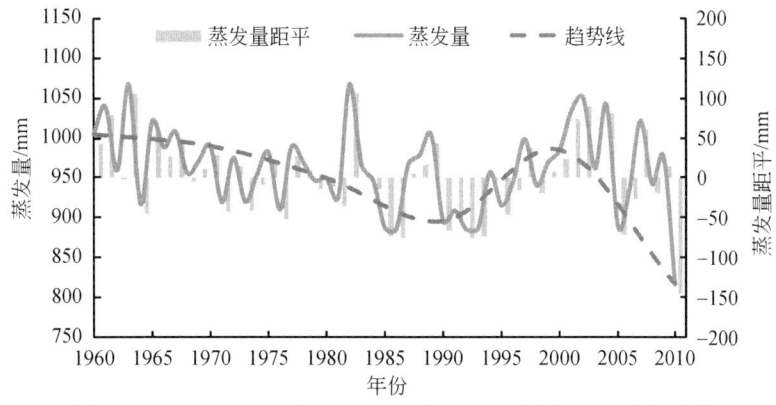

图 10-18　1960～2010 年东辽河流域逐年蒸发量距平及变化趋势

(2) 突变性检测

分别用 Mann-Kendall 法和 Yamamoto 法对东辽河流域 1960～2010 年逐年的年平均蒸发量进行突变检验，两者均取 0.05 的显著性水平，其中 Yamamoto 法的检验中子序列的长度是 5 年。从图 10-19（a）可看出 1984～2001 年是突变的时间区域，UF、UB 两条曲线的交点都在临界线之间，分别是：1967 年、2002 年、2007 年，但是交点均不在突变的时间区域内。从 Yamamoto 法的检验结果 [图 10-19（b）] 中可发现 1960～2010 年东辽河流域年均蒸发量在 1995 年附近发生了突变，这与前面 Mann-Kendall 法检测到的 1984～2001 年附近发生突变的结果基本吻合，则东辽河流域年均蒸发量的突变点在 1995 年左右。

(3) 周期提取

近 51 年流域蒸发量序列的最大熵谱图有两个明显的峰点（图 10-20），最高峰值对应在 2.4 年周期上，次峰值对应在 5.7 年周期上。可见，流域近 51 年蒸发量有 2～3 年主要周期，5～6 年周期也在局部有所表现。从总体上看，流域近 51 年蒸发量序列主要在 2～3 年的短周期时间尺度上变化。

(a) Mann-Kendall法

(b) Yamamoto法

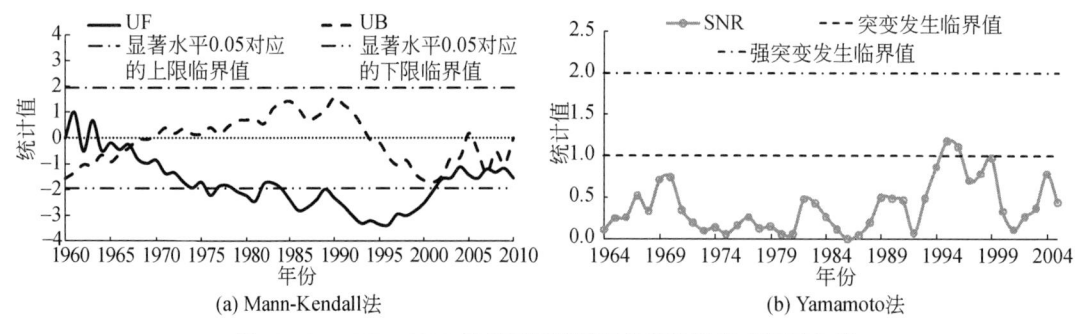

图 10-19　1960~2010 年东辽河流域年均蒸发量突变判别曲线

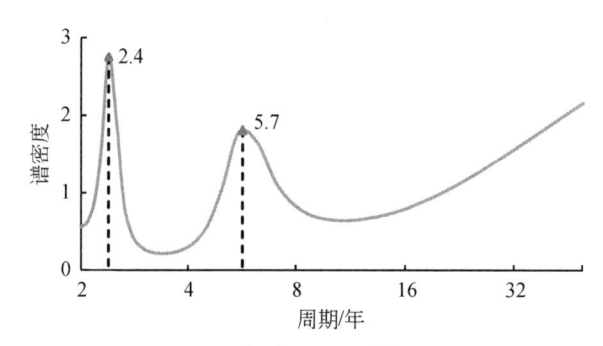

图 10-20　1960~2010 年东辽河流域年均蒸发量最大熵谱

10.1.5　天然径流量

(1) 趋势性分析

图 10-21 为 1956~2000 年东辽河流域各水文站逐年天然径流量距平及三次样条拟合曲线。从图中可清楚看到，流域王奔站、梨树站、二龙山水库站和泉太站近 45 年逐年天然径流量变化趋势基本一致，且非常明显，均表现为：自 20 世纪 50 年代末至 70 年代初期呈持续下降趋势，20 世纪 70 年代初期至 80 年代末期呈上升趋势，20 世纪 80 年代末期至 90 年代末期呈下降趋势。总体上，东辽河流域逐年天然径流量呈现"减—增—减"的变化趋势。在 0.05 显著性水平下，流域逐年的天然径流量变化趋势是显著的。流域逐年天然径流量的变化趋势与降水量的变化趋势基本一致。

(2) 突变性检测

分别用 Mann-Kendall 法和 Yamamoto 法对东辽河流域 1956~2000 年王奔站、梨树站、二龙山水库站和泉太站逐年的天然径流量进行突变检验，两者均取 0.05 的显著性水平，其中 Yamamoto 法的检验中子序列的长度是 5 年。从图 10-22~图 10-25 可知，4 个水文站天然径流量的突变点有两种情况：1966 年左右和 1984 年左右。这与前面的天然径流量趋势性分析结果相吻合。

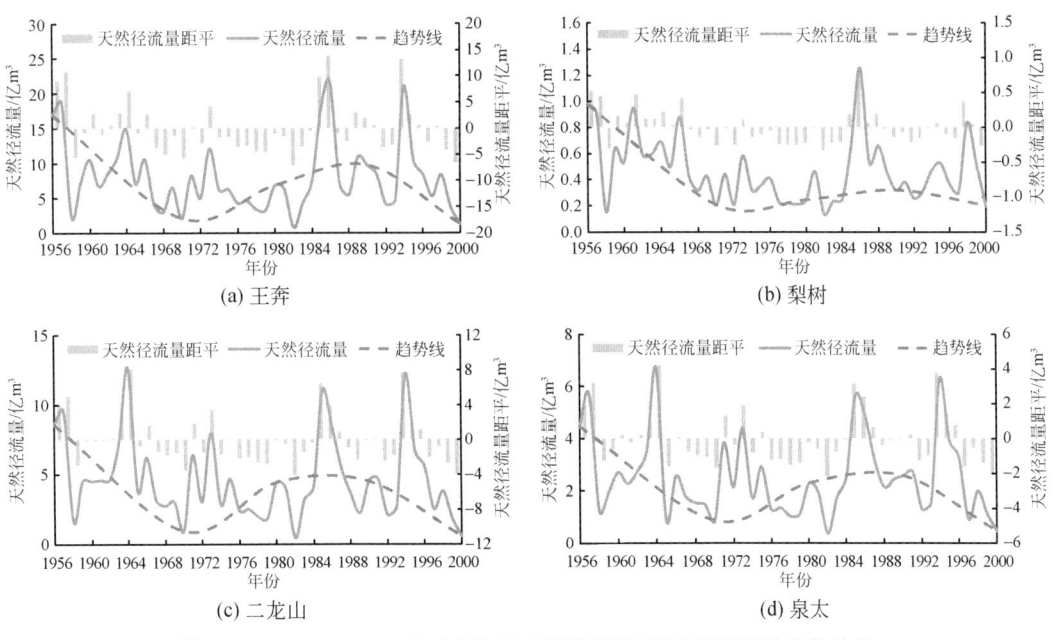

图 10-21 1956~2000 年东辽河流域逐年天然径流量距平及变化趋势

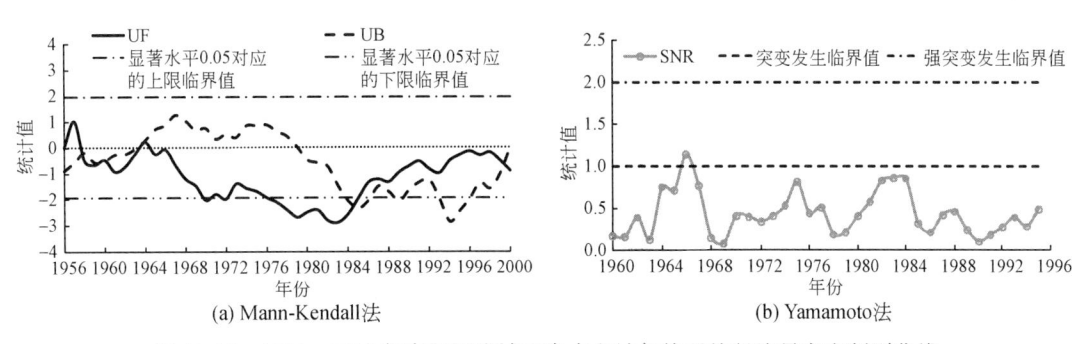

图 10-22 1956~2000 年东辽河流域王奔水文站年均天然径流量突变判别曲线

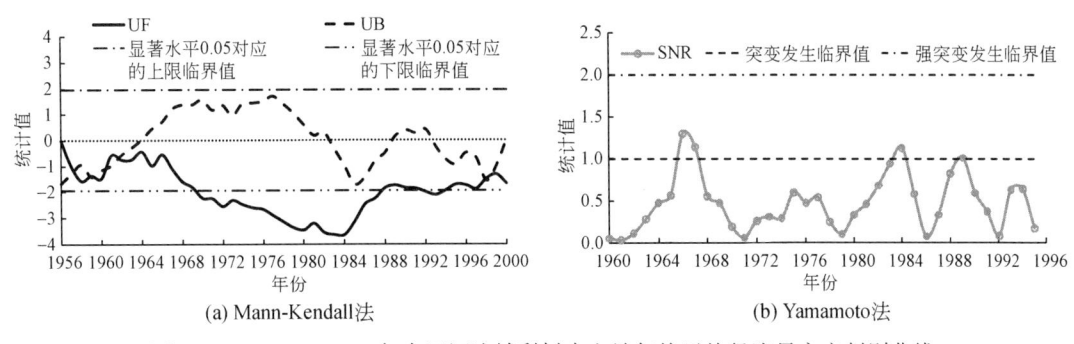

图 10-23 1956~2000 年东辽河流域梨树水文站年均天然径流量突变判别曲线

(a) Mann-Kendall法　　　　　　　(b) Yamamoto法

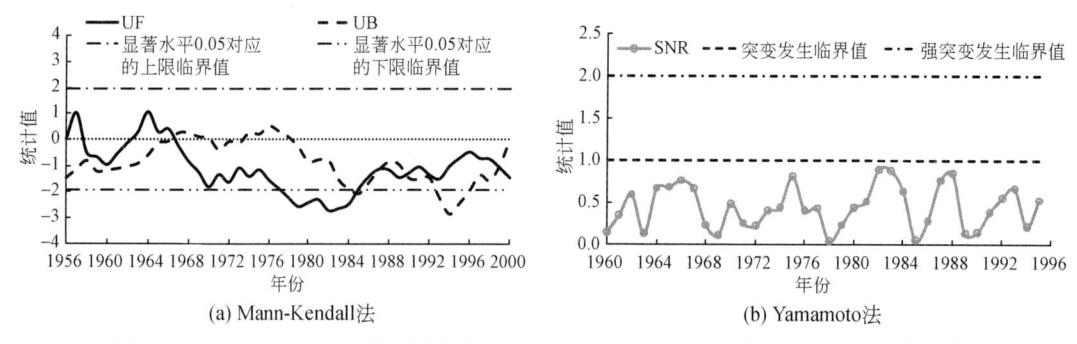

图 10-24　1956~2000 年东辽河流域二龙山水库水文站年均天然径流量突变判别曲线

(a) Mann-Kendall法　　　　　　　(b) Yamamoto法

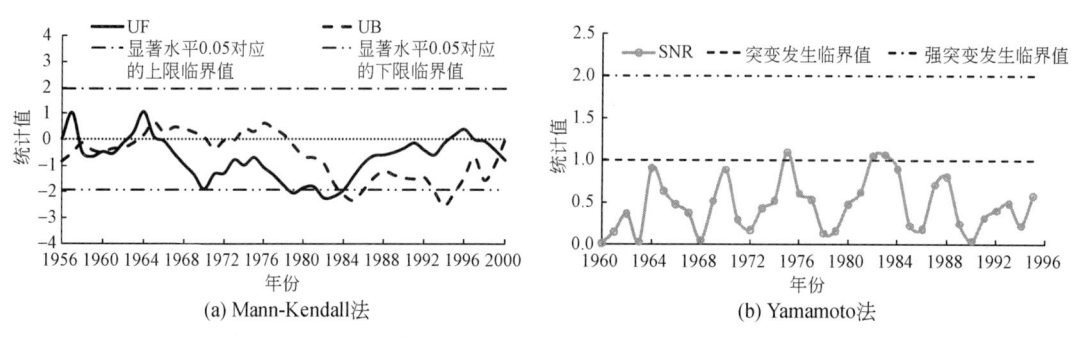

图 10-25　1956~2000 年东辽河流域泉太水文站年均天然径流量突变判别曲线

(3) 周期提取

1956~2000 年位于流域中游的王奔水文站天然径流量序列的最大熵谱图有 3 个明显的峰点，最高峰值对应在 11.6 年周期上，次峰值对应在 4.3 年周期上 [图 10-26 (a)]。可见，王奔水文站天然径流量有 11~12 年主要周期，4~5 年周期也在局部有所表现。从总体上看，王奔水文站天然径流量序列主要在 11~12 年的中周期时间尺度上变化。位于流域下游的梨树水文站天然径流量序列主要在 23 年的长周期时间尺度上变化 [图 10-26 (b)]；位于流域上游的二龙山水库水文站和泉太水文站天然径流量序列主要在 7~8 年的短周期时间尺度上变化 [图 10-26 (c) 和图 10-26 (d)]。

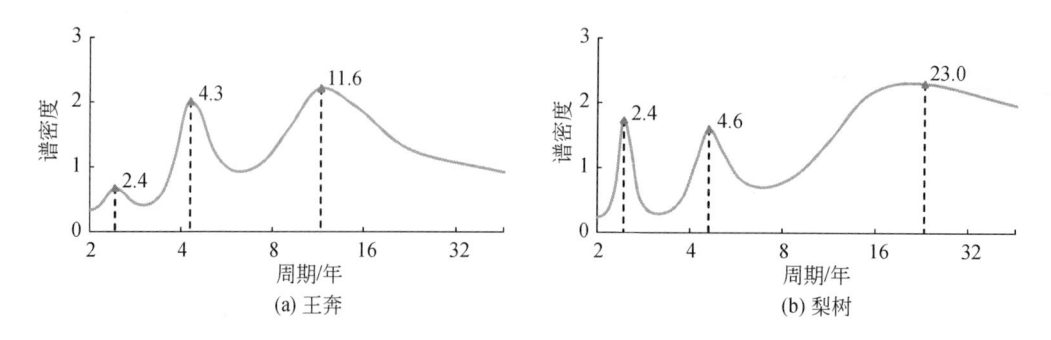

(a) 王奔　　　　　　　(b) 梨树

(c) 二龙山

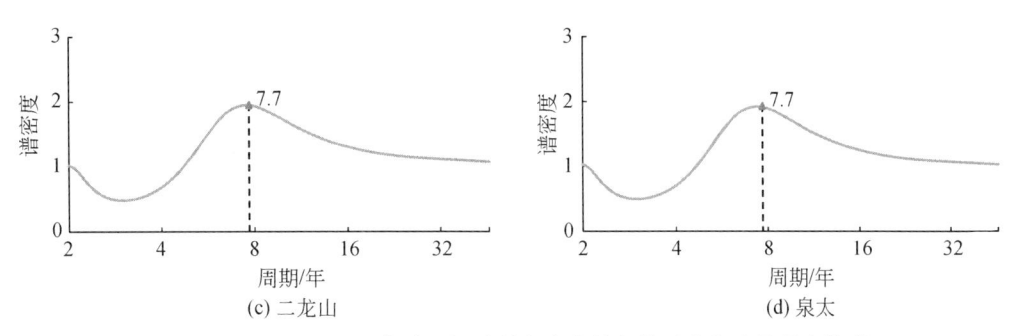

(d) 泉太

图 10-26 1956~2000 年东辽河流域各水文站年均天然径流量最大熵谱

10.1.6 土壤含水量

2002~2010 年东辽河流域十屋监测站不同土层土壤含水量的变化趋势如图 10-27 所示，辽源监测站不同土层土壤含水量的变化趋势如图 10-28 所示。十屋监测站 4 月和 6 月三层土壤含水量均与降雨量有较高的相关系数（表 10-3），而 5 月与降雨量的相关系数较低，甚至出现负相关；0~10cm 土层土壤含水量的相关系数高于 10~20cm 和 20~40cm，站内以砂土为主，可能受土壤入渗特性的影响较大。辽源监测站 4 月、5 月、6 月三层土壤含水量均与降雨量有很高的相关系数，10~20cm 土层土壤含水量的相关系数高于 0~10cm 和 20~40cm 土层，站内以黏土为主，可能是由于 0~10cm 土层受施肥、耕作等影响较大，20~40cm 土层受土壤入渗特性的影响较大。十屋监测站和辽源监测站各月份年际变化规律不明显。

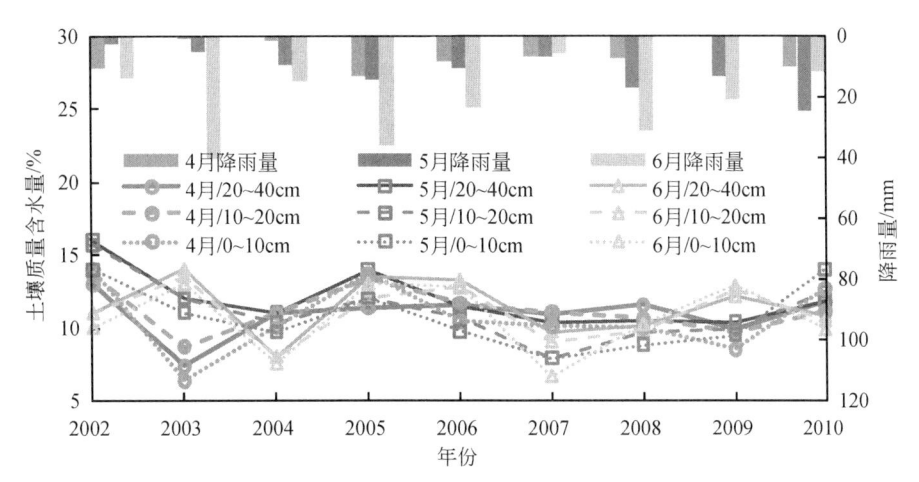

图 10-27 2002~2010 年东辽河流域十屋监测站不同土层土壤含水量的变化趋势

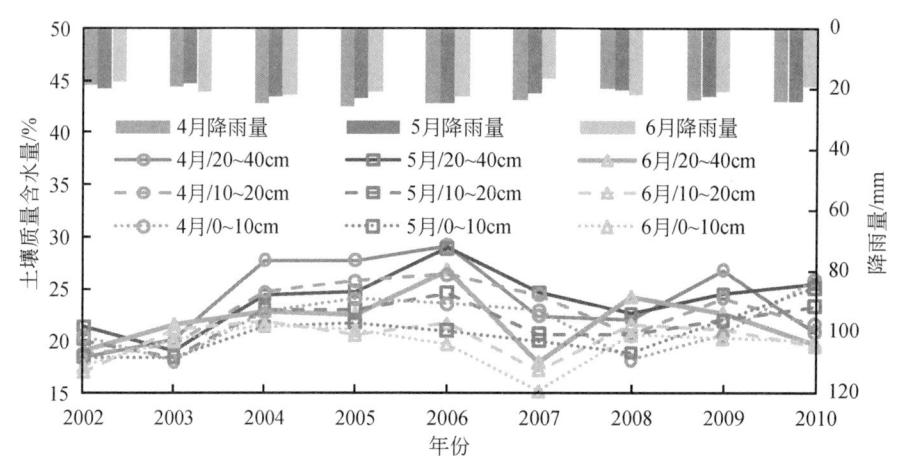

图 10-28　2002～2010 年东辽河流域辽源监测站不同土层土壤含水量的变化趋势

表 10-3　东辽河流域不同土层土壤含水量与降雨量的相关系数

土层	十屋监测站			辽源监测站		
	4月	5月	6月	4月	5月	6月
0～10cm	0.88	0.15	0.75	0.83	0.82	0.89
10～20cm	0.84	-0.16	0.62	0.91	0.97	0.97
20～40cm	0.72	-0.33	0.68	0.78	0.94	0.92

东北地区的春玉米在 8 月份进入抽穗期，于 2009 年 8 月在东辽河流域中部玉米田内，按照草甸土、黑土、白浆土、暗棕壤等不同土壤类型共布置 13 个采样点，分别监测 10cm、20cm 和 30cm 深的土壤含水量。

分析 2009 年 8 月的采样结果可知（表 10-4），10cm、20cm、30cm 深土壤含水量 K-S 检验值分别为 0.582、0.728、0.624，符合正态分布假设，能直接在半方差函数分析系统中应用。10cm、20cm、30cm 深土壤含水量的变异系数分别为 0.316、0.277、0.331，表明研究区 0～30cm 深的土壤含水量具有中等变异性。

表 10-4　土壤含水量变异特征统计值

土壤深度	平均值/%	最大值/%	最小值/%	标准差/%	方差/%	变异系数	K-S 检验	DIS. 分布
10cm	9.533	14.090	5.090	3.012	9.072	0.316	0.582	正态分布
20cm	11.138	16.550	5.490	3.088	9.536	0.277	0.728	正态分布
30cm	12.101	18.130	4.580	4.006	16.048	0.331	0.624	正态分布

10.2　流域下垫面条件演变规律分析

10.2.1　土地利用条件

经过对 1954 年、1986 年、2000 年和 2005 年 4 期东辽河流域土地利用数据（图 10-

29）的分析可知，1986 年东辽河流域六大类土地利用类型所占比例的大小顺序为耕地>林地>建筑用地>水域>草地>未利用土地，20 年后各种土地利用类型所占比例的大小顺序没有发生变化。由表 10-5 和表 10-6 可知，1986 年东辽河流域的耕地面积占总面积的 71.67%，林地 15.88%，建筑用地 7.14%，水域 2.69%，草地 1.99%，未利用土地 0.63%；与 1954 年相比较，耕地、水域和建筑用地的面积分别增加了 6.91%、268.19% 和 231.56%，其中，水田面积由原来的 134.61km^2 增加到 749.59km^2；林地、草地和未利用土地的面积分别减少了 14.77%、80.04% 和 32.80%，其中，疏林地面积由原来的 1969.26km^2 减少到 608.31km^2，高覆盖度草地面积由原来的 852.64km^2 减少到 80.50km^2，河流、湖泊面积分别由原来的 49.53km^2、23.82km^2 减少到 1.05km^2、2.90km^2。2000 年与 1986 年相比较，耕地和建筑用地的面积分别增加了 2.57% 和 1.09%，其中，水田面积由原来的 749.59km^2 增加到 1379.93km^2，林地、草地和未利用土地的面积分别减少了 5.70%、32.52% 和 55.40%，水域的面积变化不大；2005 年与 2000 年相比较，林地、水域、建筑用地和未利用土地的面积分别增加了 6.69%、6.20%、6.24% 和 50.22%，耕地和草地的面积分别减少了 2.62% 和 28.11%。

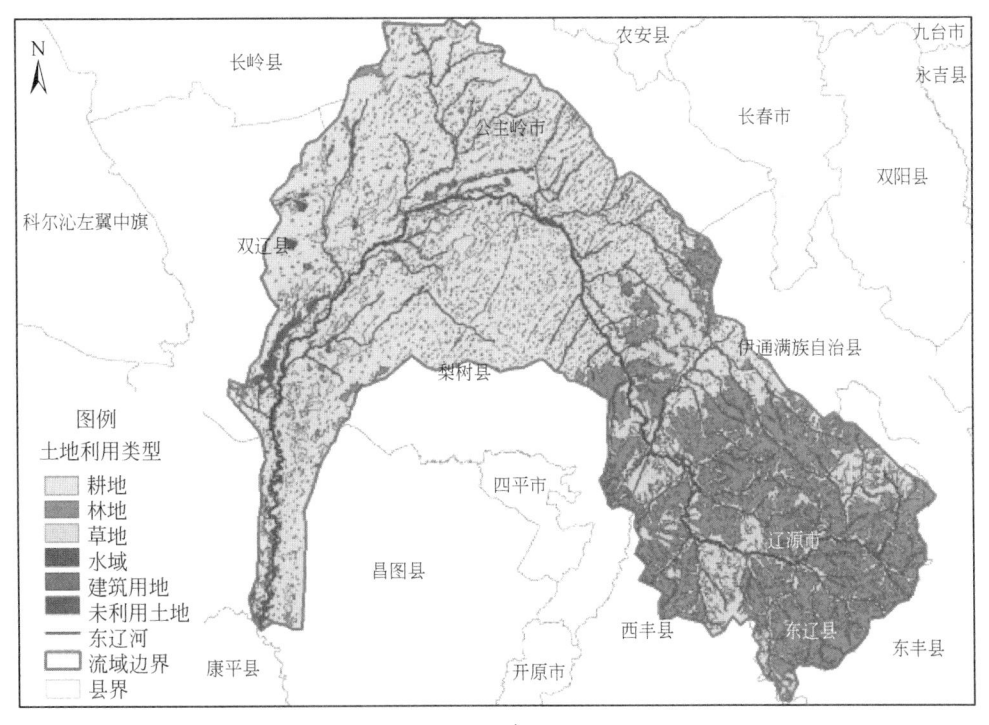

(a)1954 年

(b)1986年

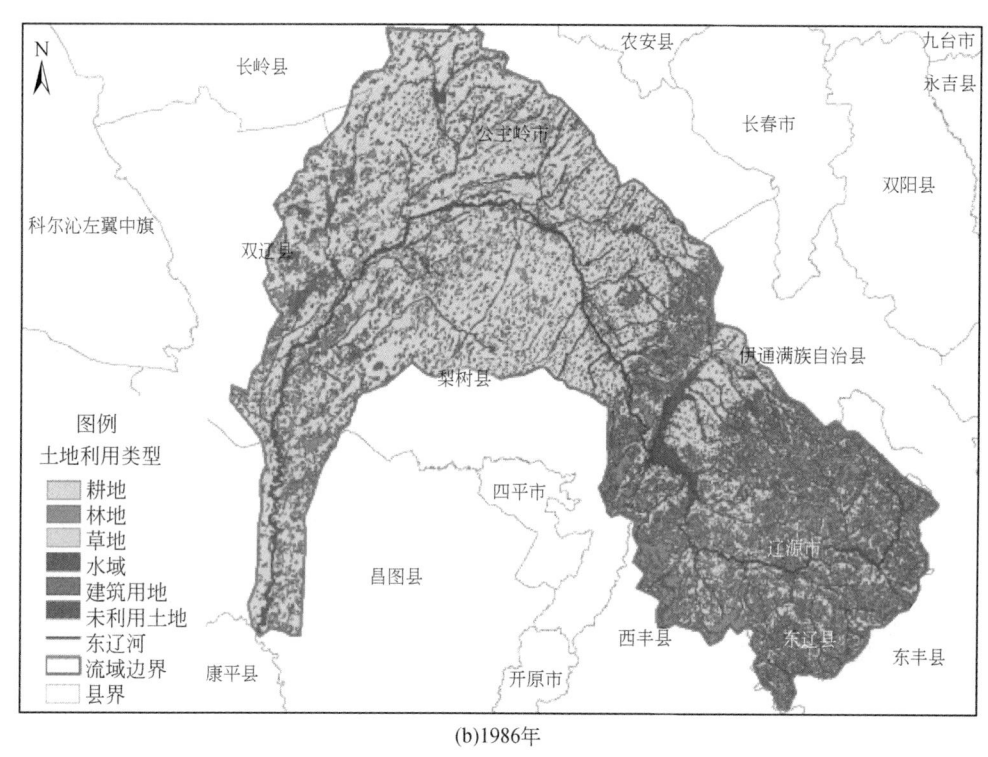

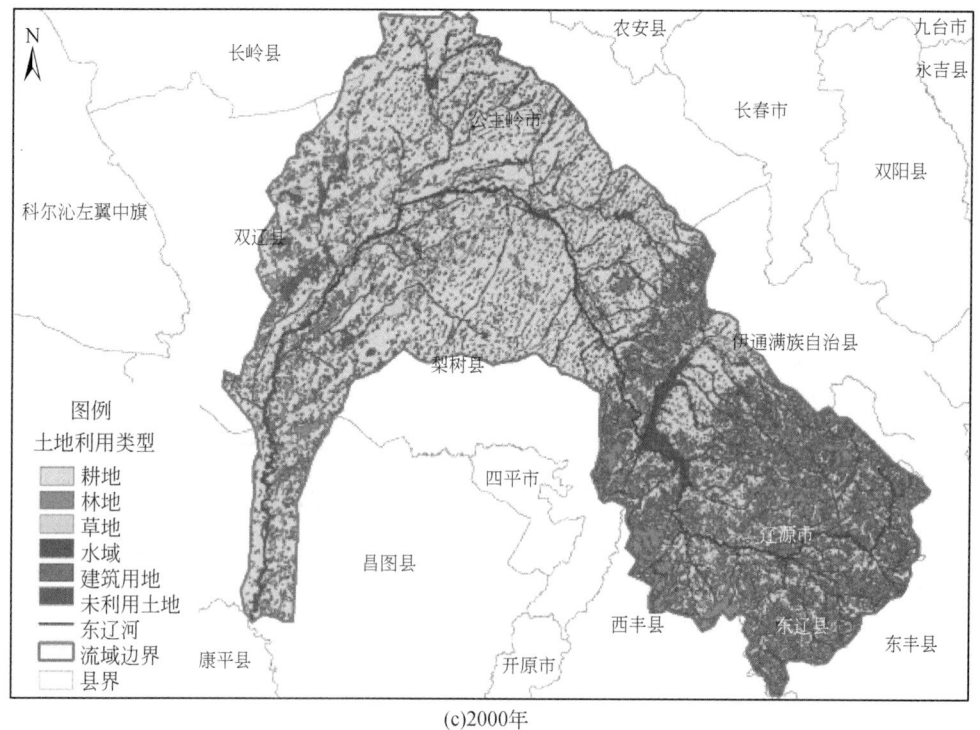

(c)2000年

(d)2005年

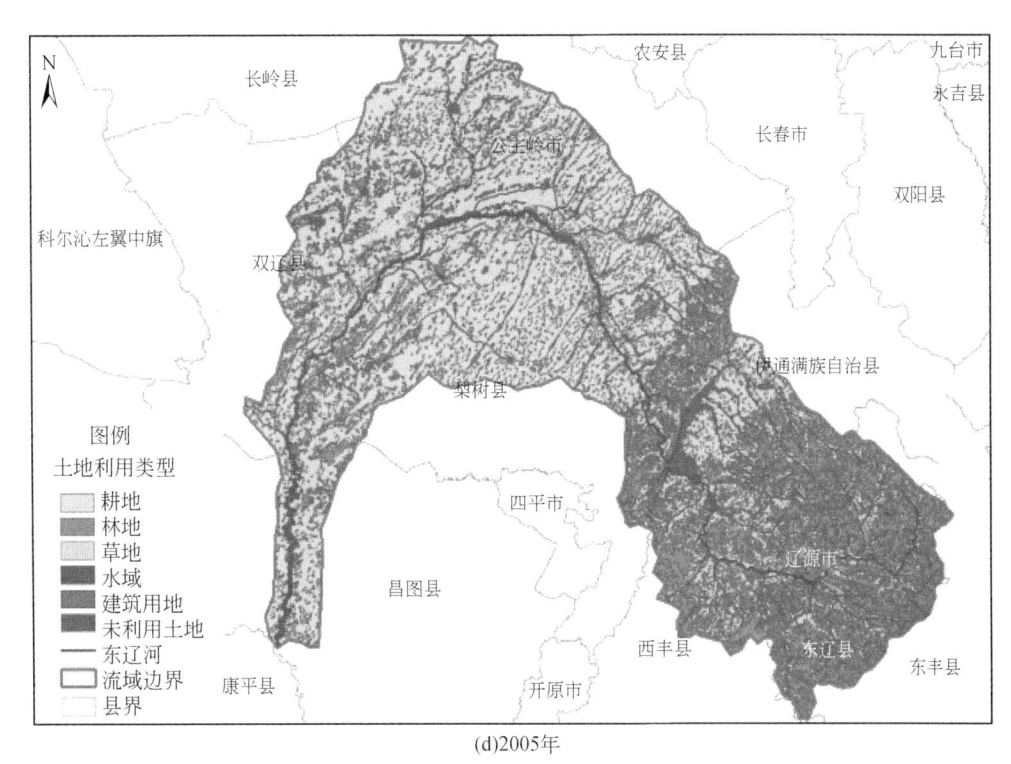

图 10-29 东辽河流域土地利用

表 10-5 东辽河流域各类土地利用变化情况

项目	耕地	林地	草地	水域	建筑用地	未利用土地
1954 年面积/km²	7530.15	2092.98	1118.21	82.03	241.80	107.15
1986 年面积/km²	8050.72	1783.85	223.23	302.03	801.72	72.01
2000 年面积/km²	8257.81	1682.22	150.64	300.30	810.46	32.12
2005 年面积/km²	8041.10	1794.75	108.29	318.91	861.03	48.25
1986 年与 1954 年比较/%	6.91	−14.77	−80.04	268.19	231.56	−32.80
2000 年与 1986 年比较/%	2.57	−5.70	−32.52	−0.57	1.09	−55.40
2005 年与 2000 年比较/%	−2.62	6.69	−28.11	6.20	6.24	50.22

表 10-6 东辽河流域主要土地利用亚类变化情况

土地类型	1954 年面积/km²	1986 年面积/km²	2000 年面积/km²	2005 年面积/km²	1986 年比 1954 年增加比例/%	2000 年比 1986 年增加比例/%	2005 年比 2000 年增加比例/%
水田	134.61	749.59	1379.93	1201.92	456.86	84.09	−12.90
旱地	7395.54	7301.13	6877.89	6839.18	−1.28	−5.80	−0.56
有林地	55.07	1093.20	1064.95	1573.35	1885.11	−2.58	47.74

续表

土地类型	1954 年面积/km²	1986 年面积/km²	2000 年面积/km²	2005 年面积/km²	1986 年比 1954 年增加比例/%	2000 年比 1986 年增加比例/%	2005 年比 2000 年增加比例/%
灌木林地	68.21	77.86	76.42	26.31	14.15	-1.85	-65.57
疏林地	1969.26	608.31	536.37	186.10	-69.11	-11.83	-65.30
高覆盖度草地	852.64	80.50	34.81	45.38	-90.56	-56.76	30.36
中覆盖度草地	265.57	142.28	115.83	55.38	-46.42	-18.59	-52.19
河流	49.53	1.05	0.31	3.19	-97.88	-70.48	929.03
湖泊	23.82	2.90	1.87	6.11	-87.83	-35.52	226.74
水库、坑塘	0.00	178.59	156.35	91.69	—	-12.45	-41.36
滩地	8.69	119.49	141.77	217.92	1275.03	18.65	53.71
城镇用地	13.99	78.37	82.44	68.37	460.19	5.19	-17.07
农村居民用地	226.38	719.97	724.65	778.80	218.04	0.65	7.47
盐碱地	1.58	23.93	23.93	30.99	1414.56	0.00	29.50
沼泽地	99.89	46.16	7.03	12.84	-53.79	-84.77	82.65

每一种地类均有转出为其他地类和由其他地类转入为本类，表 10-7 和表 10-8 分别显示了 1954~1986 年和 1986~2005 年研究区 7 种地类之间的相互转移情况（耕地又分水田和旱地）。从中可以看出，1954~1986 年，流域约有 4682.3km² 土地参与了土地利用/覆被变化，占流域总面积的 41.69%；1986~2005 年，流域约有 3974.5km² 土地参与了土地利用/覆被变化，占流域总面积的 35.39%。

1954~1986 年，对不同土地利用类型而言，旱地作为研究区中的典型地类，其转化为其他地类（转出）的面积为 1980.3km²，与此同时有 1848.3km² 其他地类转化为旱地（转入）；水田转化为其他地类的面积为 88.5km²，其他地类转化为水田的面积为 704.3km²；林地转化为其他地类的面积为 1206.0km²，其他地类转化为林地的面积为 879.0km²。就耕地而言，流域内共有 2068.8km² 耕地转出，2552.6km² 其他地类转化为耕地，耕地是由其他地类转入最多的土地利用类型。在这当中，面积最大的是林地和旱地之间的转化，共计 1028.50km² 林地转化为旱地；其次是旱地和建筑用地之间的转化，共计 607.8km² 旱地转化为建筑用地（表 10-7）。由图 10-30 可知，林地与旱地的转移主要发生在流域上游，相对集中于东辽县；旱地与建筑用地的转移亦主要发生在流域上游，相对集中于辽源市中部；旱地与水田的转移主要发生在流域下游，相对集中于双辽县的东南部，即双山灌区。

表 10-7　1954~1986 年流域内 7 种地类之间的相互转移情况　（单位：km²）

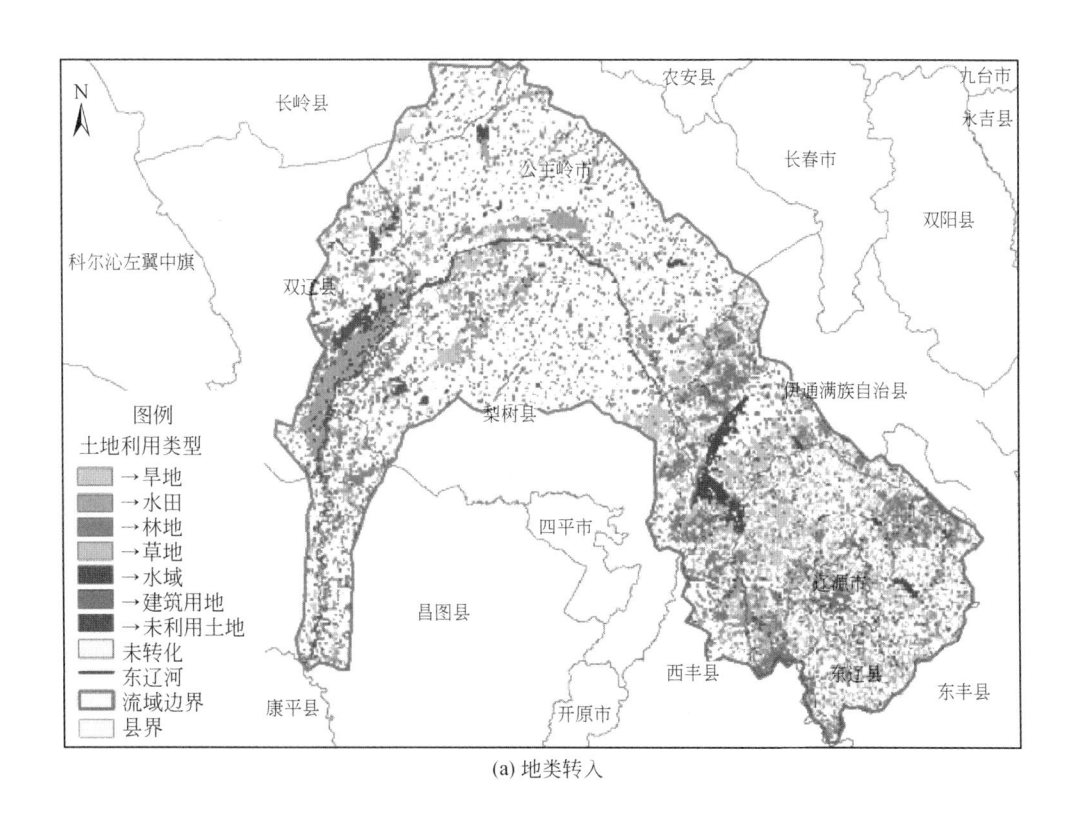

地类	水田	旱地	林地	草地	水域	建筑用地	未利用土地	总计
水田	—	70.0	2.3	1.3	6.8	8.3	0.0	88.5
旱地	569.3	—	428.8	104.8	227.3	607.8	42.5	1 980.3
林地	31.5	1 028.5	—	52.5	9.5	83.8	0.3	1 206.0
草地	34.5	515.0	435.5	—	16.5	32.0	28.3	1 061.8
水域	5.5	39.8	1.5	3.5	—	2.0	0.8	53.0
建筑用地	14.0	157.0	7.0	2.5	6.5	—	1.5	188.5
未利用土地	49.5	38.0	4.0	3.8	4.5	4.5	—	104.3
总计	704.3	1 848.3	879.0	168.3	271.0	738.3	73.3	4 682.3

(a) 地类转入

(b) 地类转出

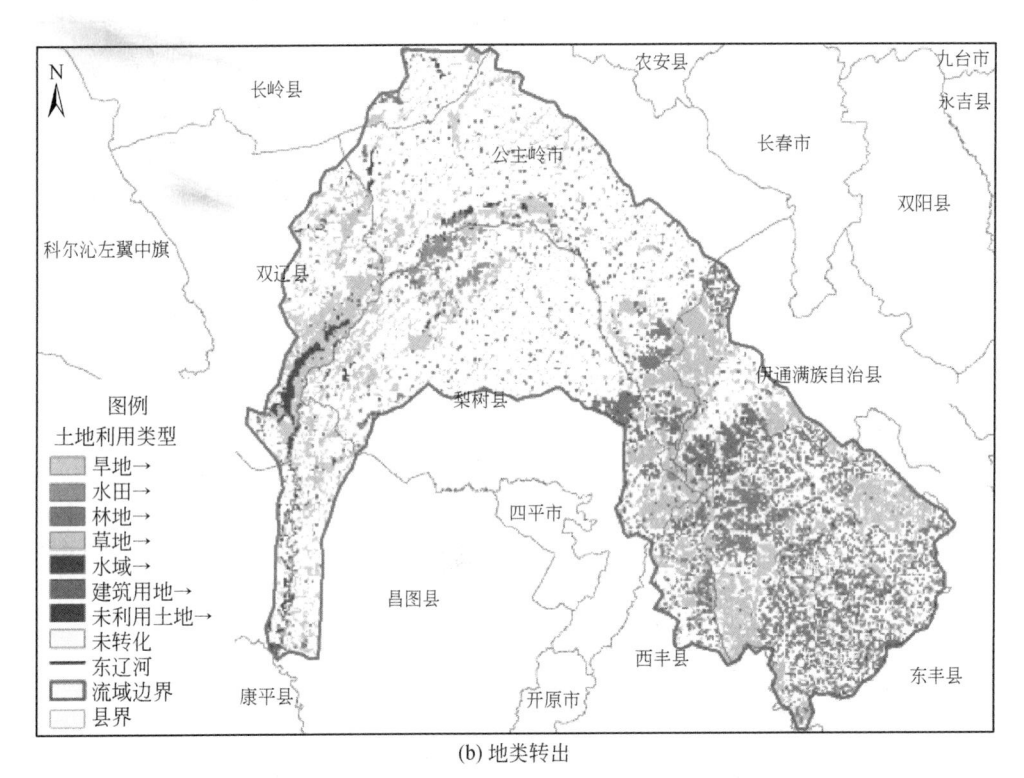

图 10-30 1954～1986 年流域内土地利用类型变化空间分布

注："→旱地"表示其他土地利用类型转化为旱地；

"旱地→"表示旱地转化为其他土地利用类型；余同。

1986～2005 年，旱地转化为其他地类（转出）的面积为 1965.0km²，与此同时有 1525.0km² 其他地类转化为旱地（转入）；水田转化为其他地类的面积为 310.8km²，其他地类转化为水田的面积为 772.0km²；林地转化为其他地类的面积为 738.3km²，其他地类转化为林地的面积为 764.0km²。就耕地而言，流域内共有 2275.8km² 耕地转出，2297.0km² 其他地类转化为耕地，耕地是由其他地类转入最多的土地利用类型。在这当中，面积最大的是旱地和林地之间的转化，共计 672.0km² 旱地转化为林地，632.5km² 林地转化为旱地；其次是旱地和水田之间的转化，共计 567.3km² 旱地转化为水田（表 10-8）。由图 10-31 可知，旱地与林地的转移变化主要发生在流域上游，相对集中于东辽县；旱地和水田之间的转移主要发生在流域中下游，相对集中于梨树县的北部，即梨树灌区。

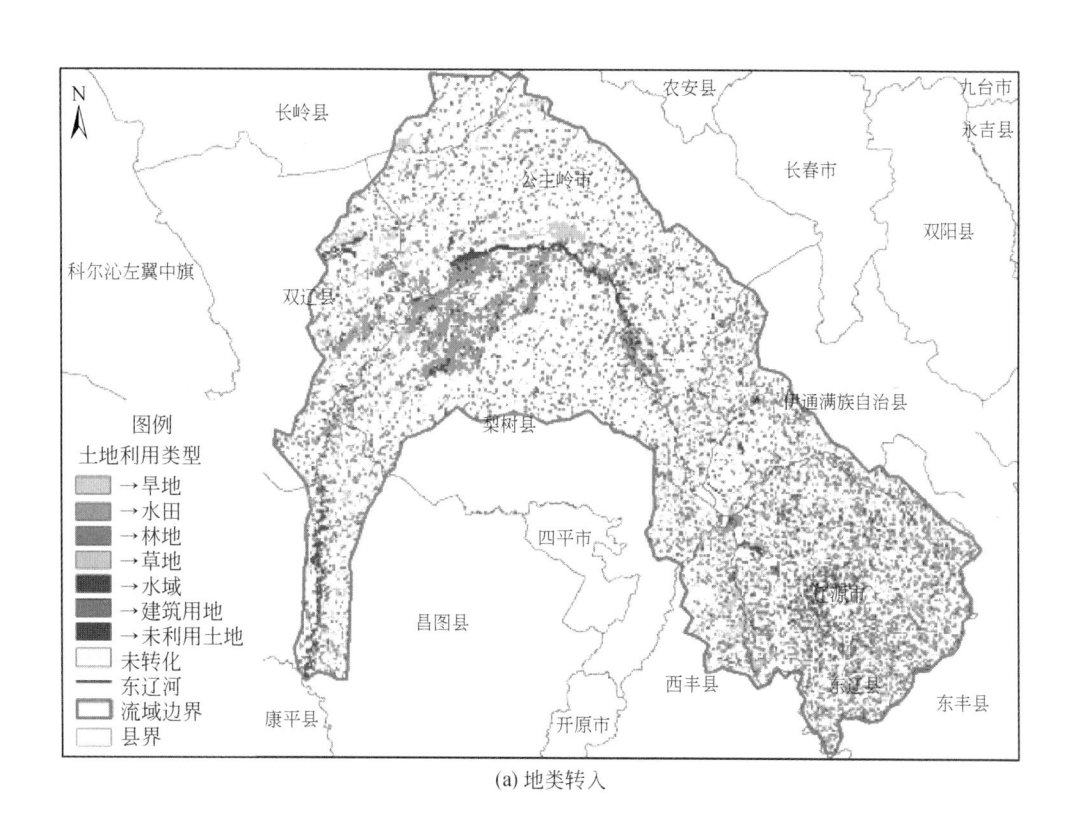

表 10-8　1986～2005 年流域内 7 种地类之间的相互转移情况　（单位：km²）

地类	水田	旱地	林地	草地	水域	建筑用地	未利用土地	总计
水田	—	243.3	14.0	2.3	10.0	40.8	0.5	310.8
旱地	567.3	—	672.0	46.0	109.8	557.8	12.3	1 965.0
林地	38.5	632.5	—	22.0	5.0	39.0	1.3	738.3
草地	25.3	117.3	36.8	—	5.5	7.5	13.8	206.0
水域	32.5	62.0	5.5	9.0	—	4.0	8.0	121.0
建筑用地	79.5	450.5	35.0	3.0	4.0	—	1.3	573.3
未利用土地	29.0	19.5	0.8	8.0	0.5	2.5	—	60.3
总计	772.0	1 525.0	764.0	90.3	134.8	651.5	37.0	3 974.5

(a) 地类转入

(b) 地类转出

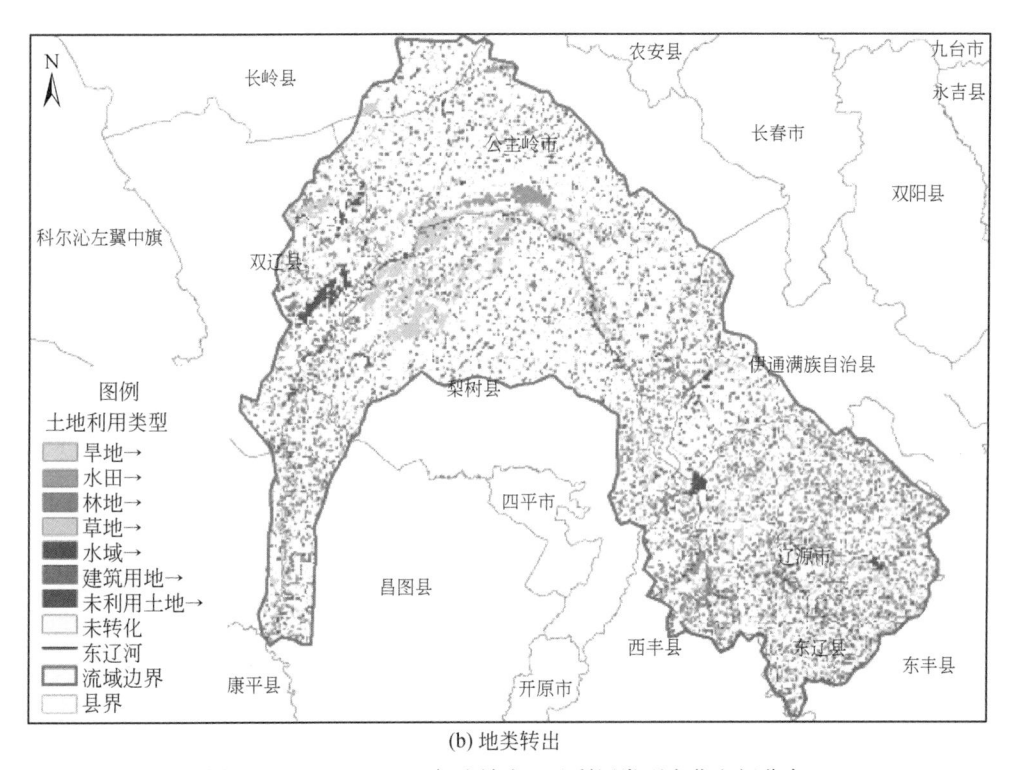

图 10-31　1986~2005 年流域内土地利用类型变化空间分布

10.2.2　水利工程条件

目前全流域有水库 60 座，其中大型水库 1 座，中型水库 5 座；塘坝 58 座，电灌站 66 座，电机井 220 眼，水轮泵站 170 座；农田灌溉面积 65.67 万亩，其中万亩以上灌区 4 处，灌溉面积 33.53 万亩。

二龙山水库是东辽河流域内的调节性水库，其下游梨树、公主岭、双辽三市（县）的梨树、秦屯、双山、南崴子等 4 个灌区均由二龙山水库放水自流灌溉（图 10-32），1950~1984 年累计灌溉面积为 770.0 km^2。此外，支流上还分布着八一、椅山、金满、安西、三良、营场等中小型水库，主要水库概况见表 10-9 和表 10-10。可见，流域内水利工程最早投入运用时间是 1950 年。

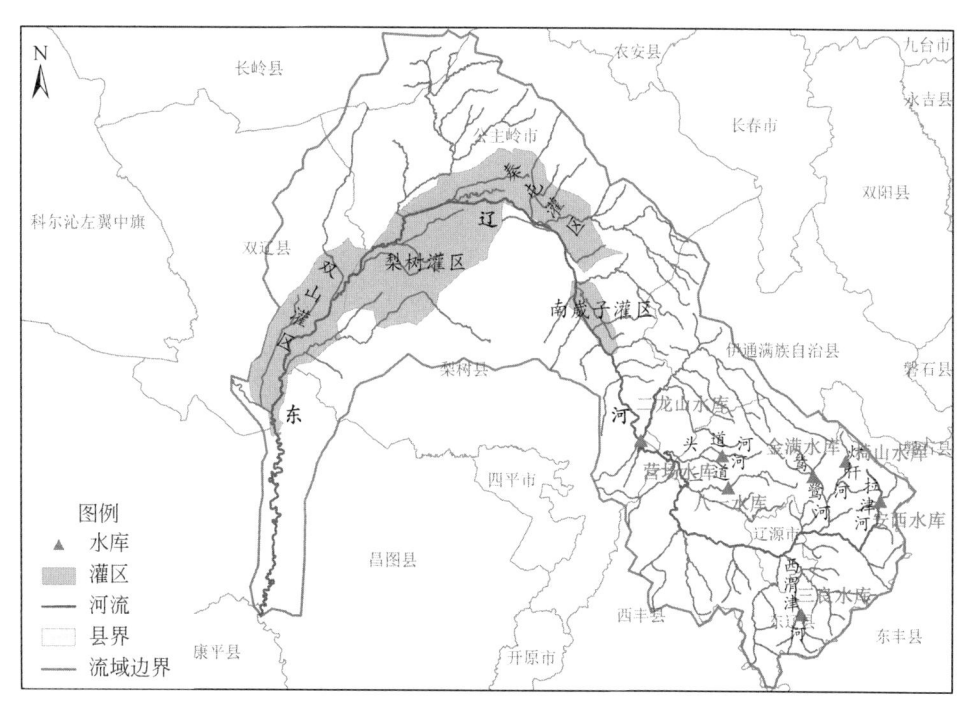

图 10-32　东辽河流域主要水利工程分布

表 10-9　东辽河流域主要水利工程概况

水利工程名称		二龙山水库	八一水库	金满水库	安西水库	三良水库	椅山水库	营场水库
地理位置	经度	124°47′E	125°07′E	125°18′E	125°29′E	125°10′E	125°24′E	125°02′E
	纬度	43°12′N	43°04′N	43°02′N	42°58′N	42°42′N	43°04′N	43°06′N
所在县村		梨树县	建安镇杨树村	安石镇路河屯	辽河源镇安西村	凌云乡柳叶村	椅山乡	建安镇营场村
所在河流		东辽河干流	二道河	鸳鸯河（灯杆河支流）	拉津河	西渭津河	灯杆河	头道河
投入运用时间		1950 年	1962 年	1962 年	1966 年	1973 年	1966 年	1959 年
控制流域面积/km²		3 676.0	55.5	74.0	40.50	54.50	49.60	29.20
效益		以防洪、灌溉为主，结合养鱼等综合利用						
类型		大型	中型	中型	小（Ⅰ）型	中型	中型	小（Ⅰ）型
总库容/万 m³		176 200.0	1 281.82	1 916.87	970.0	1 184.0	1 369.0	730.0
正常蓄水位/m		222.50	277.19	308.75	343.60	328.10	106.70	267.90
设计洪水位/m		226.90	278.30	310.93	—	329.40	108.37	269.10
校核洪水位/m		228.10	279.13	—	346.30	330.40	109.70	269.70
死水位/m		214.0	271.94	305.25	339.40	321.30	102.60	263.30

续表

水利工程名称	二龙山水库	八一水库	金满水库	安西水库	三良水库	椅山水库	营场水库
设计灌溉面积/万亩	31.80	0.90	0.45	0.54	0.63	0.60	0.47
实际灌溉面积/万亩	45.0	1.03	0.68	0.40	0.45	0.30	0.41
主要供水范围	双山灌区、秦屯灌区、梨树灌区、南崴子灌区	辽源市矿务局、西安区	增产村、朝阳、笑志	安西村、前平村、公平村、安平村、永平村、安中村	凌云乡凌镇村、鹿角村	依云村、沙北村、波叶村	建安镇营场村

表10-10 东辽河流域主要水利工程5~8月多年平均灌溉用水量　　（单位：万 m³）

水利工程名称	5月	6月	7月	8月
二龙山水库	10 916.0	8 501.0	5 280.0	7 503.0
金满水库	90.7	163.2	119.5	91.2
安西水库	45.0	215.0	96.0	55.0
三良水库	11.92	39.74	29.81	10.33
椅山水库	21.60	41.47	38.36	11.61
营场水库	3.28	18.69	6.65	1.20
八一水库	5.0	5.0	5.0	5.0

10.3 流域广义干旱驱动模式识别

选取东北地区106个气象站1959~2010年平均降水量数据[①]，结合泰森多边形法计算东北地区年降水量。分别用 Mann-Kendall 法和 Yamamoto 法对东北地区1959~2010年逐年的降水量进行突变检验，两者均取0.05的显著性水平，其中 Yamamoto 法的检验中子序列的长度是5年。从图10-33可知，1959~2010年东北地区年均降水量在1982年附近发生突变。

刘会玉等（2004）研究表明：近百年来东北地区的年降水量总体上呈现轻微减少趋势。20世纪初期和50~60年代降水比较丰沛，60~80年代降水量相对较少，最少雨阶段发生在70年代末80年代初。孙力等（2000）研究表明：东北地区20世纪60年代中期至80年代初降水的减少比较明显，具有突变性质，80年代总体上讲降水有一定程度的增加，90年代处于旱涝交替出现的波动状态，所以东北地区年均降水量突变点取1982年。

根据广义干旱驱动机制识别机理，结合上述东北地区年均降水量突变性检测，以及东

---

① 资料来自中国气象科学数据共享服务网（http://cdc.cma.gov.cn/index.jsp）。

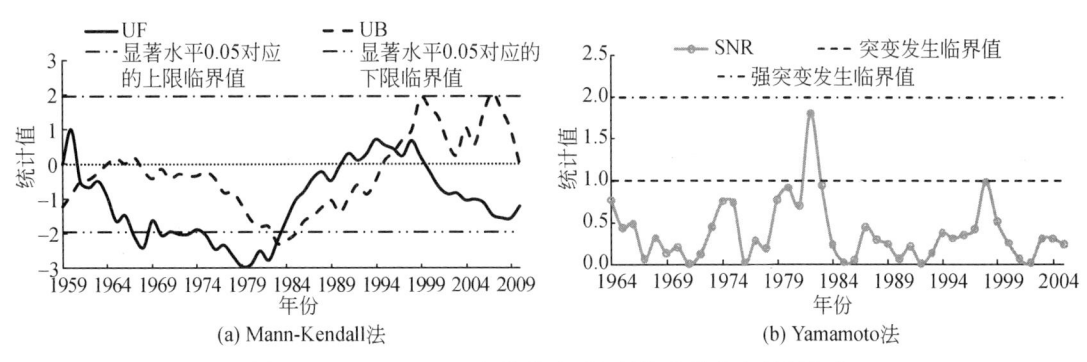

图 10-33 1959~2010 年东北地区年均降水量突变判别曲线

辽河流域气象水文要素的突变性分析结果，本书认为人为气候变化对东辽河流域广义干旱的开始影响时间为 1982 年。

本书的研究时段取为 1960~2010 年，则 1960~1981 年东辽河流域广义干旱主要受自然气候变化、下垫面条件变化（主要是土地利用变化）和水利工程调节的影响；1982~2010 年东辽河流域广义干旱主要受自然气候变化、人为气候变化、下垫面条件变化（主要是土地利用变化）和水利工程调节的影响（图 10-34）。

图 10-34 东辽河流域广义干旱驱动模式识别

第 11 章　WEP-GD 模型在东辽河流域的应用

本章将 WEP-GD 模型应用在东辽河流域，首先介绍模型的输入数据及格式化处理，其次校验和验证模型在东辽河流域的适用性。

11.1　输入数据及格式化处理

本模型在模拟过程中共采用了六大类数据，即数字高程信息、土壤信息、土地利用信息、气象水文信息、水利工程信息和社会经济及供用水信息，详见表 11-1。各种类型数据分别通过空间插值和格式化处理后，作为模型的输入数据。

表 11-1　模型输入数据及其主要来源

序号	数据类型	数据名称	描述
1	数字高程信息	高程、坡度、坡向、流向、汇流累积数、数字河网、汇流计算顺序、集水区	1:25 万国家基础地理信息系统中的地形数据 1:5 万东辽河流域的地形数据
2	土壤信息	土壤厚度、土壤质地等	全国第二次土壤普查数据 1:100 万中国土壤数据库 实地野外采样测试得到土壤剖面共计 262 个
3	土地利用信息	1954 年、1986 年、2000 年和 2005 年土地利用数据	1980~2010 年 MODIS、TM 影像
4	气象水文信息	降水量、风速、气温、日照时数、相对湿度	开原、长岭、双辽、四平、长春、磐石、清原、梅河口等 8 个气象站 1956~2010 年日实测值
		月径流量	二龙山水库、王奔、泉太 3 个水文站 1956~2000 年实测和还原月径流量
		日径流量	王奔、泉太、辽源 3 个水文站 2006~2010 年实测日径流量
5	水利工程信息	水库、灌区分布	1986 年二龙山水库调度工作手册 东辽河流域水文年鉴
6	社会经济及供用水信息	供水数据、用水数据、耗水数据、灌溉制度、种植制度	2006 年全国水资源综合规划 1990~2010 年松辽流域水资源公报

11.1.1 数字高程信息

以 1 : 25 万的国家基础地理信息为基础，在 GIS 平台的支持下，采用数字高程模型获取地表高程、坡度、坡向、流向、汇流累积数、数字河网划分及编码、子流域划分等 7 个方面的基础数据，并进行格式化处理。具体计算步骤介绍如下。

1) 在 ArcGIS 9.3 平台上调用 Topogrid 工具，以各分区的等高线和高程点信息为基础，生成 500m×500m 分辨率的高程栅格数据。对各分区的高程切边（grid clip）和拼接（grid merge）后，生成流域高程信息 [图 11-1（a）]。

2) 以 500m×500m 的流域高程信息为基础生成坡度信息（slope）和提取坡向数据（aspect），进而按照单元平均的方法生成坡度图 [图 11-1（b）] 和坡向图 [图 11-1（c）]。

3) 对流域高程数据进行填注处理（fill sink）后，提取流向（flow direction）[图 11-1（d）] 信息，执行 Flow Accumulation，进一步提取汇流累积数信息 [图 11-1（e）]。

4) 选取汇流累积数大于 100 的计算单元作为基本数字河网，并根据实际河网修正基本数字河网，同时，剔除不满足基本河段单元的支流。最后得到的数字河网按照从"上游到下游、从支流到干流"的基本原则进行河段的划分 [图 11-1（f）]。

5) 根据汇流累积数的大小和单元所在计算单元的行、列号进行坡面汇流的统一编码。本流域累计有 43 159 个计算单元参与坡面汇流的计算 [图 11-1（g）]。

6) 以 ArcGIS 9.3 为平台，执行 Watershed 操作，实现集水区的划分 [图 11-1（h）]。

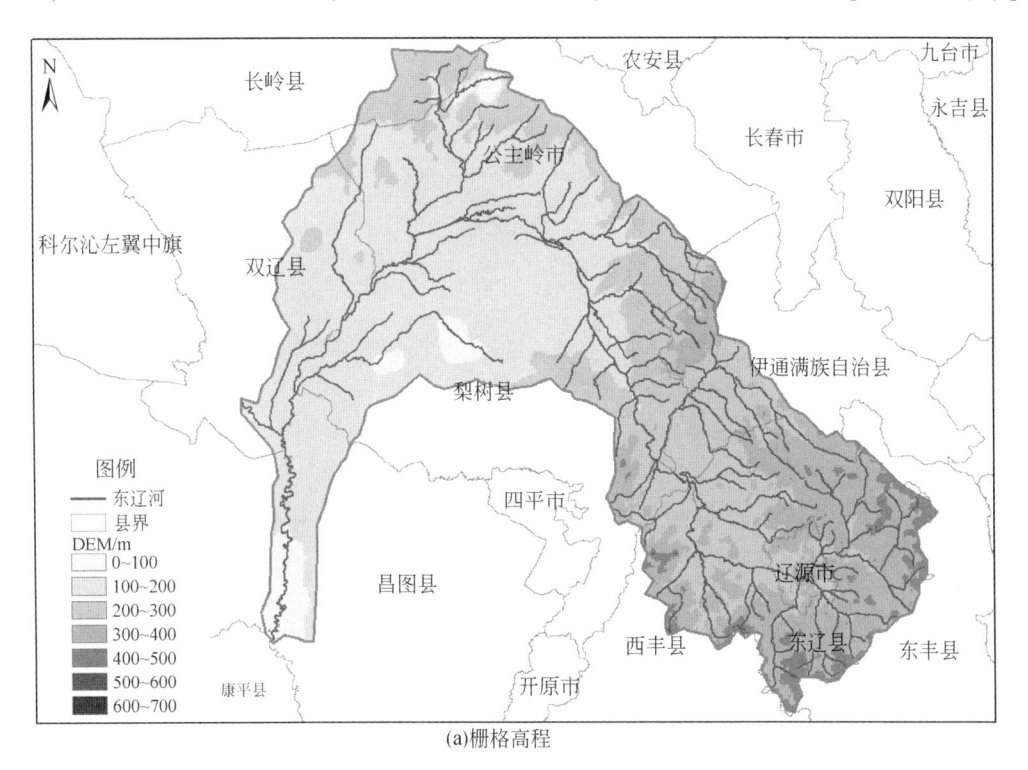

(a) 栅格高程

(b) 坡度

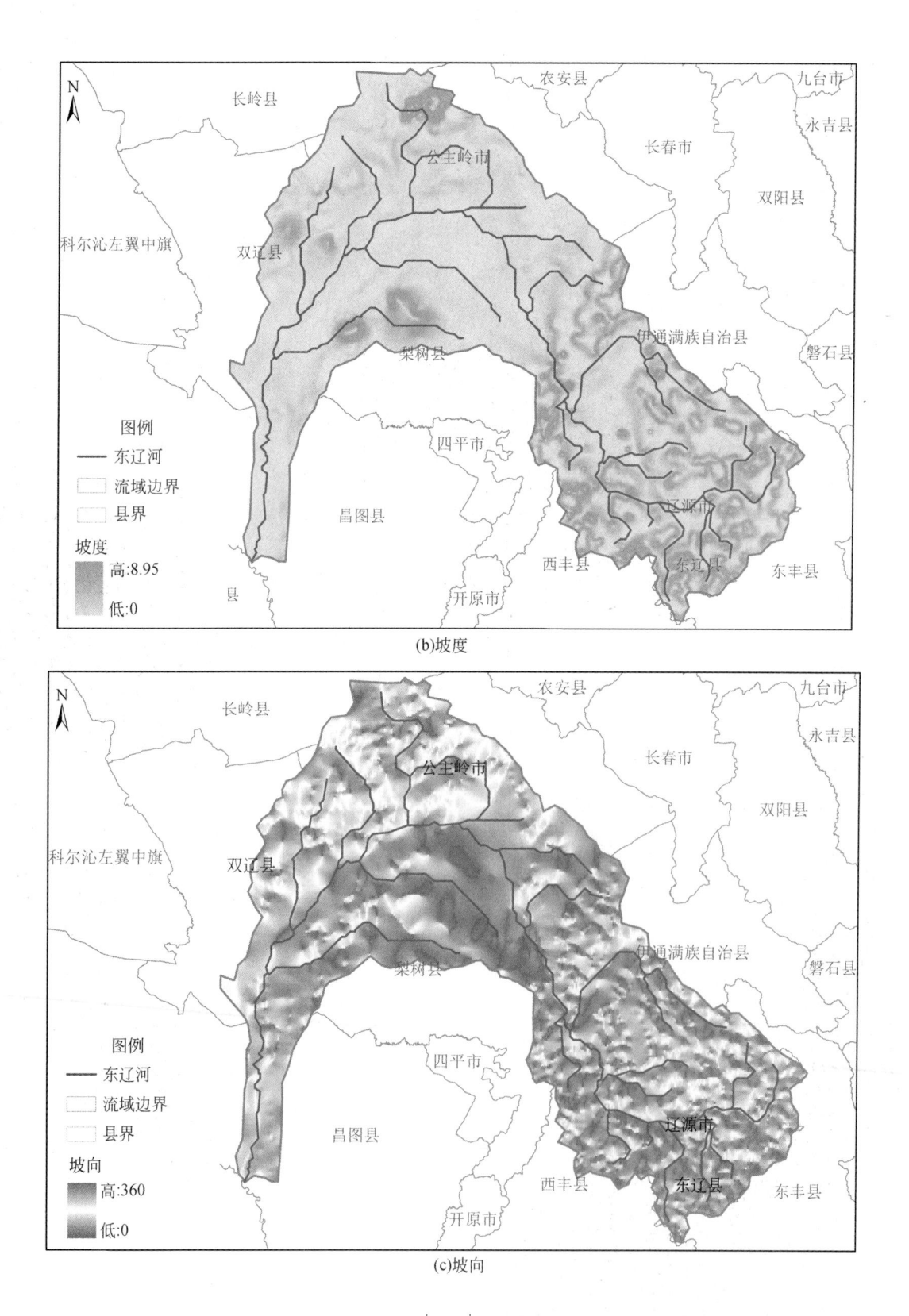

(c) 坡向

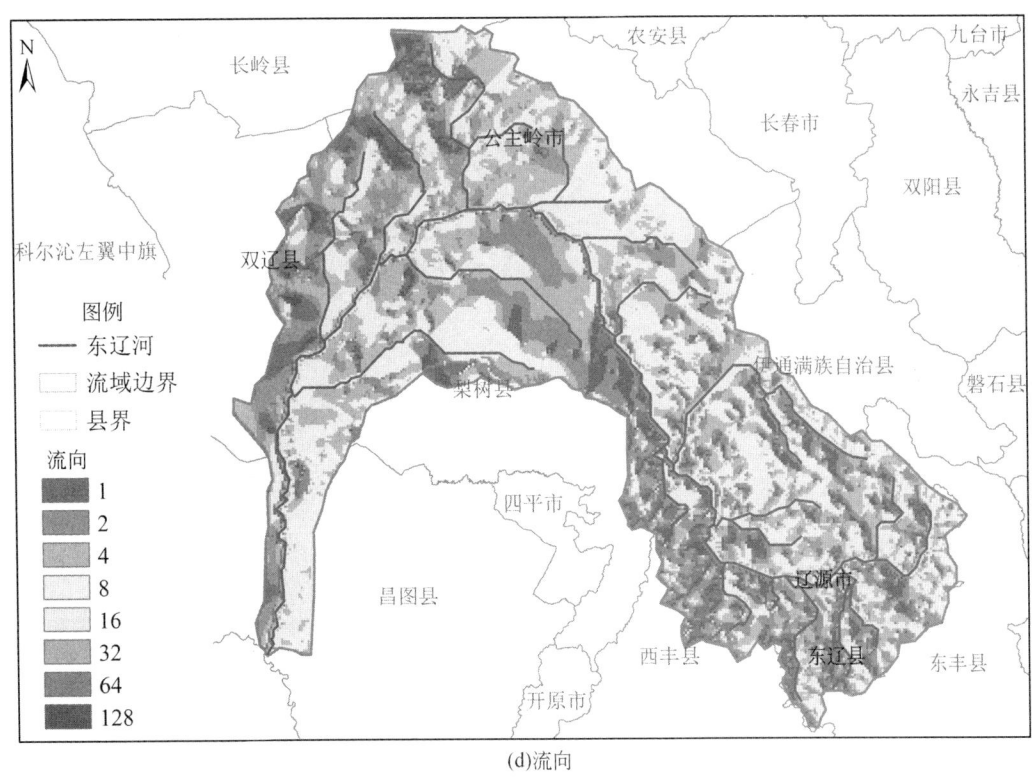

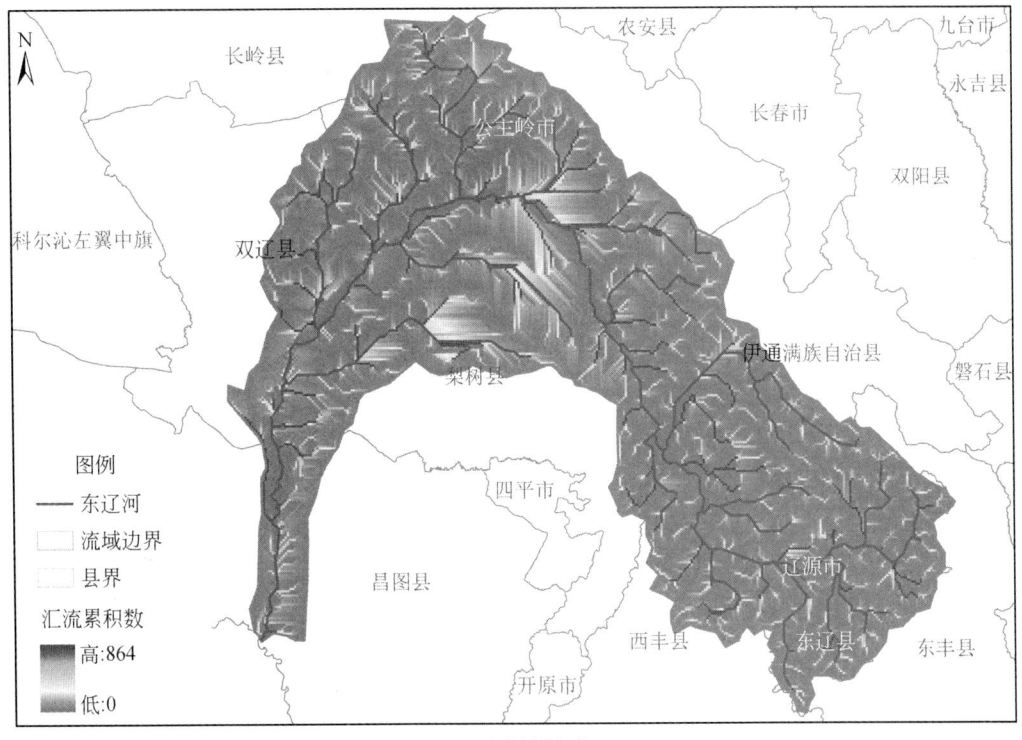

第 11 章 | WEP-GD 模型在东辽河流域的应用

(d) 流向

(e) 汇流累积数

(f) 数字河网

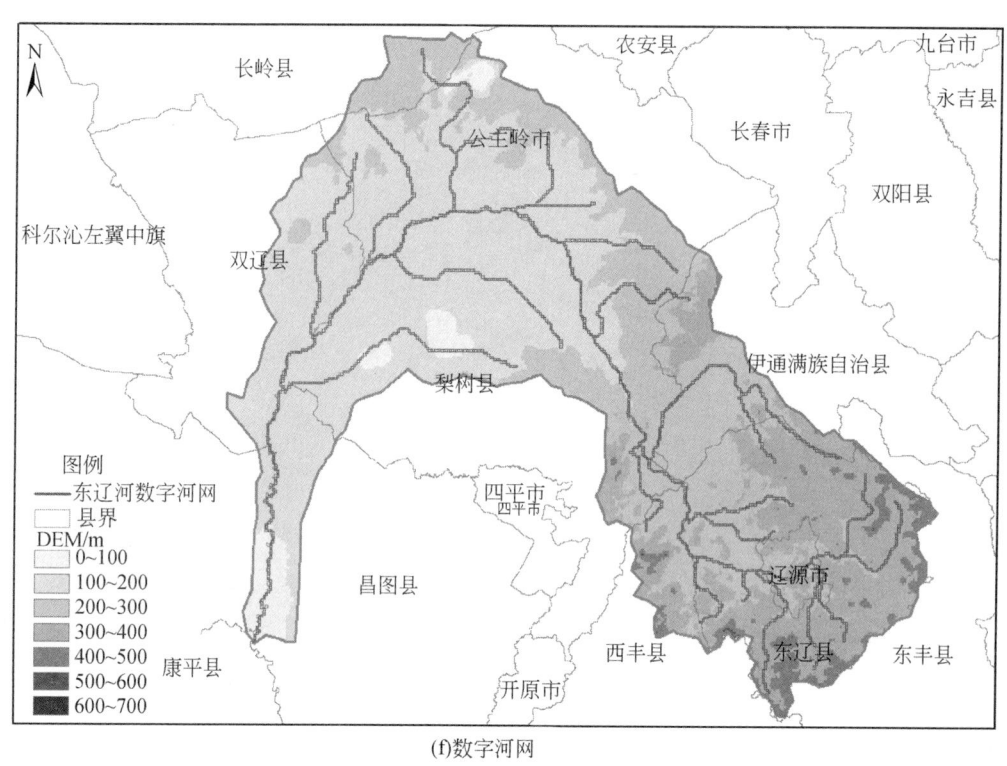

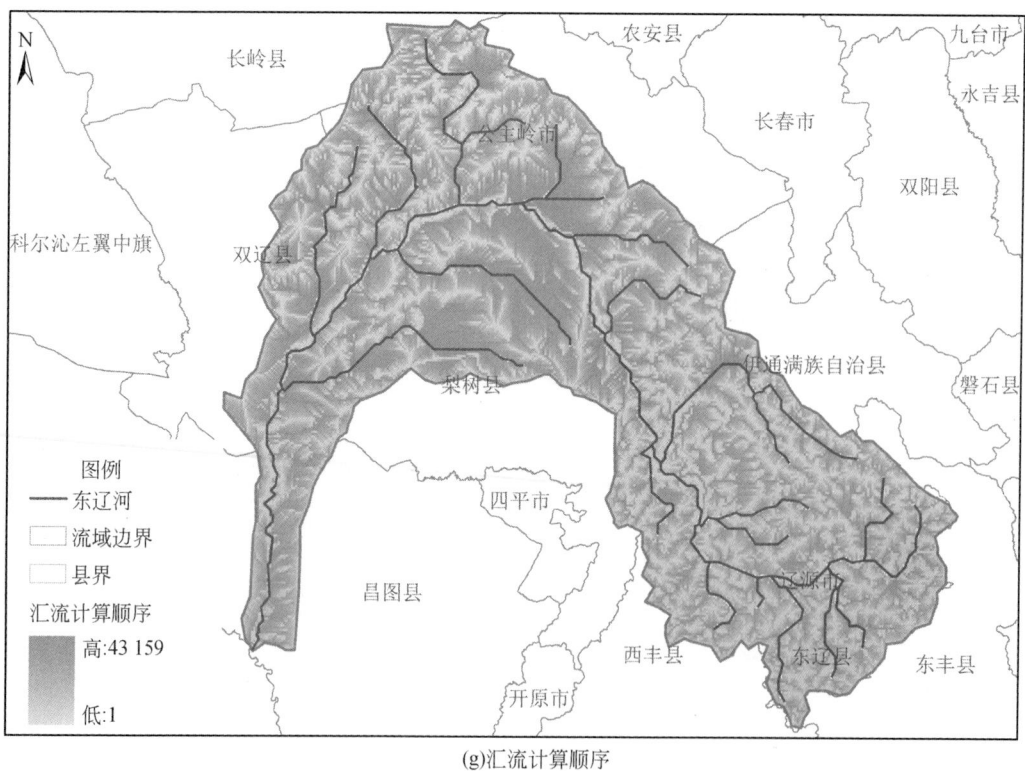

(g) 汇流计算顺序

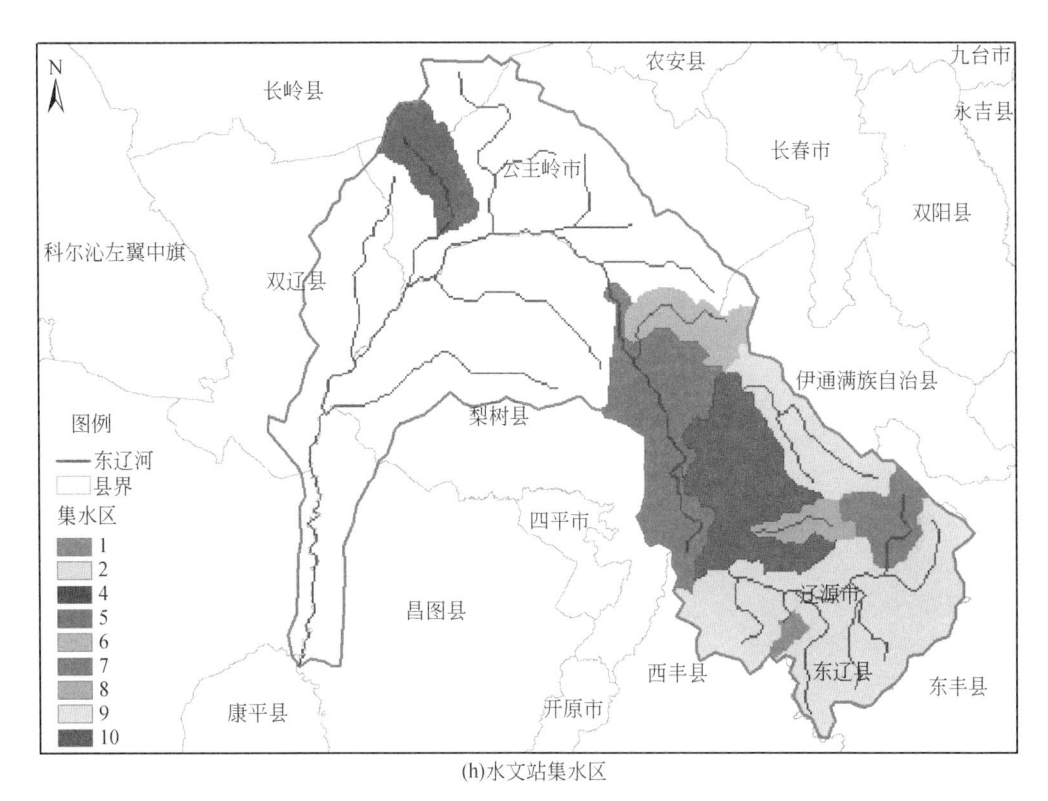

第 11 章 WEP-GD 模型在东辽河流域的应用

(h) 水文站集水区

图 11-1 流域数字高程信息

  流域广义干旱评价还需要划分子流域，即广义干旱评价单元。下垫面因素（地形、土壤类型、植被覆盖等）和气象因素的空间非均匀性非常明显（赵勇等，2007），为了反映这些因素的影响以及人类活动对区域水循环过程的干扰，基于土地利用现状，按照流域内水源地布局及供水范围，将流域进行细化，形成广义干旱评价分区。第 1 层评价单元划分为流域相应的水资源三级区；在此基础上，结合流域上、中、下游的布局，根据流域干流上水库分布确定第 2 层评价单元；然后，根据流域上、中、下游支流水库的分布确定第 3 层评价单元；最后，在第 3 层评价单元的基础上根据土地利用剖分每一个灌区，再考虑不同作物种植结构，将农田域细化，得到最终的广义干旱评价单元。按照此法，将东辽河流域划分为 64 个广义干旱评价单元（图 11-2 和表 11-2）。ArcGIS 平台中具体操作方法与集水区的划分相同。

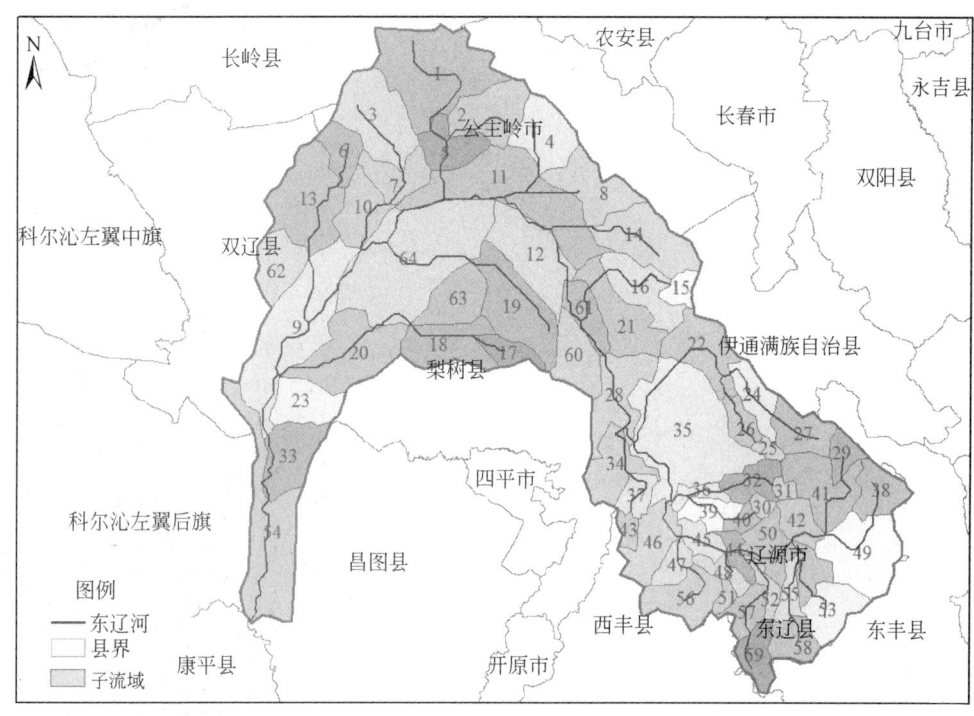

图 11-2 东辽河流域广义干旱评价单元

表 11-2 东辽河流域广义干旱评价单元概况

编号	县市	面积比例/%	主要土壤类型	主要土地利用类型	供水水源	备注
1	公主岭市、长岭县	4.22	黑钙土	旱地	有效降水	
2	公主岭市	1.81	黑土	旱地	有效降水	
3	公主岭市、长岭县	2.61	黑钙土	旱地	有效降水	
4	公主岭市	1.67	黑土	旱地	有效降水	
5	公主岭市	1.20	草甸土	旱地	有效降水	
6	公主岭市	0.91	风沙土	旱地	有效降水	
7	公主岭市	1.16	风沙土	旱地	有效降水	
8	公主岭市	1.78	黑土	旱地	有效降水	
9	双辽县、梨树县	4.40	草甸土	水田	二龙山水库	双山灌区
10	公主岭市	1.35	风沙土	旱地	有效降水	
11	公主岭市	4.44	草甸土	水田	二龙山水库	秦屯灌区
12	梨树县	2.46	黑钙土	旱地	有效降水	
13	双辽县	2.88	风沙土	旱地	有效降水	

续表

编号	县市	面积比例/%	主要土壤类型	主要土地利用类型	供水水源	备注
14	公主岭市、伊通满族自治县	2.31	黑土	旱地	有效降水	
15	伊通满族自治县	0.46	暗棕壤	旱地	有效降水	
16	伊通满族自治县、公主岭市	1.64	黑土	旱地	有效降水	
17	梨树县	0.63	黑土	旱地	有效降水	
18	梨树县	1.82	黑钙土	旱地	有效降水	
19	梨树县	2.68	黑钙土	旱地	有效降水	
20	梨树县	2.80	风沙土	旱地	有效降水	
21	公主岭市、伊通满族自治县	1.92	黑土	旱地	有效降水	
22	伊通满族自治县	1.85	草甸土	旱地	有效降水	
23	昌图县、梨树县	1.35	风沙土	旱地	有效降水	
24	东辽县、伊通满族自治县	1.01	草甸土	旱地	有效降水	
25	东辽县	0.24	暗棕壤	旱地、林地	有效降水	
26	东辽县、伊通满族自治县	0.62	暗棕壤	旱地	有效降水	
27	东辽县、伊通满族自治县	1.23	暗棕壤	林地、旱地	有效降水	
28	公主岭市、梨树县	1.89	黑土	旱地	有效降水	
29	东辽县	0.57	暗棕壤	水田、林地	椅山水库	
30	东辽县	0.23	白浆土	旱地	有效降水	
31	东辽县	0.22	暗棕壤	林地	有效降水	
32	东辽县	0.89	白浆土	水田、旱地	八一水库	
33	昌图县	1.70	潮土	旱地	有效降水	
34	梨树县	1.47	棕壤	旱地	有效降水	
35	东辽县、伊通满族自治县	5.61	风沙土	旱地、水田	营场水库	
36	东辽县	0.41	白浆土	旱地	有效降水	
37	西丰县、梨树县	0.63	草甸土	旱地	有效降水	
38	东辽县	1.10	暗棕壤	水田、林地	安西水库	
39	东辽县	0.72	白浆土	旱地	有效降水	
40	东辽县	0.31	草甸土	林地	有效降水	
41	东辽县	1.93	暗棕壤	水田、林地	金满水库	
42	东辽县	0.80	暗棕壤	旱地	有效降水	
43	西丰县	0.33	棕壤	林地	有效降水	
44	东辽县	0.45	草甸土	旱地	有效降水	
45	东辽县	0.62	草甸土	旱地	有效降水	
46	西丰县	1.47	棕壤	旱地、林地	有效降水	

续表

编号	县市	面积比例/%	主要土壤类型	主要土地利用类型	供水水源	备注
47	东辽县、西丰县	0.61	白浆土	旱地	有效降水	
48	东辽县	0.48	暗棕壤	林地	有效降水	
49	东辽县	2.60	草甸土	林地	有效降水	
50	辽源市	1.87	草甸土	旱地	有效降水	
51	东辽县	0.23	暗棕壤	林地	有效降水	
52	东辽县	0.42	暗棕壤	旱地	有效降水	
53	东辽县	1.26	暗棕壤	旱地、林地	有效降水	
54	昌图县	3.72	潮土	旱地	有效降水	
55	东辽县	0.54	白浆土	旱地	有效降水	
56	东辽县、西丰县	1.51	棕壤	旱地、林地	有效降水	
57	东辽县	0.74	暗棕壤	旱地	有效降水	
58	东辽县	0.92	暗棕壤	林地	三良水库	
59	东辽县	0.90	暗棕壤	林地	有效降水	
60	梨树县	1.41	黑土	旱地	有效降水	
61	公主岭市	0.96	水稻土	水田	二龙山水库	南崴子灌区
62	双辽县	1.30	黑钙土	旱地	有效降水	
63	梨树县	1.45	黑钙土	旱地	有效降水	
64	梨树县	6.27	黑钙土	水田	二龙山水库	梨树灌区

11.1.2 土壤信息

土壤信息主要包括土壤基础信息、土层厚度信息和土壤质地信息。土壤基础信息主要源自第二次全国土壤普查所获的《1∶100万中国土壤分类图》[土壤类型（亚类）]；土层厚度及土壤质地信息取自全国土壤普查办公室编撰的《中国土种志》；同时本研究还通过野外原型观测，新增了262个土壤剖面的土壤信息。

根据《中国土种志》提供的典型剖面位置，将土层厚度信息赋给对应的地块单元。对于未赋值的土壤亚类地块，取其所属亚类的平均厚度作为其厚度；对于仍然不能获得土层厚度信息的地块单元，则取其所属土类的平均厚度作为其表层土壤厚度。为充分揭示土体厚度空间分布的连续性，在 ArcMap 9.3 平台上，获取各空间分布单元质心的坐标，以所有质心坐标和土层厚度为基础，采用克里格（Kriging）方法进行插值，获得研究区域表层土壤厚度分布的栅格格式分布图（图11-3）。

采用土层厚度加权的方法获取各统计剖面不同粒径的平均构成特征；在此基础上，采用面积加权的办法，获得各计算单元不同粒径的平均构成特征。在土壤机械组成的基础

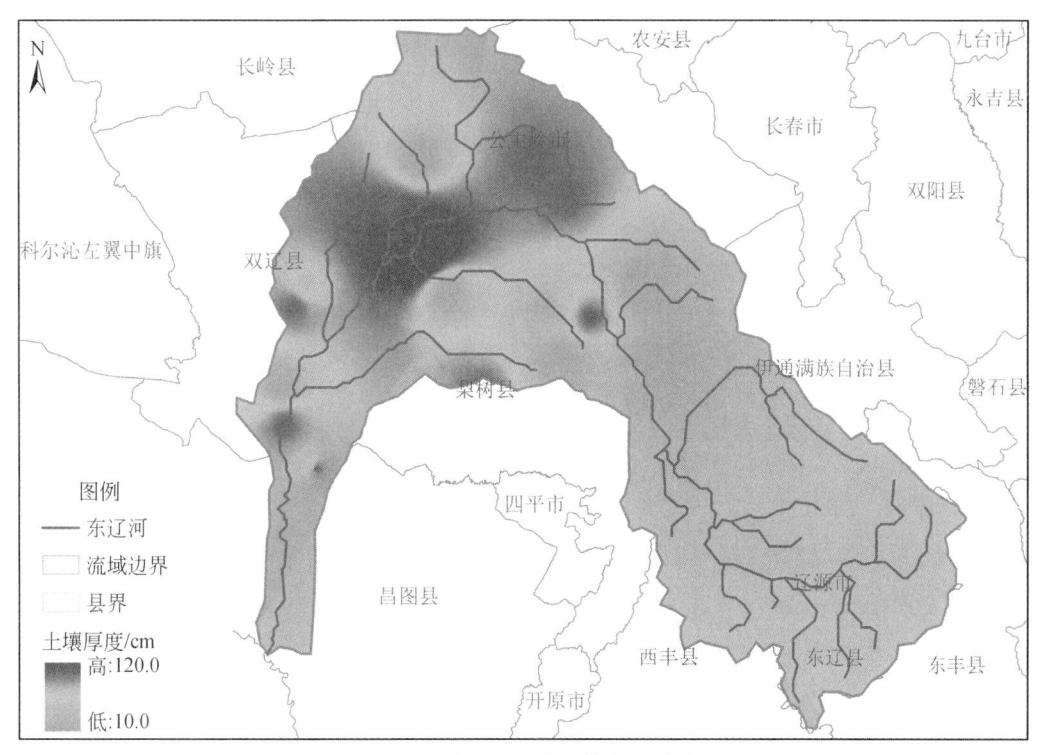

图 11-3 东辽河流域土壤厚度分布

上,根据《国际土壤分类标准》进行再分类。

11.1.3 土地利用信息

东辽河流域土地利用/覆被数据集源自《全国资源环境遥感宏观调查与动态研究》课题的研究成果数据,时间跨度为 1954~2005 年,包括 4 个时间点,即 1954 年、1986 年、2000 年和 2005 年。1954 年采用中国人民解放军总参谋部测绘局编制的第一代 1:10 万地形图;1986 年、2000 年和 2005 年采用 Landsat TM 影像,分辨率为 30m。在 ArcGIS 9.3 平台上,汇总并输出所生成的各计算单元的土地覆盖类型数据,作为模型的基本输入参数。

将土地利用信息再分类,进一步划分为水域(FR1)、高植被域(FR21)、低植被域(FR22)、裸土(FR23)、岩石和城市透水域(FR31)及城市植被(FR32)6 种土地覆盖类型。对于这些参数的年际变化,1975 年之前、1976~1990 年、1991~2004 年以及 2005 年之后的土地覆盖数据分别采用的是 1954 年、1986 年、2000 年和 2005 年的土地覆盖信息。对于植被覆盖度、叶面积指数等重要植被参数,采用原 WEP 模型中的参数,同时,根据 2007 年东辽河流域 TM 影像增补了 2007 年的植被信息。

11.1.4 气象水文信息

气象水文资料主要包括降水、日照、气温、相对湿度和风速等气象信息以及实测和还原径流资料。所用气象和水文站点的位置如图 11-4 所示。

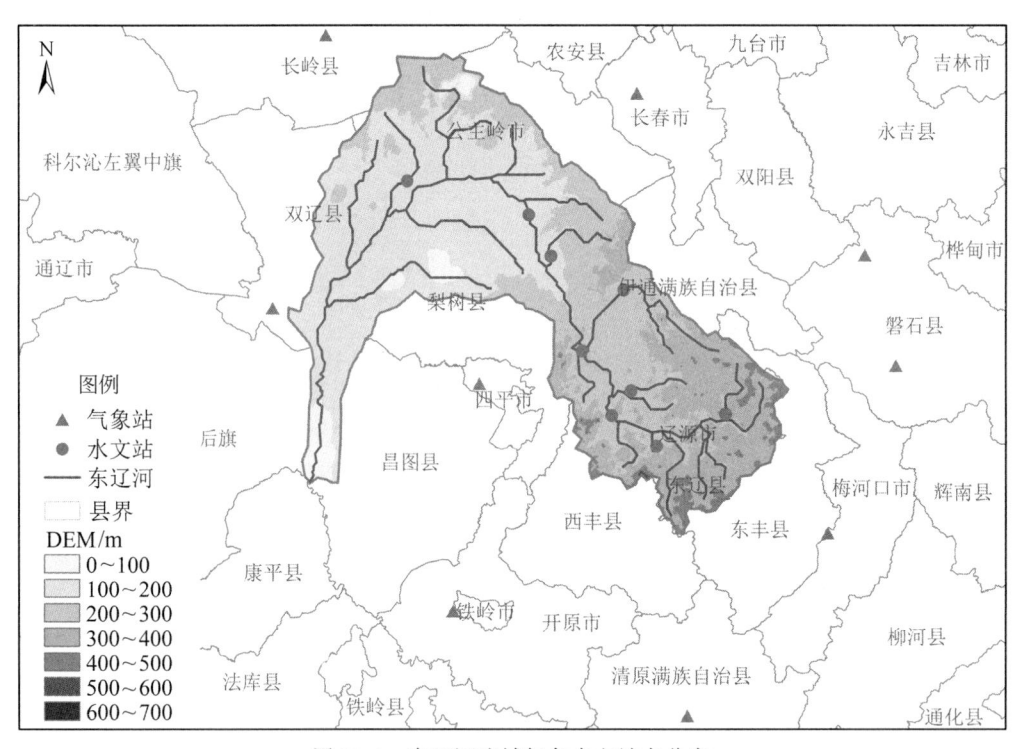

图 11-4 东辽河流域气象水文站点分布

采集的降水信息为水文气象站点长系列过程数据，源于水文和气象两个部门，具体信息特征如下：水文部门雨量信息参数，选用流域 1956～2010 年 55 年系列雨量站点逐日降水信息；气象部门雨量信息参数，选用流域 1956～2010 年 55 年系列气象站点逐日降水信息。收集整理了 1956～2010 年逐日气象要素信息，统计项目包括日照、气温、相对湿度和风速。

径流资料来源于松辽水利委员会水文局，包括实测和还原径流。采集并整理了二龙山水库、王奔、泉太 3 个水文站 1956～2000 年实测和还原月径流量，王奔、泉太、辽源 3 个水文站 2006～2010 年实测日径流量信息。

此外，为推算河槽形状参数和河道汇流的曼宁糙率，在本研究中，还搜集 1978～1995 年 35 个实测大断面成果，以及 2000～2005 年的洪水摘录表。

由于本书省略了空中水循环过程的模拟，直接采用气象资料空间展布的结果，因此，插值方法的选取至关重要。

由于流域用于模型输入的气象站点较少，不利于评价插值方法的优劣，因此，本章在

ArcMap 9.3 属性表中用 Calculate Geometry 命令求出东辽河流域的形心（X：1 558 600.02，Y：4 839 092.17），以形心到流域边界的最远距离的 2 倍为半径画圆（图 11-5），选出圆内的 21 个气象站点（由于永吉、盘石和新民数据不全，这 3 个站点暂不考虑）（表 11-3）用于气象数据插值，进而选取精度较高的插值方法。

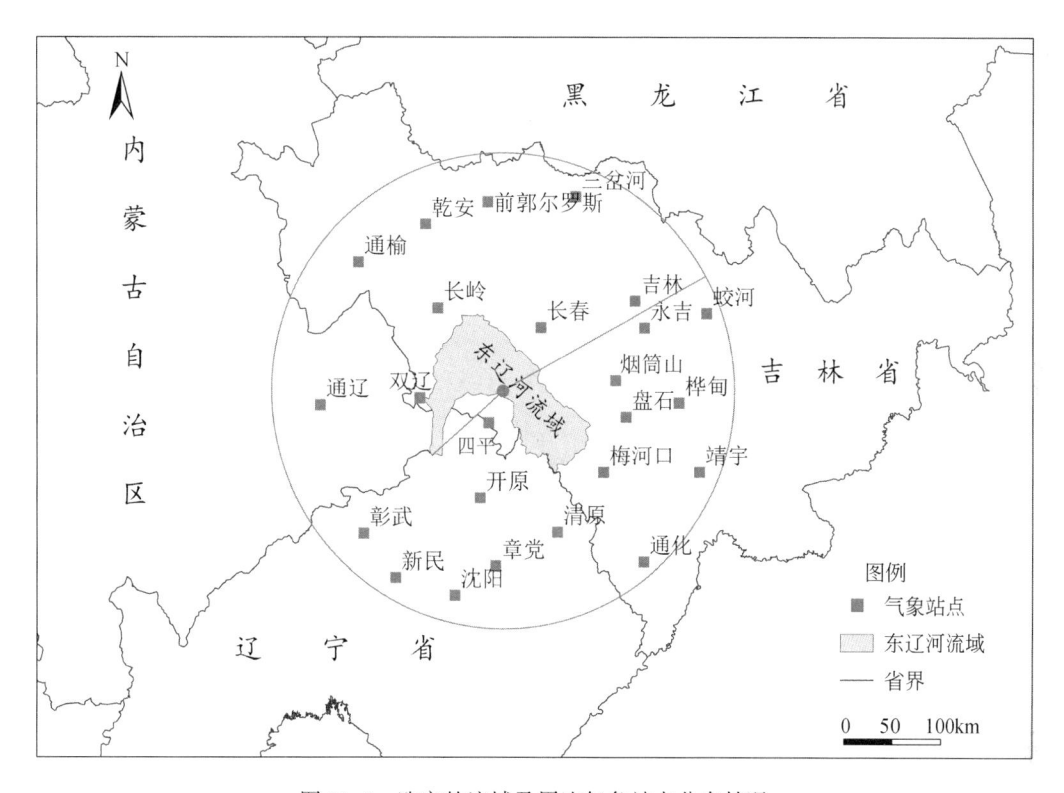

图 11-5 选定的流域及周边气象站点分布情况

表 11-3 选取的东辽河流域及周边气象站点信息

区站号	台站名称	省份	纬度/°	经度/°	海拔/m	开始时间	截止时间
50948	乾安	吉林	45.00	124.02	146.3	1957-01-01	2005-12-31
50949	前郭尔罗斯	吉林	45.08	124.87	136.2	1952-10-01	2010-12-31
54041	通榆	吉林	44.78	123.07	149.5	1955-01-01	2005-12-31
54049	长岭	吉林	44.25	123.97	188.9	1952-09-01	2005-12-31
54063	三岔河	吉林	44.97	126.00	196.8	1952-09-01	2005-12-31
54135	通辽	内蒙古	43.60	122.27	178.7	1951-01-01	2010-12-31
54142	双辽	吉林	43.50	123.53	114.9	1953-01-01	2005-12-31
54157	四平	吉林	43.17	124.33	165.7	1951-01-01	2010-12-31
54161	长春	吉林	43.90	125.22	236.8	1951-01-01	2010-12-31
54169	烟筒山	吉林	43.30	126.02	271.6	1960-01-01	1995-12-31

续表

区站号	台站名称	省份	纬度/°	经度/°	海拔/m	开始时间	截止时间
54172	吉林	吉林	43.95	126.47	183.4	1951-01-01	1995-12-31
54181	蛟河	吉林	43.70	127.33	295.0	1951-01-01	2001-12-31
54236	彰武	辽宁	42.42	122.53	79.4	1952-07-01	2010-12-31
54254	开原	辽宁	42.53	124.05	98.2	1954-10-01	2005-12-31
54259	清原	辽宁	42.10	124.92	237.2	1957-01-01	2005-12-31
54266	梅河口	吉林	42.53	125.63	340.5	1952-06-01	2001-12-31
54273	桦甸	吉林	42.98	126.75	263.3	1956-01-01	2005-12-31
54276	靖宇	吉林	42.35	126.82	549.2	1954-12-01	2005-12-31
54342	沈阳	辽宁	41.73	123.52	49.0	1951-01-01	2010-12-31
54351	章党	辽宁	41.92	124.08	118.5	1951-01-01	2005-12-31
54363	通化	吉林	41.68	125.90	402.9	1951-01-01	2005-12-31

分析 21 个气象站点的高程-面积曲线（图 11-6）可知，选定气象站点的研究区高程范围为 20~1400m，平均高程为 174.7m；21 个气象站点主要分布在高程为 49~550m 范围内。对于东辽河流域（高程范围为 90~650m）来说，67% 的气象站分布在中低海拔地区，而高海拔则分布较少，特别是 400m 以上只有 1 个气象站。进行空间插值后，高海拔地区的值就容易受中低海拔地区的值影响而变得平滑。

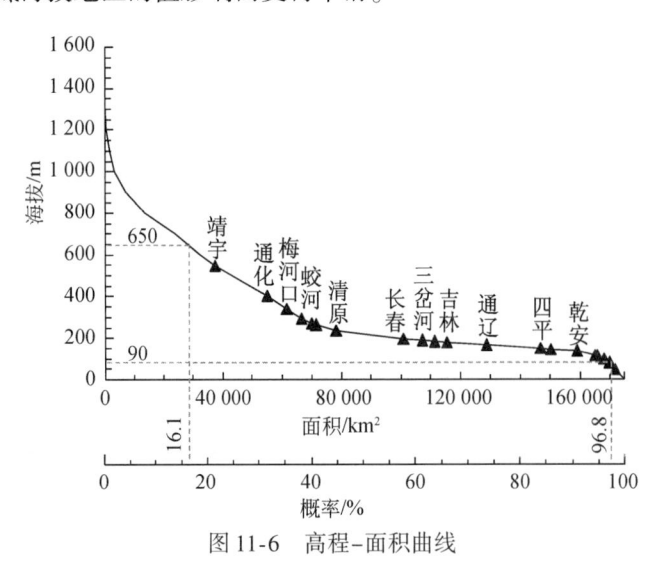

图 11-6 高程-面积曲线

参与评选的插值方法有距离平方反比法（reversed distance squared，RDS）和梯度距离平方反比法（gradient plus reversed distance squared，GRDS）。RDS 和 GRDS 均需要选择一定数量的站点作为参证站，目前选择站点的方法一般有两类：一是固定参证站点个数 n，即选择离待估点最近的 n 个站点进行插值；二是固定距离 d，即选择离待估点距离小于 d 的站点作为参证站。由于研究区内气象站空间分布不均，若采取第一类方法，对于气象站分布密集的地方，选择的站点离待估点很近，插值效果很好；而对于气象站分布稀疏的地方，可能选择的参证站离待估点很远，插值效果很难保证。若采取第二类方法，对于气象站分布密集的地方，可能有很多站点都会入选，而对于气象站分布稀疏的地方，可能得到的站点很少，甚至一个站点也没有。因此，采用固定个数或距离的方式选取参证站在本研究区不适用，需要采取一种比较灵活的、有弹性的方法（周祖昊等，2006）。

不管采用什么插值方法，都希望参证站的值与待估点的值相关性较好，二者的相关系数可以用来判断空间各点之间相关性的好坏。因此，本书将其作为选取参证站的指标。具体计算步骤为：两两计算所有站点之间的相关系数，通过Nash-Sutcliffe效率系数［式（11-1）］确定一个相关系数阈值，如果两个站点之间的相关系数大于该阈值，则认为这两个站点相关，可以互相作为参证站。但是对于站点比较稀疏或者影响待估点值的因素特别复杂的地方，可能某个站点和其他所有站点的相关系数都小于该阈值，则采用泰森多边形进行插值（周祖昊等，2006）。

$$R = 1 - \frac{\sum_{i=1}^{m}(P_{\text{obs},i} - P_{\text{sim},i})^2}{\sum_{i=1}^{m}(P_{\text{obs},i} - \bar{P}_{\text{obs}})^2} \tag{11-1}$$

式中，R为Nash-Sutcliffe效率系数；$P_{\text{sim},i}$为i时刻计算值；m为验证时间段；$P_{\text{obs},i}$为i时刻实测值；$\bar{P}_{\text{obs}}$为时段n内的实测平均值。

气象要素的空间展布方法验证采用1960~1995年多年平均日观测资料对上述方法进行验证。验证方法为全交叉检验法，假设某一个站点值未知，用相关站点进行插值，将实测值和计算值进行比较，采用均方根误差（root mean square error，RMSE）［式（11-2）］和平均相对误差（mean relative error，MRE）［式（11-3）］作为检验的标准。

$$\text{RMSE} = \sqrt{\frac{1}{n}\sum_{i=1}^{n}(P_{\text{obs},i} - P_{\text{sim},i})^2} \tag{11-2}$$

$$\text{MRE} = \frac{1}{n}\sum_{i=1}^{n}\left|\frac{P_{\text{obs},i} - P_{\text{sim},i}}{P_{\text{obs},i}}\right| \tag{11-3}$$

式中，RMSE为均方根误差；MRE为平均相对误差；$P_{\text{sim},i}$为第i个站点的计算值；n为验证站点数；$P_{\text{obs},i}$为第i个站点的实测值。

经分析21个气象站1960~1995年降水、气温、相对湿度、日照时数、风速5个气象要素的日均值与三维空间位置（经度、纬度和海拔）的相关性可知，除了日平均降水与经度和纬度的相关性较高（相关系数绝对值大于0.500，下同）外，其他4个气象要素均与经度和海拔的相关性较高（表11-4和图11-7）。

表11-4 相关气象要素与三维空间位置的相关性

指标	日平均降水	日平均气温	日平均相对湿度	日平均日照时数	日平均风速
经度（X）	0.716	-0.697	0.900	-0.866	-0.707
纬度（Y）	-0.671	-0.535	-0.276	0.415	0.466
海拔（Z）	0.492	-0.736	0.581	-0.541	-0.601

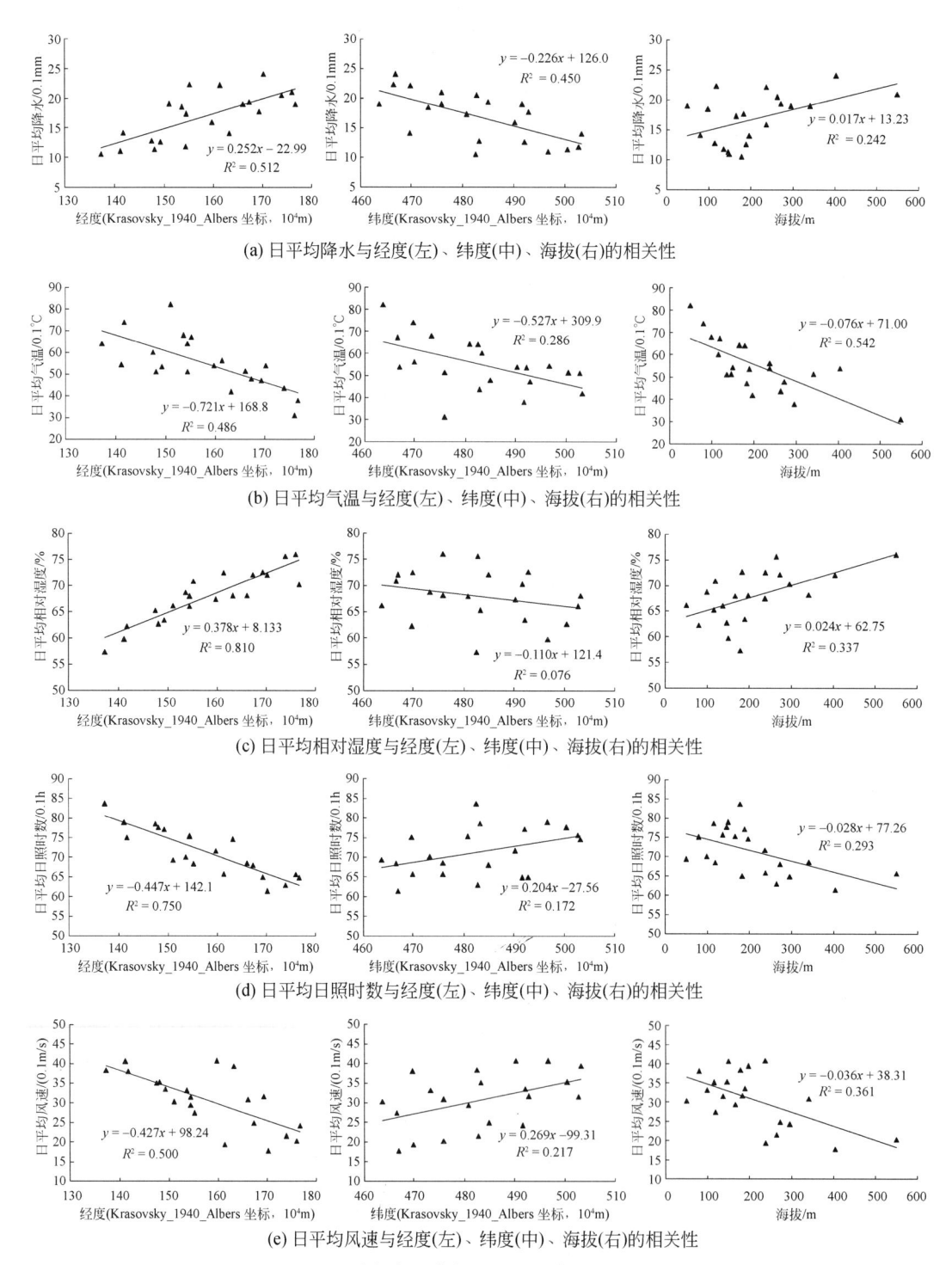

图 11-7 相关气象要素与三维空间位置的相关性分析

日平均降水与经度呈正相关，相关系数为 0.716；与纬度呈负相关，相关系数为 0.671；与海拔呈正相关，相关系数为 0.492。日平均气温与经度、纬度、海拔均呈负相关，相关系数分别为 0.697、0.535、0.736。日平均相对湿度与经度呈正相关，相关系数为 0.900；与纬度呈负相关，相关系数为 0.276；与海拔呈正相关，相关系数为 0.581。日平均日照时数与经度呈负相关，相关系数为 0.866；与纬度呈正相关，相关系数为 0.415；与海拔呈负相关，相关系数为 0.541。日平均风速与经度呈负相关，相关系数为 0.707；与纬度呈正相关，相关系数为 0.466；与海拔呈负相关，相关系数为 0.601。

采用 GRDS 进行插值时，在考虑距离权重的基础上，分两种情况：一种是三维空间位置均考虑（记为 GRDS_A）；另外一种是只考虑相关系数大于 0.500 的空间位置（记为 GRDS_P），即降水插值考虑其随平面位置的变化，气温插值考虑其随海拔和平面位置的变化，相对湿度插值考虑其随经度和海拔的变化，日照时数插值考虑其随经度和海拔的变化，风速插值考虑其随经度和海拔的变化。

通过比较 Nash-Sutcliffe 效率系数，相关系数阈值选 0.500 最优。对研究区气象要素的多年平均日值运用 RDS 与 GRDS（分 GRDS_A 和 GRDS_P）两种方法进行插值，其交叉验证结果见表 11-5。比较两种插值方法的 MRE 和 RMSE，日平均降水和日平均风速均是 RDS 优于 GRDS_A 和 GRDS_P；日平均气温、日平均相对湿度和日平均日照时数均是 GRDS_A 优于 RDS 和 GRDS_P。

因此，降水和风速的空间展布方法采用 RDS；气温、相对湿度和日平均日照时数的空间展布方法采用 GRDS_A。

表 11-5　相关气象要素多年平均日值的交叉验证结果

方法	指标	日平均降水	日平均气温	日平均相对湿度	日平均日照时数	日平均风速
RDS	RMSE	0.157	1.242	5.904	0.695	0.580
	MRE	0.071	0.190	0.074	0.089	0.160
GRDS_A	RMSE	0.443	0.811	5.181	0.429	0.590
	MRE	0.171	0.134	0.064	0.045	0.161
GRDS_P	RMSE	0.249	0.811	5.283	0.522	0.582
	MRE	0.098	0.134	0.066	0.061	0.161

11.1.5　水利工程信息

（1）水库

本研究重点考虑了截至 2000 年流域内已起用的大型水库与中型水库。水库资料的准备主要包括水库的空间定位与属性数据两个方面。

水库的空间定位是指确定水库坝址处的空间位置，定位后才能进一步确定水库控制的供水范围。空间定位依据的资料主要有全国 1∶25 万地形数据库、全国 1∶10 万土地利用图及搜集的各种文字资料。以地形数据库为基础得到大多数水库初步的空间位置，再利用其他资料对初步结果进行补充和修正。

水库的属性数据包含的内容较多，主要有水库起用日期、水位-库容-面积曲线、特征库容、特征水位、供水目标等。

（2）灌区分布

为了研究农业灌溉用水情况，本研究中进行了灌区数字化工作。主要是确定了灌区的空间分布范围，收集并整理了灌区的各类属性数据。灌区数字化过程中，主要参考了国家基础地理信息中心开发的全国1∶25万地形数据库（包括其中的水系、渠道、水库、各级行政边界、居民点分布等）、中国科学院地理科学与资源研究所开发的1∶10万土地利用图，以及《四平市国土资源资料汇编》、《四平市土地资源》、《四平市土地利用总体规划（1997—2010）》等资料。

11.1.6　社会经济及供用水信息

1）社会经济信息：主要来源于全国水资源规划水资源开发利用调查评价部分的成果，以水资源三级区和地级行政区为统计单元，收集整理了1980年、1985年、1990年、1995年、2000年5年与用水关联的主要经济社会指标。2000年按水资源四级区和地级行政区填报，其余4个年份按水资源二级区和省级行政区填报。

2）供、用、耗水信息：主要来源于全国水资源规划水资源开发利用调查评价部分的成果，以水资源三级区和地级行政区为统计单元，收集整理了1980年、1985年、1990年、1995年、2000年5个典型年份不同用水门类的地表水、地下水供、用、耗水信息。2000年按水资源四级分区和县级行政区填报，其余4个年份按水资源三级区和地级行政区口径填报。

3）灌溉制度：流域$P=75\%$的灌溉制度。

4）种植结构：2000年流域各种作物播种面积。

11.2　模型校验与验证

WEP-GD模型将东辽河流域划分为11个集水区和64个子流域（评价单元），以日为时间步长，首先进行了1956~2000年共45年历史气象水文系列及相应下垫面条件下的连续模拟计算。其中1956~1959年作为模型的预热期，1960~2000年的41年作为模型的校正期，主要校正参数包括土壤饱和导水系数、地下水含水层的传导系数及给水度、河床材料透水系数、曼宁糙率及各类土地利用的洼地最大截留深等。校正准则包括：模拟期年均径流量误差（偏差）尽可能小；Nash-Sutcliffe效率尽可能大；模拟流量与观测流量的相关系数尽可能大。校验基础为二龙山水库、王奔、泉太等3个水文测站逐月实测和还原（天然）径流系列。模型分别对有无人工取用水两种模拟结果进行校验，其中无人工取用水的校验方式采用不考虑人工用水条件下的径流模拟结果与还原后的河川径流过程进行对比校验，有人工取用水的校验方式采用考虑人工取用水条件下径流模拟结果与实测河川径流过程进行对比校验。

模型校正后，保持所有模型参数不变，对 2001~2010 年共 10 年的连续模拟结果进行验证，其中 2001~2005 年作为模型的预热期，2006~2010 年作为模型的验证期。验证基础为辽源、王奔、泉太 3 个东辽河干流水文测站逐日实测径流系列。

从校验结果来看，1960~2000 年东辽河流域部分主要水文断面水文站多年平均天然径流量的最大偏差为 -4.89%（泉太站），最小偏差为 2.90%（王奔站），模型月过程 Nash-Sutcliffe 效率系数整体在 0.70 以上，最高为 0.812（二龙山水库站），且逐月过程拟合得较好（表 11-6 和图 11-8）。1960~2000 年流域各水文站多年平均实测径流量的最大误差为 -6.32%（泉太站），最小误差为 0.47%（二龙山水库站），模型月过程 Nash-Sutcliffe 效率系数整体在 0.70 以上，最高为 0.830（泉太站），月径流过程拟合得较好（表 11-7 和图 11-9）。从验证结果来看，2006~2010 年流域各水文站多年平均实测径流量的最大误差为 -7.91%（辽源站），最小误差为 2.90%（王奔站），模型日过程 Nash-Sutcliffe 效率系数整体在 0.70 以上，最高为 0.763（王奔站），日径流过程拟合得较好（表 11-8 和图 11-10）。

表 11-6 流域部分主要水文断面天然河川径流模拟校验结果

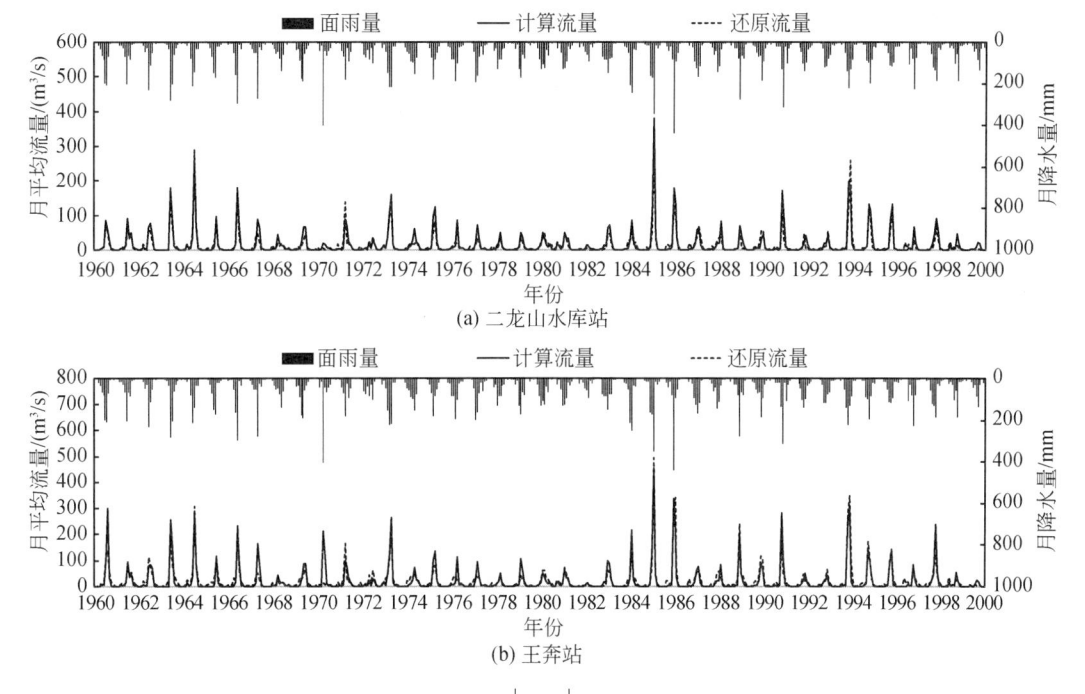

水文站	还原径流量年均值 /(m³/s)	模拟径流量年均值 /(m³/s)	偏差/%	月径流过程 Nash-Sutcliffe 效率系数	相关系数
二龙山水库	166.16	171.98	3.50	0.812	0.932
王奔	282.99	291.20	2.90	0.775	0.900
泉太	91.56	87.08	-4.89	0.805	0.937

(a) 二龙山水库站

(b) 王奔站

(c) 泉太站

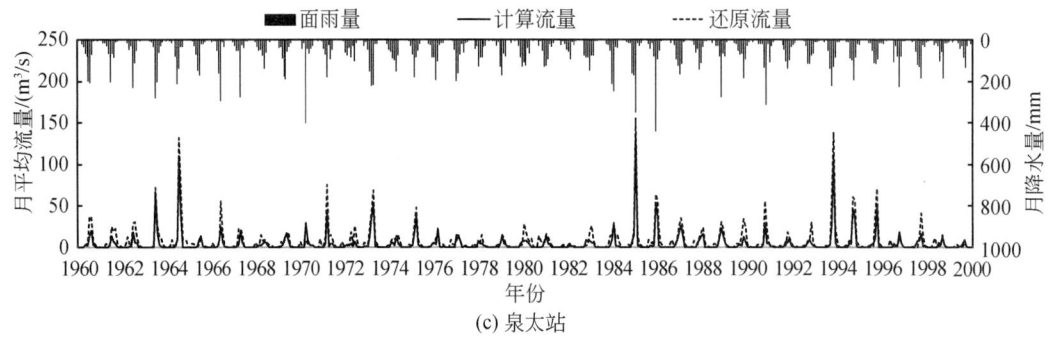

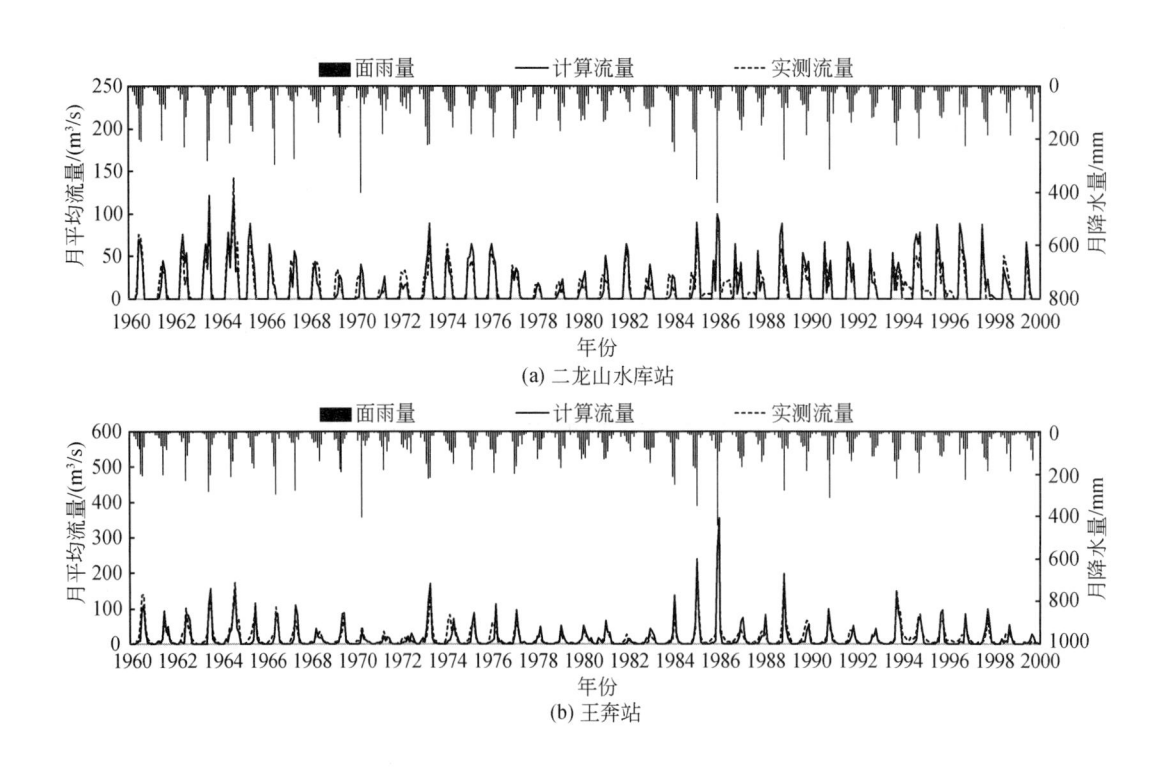

图 11-8 天然月径流校验结果

表 11-7 流域部分主要水文断面实际河川径流模拟校验结果

水文站	实测径流量年均值 /(m³/s)	模拟径流量年均值 /(m³/s)	误差 /%	月径流过程 Nash-Sutcliffe 效率系数	相关系数
二龙山水库	157.21	157.95	0.47	0.720	0.899
王奔	226.19	238.22	5.32	0.800	0.913
泉太	84.52	79.18	-6.32	0.830	0.937

(a) 二龙山水库站

(b) 王奔站

(c) 泉太站

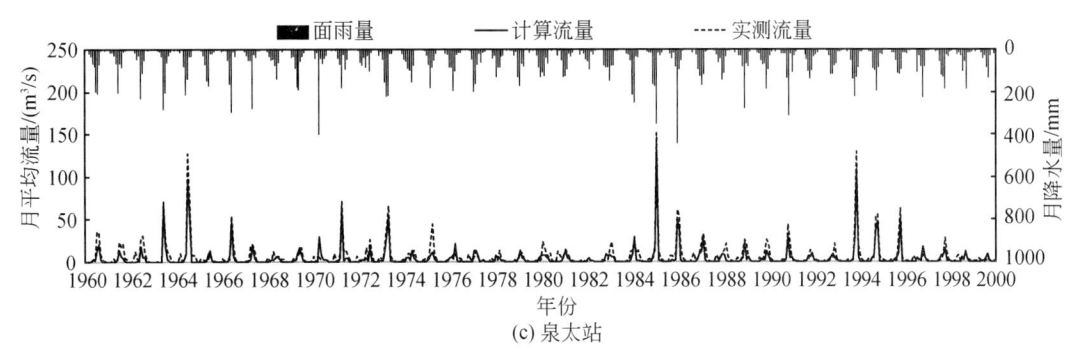

图 11-9　实测月径流校验结果

表 11-8　流域部分主要水文断面实际河川径流模拟验证结果

水文站	实测径流量年均值 /(m³/s)	模拟径流量年均值 /(m³/s)	误差 /%	日径流过程 Nash-Sutcliffe 效率系数	相关系数
王奔	181.54	186.81	2.90	0.763	0.916
泉太	111.62	105.37	−5.60	0.754	0.923
辽源	69.23	63.76	−7.91	0.732	0.908

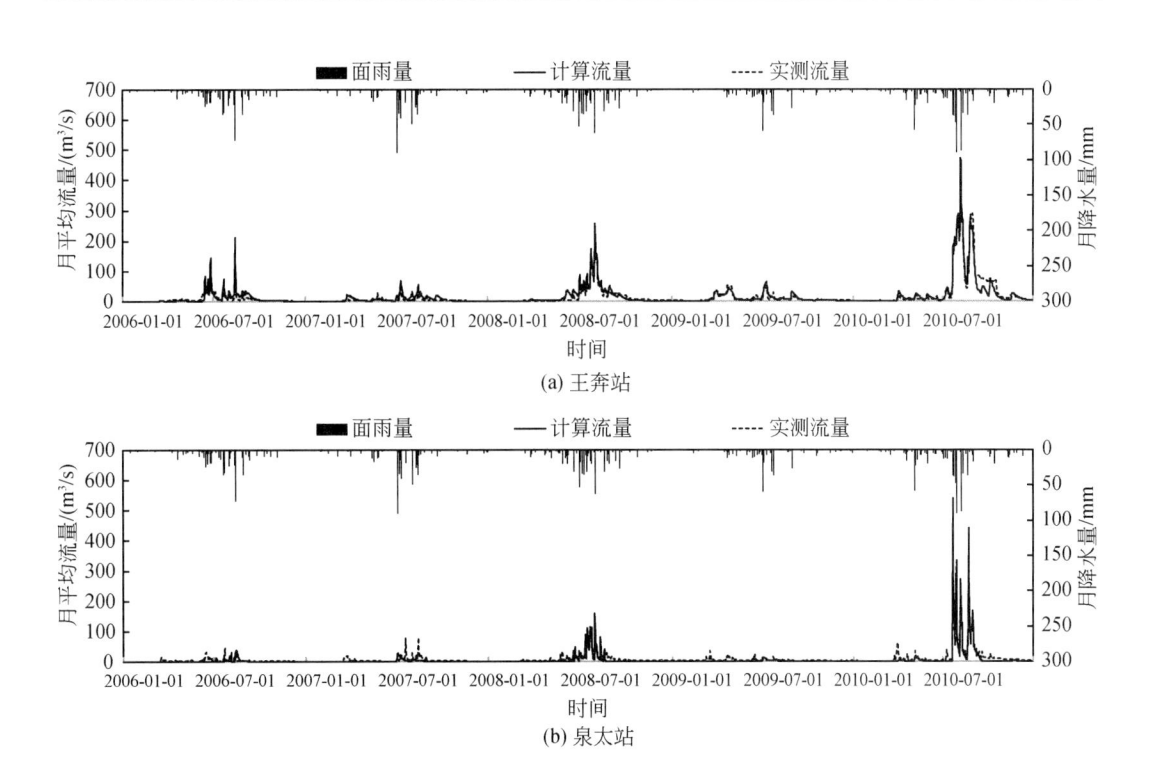

(a) 王奔站

(b) 泉太站

(c) 辽源站

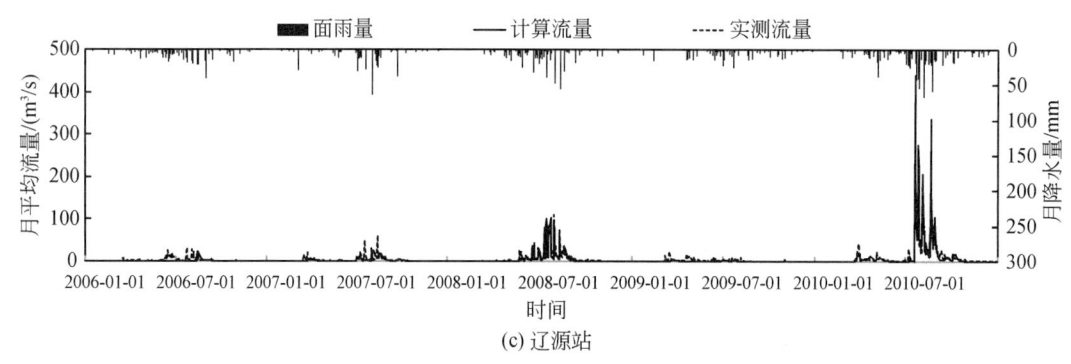

图 11-10 实测日径流验证结果

总体上看,模型模拟精度较高,各指标均达到了要求,获得了很好的模拟效果。该模型可以进行模拟,计算广义干旱评价指标,分析广义干旱的演变规律和驱动机制,分析人为气候变化、下垫面条件变化和水利工程调节影响下广义干旱的变化和响应机制。

第12章 东辽河流域广义干旱定量化评价

本章将首先基于WEP-GD模型的输出分项，从水资源系统的角度构建东辽河流域广义干旱评价指标，并验证指标评价结果的合理性；其次对比分析广义干旱评价指标与标准化降水指标、Palmer干旱指标和缺水率指标的模拟效果；再次采用游程理论识别广义干旱的评价内容；最后分析广义干旱评价内容的时空分布规律。

12.1 流域广义干旱评价指标构建

12.1.1 指标构建

（1）WEP-GD模型输出分项

WEP-GD模型的输出分项包括自然水循环和人工侧支水循环系统的各个要素。其中，与广义干旱评价相关的输出项主要包括地表水、土壤水及地下水的各个分项，以及蒸发蒸腾的各个分项。

地表水的输出项主要包括坡面径流量、壤中径流量及河川基流量；土壤水的输出项主要包括总入渗补给量、入渗补给地下水量、土壤水蒸发量及壤中径流量；地下水的输出项主要包括降水入渗补给量、地表水体补给量、河川基流量、潜水蒸发量及开采量；蒸发蒸腾的输出项主要包括植被、水域、居工地及未利用土地的蒸发蒸腾量（表12-1）。

表12-1 WEP-GD模型主要输出分项

类型		输出项*	与广义干旱评价相关
降水		降水量 P	
地表水		坡面径流量 R_o	√
		壤中径流量 R_r	√
		河川基流量 R_g	
土壤水	流入项	总入渗补给量 I_s	
	流出项	入渗补给地下水量 O_r	
		土壤水蒸发量 ET	
		壤中径流量 R_r	

续表

类型		输出项*	与广义干旱评价相关
地下水	流入项	降水入渗补给量 P_r	√
		地表水体补给量 I_{sw}	
	流出项	河川基流量 R_g	
		潜水蒸发量 E_g	
		开采量 Q	
蒸发蒸腾	植被（包括耕地、林地、草地）	冠层截留蒸发 E_i	√
		植被蒸腾 E_t	√
		植被棵间土壤有效蒸发量 E_s	√
		植被棵间土壤无效蒸发量 E_{us1}	
		植被棵间地表截留有效蒸发量 E_o	√
		植被棵间地表截留无效蒸发量 E_{uo1}	
	水域	滩涂、滩地、沼泽的水面蒸发量 E_w	√
		永久性冰川上的水面蒸发量 E_{uw}	
	居工地	居工地地表蒸发量 E_{c1}	√
		人工侧支水循环系统蒸发 E_{c2}	
	未利用土地	沙地、戈壁及裸土地等未利用土地上的地表截留蒸发 E_{us2}	
		裸土地等未利用土地上的土壤水蒸发 E_{uo2}	

*输出时段为逐日、逐月及逐年，其中，本书又将逐日数据统计到逐旬数据。

（2）供水量

根据第一篇的理论框架，结合 WEP-GD 模型的输出分项，东辽河流域广义干旱评价中的供水量（SW）等于地表有效蒸发蒸腾量（E_e）与狭义水资源总量（W）之和，即

$$SW = W + E_e \tag{12-1}$$

式中，地表水资源量包括坡面径流量（R_o）、壤中径流量（R_r）和河川基流量（R_g），地下水与地表水的不重复量为降水入渗补给地下水量减去地下水出流，即 $P_r - R_g$，则狭义水资源总量可表示为

$$W = R_o + R_r + P_r \tag{12-2}$$

而地表有效蒸发蒸腾量 E_e 可表示为

$$E_e = E_i + E_t + E_o + E_s + E_w + E_c \tag{12-3}$$

式中各符号的意义见表 12-1。

（3）需水量

东辽河流域是东北地区重要的商品粮生产基地，其耕地和林地面积占整个流域面积的 88.03%，本实例主要以农业和生态系统为研究对象，则流域内广义干旱评价中的需水量 DW 可表示为

$$DW = F_w + E_w \tag{12-4}$$

式中，生态系统的需水量 E_w 主要考虑林地、草地、水域等的需水量，可表示为

$$E_w = \sum_{i=1}^{N} f_i E_i \tag{12-5}$$

式中，i 为生态系统类型（如林地、草地、水域等）；N 为生态系统总分类数；f 为各种生态系统类型的面积率（%）；E 为各种生态系统类型的需水量。

农业需水量 F_w 主要考虑玉米、水稻等作物的需水量，本书通过计算不同生育阶段参考作物需水量来计算实际作物需水量，具体计算可表示为

$$F_w = \sum_{j=1}^{M} f_j \mathrm{ET}_{cj} = \sum_{j=1}^{M} f_j \cdot K_{cj} \cdot K_{\theta j} \cdot \mathrm{ET}_{0j} \tag{12-6}$$

式中，j 为作物类型（如玉米、水稻等）；M 为作物总分类数；f 为各种作物类型的面积率（%）；ET_c 为各种作物类型的实际需水量；ET_0 为各种作物类型的参考作物需水量，本书采用联合国粮农组织（FAO）推荐的 Penman-Monteith 模型计算；K_c 为各种作物类型的作物系数；K_θ 为各种作物类型的土壤水分影响函数。

（4）水资源短缺指数

在计算了评价单元每旬的供水量和需水量之后，就可以求得二者的差值，即水资源短缺量 D：

$$D = \mathrm{SW} - \mathrm{DW} \tag{12-7}$$

为了使 D 在不同地区和不同时期具有可比性，参考 PDSI 的思想，引入水资源短缺量的修正系数 K。Palmer 发现，平均水分需要与平均水分供应的比值，能够反映不同地区和不同时期的气候差异。同样，广义干旱评价中平均需水量与平均供水量的比值，亦可以反映不同地区和不同时期的水资源短缺差异，因此，将这比值定义为水资源短缺修正系数 k：

$$k = \overline{\mathrm{DW}} / \overline{\mathrm{SW}} \tag{12-8}$$

式中，k 为 K 的一级近似；$\overline{\mathrm{DW}}$ 为旬平均需水量；$\overline{\mathrm{SW}}$ 为旬平均供水量。K 只是水资源短缺量的限制因子，是为了使水资源短缺量在空间和时间上具有可比性，从而得出可进行时空对比的水资源短缺指数 Z：

$$Z = k \cdot D \tag{12-9}$$

（5）广义干旱评价指标

选取东辽河流域 64 个评价单元不同广义干旱持续时间 t 对应的累积水资源短缺指数 $\sum Z$，绘制 $\sum Z$-t 图（图 12-1），取 $(t, \sum Z)$ 点集的外包线，并假定这条外包线为极端干旱的临界值，令广义干旱评价指标 DI = −4.0，该直线表示在各种长度的极干期中，Z 值以所观察到的近似最大速率累积的累计值。将纵坐标从正常到极端分成 4 等份，还可以绘制 3 条直线，这些直线依指标的绝对值大小分别表示严重干旱、中度干旱和轻度干旱，并且令它们的广义干旱评价指标值 DI 分别为 −3.0、−2.0 和 −1.0。干湿等级的规定仍旧采用 PDSI 指标的划分标准。

假定历史资料中同一广义干旱持续时间对应的最大累积 Z 值为极端干旱，DI ≤ −4.0，则可建立某旬广义干旱评价指标的模式：

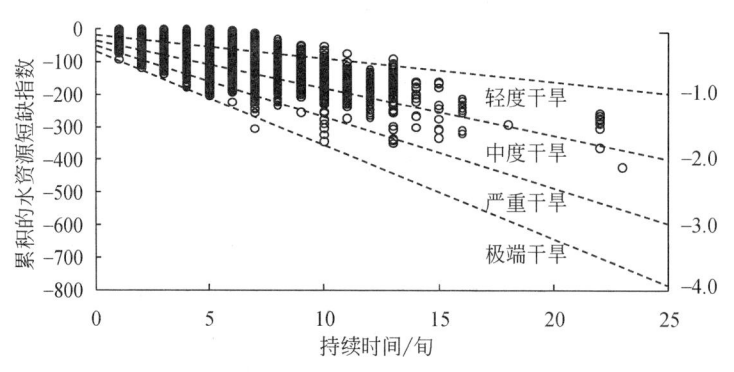

图12-1 累积的水资源短缺指数和持续时间的关系

$$\text{DI}(i) = \sum_{t=1}^{i} Z_t /(at + b) \tag{12-10}$$

式中，a 和 b 为待定系数。由图12-1可知，当 $t=1$ 个旬时，$\sum Z = -100.0$；$t=2$ 个旬时，$\sum Z = -109.0$，此时 DI 都等于 -4.0，因此得到了广义干旱评价指标的近似方程：

$$\text{DI}(i) = \sum_{t=1}^{i} Z_t /(2.25t + 22.75) \tag{12-11}$$

式（12-11）只是广义干旱评价指标的近似式，因为对于同一个 Z 值，可能是出现在几个较湿润的旬之后，也可能出现在几个较干旱的旬之后，则两者的广义干旱评价指标值是不同的，因此，必须考虑每个旬的 Z 值对广义干旱评价指标 DI 的影响。

令 $i=1$，$t=1$，则

$$\text{DI}(1) = Z(1)/25.0 \tag{12-12}$$

设这个旬是干旱期的开始，则

$$\text{DI}(1) - \text{DI}(0) = \Delta\text{DI}(1) = Z(1)/25.0 \tag{12-13}$$

如果要维持上一个旬的旱情，随着时间的增加，累积的水资源短缺指数也必须要增加。但是每一次时间的增加值是恒定的，即每旬增加1，因此，维持上个旬的广义干旱评价指标值所需要增加的 Z 值取决于 DI 值，故令

$$\Delta\text{DI}(i) = Z(i)/25.0 + c \cdot \text{DI}(i-1) \tag{12-14}$$

当 $t=2$，$\text{DI}(i-1) = \text{DI}(i) = -1$ 时，则 $c = -0.09$，可得广义干旱评价指标为

$$\text{DI}(i) = 0.91\text{DI}(i-1) + Z(i)/25.0 \tag{12-15}$$

式中，$\text{DI}(i)$ 为第 i 个旬的广义干旱评价指标值；$\text{DI}(i-1)$ 为第 $i-1$ 个旬的广义干旱评价指标值；$Z(i)$ 为第 i 个旬的水资源短缺指数。

(6) 修正系数

虽然 DI 是用整个东辽河流域64个评价单元计算得到，但为使 DI 在空间上具有比较性，还需进一步修正 k 值。前面介绍的 k 只是考虑的其与平均需水量和平均供水量的关系，其实 K 还与水资源短缺量的绝对值平均成反比。

假设一年中每个旬 $\text{DI} = -4.0$，将 $t=36$ 代入式（12-11）得 $\sum Z = -415.0$。因假设这

36 个旬对于任何评价单元都表示极端干旱，所以当用-415.0 除以某评价单元 36 个最干旱旬的水资源短缺总和 $\sum D$ 时，就得到了该评价单元 36 旬期间的极端干旱平均修正系数 $\bar{K}$ = -415.0/$\sum_{1}^{36} D$，绘制 $\bar{K}$ - $(\overline{DW}/\overline{SW})/|\bar{D}|$ 图（图 12-2），得到 K' 的回归方程如下：

$$K' = 1.6 \lg \left[(\overline{DW}/\overline{SW} + 2.8)/|\bar{D}| \right] + 0.5 \tag{12-16}$$

K' 为修正系数 K 的二级近似。

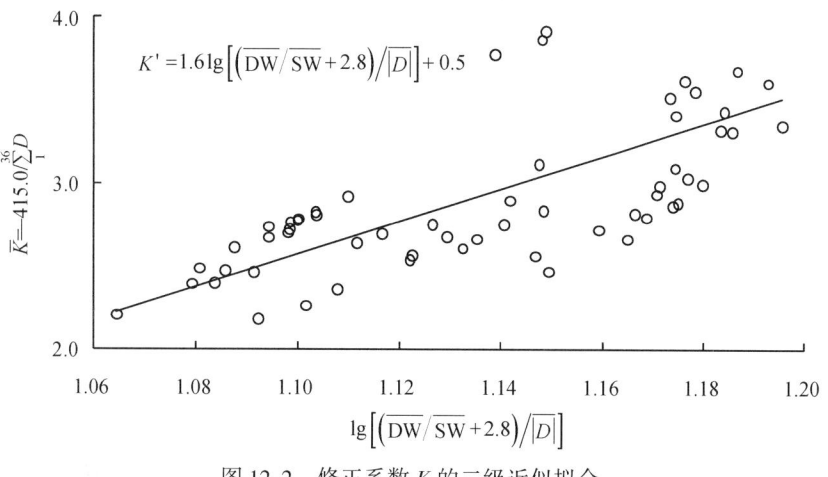

图 12-2 修正系数 K 的二级近似拟合

接下来计算每个评价单元的 $\sum_{1}^{36} |D| K'$，如果 K' 从空间比较性的角度来说是合理的，则每个评价单元的 $\sum_{1}^{36} |D| K'$ 值应相等，但实际上并没有。因此，在上述计算结果的基础上，求出 64 个评价单元的平均 $\sum_{1}^{36} |D| K'$ 值 329.37，修正 K' 值，得到水资源短缺量的修正系数 K 为

$$K = 329.37 \times K' / \sum_{1}^{36} (|\bar{D}| \times K') \tag{12-17}$$

将式（12-16）和式（12-17）代入式（12-9）得到修正后的水资源短缺指数 Z，则可以评价不同地区的广义干旱。

12.1.2 指标验证

利用式（12-15）计算东辽河流域 64 个广义干旱评价单元逐年逐旬的广义干旱评价指标值。下面将梨树县和公主岭市典型场次的实际旱情和计算的指标值相对照，以验证模式的合理性。

梨树县：1994 年 4 月 18 日至 5 月 1 日，玉米播种不匀，出苗不齐，5 月 28 日至 6 月

25 日，小苗白天萎缩，上部的叶子卷成管状，受旱程度为 30%；1996 年 5 月 11 日至 6 月 12 日，玉米遭受干旱，成灾面积达 14.87 万 hm^2，部分地块缺苗、断垄，减产 10%；1997 年 4 月 21 日至 5 月 16 日，成灾面积为 11.33 万 hm^2，占 63%，7 月 8 日至 7 月 30 日，成灾面积占 88%；2000 年 6 月 1 日至 28 日，受灾面积为 24.4 万 hm^2，80% 玉米叶子凋萎，水田不能插秧，7 月 5 日至 8 月 9 日，减产 70%。以上梨树县的实际旱情与广义干旱评价指标计算结果是较为一致的［图 12-3（a）］。

公主岭市：1997 年 6 月 8 日至 7 月 30 日，成灾面积为 12 万 hm^2，绝收面积为 3 万 hm^2；2000 年 7 月 2 日至 20 日，受灾面积为 6.67 万 hm^2，占 70%。以上公主岭市的实际旱情与广义干旱评价指标计算结果是较为一致的［图 12-3（b）］。

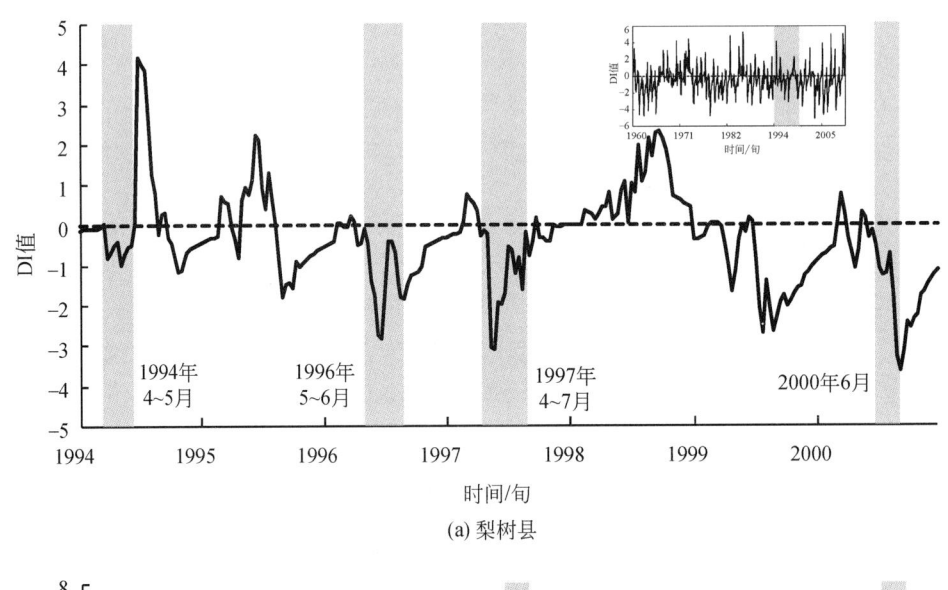

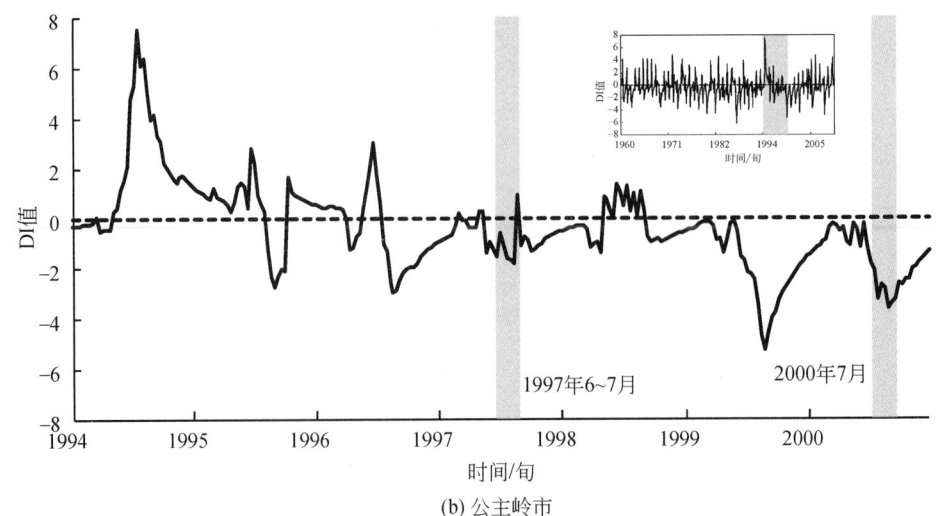

(a) 梨树县

(b) 公主岭市

图 12-3　广义干旱评价指标计算结果与典型场次实际旱情比较（1960～2010 年）
图中灰色区域为实际旱情发生时间

12.2 流域广义干旱评价指标模拟效果分析

流域广义干旱评价指标是从水资源系统的角度，基于自然-人工二元水循环模式建立的，为辨析流域广义干旱评价指标（DI）与其他类型干旱指标的区别，本书分别选取应用较为广泛的标准化降水指标（SPI）、Palmer 干旱指标（PDSI）和缺水率（RWD）与 DI 指标进行对比分析。

本书计算了东辽河流域 64 个评价单元 1960~2010 年连续 1 个月和 12 个月时间尺度上的 SPI1 序列和 SPI12 序列，月尺度上的 PDSI 序列，以及旬尺度上的 RWD 序列。对比 DI 值与 SPI 值、PDSI 值和 RWD 值的年际区别，同时，由于流域在 1999~2001 年发生了连续干旱，选取 1999~2001 年的指标值，对比 DI 值与其他 3 个指标的年内区别。

此外，分析 DI 指标模拟的干旱频率（图 12-4）（本小节中为方便对比分析，暂将广义干旱简称为干旱）与其他指标在空间上的区别。用发生干旱的月数（或旬数）除以总计算月数（或旬数）作为干旱频率，其中，把轻度干旱（含轻度干旱以上）发生的年份均记为干旱（表 12-2）。

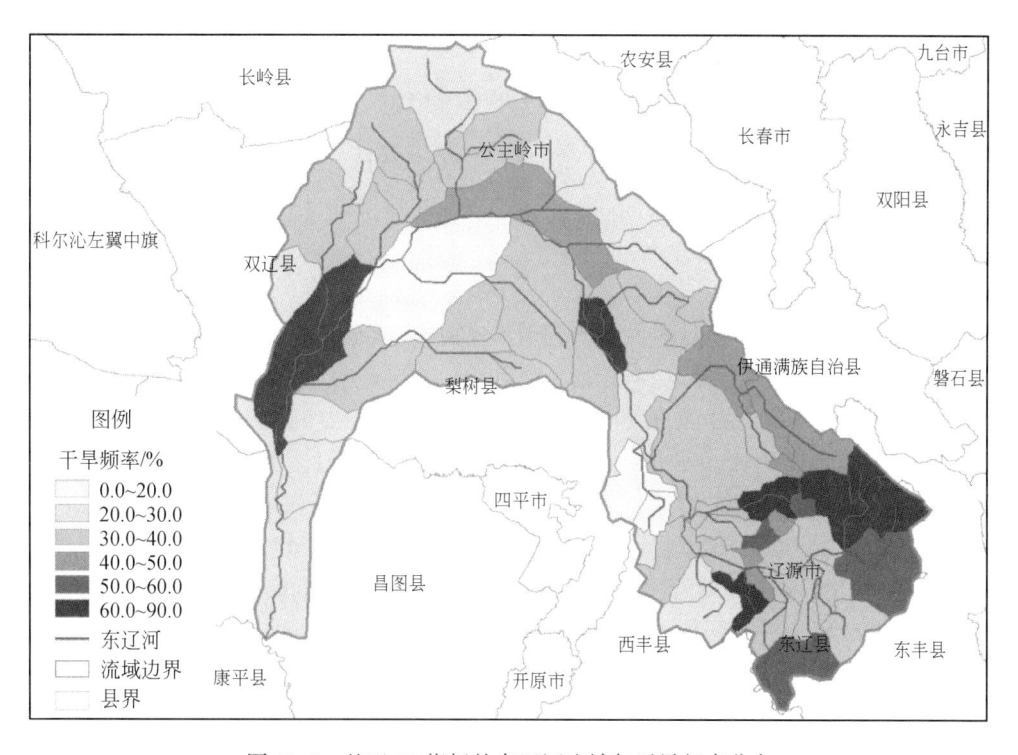

图 12-4 基于 DI 指标的东辽河流域旬干旱频率分布

表 12-2 干旱评价指标的等级划分

指标	无旱	轻度干旱	中度干旱	严重干旱	极端干旱
DI	−1.0<DI	−2.0<DI≤−1.0	−3.0<DI≤−2.0	−4.0<DI≤−3.0	DI≤−4.0
SPI	−0.5<SPI	−1.0<SPI≤−0.5	−1.5<SPI≤−1.0	−2.0<SPI≤−1.5	SPI≤−2.0
PDSI	−1.0<PDSI	−2.0<PDSI≤−1.0	−3.0<PDSI≤−2.0	−4.0<PDSI≤−3.0	PDSI≤−4.0
RWD	−1.0<RWD	−2.0<RWD≤−1.0	−3.0<RWD≤−2.0	−4.0<RWD≤−3.0	RWD≤−4.0

12.2.1 对比 DI 指标与 SPI 指标模拟结果

SPI 指标采用 Γ 分布概率来描述降水量的变化，将偏态概率分布的降水量进行正态标准化处理，最终用标准化降水累积频率分布来划分干旱等级（张强和高歌，2004）。SPI 指标使同一地区在不同时段发生的干旱具有可比性，同时，亦使同一时段不同地区发生的干旱具有可比性。SPI 指数计算输入数据单一（只需要输入降水量数据），资料容易获取，应用广泛（袁文平和周广胜，2004a）。SPI 指标的计算公式如下：

$$\text{SPI} = S \frac{t - (c_2 t + c_1) t + c_0}{[(d_3 t + d_2) t + d_1] t + 1.0} \tag{12-18}$$

$$F(x < x_0) = \int_0^\infty f(x)\mathrm{d}x \text{ 或 } F(x=0) = m/n \tag{12-19}$$

式中，$t = \sqrt{\ln(1/F^2)}$；F 为式（12-19）求得的概率，当 $F>0.5$ 时；$S=1$，当 $F≤0.5$ 时，$S=-1$；$c_0=2.515517$；$c_1=0.802853$；$c_2=0.010328$；$d_1=1.432788$；$d_2=0.189269$；$d_3=0.001308$。

（1）时间上的区别

短时间尺度的 SPI1 和长时间尺度的 SPI12 分别可以表示引起干旱的两种原因：土壤水分亏缺和用于补给的水分亏缺（Byun and Wilhite，1999）。分析 1960~2010 年梨树县和公主岭市（东辽河流域内）的 DI 值和 SPI 值（图 12-5 和图 12-6）可知，干旱期内 SPI12 值普遍大于 DI 值，且变化较为平稳；SPI1 值亦普遍大于 DI 值，但其变化幅度较大。分析 1999~2001 年梨树县和公主岭市（东辽河流域内）的 DI 值和 SPI 值（图 12-7）可知，SPI1 在冬季表现为湿期，作物生育期内的 SPI1 值大于 DI 值；SPI12 的年内分布起伏不大，难以评价年内变化，其值亦大于 DI 值。DI 指标和 SPI 指标均能模拟出梨树县 2000 年 6 月和公主岭市 2000 年 7 月这两场干旱灾害，但 SPI 值大于 DI 值。二者之间的差异主要有以下 3 个方面的原因（表 12-3）：①从驱动力的角度说，DI 指标考虑了自然气候变化、人为气候变化、下垫面条件改变和水利工程调节对干旱的影响，而 SPI 指标只是考虑了自然气候变化和人为气候变化对干旱的影响；②从水循环要素和过程的角度说，DI 指标以自然-人工二元水循环过程为基础，考虑了降水、蒸发、土壤水等水循环要素的影响，而 SPI 值以自然水循环过程为基础，只将降水作为输入量，虽计算简单，但不涉及具体的干旱机理；③从水资源系统的角度说，DI 指标从水资源系统的角度出发，供水侧考虑了地表水资源、地下水资源、土壤水资源等的影响，需水侧考虑了农业和生态系统的影响，而 SPI 指标并没有从水资源系统的角度出发，只是考虑了降水的影响，没有考虑需水侧的影响。

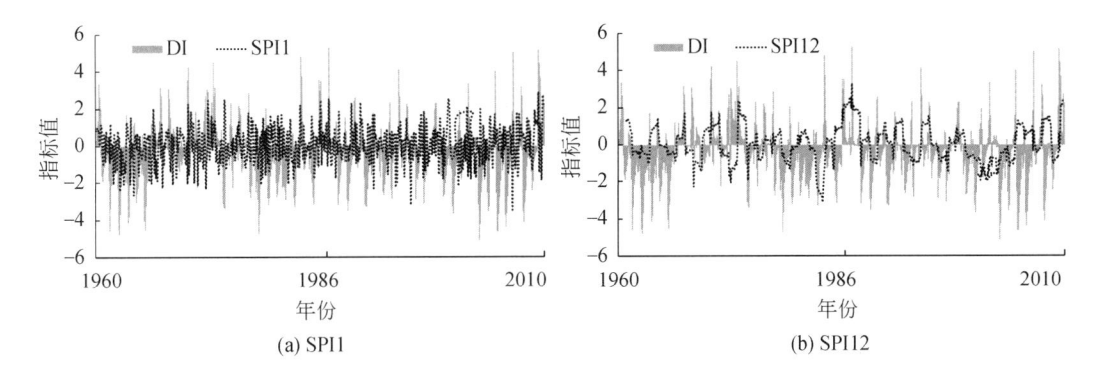

图 12-5 1960~2010 年梨树县 DI 值与 SPI 值比较

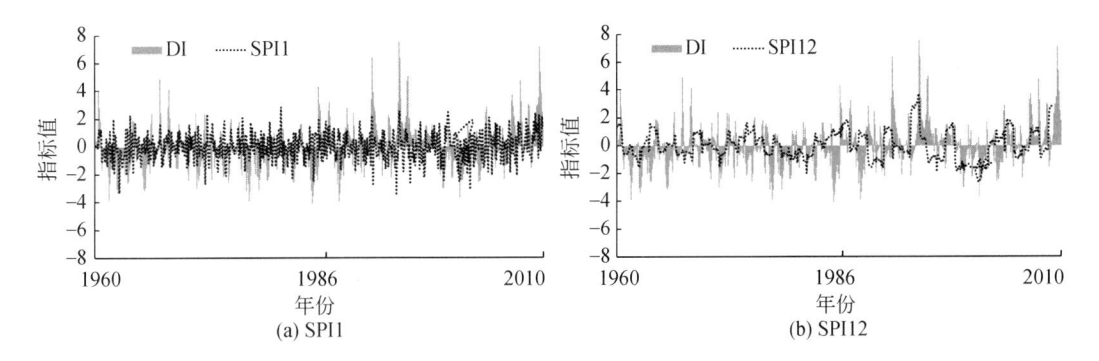

图 12-6 1960~2010 年公主岭市 DI 值与 SPI 值比较

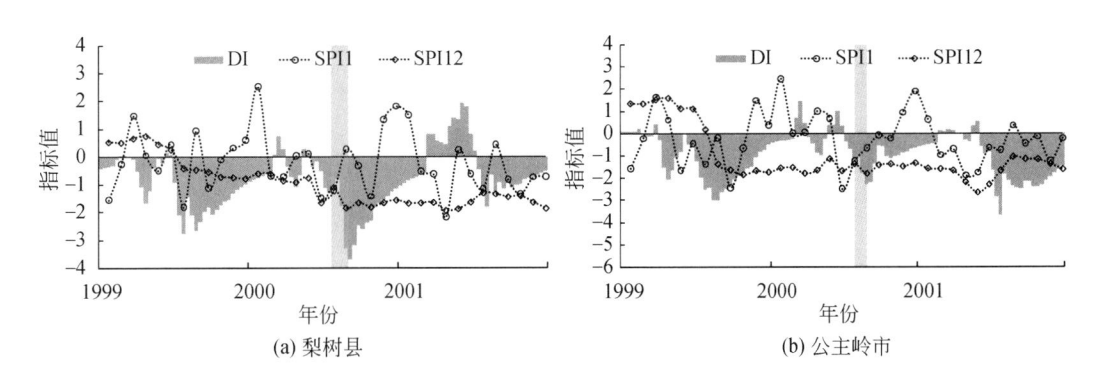

图 12-7 1999~2001 年 DI 值与 SPI 值比较

表 12-3 DI 指标与 SPI 指标的区别

项目		DI 指标	SPI 指标
驱动力		自然气候变化、人为气候变化、下垫面条件、水利工程	自然气候变化人为气候变化
水循环	过程	自然-人工二元水循环	自然水循环
	要素	降水、蒸发、土壤水、水利工程供水	降水
水资源系统	供水侧	地表水资源、地下水资源、土壤水资源	降水
	需水侧	农业、生态系统	无

(2) 空间上的区别

由于 SPI 指标是根据概率密度分布设定的干旱等级，即假定了不同地点发生干旱概率相同，所以无法标识干旱地域分布规律性（袁文平和周广胜，2004a）。由图 12-8 可知，东辽河流域各评价单元干旱频率差异较小，干旱频率为 28%~34%。SPI 指标无法较好地标识干旱频率地区差异性，造成各地干旱频率差异主要是降水概率分布略有不同（黄晚华等，2010）。

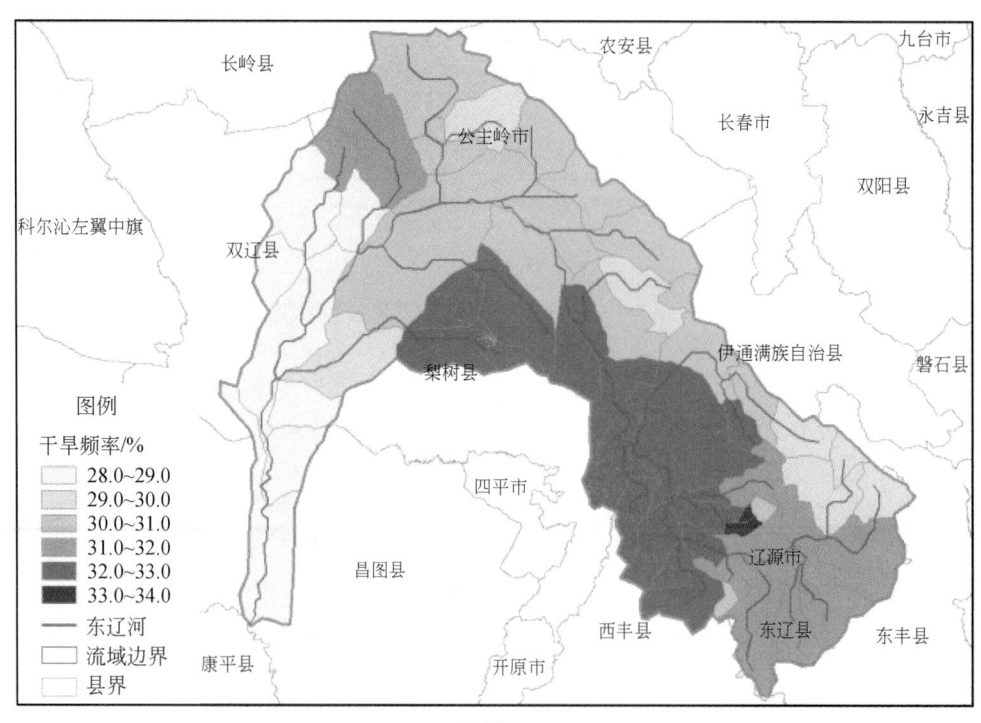

(a) SPI1

(b) SPI12

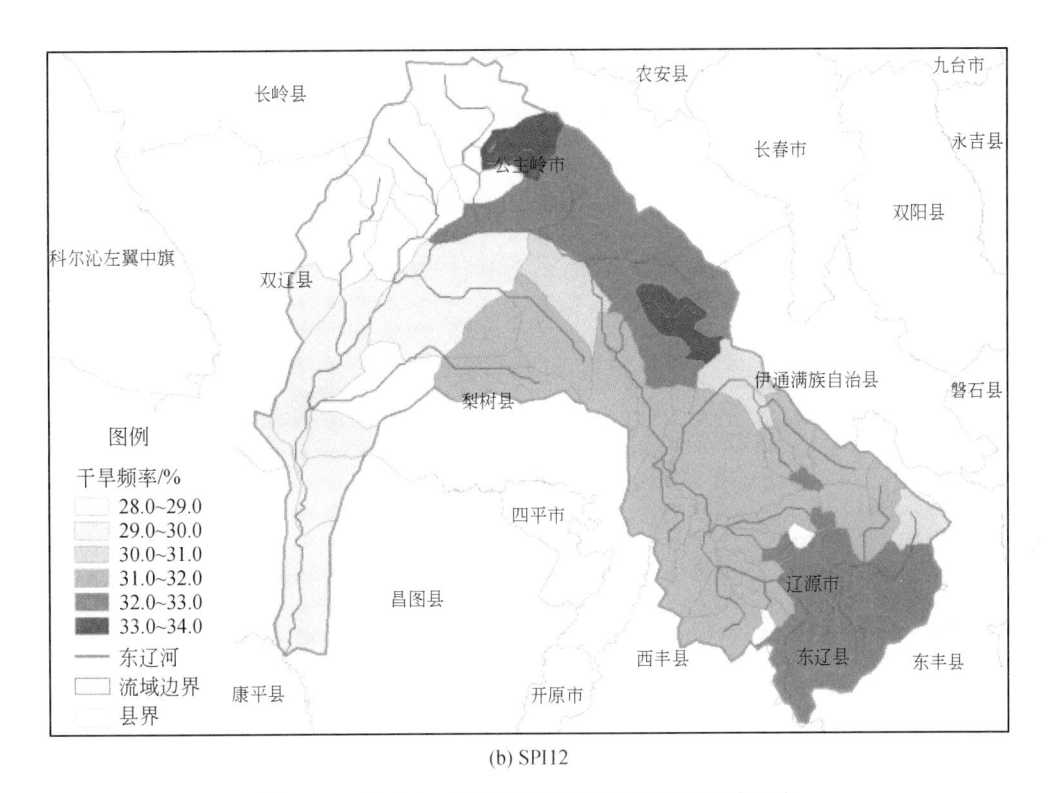

图 12-8 基于 SPI 指标的东辽河流域月干旱频率分布

DI 指标以各个评价单元为对象，分别考虑了各个评价单元的供水量和需水量，同时，考虑了各个评价单元的地形、土壤特性和植被特征等，除此之外，还考虑了水利工程对各个灌区的灌溉水量，因此，可以更好地识别干旱的地域分布规律，各评价单元干旱频率差异较大，干旱频率为 0~90%（图 12-4）。其中，流域上游干旱频率较高，流域下游的梨树灌区在二龙山水库的调节下干旱频率较低，而双山灌区、南崴子灌区虽有二龙山水库的调节，但其灌溉水量相对较少，干旱频率仍较高。

12.2.2 对比 DI 指标与 PDSI 指标模拟结果

PDSI 指标是 Palmer 于 1965 年提出的，是目前国际上应用最为广泛的干旱指标。Palmer 定义干旱为持久的异常水分缺乏，并建立了能够进行干旱程度分析的指标体系。为了进行干旱的空间和时间比较，从而提出满足地区经济运行、生物生长和各项活动用水所适宜的需水量，称之为"当前气候适宜"（CAFEC）的降水量（Palmer, 1965；袁文平和周广胜, 2004b）。PDSI 指标的计算公式如下：

$$X_i = Z_i/1.63 + 0.755 X_{i-1} \tag{12-20}$$

$$Z = dK \tag{12-21}$$

$$K_i = 16.84K'_i \Big/ \sum_{j=1}^{12} \overline{D}_j K'_j \quad (12\text{-}22)$$

$$K'_i = 0.4 + 1.6 \cdot \lg\left[\frac{(\overline{PE_i} + \overline{R_i} + \overline{RO_i})/(\overline{P_i} + \overline{L_i}) + 2.8}{\overline{D_i}}\right] \quad (12\text{-}23)$$

式中，X_i 为当月 PDSI 指标；X_{i-1} 为前一个月的 PDSI 指标；Z_i 为当月水分异常指数，由式（12-21）得到；K_i 为气候特征系数或权重因子；K'_i 为气候特征系数的二级近似值；$\overline{D}$ 为 d 的绝对值平均；$\sum_{j=1}^{12}\overline{D}_j K'_j$ 为多年平均年绝对水分异常；d 为实际降水量与气候适宜下降水量的差值。其他符号的意义及计算见 GB/T 20481—2006。

本书采用 Thornthwaite 方法计算可能蒸散量，土壤分上、下两层，上层（0~20cm）土壤田间有效持水量取 40mm，下层（20~100cm）土壤田间有效持水量取 150mm（刘巍巍等，2004）。

(1) 时间上的区别

由图 12-9 和图 12-10 可知，干旱期 PDSI 值普遍小于 DI 值，尤其夏季的模拟结果，即由 PDSI 指标模拟得到的干旱程度比 DI 值的模拟结果严重。DI 指标和 PDSI 指标均能模拟出梨树县 2000 年 6 月和公主岭市 2000 年 7 月这两场干旱灾害，但 PDSI 值小于 DI 值，资料显示，与历史同期相比，这两场干旱灾害并未达到极端干旱的程度。二者之间的差异主要有以下 3 个方面的原因：①从驱动力的角度说，PDSI 指标只是考虑了自然气候变化和人为气候变化对干旱的影响，没有考虑下垫面条件变化及水利工程调节对干旱的影响，尤其是没有考虑灌溉的影响。②从水循环要素和过程的角度说，PDSI 指标以自然水循环过程为基础，考虑了降水、可能蒸散发、土壤田间有效持水量等要素的影响。可能蒸散量采用 Thornthwaite 方法计算，而 Thornthwaite 方法只考虑温度因素，且假设当温度低于零度时没有蒸散，这种假设造成了冬季可能蒸散值偏小，在东辽河流域应用有较大偏差。土壤田间有效持水量对于整个流域取同一个值，忽略了不同土壤类型的影响。关于径流出现的标准及可能径流的估算方法带有一定的主观性，为计算带来一定误差。③从水资源系统的角度说，PDSI 指标并没有从水资源系统的角度出发，而是从当前气候适宜的降水量的角度考虑（表 12-4）。

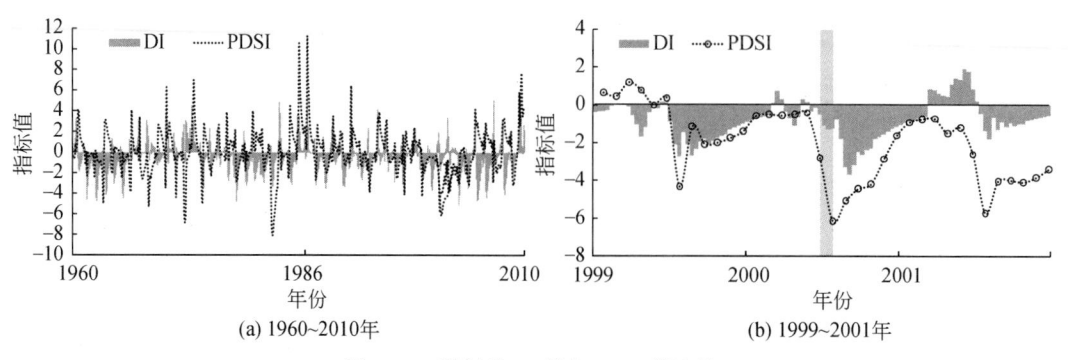

图 12-9 梨树县 DI 值与 PDSI 值比较
(a) 1960~2010 年
(b) 1999~2001 年

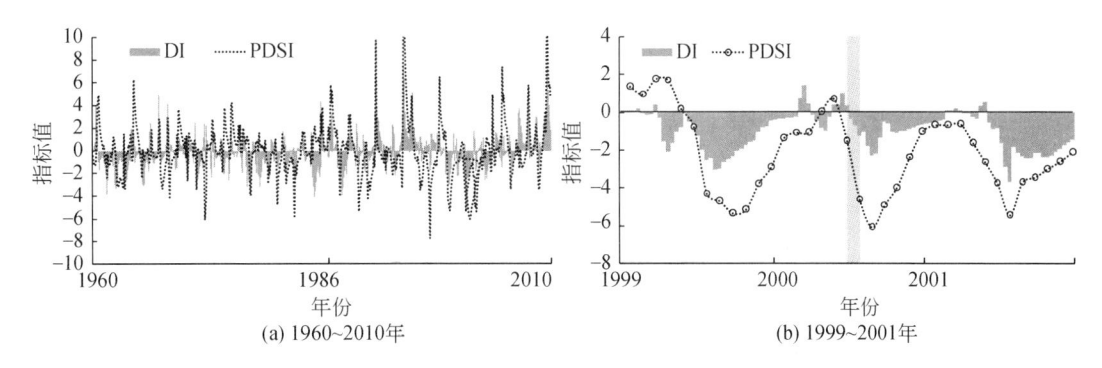

图 12-10　公主岭市 DI 值与 PDSI 值比较

虽然 DI 指标的干旱等级划分和权重因子的确定方法与 PDSI 指标类似，但其水资源短缺量的确定是从水资源系统的角度计算供需水，考虑了自然-人工二元水循环特性，更适用于评价人类活动影响，特别是水利工程调节下流域的干旱事件。

表 12-4　DI 指标与 PDSI 指标的区别

项目		DI 指标	PDSI 指标
驱动力		自然气候变化、人为气候变化、下垫面条件、水利工程	自然气候变化人为气候变化
水循环	过程	自然-人工二元水循环	自然水循环
	要素	降水、蒸发、土壤水、水利工程供水	降水、蒸发、土壤水、径流
水资源系统	供水侧	地表水资源、地下水资源、土壤水资源	降水
	需水侧	农业、生态系统	当前气候适宜的降水量

(2) 空间上的区别

Palmer 为了使 PDSI 指标在空间上具有可比性，引入了气候特征系数（权重因子），经过选取不同气候类型的地区对气候特征系数进行修正，使得 PDSI 指标具有空间可比性。但是，由于上、下两层土壤田间有效持水量取常数，没有考虑到土壤本身的特性，可能径流的估算方法亦带有一定的主观性，同时，PDSI 指标没有考虑到下垫面条件的影响及灌溉等人为活动的影响，因此，干旱频率的空间分布差异较小，干旱频率为 24% ~ 31%。由于未考虑二龙山水库的调节，PDSI 指标模拟的秦屯灌区的干旱频率明显高于 DI 指标的模拟结果（图 12-11）。

12.2.3　对比 DI 指标与 RWD 指标模拟结果

本书选取缺水率（rate of water deficit，RWD）作为社会经济干旱指标，其是缺水量与需水量（SW'）的比值。在水资源配置中多采用定额乘以规模的方法计算需水量，由于本

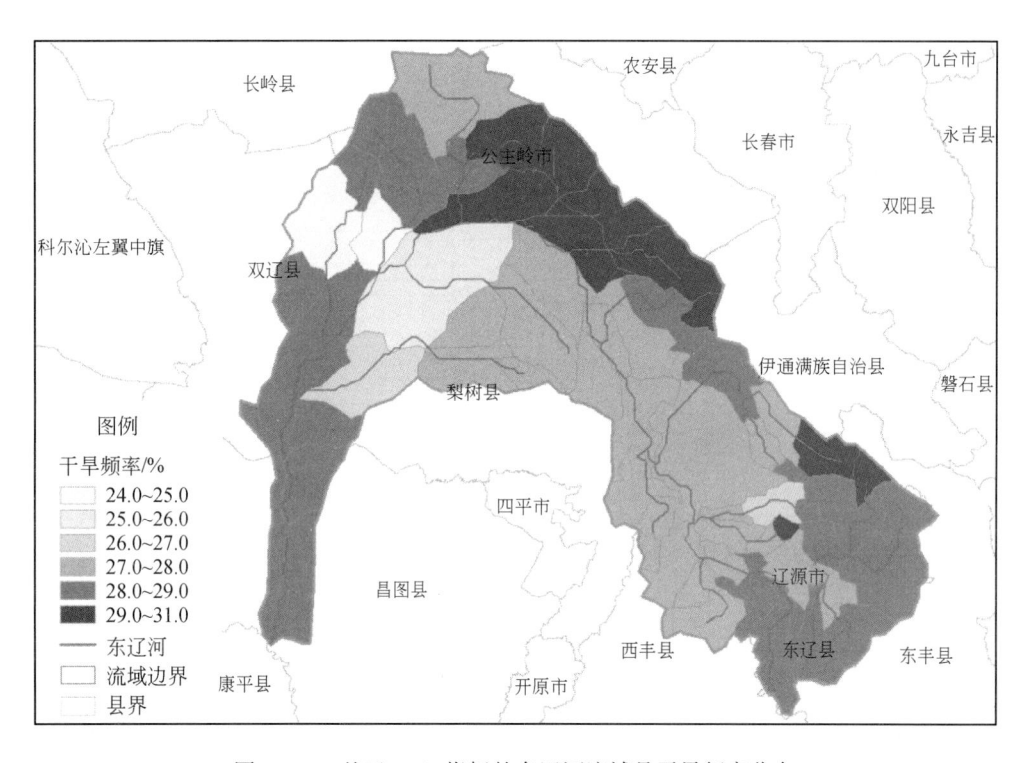

图 12-11　基于 PDSI 指标的东辽河流域月干旱频率分布

书主要考虑农业和生态系统的需水量，因此，需水量采用与 DI 指标相同的计算方法。缺水量等于供水量与需水量的差值，其中，供水量主要考虑狭义水资源量，则缺水率可表示为

$$\text{RWD} = \frac{\text{SW}' - \text{DW}}{\text{DW}} \times 100\% = \frac{W - \text{DW}}{\text{DW}} = \frac{(R_o + R_r + P_r) - \text{DW}}{\text{DW}} \quad (12\text{-}24)$$

式中各符号的意义同上。

为保证 RWD 指标在时空尺度上具有可比性，对 RWD 指标进行修正，修正方法与 DI 指标相同，即引入修正系数 K。

由图 12-12 和图 12-13 可知，不管是年际变化还是年内变化，RWD 指标的模拟结果均比 DI 指标的模拟结果偏低，虽然 RWD 指标能模拟出梨树县 2000 年 6 月和公主岭市 2000 年 7 月这两场干旱灾害，但指标值偏低，模拟结果比实际旱情严重，主要是因为 RWD 指标中的供水量只考虑了地表水资源和不重复计算的地下水资源，未考虑土壤水资源（表 12-5），但是对于农业和生态系统，土壤水资源发挥着重要作用。由于供水量偏低，流域长期处于干旱状态，干旱频率普遍偏高，各个评价单元均在 80% 以上（图 12-14）。

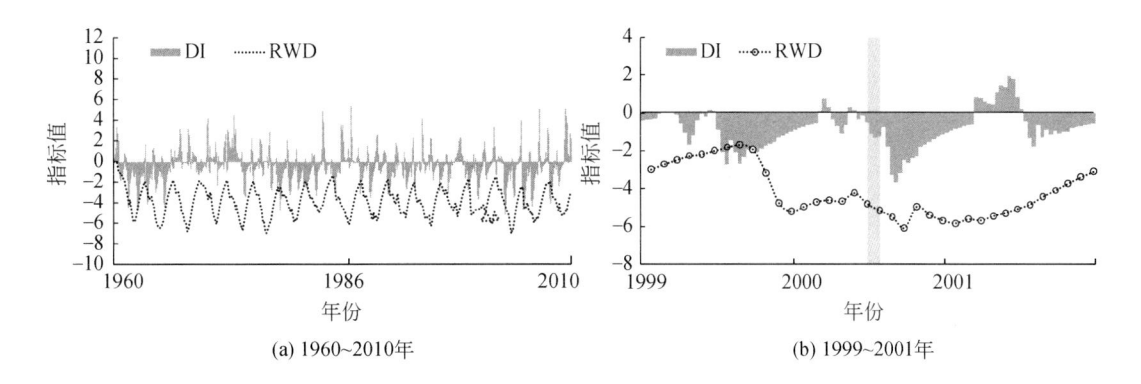

(a) 1960~2010年   (b) 1999~2001年

图 12-12　梨树县 DI 值与 RWD 值比较

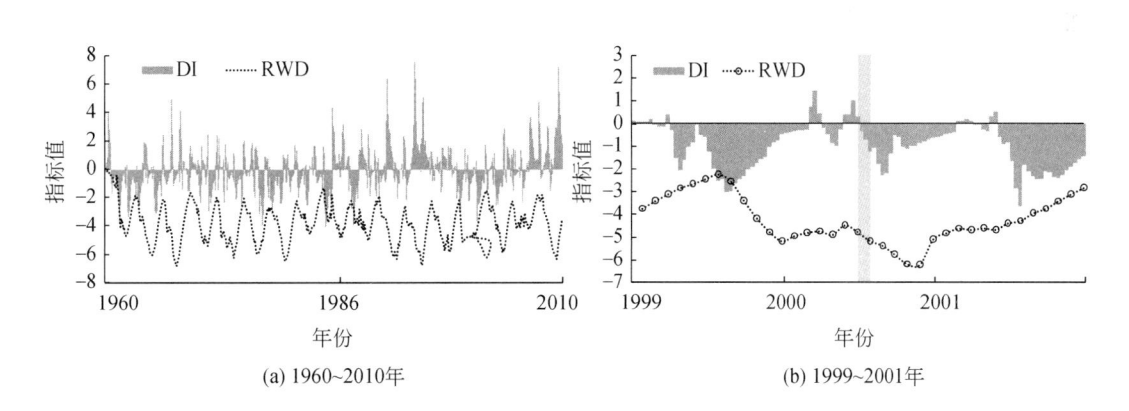

(a) 1960~2010年   (b) 1999~2001年

图 12-13　公主岭市 DI 值与 RWD 值比较

表 12-5　DI 指标与 RWD 指标的区别

项目		DI 指标	RWD 指标
驱动力		自然气候变化、人为气候变化、下垫面条件、水利工程	
水循环	过程	自然-人工二元水循环	
	要素	降水、蒸发、土壤水、水利工程供水	
水资源系统	供水侧	广义水资源 （地表水资源、地下水资源、土壤水资源）	狭义水资源 （地表水资源、地下水资源）
	需水侧	农业、生态系统	

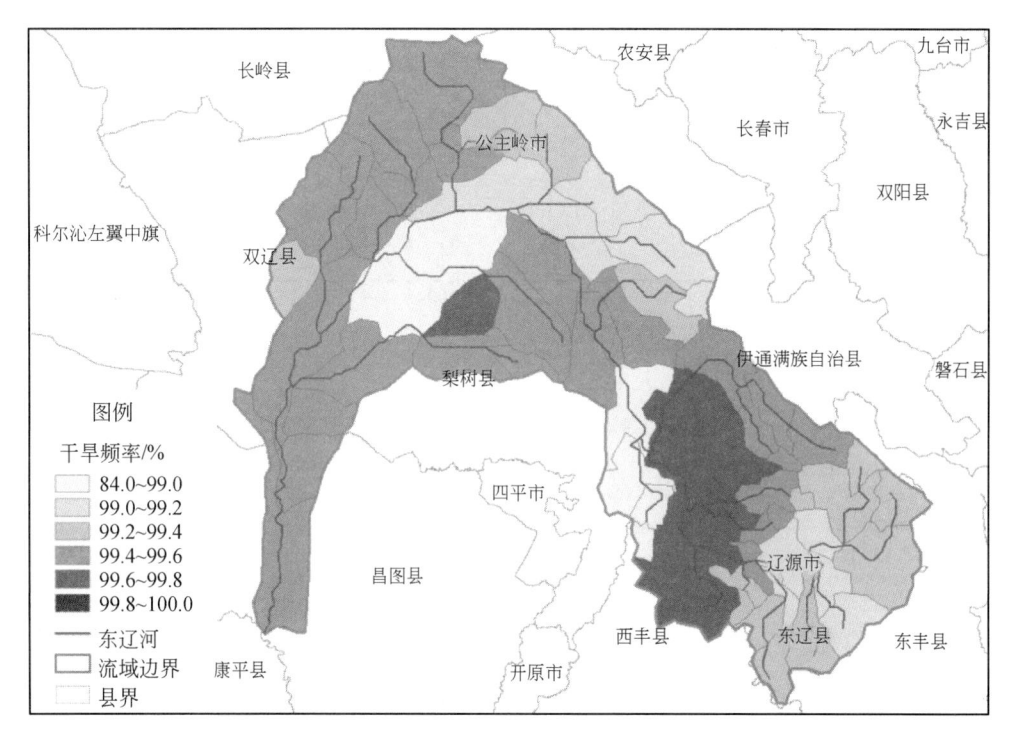

图 12-14　基于 RWD 指标的东辽河流域旬干旱频率分布

12.3　流域广义干旱评价内容识别

广义干旱的评价内容主要包括广义干旱持续时间（generalized drought duration）和广义干旱强度（generalized drought severity）。根据游程理论（Dracup et al.，1980a；Mohan and Rangacharya，1991；冯平和朱元甡，1997），对广义干旱评价指标值取相反数，即 –DI，由图 12-15 可知，当 –DI 大于或等于 X_1 时即发生广义干旱，正的游程长度为广义干旱持续时间 D，游程总量为广义干旱强度 S（陆桂华等，2010）。本书假设如果两次广义干旱过程中间有且只有 1 个旬的 –DI 小于 X_1 且大于 X_0，则当成一次广义干旱过程，此时，广义干旱持续时间 $D = D_1 + D_2 + 1$，干旱强度 $S = S_1 + S_2$。如果某次广义干旱过程，广义干旱历时只有 1 个旬且 –DI 小于 X_2，则忽略此次广义干旱过程（陆桂华等，2010）。根据上述假设可知图 12-15 中有两次广义干旱过程，即 g 和 p。其中，X_0、X_1、X_2 是不同广义干旱等级的阈值，对于轻度干旱，$X_0 = 0$，$X_1 = 1.0$，$X_2 = 2.0$；对于中度干旱，$X_0 = 1.0$，$X_1 = 2.0$，$X_2 = 3.0$；对于重度干旱，$X_0 = 2.0$，$X_1 = 3.0$，$X_2 = 4.0$；对于极端干旱，$X_0 = 3.0$，$X_1 = 4.0$，$X_2 = 5.0$。

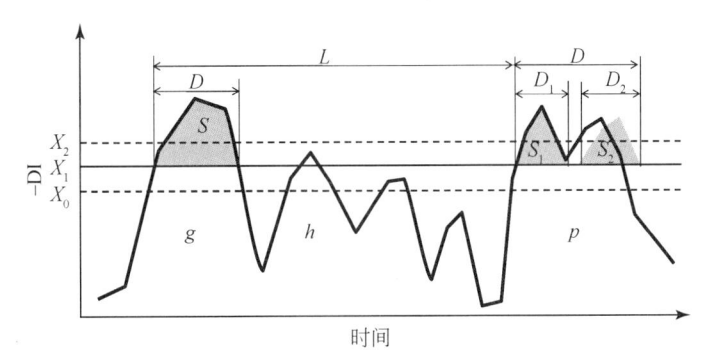

图 12-15　广义干旱持续时间和广义干旱强度的识别

12.4　流域广义干旱时空分布规律

12.4.1　流域广义干旱次数分布规律

1960~2010 年东辽河流域各评价单元不同广义干旱等级对应的广义干旱次数的分布情况见图 12-16 和表 12-6。各评价单元的广义干旱的次数有较大的差异。对于轻度干旱，评价单元 30 的广义干旱次数最多，而评价单元 64 最少，二者相差 55 次；对于中度干旱，评价单元 29 的广义干旱次数最多，而评价单元 64 最少，二者相差 58 次；对于重度干旱，评价单元 41 的广义干旱次数最多，而评价单元 64 最少，二者相差 54 次；对于极端干旱，评价单元 32 的广义干旱次数最多，而评价单元 4、8、14、23、27、33、54、62 最少，均为 0，二者相差 44 次。

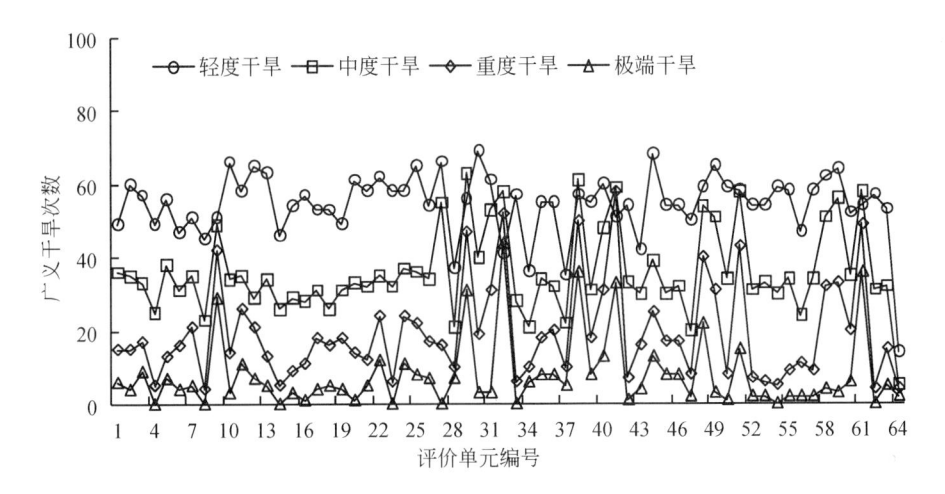

图 12-16　1960~2010 年不同广义干旱等级下流域广义干旱次数对比

表12-6 1960~2010年东辽河流域广义干旱次数统计

评价单元	轻度干旱 次数	轻度干旱 L均值	中度干旱 次数	中度干旱 L均值	重度干旱 次数	重度干旱 L均值	极端干旱 次数	极端干旱 L均值
1	49	24	36	43	15	117	6	258
2	60	22	35	41	15	109	4	302
3	57	22	33	41	17	103	9	181
4	49	23	25	38	5	131	0	742
5	56	21	38	39	13	119	7	226
6	47	23	31	41	16	103	4	287
7	51	22	35	42	21	83	5	287
8	45	23	23	38	4	144	0	742
9	51	23	49	31	42	40	29	58
10	66	19	34	42	14	109	3	352
11	58	21	35	41	26	60	11	151
12	65	19	29	42	21	80	7	226
13	63	20	34	43	13	109	5	352
14	46	23	26	41	5	131	0	742
15	54	23	29	41	9	131	3	329
16	57	22	28	41	11	121	1	742
17	53	24	31	41	18	92	4	302
18	53	24	26	41	16	97	5	287
19	49	23	31	40	18	88	4	302
20	61	21	33	41	14	109	1	406
21	58	22	32	41	12	119	5	287
22	62	20	35	40	24	67	12	129
23	58	21	32	40	6	131	0	742
24	58	20	37	41	24	70	11	151
25	65	19	36	40	22	73	8	201
26	54	23	34	43	17	83	7	226
27	66	19	55	27	16	97	0	742
28	37	24	21	39	10	131	7	226
29	56	23	63	25	47	36	31	55
30	69	19	40	40	19	83	3	302
31	61	20	53	28	31	50	3	406
32	41	24	58	26	52	33	44	41
33	57	23	28	41	6	131	0	742

续表

评价单元	轻度干旱 次数	轻度干旱 L均值	中度干旱 次数	中度干旱 L均值	重度干旱 次数	重度干旱 L均值	极端干旱 次数	极端干旱 L均值
34	36	23	21	39	10	122	6	258
35	55	23	34	41	18	88	8	201
36	55	23	32	40	20	83	8	201
37	35	23	22	38	10	122	5	287
38	57	22	61	24	50	36	36	48
39	55	21	31	40	18	92	8	226
40	60	21	48	34	31	49	13	121
41	51	24	59	25	58	30	33	50
42	54	23	33	41	7	132	1	406
43	42	23	30	41	16	97	4	302
44	68	18	39	42	25	70	13	129
45	54	23	30	41	17	88	8	201
46	54	22	32	41	17	92	8	201
47	50	24	20	39	8	153	2	329
48	59	22	54	27	40	40	22	82
49	65	20	51	31	31	60	3	406
50	59	21	34	41	8	141	1	406
51	58	21	58	26	43	37	15	106
52	54	23	31	41	7	132	2	329
53	54	23	33	41	6	137	2	329
54	59	22	30	42	5	132	0	742
55	58	22	34	41	9	141	2	329
56	47	23	24	42	11	122	2	329
57	58	21	34	41	9	141	2	329
58	62	20	51	29	32	52	4	329
59	64	20	56	28	33	52	3	406
60	52	23	35	42	20	88	6	258
61	54	23	58	27	49	34	36	46
62	57	23	31	40	4	144	0	742
63	53	23	32	40	15	97	5	287
64	14	30	5	52	4	144	2	329

20 世纪 60 年代、70 年代、80 年代、90 年代和 21 世纪初东辽河流域各评价单元不同广义干旱等级对应的广义干旱次数的分布情况如图 12-17 所示。各评价单元不同年代的广

义干旱次数发生较大的变化。

对于轻度干旱，20 世纪 60~70 年代评价单元 53 的广义干旱次数变化最多，增加了 10 次，而评价单元 17、27、56、62 的广义干旱次数反而有所减少；20 世纪 70~80 年代评价单元 5 的广义干旱次数增加了 5 次，而评价单元 14 的广义干旱发生次数减少了 9 次；20 世纪 80~90 年代评价单元 38 的广义干旱次数增加了 9 次，而评价单元 64 减少了 8 次；20 世纪 90 年代到 21 世纪初评价单元 25 的广义干旱发生次数增加了 6 次，而评价单元 1、6、48 减少了 3 次。

对于中度干旱，20 世纪 60~70 年代各评价单元广义干旱次数最多增加了 5 次，最多减少了 4 次；20 世纪 70~80 年代各评价单元广义干旱次数最多增加了 3 次，最多减少了 4 次；20 世纪 80~90 年代各评价单元广义干旱次数最多增加了 5 次，最多减少了 8 次；20 世纪 90 年代到 21 世纪初各评价单元广义干旱次数最多增加了 7 次，最多减少了 2 次。

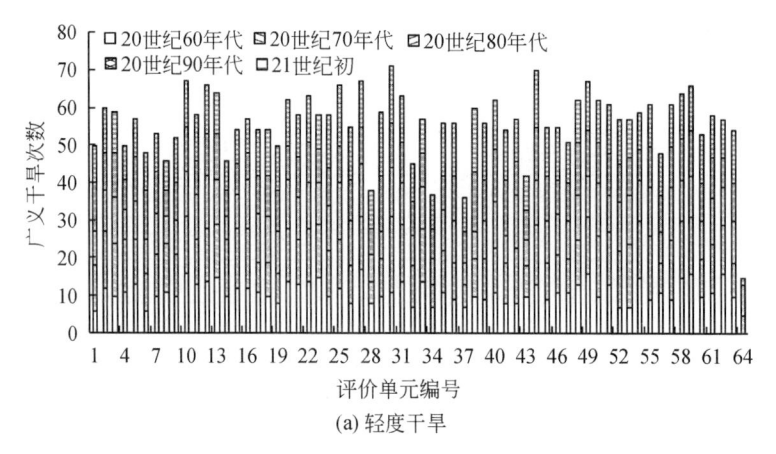

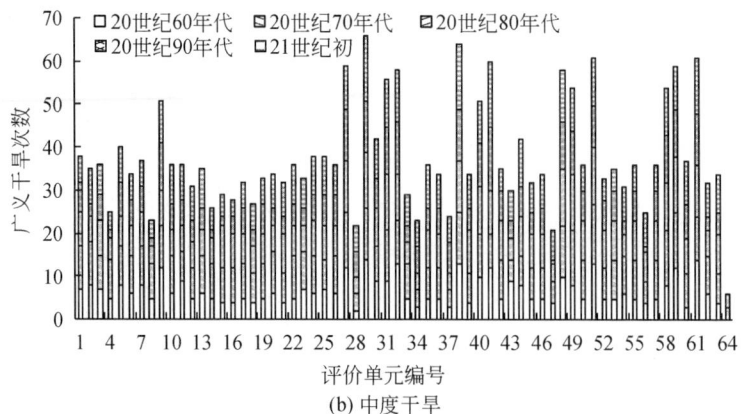

对于重度干旱，20 世纪 60~70 年代各评价单元广义干旱次数最多增加了 5 次，最多减少了 3 次；20 世纪 70~80 年代各评价单元广义干旱次数最多增加了 4 次，最多减少了 3 次；20 世纪 80~90 年代各评价单元广义干旱次数最多增加了 5 次，最多减少了 6 次；20 世纪 90 年代到 21 世纪初各评价单元广义干旱次数最多增加了 7 次，最多减少了 7 次。

(a) 轻度干旱

(b) 中度干旱

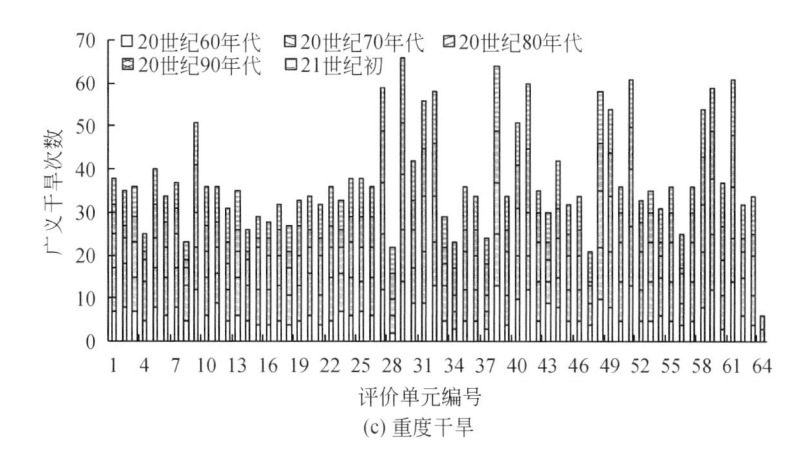

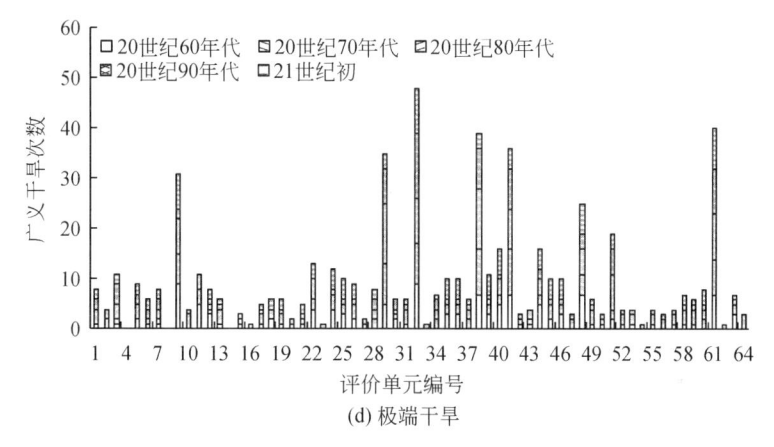

图 12-17　不同广义干旱等级下流域各评价单元广义干旱次数年代变化

对于极端干旱，20 世纪 60～70 年代各评价单元广义干旱次数最多增加了 3 次，最多减少了 3 次；20 世纪 70～80 年代各评价单元广义干旱次数最多增加了 5 次，最多减少了 3 次；20 世纪 80～90 年代各评价单元广义干旱次数最多增加了 4 次，最多减少了 5 次；20 世纪 90 年代到 21 世纪初各评价单元广义干旱次数最多增加了 5 次，最多减少了 5 次。

20 世纪 60 年代、70 年代、80 年代、90 年代和 21 世纪初东辽河流域不同广义干旱等级下广义干旱次数重心的空间转移情况如图 12-18 所示。广义干旱次数的重心的取法如下：对于轻度干旱，取广义干旱次数大于等于 10 次的评价单元的重心；对于中度干旱，取广义干旱次数大于等于 6 次的评价单元的重心；对于重度干旱，取广义干旱次数大于等于 4 次的评价单元的重心；对于极端干旱，取广义干旱次数大于等于 2 次的评价单元的重心，其中，10、6、4、2 分别是轻度干旱、中度干旱、重度干旱和极端干旱在 20 世纪 60 年代、70 年代、80 年代、90 年代和 21 世纪初的广义干旱次数的平均值的最小值。不同广义干旱等级在不同年代中的广义干旱次数的重心均分布在流域的中游，二龙山水库附近。

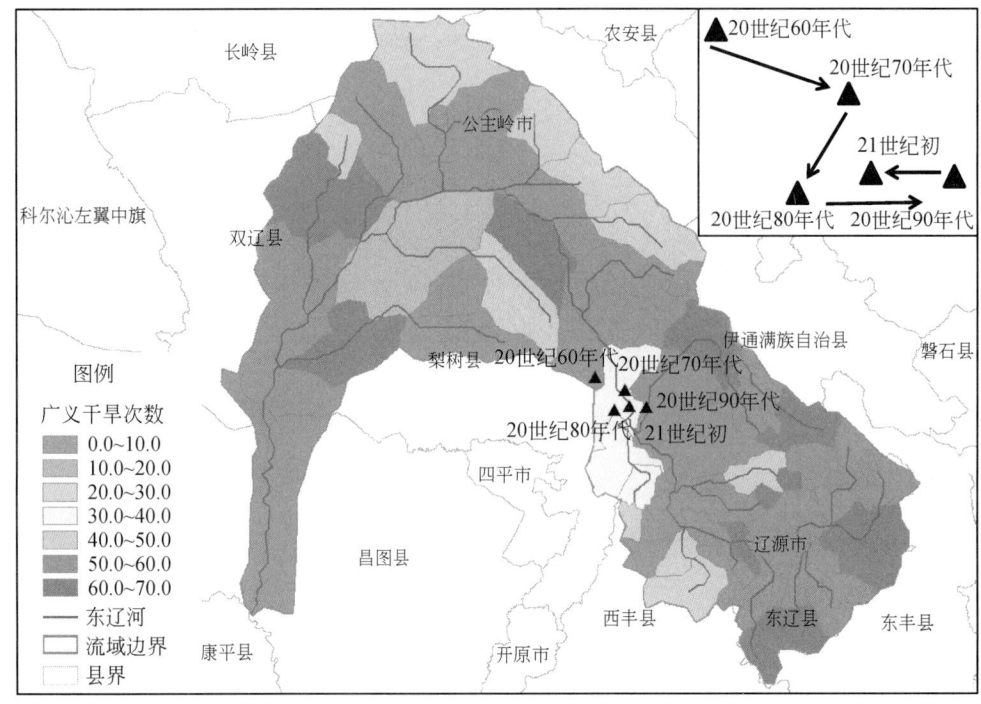

(a) 轻度干旱

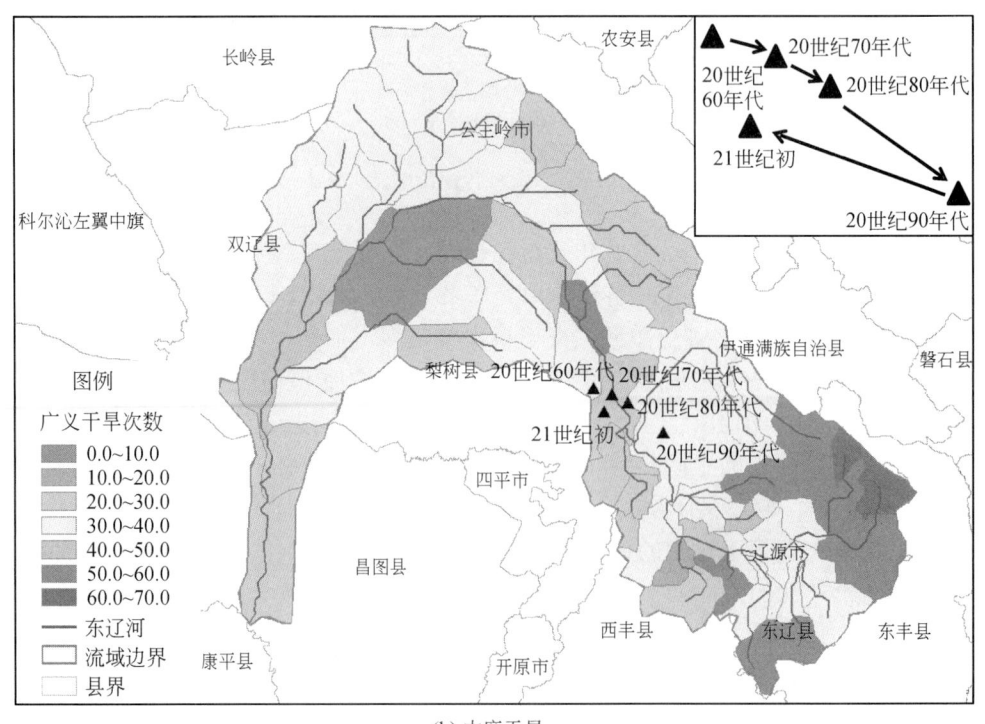

(b) 中度干旱

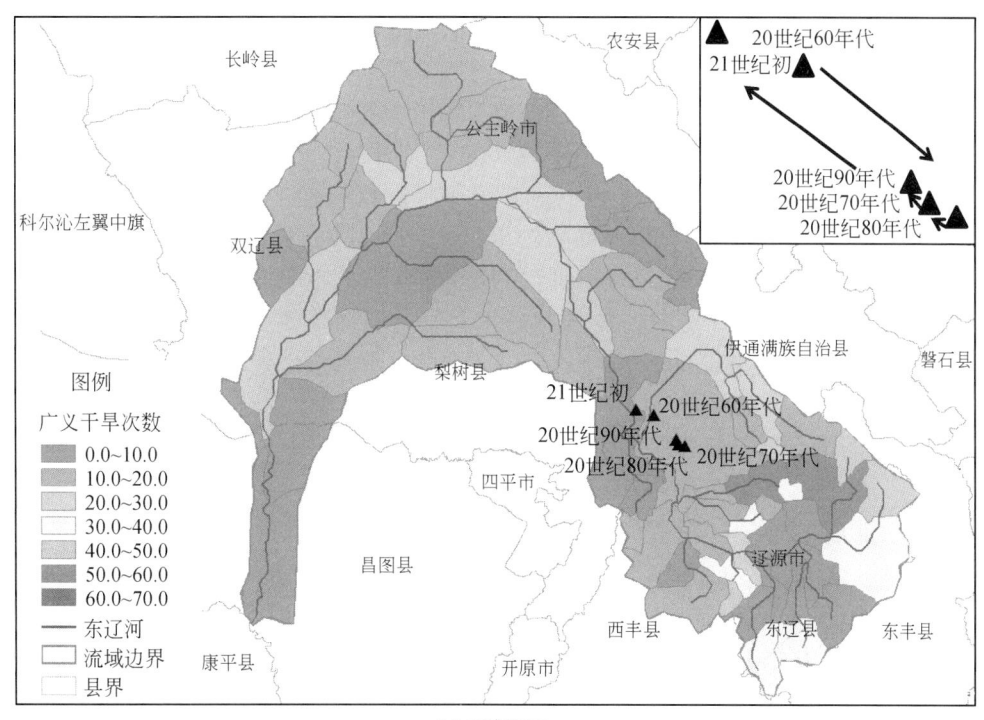

第 12 章 东辽河流域广义干旱定量化评价

(c) 重度干旱

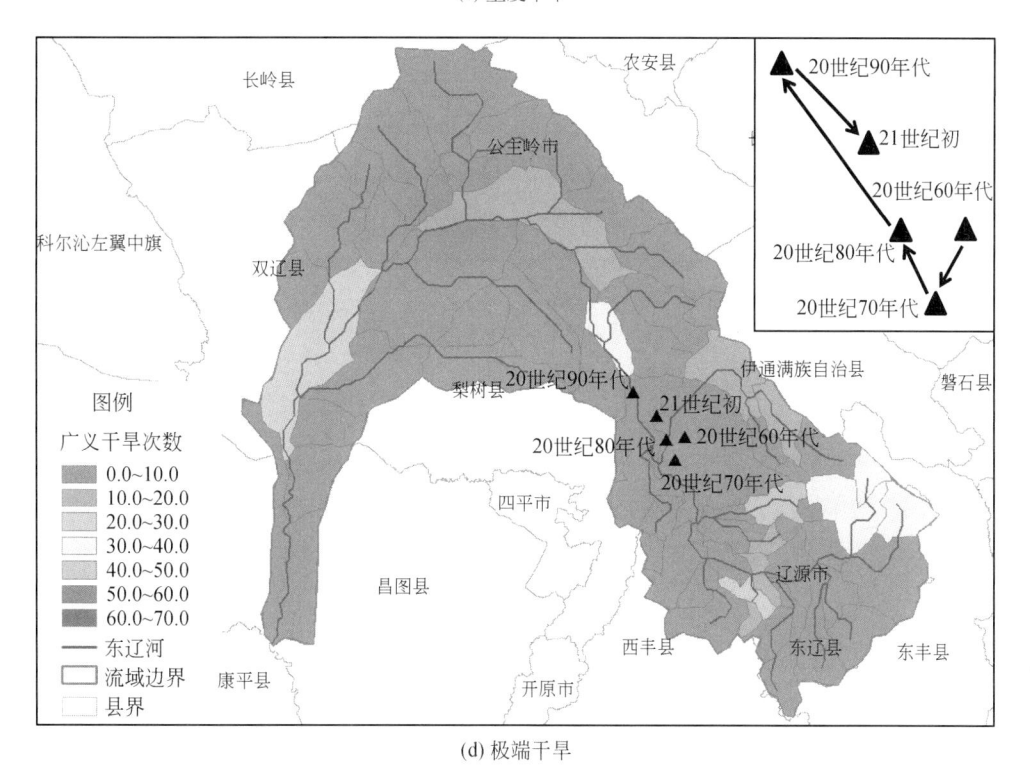

(d) 极端干旱

图 12-18　不同广义干旱等级下流域不同年代广义干旱次数重心的空间转移

对于轻度干旱，20 世纪 60~70 年代，广义干旱次数的重心向东南方向移动，可能是上游地区的广义干旱次数增加或者下游地区的广义干旱次数减少；20 世纪 70~80 年代，广义干旱次数的重心向西南方向移动；20 世纪 80~90 年代，广义干旱次数的重心向东移动；20 世纪 90 年代到 21 世纪初，广义干旱次数的重心又向西移动。

对于中度干旱，20 世纪 60~90 年代，广义干旱次数的重心一直向东南方向移动；20 世纪 90 年代到 21 世纪初，广义干旱次数的重心又向西北方向移动。

对于重度干旱，20 世纪 60~70 年代，广义干旱次数的重心向东南方向移动；20 世纪 70 年代到 21 世纪初，广义干旱次数的重心一直向西北方向移动。

对于极端干旱，20 世纪 60~70 年代，广义干旱次数的重心向西南方向移动；20 世纪 70~90 年代，广义干旱次数的重心一直向西北方向移动；20 世纪 90 年代到 21 世纪初，广义干旱次数的重心又向东南方向移动。

12.4.2　流域广义干旱持续时间分布规律

1960~2010 年东辽河流域各评价单元不同广义干旱等级对应的广义干旱持续时间的分布情况见图 12-19 和表 12-7。各评价单元的广义干旱持续时间最大值有较大的差异。对于轻度干旱，评价单元 47 的广义干旱持续时间最大值最小，为 21 旬，而评价单元 32 的持续时间最大值最大，长达 142 旬；对于中度干旱，评价单元 35 的广义干旱持续时间最大值最小，为 15 旬，而评价单元 41 的持续时间最大值最大，为 66 旬；对于重度干旱，评价单元 62 的广义干旱持续时间最大值最小，为 7 旬，而评价单元 61 的持续时间最大值最大，为 39 旬次；对于极端干旱，评价单元 4、8、14、23、27、33、54、62 的广义干旱持续时间最大值最小，为 0，而评价单元 61 的持续时间最大值最大，为 30 旬。

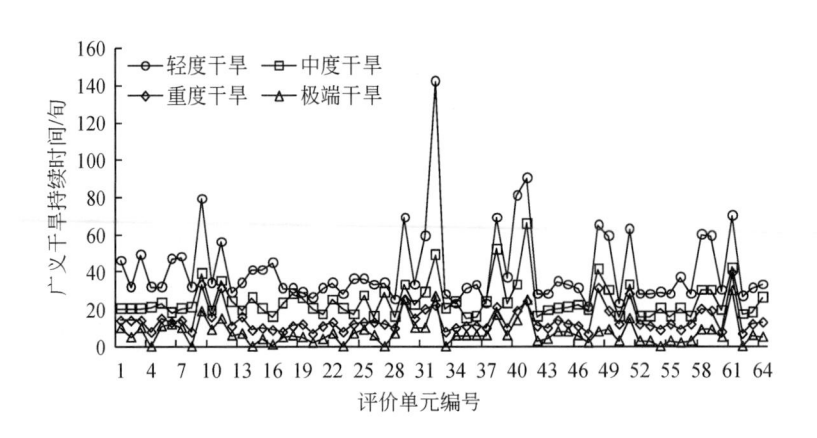

图 12-19　1960~2010 年不同广义干旱等级下流域广义干旱持续时间最大值对比

表 12-7　1960～2010 年东辽河流域广义干旱持续时间统计　（单位：句）

评价单元	轻度干旱 D 均值	轻度干旱 D 最大值	中度干旱 D 均值	中度干旱 D 最大值	重度干旱 D 均值	重度干旱 D 最大值	极端干旱 D 均值	极端干旱 D 最大值
1	11	46	7	20	6	14	5	10
2	9	32	7	20	6	14	6	5
3	9	49	7	20	5	14	3	10
4	11	32	6	21	3	8	0	0
5	9	32	6	23	5	15	4	11
6	11	47	6	18	5	13	6	12
7	10	48	7	20	4	14	5	10
8	11	32	6	21	3	8	0	0
9	10	79	5	39	2	33	1	19
10	8	34	7	19	6	16	5	9
11	9	56	7	35	3	31	3	15
12	8	29	6	24	4	11	4	6
13	8	34	7	19	5	16	5	7
14	11	41	6	26	3	9	0	0
15	10	41	6	20	5	10	5	4
16	9	45	6	16	6	9	4	1
17	10	31	6	23	5	8	6	5
18	10	31	6	28	5	11	5	6
19	11	29	6	26	5	12	6	5
20	9	26	7	20	6	7	4	2
21	9	31	7	17	5	11	5	4
22	9	34	7	25	4	13	2	7
23	9	28	7	20	4	8	0	0
24	9	36	7	17	4	12	3	7
25	8	36	7	27	4	13	4	9
26	10	33	7	16	5	13	4	6
27	8	34	4	29	5	12	0	0
28	11	25	6	16	6	10	4	7
29	9	69	4	33	2	25	1	25
30	8	33	6	22	4	15	5	10
31	9	59	5	29	3	20	5	10
32	11	142	4	49	2	22	1	27
33	9	28	6	20	4	8	0	0

续表

评价单元	轻度干旱 D均值	轻度干旱 D最大值	中度干旱 D均值	中度干旱 D最大值	重度干旱 D均值	重度干旱 D最大值	极端干旱 D均值	极端干旱 D最大值
34	11	23	6	24	6	10	5	6
35	10	31	7	15	5	11	4	6
36	10	33	7	16	4	11	4	6
37	11	23	6	24	6	10	5	6
38	9	69	4	52	2	21	1	17
39	10	37	6	23	5	10	4	6
40	9	81	5	33	3	19	2	14
41	10	90	4	66	1	24	1	25
42	10	28	7	16	5	11	4	3
43	11	28	6	19	5	10	6	4
44	8	35	6	20	3	14	2	8
45	10	33	6	21	5	12	4	8
46	10	31	7	22	5	11	4	6
47	11	21	6	19	6	7	3	2
48	9	65	4	41	2	31	1	8
49	8	59	5	30	3	19	5	9
50	9	23	7	16	6	12	4	3
51	9	63	4	33	2	28	2	15
52	10	28	6	16	5	12	3	3
53	10	28	7	16	4	11	3	3
54	9	29	6	20	3	9	0	0
55	9	28	7	16	5	12	3	3
56	11	37	6	20	6	9	3	2
57	9	28	7	16	5	12	3	3
58	9	60	5	30	3	20	6	9
59	8	59	4	30	3	19	5	9
60	10	30	7	19	4	8	5	5
61	10	70	4	42	2	39	1	30
62	9	27	6	17	3	7	0	0
63	10	31	7	18	6	12	5	6
64	11	33	6	26	3	13	3	5

20世纪60年代、70年代、80年代、90年代和21世纪初东辽河流域各评价单元不同广义干旱等级对应的广义干旱持续时间的分布情况如图12-20所示。各评价单元不同年代

的广义干旱持续时间最大值发生较大的变化。

对于轻度干旱,20 世纪 60~70 年代评价单元 64 的广义干旱持续时间最大值增加最多,增加了 33 旬,而评价单元 32 的广义干旱持续时间最大值减少最多,减少了 76 旬,变化较大;20 世纪 70~80 年代评价单元 32 的广义干旱持续时间最大值增加最多,增加了 37 旬,而评价单元 63 的广义干旱持续时间最大值减少最多,减少了 6 旬,变化较小;20 世纪 80~90 年代评价单元 25 的广义干旱持续时间最大值增加最多,增加了 4 旬,变化不大,而评价单元 38 的广义干旱持续时间最大值减少最多,减少了 35 旬,变化较大;20 世纪 90 年代到 21 世纪初评价单元 59 的广义干旱持续时间最大值增加最多,增加了 31 旬,而评价单元 32 的广义干旱持续时间最大值减少最多,减少了 27 旬,变化较大。

对于中度干旱,20 世纪 60~70 年代评价单元 64 的广义干旱持续时间最大值增加最多,增加了 26 旬,而评价单元 48 的广义干旱持续时间最大值减少最多,减少了 14 旬;20 世纪 70~80 年代评价单元 38 的广义干旱持续时间最大值增加最多,增加了 24 旬,而评价单元 32 的广义干旱持续时间最大值减少最多,减少了 12 旬;20 世纪 80~90 年代评价单元 40 的广义干旱持续时间最大值增加最多,增加了 11 旬,而评价单元 38、41 的广义干旱持续时间最大值减少最多,减少了 24 旬;20 世纪 90 年代到 21 世纪初评价单元 32 的广义干旱持续时间最大值增加最多,增加了 22 旬,而评价单元 27 的广义干旱持续时间最大值减少最多,减少了 12 旬。

对于重度干旱,20 世纪 60~70 年代评价单元 51 的广义干旱持续时间最大值增加最多,增加了 18 旬,而评价单元 5 的广义干旱持续时间最大值减少最多,减少了 8 旬;20 世纪 70~80 年代评价单元 61 的广义干旱持续时间最大值增加最多,增加了 18 旬,而评价单元 9 的广义干旱持续时间最大值减少最多,减少了 11 旬;20 世纪 80~90 年代评价单元 45 的广义干旱持续时间最大值增加最多,增加了 6 旬,而评价单元 61 的广义干旱持续时间最大值减少最多,减少了 22 旬;20 世纪 90 年代到 21 世纪初评价单元 61 的广义干旱持续时间最大值增加最多,增加了 18 旬,而评价单元 50 的广义干旱持续时间最大值减少最多,减少了 3 旬。

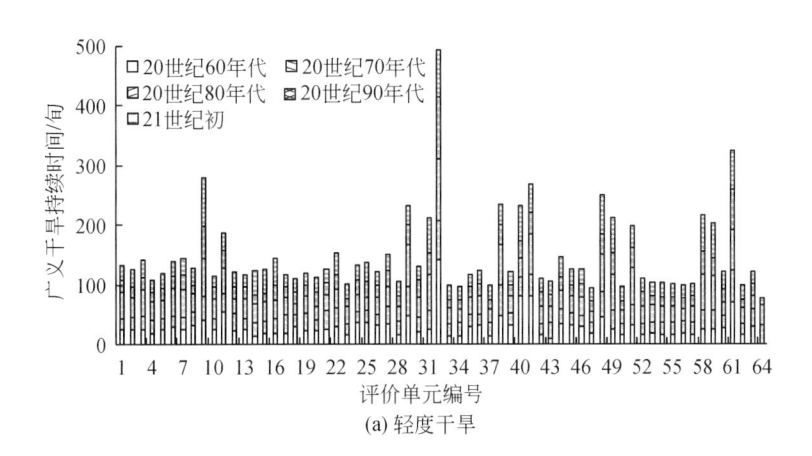

(a) 轻度干旱

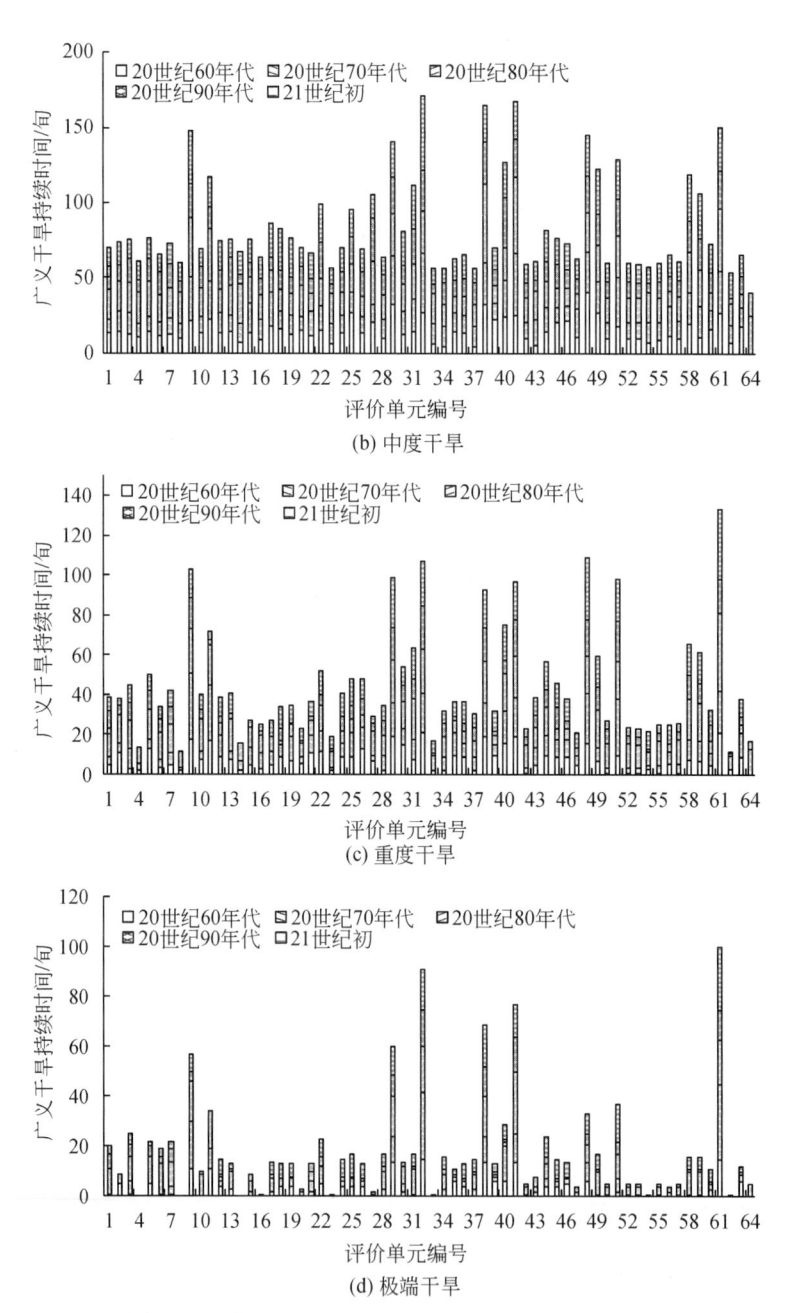

图 12-20　不同广义干旱等级下流域各评价单元广义干旱持续时间最大值年代变化

对于极端干旱，20 世纪 60～70 年代评价单元 61 的广义干旱持续时间最大值增加最多，增加了 15 旬，而评价单元 2、5 的广义干旱持续时间最大值减少最多，减少了 5 旬；20 世纪 70～80 年代评价单元 41 的广义干旱持续时间最大值增加最多，增加了 14 旬，而评价单元 61 的广义干旱持续时间最大值减少最多，减少了 12 旬；20 世纪 80～90 年代评价单元19、23、25、26、27、33、35、36、45、46、54、62、63的广义干旱持续时间最大值均增加了1旬，变化不大，而评价单元11的广义干旱持续时间最大值减少最多，减少了15旬；20世纪90年代到21世纪初评价单元61的广义干旱持续时间最大值增加最多，增加了13旬，而评价单元1的广义干旱持续时间最大值减少最多，减少了3旬。

20世纪60年代、70年代、80年代、90年代和21世纪初东辽河流域不同广义干旱等级下广义干旱持续时间最大值重心的空间转移情况如图12-21所示。广义干旱持续时间最大值的重心的取法如下：对于轻度干旱，取广义干旱持续时间最大值大于等于24旬的评价单元的重心；对于中度干旱，取广义干旱持续时间最大值大于等于15旬的评价单元的重心；对于重度干旱，取广义干旱持续时间最大值大于等于6旬的评价单元的重心；对于极端干旱，取广义干旱持续时间最大值大于等于2旬的评价单元的重心，其中，24、15、6、2分别是轻度干旱、中度干旱、重度干旱和极端干旱在20世纪60年代、70年代、80年代、90年代和21世纪初的广义干旱持续时间最大值的平均值的最小值。不同广义干旱等级在不同年代中的广义干旱持续时间最大值的重心均分布在流域的中游，二龙山水库附近。

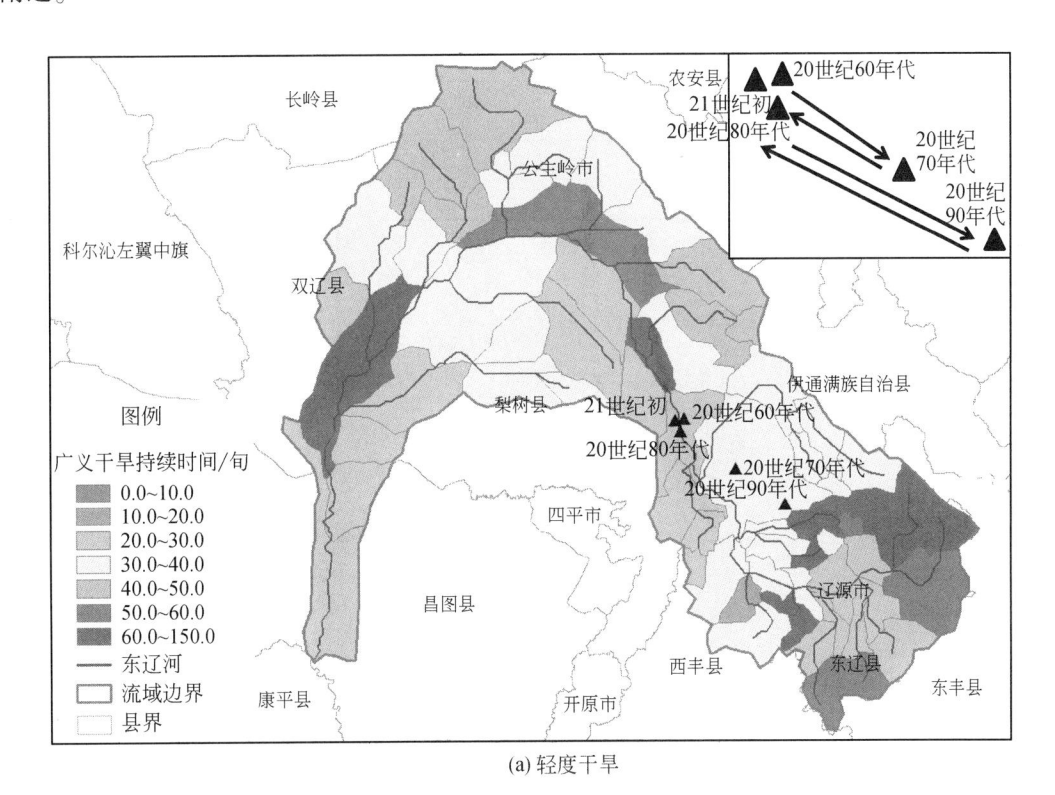

(a) 轻度干旱

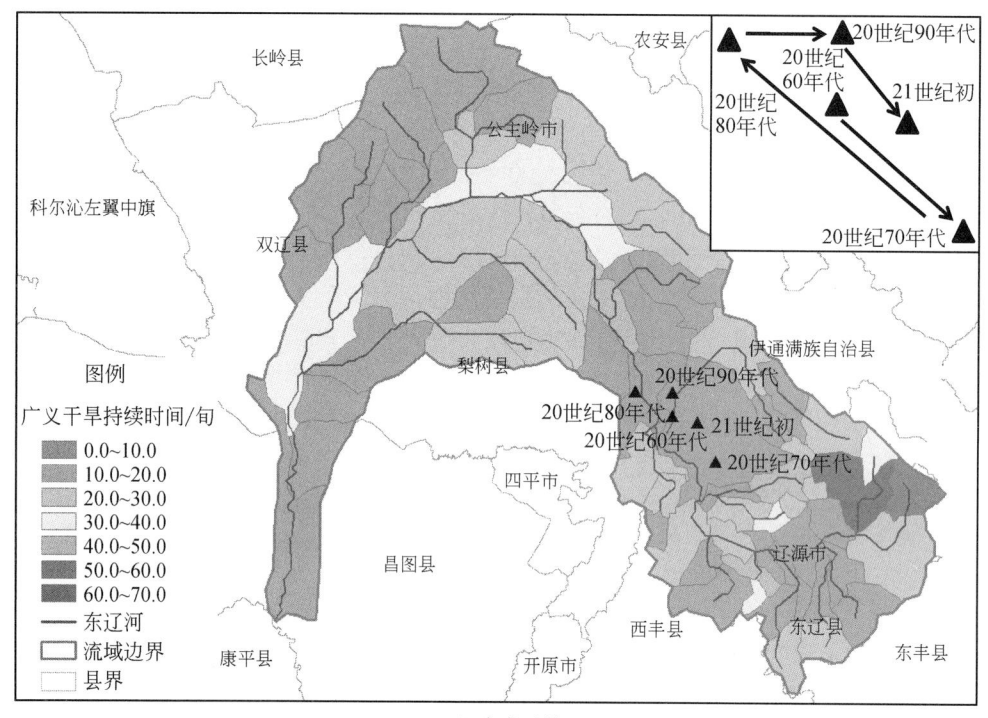

(b) 中度干旱

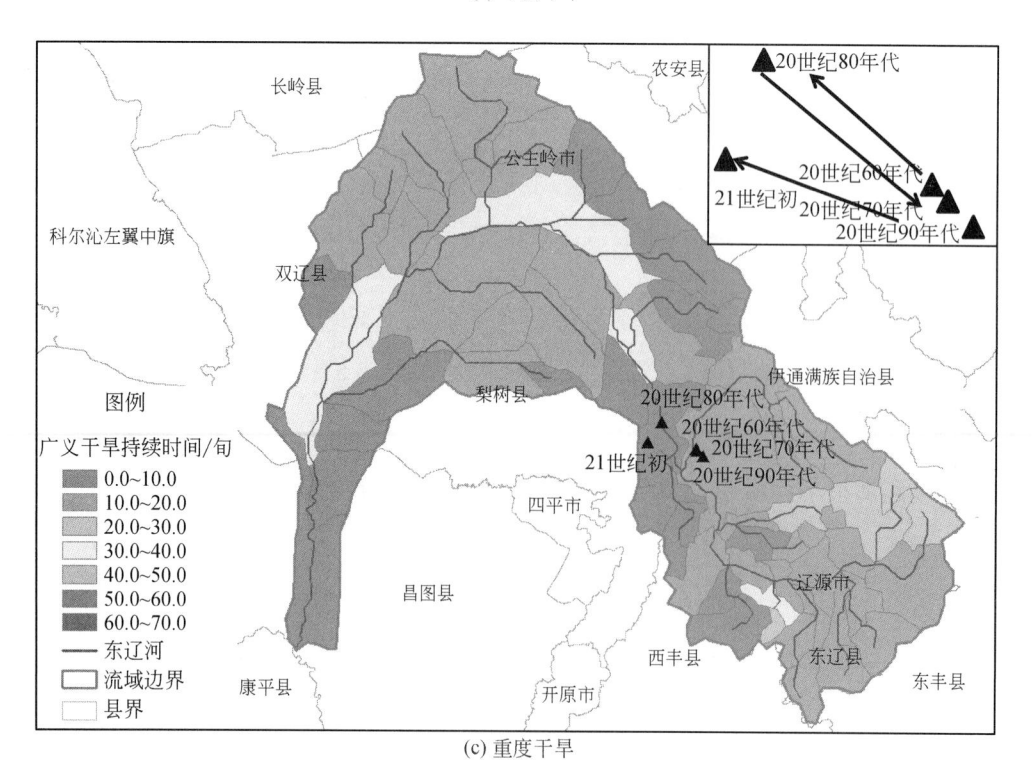

(c) 重度干旱

(d) 极端干旱

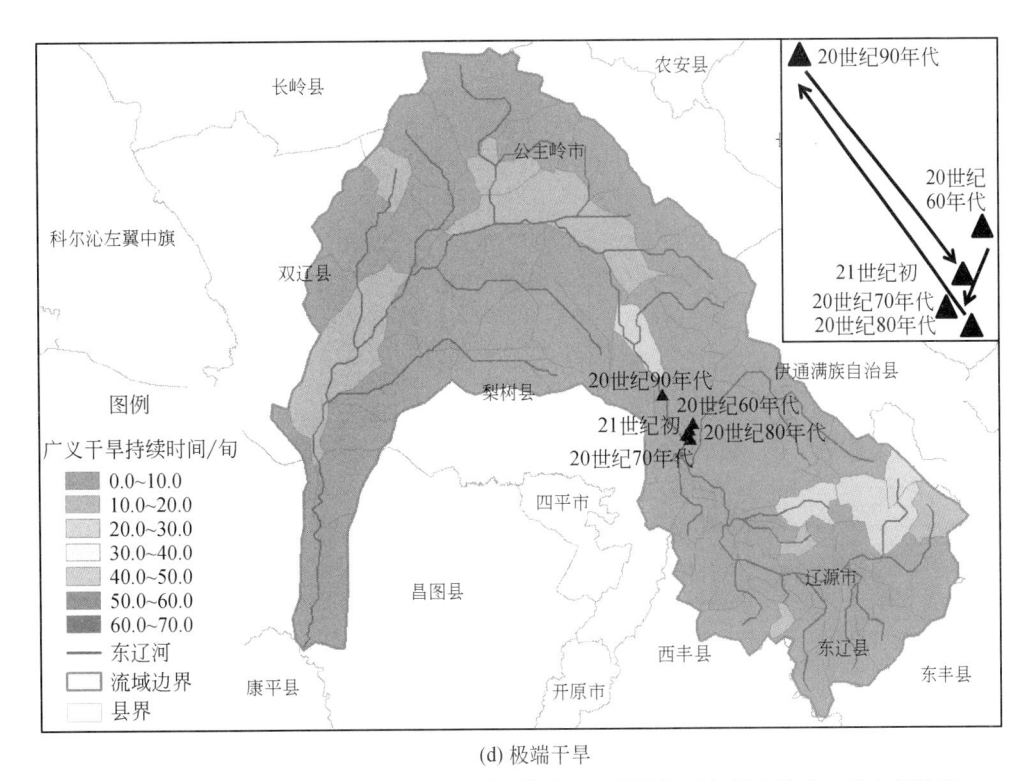

图 12-21　不同广义干旱等级下流域不同年代广义干旱持续时间最大值重心的空间转移

对于轻度干旱，20 世纪 60～70 年代，广义干旱持续时间最大值的重心向东南方向移动；20 世纪 70～80 年代，广义干旱持续时间最大值的重心向西北方向移动；20 世纪 80～90 年代，广义干旱持续时间最大值的重心又向东南方向移动；20 世纪 90 年代到 21 世纪初，广义干旱持续时间最大值的重心又向西北方向移动。

对于中度干旱，20 世纪 60～70 年代，广义干旱持续时间最大值的重心向东南方向移动；20 世纪 70～80 年代，广义干旱持续时间最大值的重心向西北方向移动；20 世纪 80～90 年代，广义干旱持续时间最大值的重心向东移动；20 世纪 90 年代到 21 世纪初，广义干旱持续时间最大值的重心又向东南方向移动。

对于重度干旱，20 世纪 60～70 年代，广义干旱持续时间最大值的重心向东南方向移动，但移动距离很小；20 世纪 70～80 年代，广义干旱持续时间最大值的重心向西北方向移动；20 世纪 80～90 年代，广义干旱持续时间最大值的重心又向东南方向移动；20 世纪 90 年代到 21 世纪初，广义干旱持续时间最大值的重心又向西北方向移动。

对于极端干旱，20 世纪 60～70 年代，广义干旱持续时间最大值的重心向西南方向移动，但移动距离很小；20 世纪 70～80 年代，广义干旱持续时间最大值的重心向东南方向移动，移动距离亦很小；20 世纪 80～90 年代，广义干旱持续时间最大值的重心向西北方向移动；20 世纪 90 年代到 21 世纪初，广义干旱持续时间最大值的重心又向东南方向移动。

12.4.3 流域广义干旱强度分布规律

1960~2010年东辽河流域各评价单元不同广义干旱等级对应的广义干旱强度的分布情况见图12-22和表12-8。各评价单元的广义干旱强度最大值有较大的差异。对于轻度干旱，评价单元32的广义干旱强度最大值最大，为466.70mm，而评价单元47的强度最大值最小，仅为47.95mm；对于中度干旱，评价单元41的广义干旱强度最大值最大，为230.29mm，而评价单元62的强度最大值最小，仅为43.09mm；对于重度干旱，评价单元61的广义干旱强度最大值最大，为161.58mm，而评价单元47的强度最大值最小，仅为23.86mm；对于极端干旱，评价单元61的强度最大值最大，为162.84mm，而评价单元4、8、14、16、23、27、33、54、62的强度最大值为0mm。

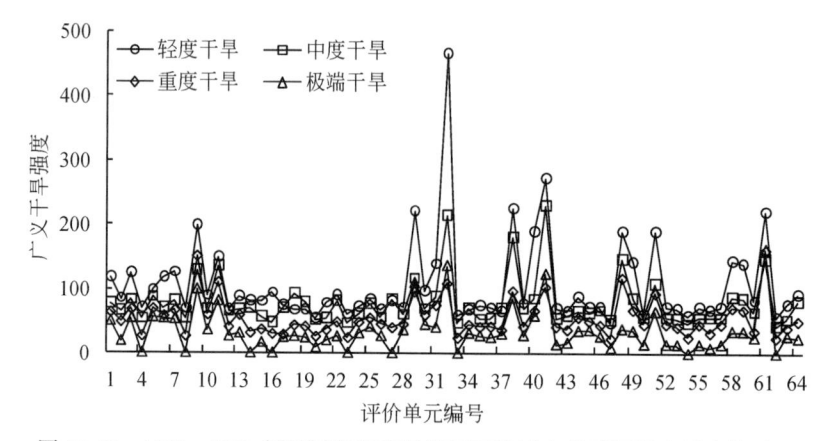

图12-22 1960~2010年不同广义干旱等级下流域广义干旱强度最大值对比

表12-8 1960~2010年东辽河流域广义干旱强度最大值统计

评价单元	轻度干旱 S均值	轻度干旱 S最大值	中度干旱 S均值	中度干旱 S最大值	重度干旱 S均值	重度干旱 S最大值	极端干旱 S均值	极端干旱 S最大值
1	23.21	117.83	19.97	77.81	21.60	63.57	22.03	49.82
2	18.95	85.05	19.61	66.54	21.60	49.10	26.25	18.15
3	19.95	124.57	19.54	82.91	19.06	68.24	14.68	54.00
4	23.21	71.09	18.31	53.84	11.12	27.23	0	0
5	20.31	98.91	18.92	87.13	20.98	69.13	18.88	55.55
6	23.10	117.38	18.89	70.51	20.25	58.24	26.25	53.91
7	22.30	125.79	19.61	80.97	15.43	66.66	23.68	52.69
8	23.07	69.99	18.75	54.24	10.28	27.30	0	0
9	22.30	199.10	14.67	128.58	7.71	150.91	4.56	99.22
10	17.23	89.86	19.11	69.11	21.22	60.14	25.57	35.83

续表

评价单元	轻度干旱 S均值	轻度干旱 S最大值	中度干旱 S均值	中度干旱 S最大值	重度干旱 S均值	重度干旱 S最大值	极端干旱 S均值	极端干旱 S最大值
11	19.61	149.46	19.61	134.83	12.46	110.40	12.01	81.29
12	17.50	67.96	17.03	64.60	15.43	41.19	18.88	26.50
13	18.05	88.77	19.11	68.09	20.98	59.79	23.68	31.23
14	22.64	82.31	17.84	69.75	11.12	32.25	0	0
15	21.06	80.63	17.03	56.25	20.77	37.46	25.57	16.47
16	19.95	94.14	17.49	48.51	21.45	30.69	0	0
17	21.46	75.03	18.89	70.95	18.00	29.38	26.25	24.69
18	21.46	67.24	17.84	92.60	20.25	43.94	23.68	26.32
19	23.21	68.37	18.89	79.23	18.00	42.04	26.25	24.13
20	18.64	54.47	19.54	52.08	21.22	26.53	18.12	8.42
21	19.61	78.42	19.21	54.02	20.43	36.60	23.68	19.55
22	18.34	91.02	19.61	81.63	13.50	49.02	11.01	26.25
23	19.61	60.45	19.21	46.99	14.56	24.82	0	0
24	19.61	73.68	19.43	60.68	13.50	48.67	12.01	31.01
25	17.50	84.14	19.97	77.13	14.73	55.09	16.52	41.42
26	21.06	68.81	19.11	55.52	19.06	45.79	18.88	26.94
27	17.23	82.57	13.07	84.29	20.25	40.37	0	0
28	21.84	71.70	16.13	60.53	22.51	45.82	18.88	36.11
29	20.31	221.20	11.41	116.55	6.89	96.10	4.26	109.87
30	16.48	98.13	17.97	69.57	17.05	59.98	25.57	44.64
31	18.64	139.11	13.56	88.97	10.45	75.09	25.57	40.44
32	22.88	466.70	12.39	214.75	6.23	109.03	3.00	136.36
33	19.95	60.11	17.49	46.86	14.56	24.81	0	0
34	22.25	68.80	16.13	70.14	22.51	44.96	22.03	31.70
35	20.68	75.01	19.11	53.28	18.00	41.49	16.52	27.73
36	20.68	72.27	19.21	54.40	16.20	42.29	16.52	25.14
37	22.15	65.67	18.94	70.05	22.51	37.20	23.68	30.48
38	19.95	225.95	11.78	180.84	6.48	97.11	3.67	86.30
39	20.68	78.61	18.89	69.98	18.00	42.31	16.52	28.18
40	18.95	189.75	14.97	85.17	10.45	66.96	10.17	58.59
41	22.30	273.00	12.18	230.29	5.59	103.70	4.00	123.58
42	21.06	70.72	19.54	54.55	16.06	42.01	18.12	13.75
43	23.35	66.19	18.25	58.63	20.25	37.39	26.25	16.68

续表

评价单元	轻度干旱 S均值	轻度干旱 S最大值	中度干旱 S均值	中度干旱 S最大值	重度干旱 S均值	重度干旱 S最大值	极端干旱 S均值	极端干旱 S最大值
44	16.72	88.48	18.43	65.98	12.96	56.51	10.17	35.07
45	21.06	73.77	18.25	63.17	19.06	50.45	16.52	36.41
46	21.06	72.89	19.21	67.27	19.06	44.60	16.52	26.83
47	22.75	47.95	16.25	52.47	22.00	23.86	13.45	8.36
48	19.28	190.33	13.31	146.11	8.10	117.54	6.01	38.01
49	17.50	142.11	14.09	86.28	10.45	68.09	25.57	35.19
50	19.28	62.41	19.11	55.82	22.00	45.93	18.12	14.26
51	19.61	189.16	12.39	108.00	7.54	94.00	8.81	65.14
52	21.06	73.43	18.89	55.85	16.06	46.02	13.45	14.00
53	21.06	70.92	19.54	54.56	14.56	42.00	13.45	13.79
54	19.28	58.88	18.25	46.55	11.12	26.06	0	0
55	19.61	73.56	19.11	55.88	20.77	46.01	13.45	14.10
56	23.10	67.98	18.43	56.75	21.45	32.81	13.45	8.67
57	19.61	73.75	19.11	55.93	20.77	46.02	13.45	14.09
58	18.34	144.54	14.09	87.96	10.13	71.56	26.25	34.98
59	17.77	140.69	12.84	86.63	9.82	68.15	25.57	34.59
60	21.87	83.39	19.61	64.52	16.20	35.70	22.03	25.40
61	21.06	220.99	12.14	145.78	6.61	161.58	3.67	162.84
62	19.95	57.39	18.89	43.09	10.28	25.32	0	0
63	21.46	76.83	19.21	53.41	21.60	41.02	23.68	27.59
64	22.15	93.27	17.16	81.26	10.28	51.00	13.45	24.17

20世纪60年代、70年代、80年代、90年代和21世纪初东辽河流域各评价单元不同广义干旱等级对应的广义干旱强度的分布情况如图12-23所示。各评价单元不同年代的广义干旱强度最大值发生较大的变化。

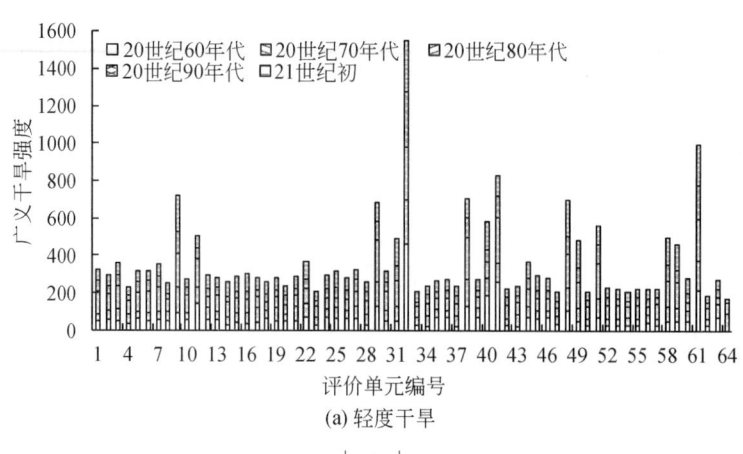

(a) 轻度干旱

(b) 中度干旱

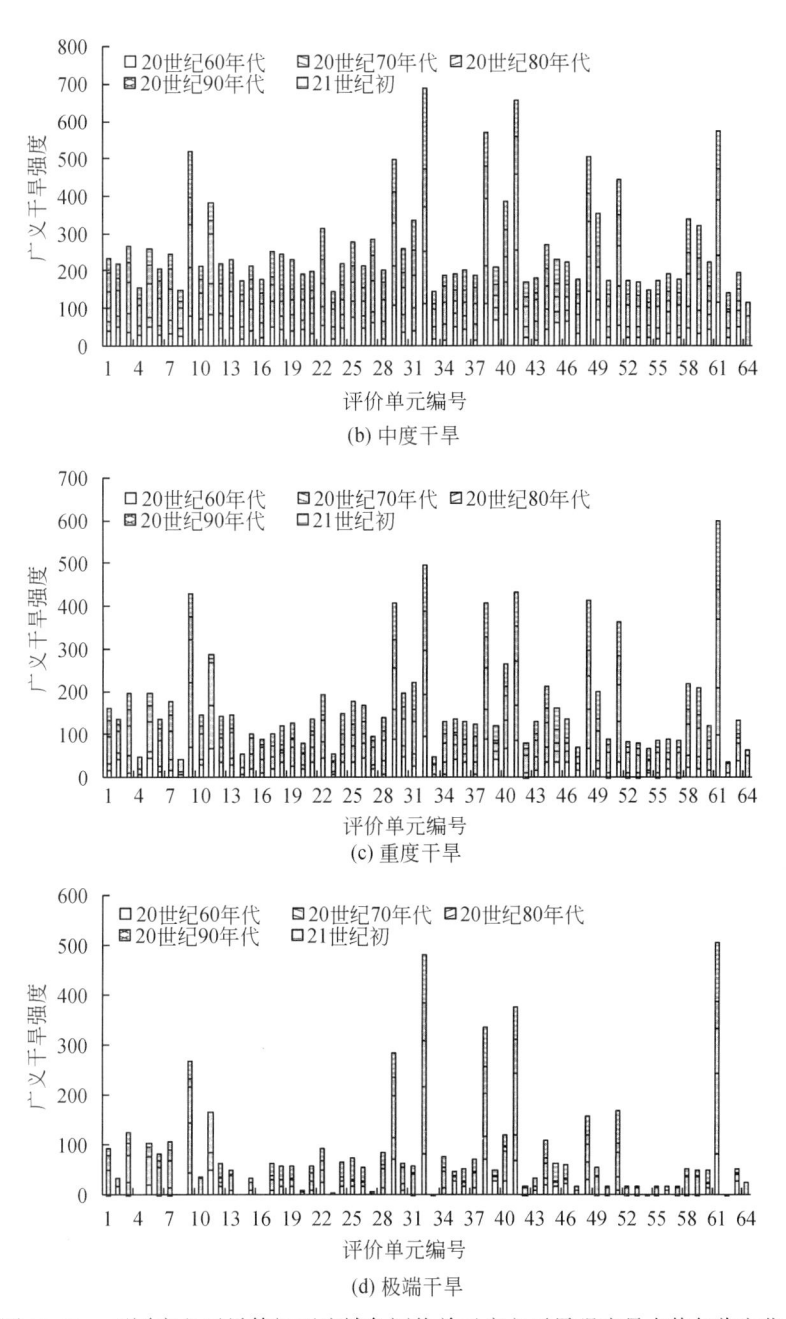

(c) 重度干旱

(d) 极端干旱

图 12-23　不同广义干旱等级下流域各评价单元广义干旱强度最大值年代变化

对于轻度干旱，20 世纪 60~70 年代评价单元 64 的广义干旱强度最大值增加最多，增加了 93.27mm，而评价单元 32 的广义干旱强度最大值减少最多，减少了 234.37mm，变化较大；20 世纪 70~80 年代评价单元 41 的广义干旱强度最大值增加最多，增加了 135.71mm，而评价单元 64 的广义干旱强度最大值减少最多，减少了 29.17mm，变化较小；20 世纪 80～90 年代评价单元 18 的广义干旱强度最大值增加最多，增加了 5.98mm，变化较小，而评价单元 41 的广义干旱强度最大值减少最多，减少了 126.20mm；20 世纪 90 年代到 21 世纪初评价单元 48 的广义干旱强度最大值增加最多，增加了 99.05mm，而评价单元 32 的广义干旱强度最大值减少最多，减少了 11.12mm。

对于中度干旱，20 世纪 60～70 年代评价单元 64 的广义干旱强度最大值增加最多，增加了 81.26mm，而评价单元 48 的广义干旱强度最大值减少最多，减少了 52.30mm；20 世纪 70～80 年代评价单元 38 的广义干旱强度最大值增加最多，增加了 82.0mm，而评价单元 64 的广义干旱强度最大值减少最多，减少了 45.77mm；20 世纪 80～90 年代评价单元 63 的广义干旱强度最大值增加最多，增加了 5.90mm，变化较小，而评价单元 41 的广义干旱强度最大值减少最多，减少了 100.91mm；20 世纪 90 年代到 21 世纪初评价单元 32 的广义干旱强度最大值增加最多，增加了 113.11mm，而评价单元 27 的广义干旱强度最大值减少最多，减少了 21.90mm。

对于重度干旱，20 世纪 60～70 年代评价单元 9 的广义干旱强度最大值增加最多，增加了 78.70mm，而评价单元 5 的广义干旱强度最大值减少最多，减少了 27.44mm；20 世纪 70～80 年代评价单元 5 的广义干旱强度最大值增加最多，增加了 52.17mm，而评价单元 9 的广义干旱强度最大值减少最多，减少了 52.80mm；20 世纪 80～90 年代评价单元 45 的广义干旱强度最大值增加最多，增加了 14.32mm，而评价单元 61 的广义干旱强度最大值减少最多，减少了 89.68mm；20 世纪 90 年代到 21 世纪初评价单元 61 的广义干旱强度最大值增加最多，增加了 91.60mm，而评价单元 1 的广义干旱强度最大值减少最多，减少了 10.62mm。

对于极端干旱，20 世纪 60～70 年代评价单元 61 的广义干旱强度最大值增加最多，增加了 81.73mm，而评价单元 38 的广义干旱强度最大值减少最多，减少了 25.67mm；20 世纪 70～80 年代评价单元 41 的广义干旱强度最大值增加最多，增加了 72.69mm，而评价单元 41 的广义干旱强度最大值减少最多，减少了 72.43mm；20 世纪 80～90 年代评价单元 25 的广义干旱强度最大值增加最多，增加了 1.29mm，而评价单元 11 的广义干旱强度最大值减少最多，减少了 81.29mm；20 世纪 90 年代到 21 世纪初评价单元 61 的广义干旱强度最大值增加最多，增加了 68.95mm，而评价单元 1 的广义干旱强度最大值减少最多，减少了 14.52mm。

20 世纪 60 年代、70 年代、80 年代、90 年代和 21 世纪初东辽河流域不同广义干旱等级下广义干旱强度最大值重心的空间转移情况如图 12-24 所示。广义干旱强度最大值的重心的取法如下：对于轻度干旱，取广义干旱强度最大值大于等于 57mm 的评价单元的重心；对于中度干旱，取广义干旱强度最大值大于等于 42mm 的评价单元的重心；对于重度干旱，取广义干旱强度最大值大于等于 22mm 的评价单元的重心；对于极端干旱，取广义干旱强度最大值大于等于 8mm 的评价单元的重心，其中，57mm、42mm、22mm、8mm 分别是轻度干旱、中度干旱、重度干旱和极端干旱在 20 世纪 60 年代、70 年代、80 年代、90 年代和 21 世纪初的广义干旱强度最大值的平均值的最小值。不同广义干旱等级在不同年代中的广义干旱强度最大值的重心均分布在流域的中游，二龙山水库附近。

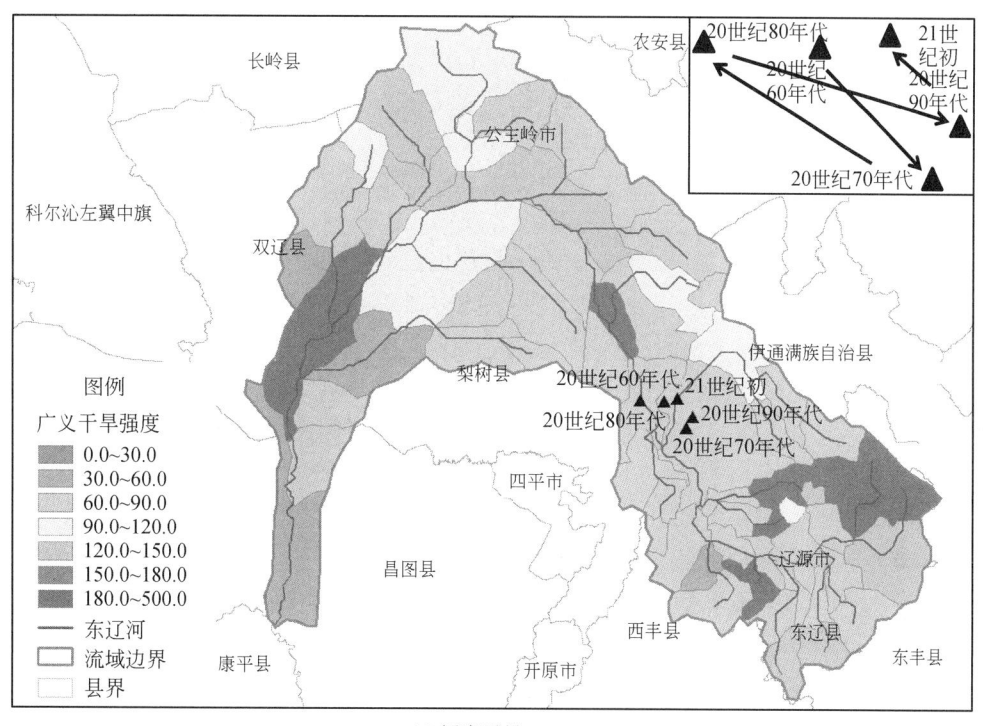

(a) 轻度干旱

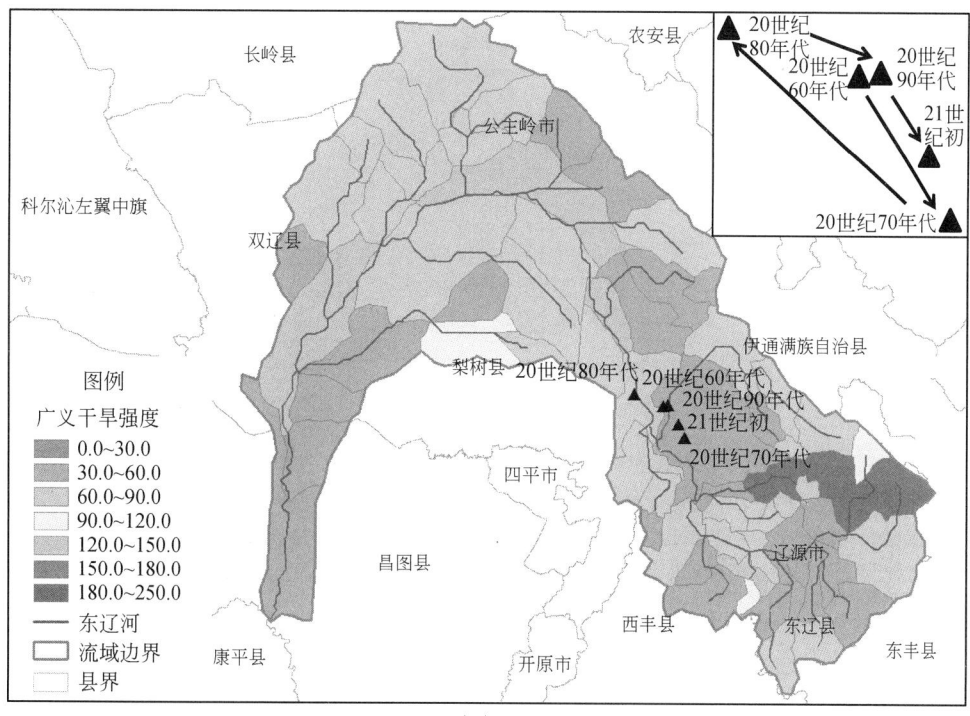

(b) 中度干旱

(c) 重度干旱

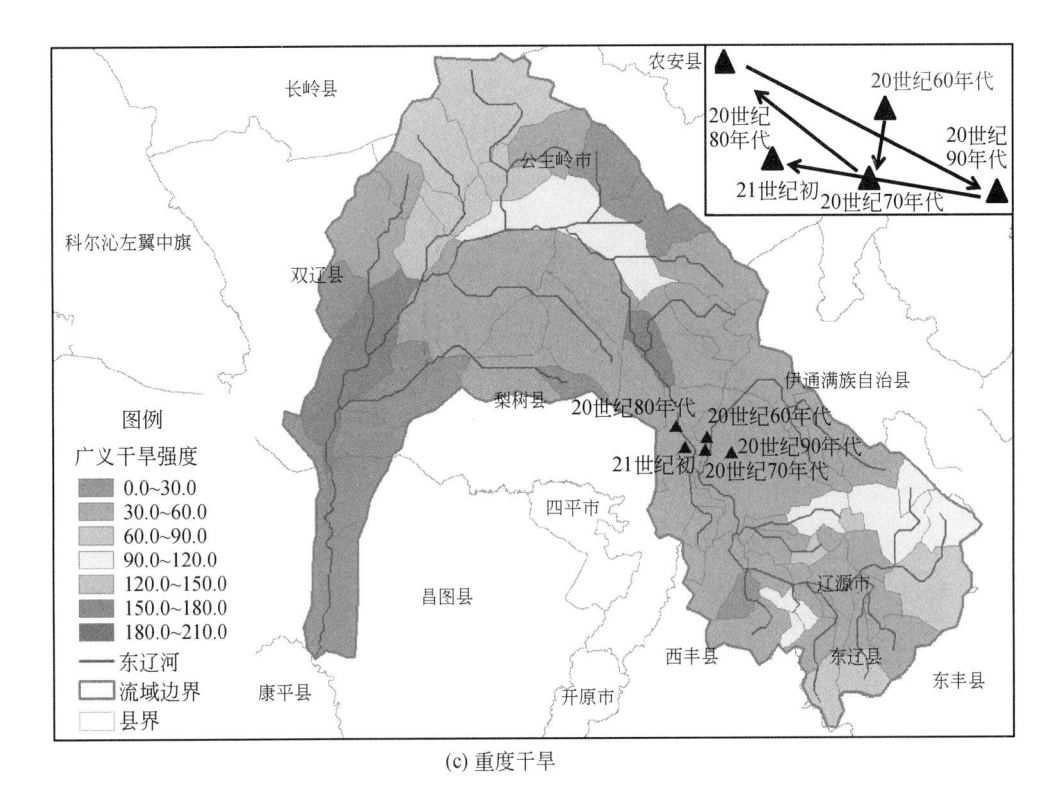

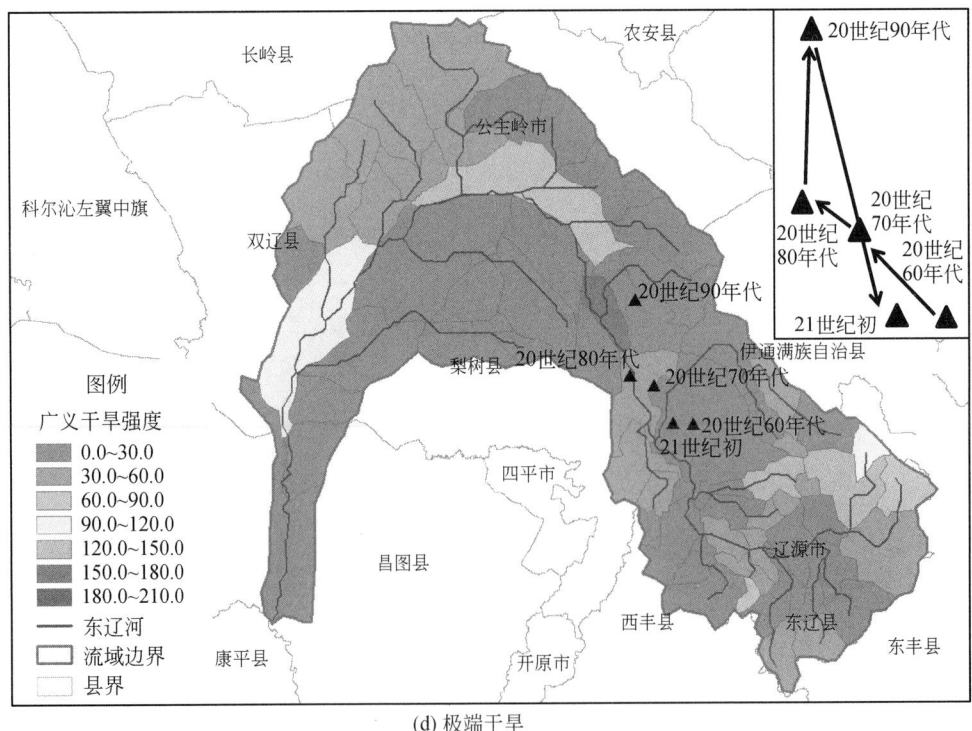

(d) 极端干旱

图 12-24 不同广义干旱等级下流域不同年代广义干旱强度最大值重心的空间转移

对于轻度干旱，20 世纪 60~70 年代，广义干旱强度最大值的重心向东南方向移动；20 世纪 70~80 年代，广义干旱强度最大值的重心向西北方向移动；20 世纪 80~90 年代，广义干旱强度最大值的重心又向东南方向移动；20 世纪 90 年代到 21 世纪初，广义干旱强度最大值的重心又向西北方向移动。

对于中度干旱，20 世纪 60~70 年代，广义干旱强度最大值的重心向东南方向移动；20 世纪 70~80 年代，广义干旱强度最大值的重心向西北方向移动；20 世纪 80 年代到 21 世纪初，广义干旱强度最大值的重心一直向东南方向移动。

对于重度干旱，20 世纪 60~70 年代，广义干旱强度最大值的重心向西南方向移动；20 世纪 70~80 年代，广义干旱强度最大值的重心向西北方向移动；20 世纪 80~90 年代，广义干旱强度最大值的重心向东南方向移动；20 世纪 90 年代到 21 世纪初，广义干旱强度最大值的重心又向西北方向移动。

对于极端干旱，20 世纪 60~80 年代，广义干旱强度最大值的重心一直向西北方向移动；20 世纪 80~90 年代，广义干旱强度最大值的重心向东北方向移动；20 世纪 90 年代到 21 世纪初，广义干旱强度最大值的重心向东南方向移动。

第 13 章　东辽河流域广义干旱风险评价与风险区划

本章将首先介绍流域广义干旱风险评价方法，包括确定广义干旱持续时间和强度的边缘分布函数，选取二者的联合分布函数，以及分析广义干旱的重现期；其次，基于上述广义干旱风险评价方法，分析东辽河流域广义干旱的风险分布情况；最后，通过情景设置评价自然气候变化、人为气候变化、下垫面条件改变和水利工程调节对流域广义干旱风险的影响。

13.1　流域广义干旱风险评价方法

13.1.1　边缘分布函数的确定

窗宽值和核函数是影响核估计的两个主要方面，首先确定广义干旱持续时间和强度的核密度估计的最佳窗宽值和核函数。固定核函数为 Gaussian 核函数，观察不同的窗宽对核估计的影响。由图 13-1 可知，不同窗宽下，核密度估计值以及曲线形状差别较大。以东辽河流域评价单元 1 为例，对于比较小的窗宽值（对于广义干旱持续时间，$h=1.0$；对于广义干旱强度，$h=1.0$），核密度估计曲线比较曲折，光滑性较差，反映了较多的细节；对于比较大的窗宽值（对于广义干旱持续时间，$h=10.0$；对于广义干旱强度，$h=10.0$），核密度估计曲线比较平滑，但是掩盖了较多的细节。根据 Silverman 经验法则（Silverman，1986），广义干旱持续时间核估计的窗宽值为 3.61，广义干旱强度核估计的窗宽值为 7.41。固定窗宽值（广义干旱持续时间，$h=3.61$；广义干旱强度，$h=7.41$），选取 Gaussian、Uniform、Triangle 和 Epanechnikov 核函数，观察不同核函数对核密度估计的影响。由图 13-2 可知，不同的核函数对核密度估计的影响不大，但是就光滑性来讲，Gaussian 核函数对应的光滑性较好，Uniform 核函数较差。根据 Silverman 经验法则，采用 Gaussian 核函数。

流域 64 个评价单元的广义干旱持续时间和强度的基本统计量及核密度估计的最优窗宽值见表 13-1，核函数均采用 Gaussian 核函数。

为了比较非参数方法和参数方法的拟合效果，以流域评价单元 1 为例，在采用核估计（广义干旱持续时间窗宽值为 3.61，广义干旱强度窗宽值为 7.41，核函数为 Gaussian 函数）的同时，分别选取正态、指数、Gamma 3 种常用的分布类型进行广义干旱持续时间和强度的密度估计和累积分布估计，其中经验估计采用 Kaplan-Meier 估计。从图 13-3 和图

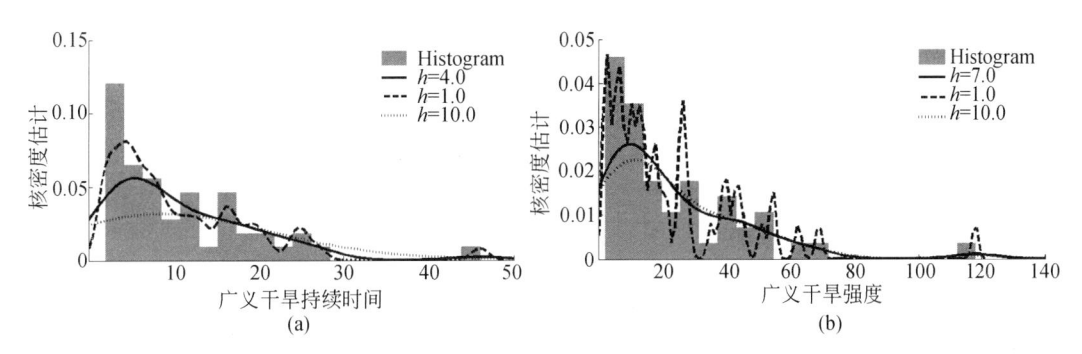

图 13-1　不同窗宽下的核密度估计图

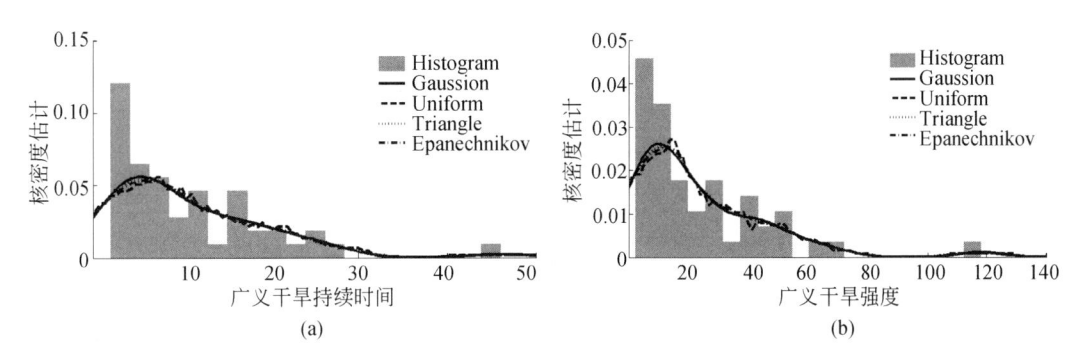

图 13-2　不同核函数对应的核密度估计

13-4 中可以看出，与参数方法相比，非参数核估计结果能够更好地表征非单峰型（如双峰或多峰型）的概率密度特性。

表 13-1　东辽河流域各评价单元广义干旱持续时间和强度的核密度估计参数

评价单元	持续时间			强度		
	变异系数	偏度	最优带宽	变异系数	偏度	最优带宽
1	0.81	1.61	3.61	0.96	1.92	7.41
2	0.84	1.04	3.12	1.05	1.38	5.01
3	0.95	1.87	4.20	1.16	2.19	7.89
4	0.94	1.41	1.44	1.12	1.63	3.00
5	0.75	0.80	3.86	0.92	1.40	8.79
6	0.96	2.09	2.91	1.12	2.27	6.53
7	0.83	1.83	3.58	1.04	2.16	7.93
8	0.98	1.41	2.93	1.12	1.53	4.04
9	0.66	1.23	6.44	0.74	1.02	21.43
10	0.78	1.22	2.72	0.99	1.75	6.01
11	0.87	1.17	5.58	1.11	1.46	8.42

续表

评价单元	持续时间			强度		
	变异系数	偏度	最优带宽	变异系数	偏度	最优带宽
12	0.73	0.54	3.41	0.91	0.77	7.56
13	0.75	0.98	3.43	0.94	1.53	7.08
14	0.87	1.65	3.29	1.04	1.78	6.20
15	0.84	1.40	3.89	1.00	1.50	6.25
16	0.89	1.59	3.50	1.05	1.68	5.04
17	0.64	0.60	4.26	0.79	0.92	8.79
18	0.71	0.47	3.55	0.87	0.66	8.73
19	0.65	0.42	5.05	0.78	0.60	10.50
20	0.68	0.63	3.45	0.81	0.81	6.17
21	0.73	0.89	3.49	0.93	1.34	6.72
22	0.68	0.49	5.50	0.86	0.77	10.96
23	0.70	1.01	2.79	0.82	1.26	5.64
24	0.67	0.41	5.58	0.79	0.45	12.28
25	0.73	0.48	5.45	0.85	0.61	10.95
26	0.65	0.44	4.95	0.77	0.46	10.90
27	0.73	0.62	3.40	0.81	0.81	7.83
28	0.69	0.61	3.81	0.85	1.03	7.76
29	0.60	0.95	4.56	0.75	1.24	22.97
30	0.75	0.69	4.04	0.92	1.03	9.01
31	0.74	1.68	4.14	0.87	1.55	10.54
32	0.76	1.67	5.23	0.84	1.58	23.82
33	0.71	1.04	2.80	0.84	1.35	5.25
34	0.74	0.83	2.30	0.92	1.17	6.13
35	0.71	0.50	3.52	0.85	0.63	7.38
36	0.70	0.59	4.23	0.83	0.62	8.47
37	0.73	0.86	2.31	0.90	1.06	5.87
38	0.61	0.90	4.20	0.75	1.23	21.80
39	0.79	0.94	3.52	0.93	0.86	6.42
40	0.87	1.80	5.54	1.01	1.67	12.85
41	0.59	1.35	2.86	0.71	1.54	17.11
42	0.73	0.67	3.89	0.84	0.99	7.93
43	0.73	1.52	2.23	0.86	1.57	4.99
44	0.76	0.61	5.06	0.93	0.87	8.78

续表

评价单元	持续时间			强度		
	变异系数	偏度	最优带宽	变异系数	偏度	最优带宽
45	0.66	0.50	4.60	0.81	0.63	10.46
46	0.70	0.44	4.60	0.84	0.61	9.56
47	0.71	0.63	2.15	0.89	0.88	4.34
48	0.72	0.89	7.64	0.88	1.15	19.28
49	0.83	1.78	4.09	0.97	1.72	9.86
50	0.68	0.42	3.47	0.81	0.87	7.29
51	0.63	0.78	7.32	0.77	1.13	20.29
52	0.72	0.57	4.24	0.83	0.98	8.21
53	0.66	0.45	4.24	0.79	0.98	7.64
54	0.72	1.00	2.78	0.84	1.15	5.82
55	0.68	0.56	3.49	0.82	1.13	7.13
56	0.77	1.26	3.64	0.91	1.08	6.41
57	0.71	0.64	3.83	0.85	1.12	6.96
58	0.78	1.72	4.13	0.92	1.61	9.67
59	0.78	1.75	3.76	0.91	1.61	9.09
60	0.60	0.20	4.28	0.73	0.60	12.64
61	0.68	0.93	6.72	0.81	1.03	24.81
62	0.71	0.99	2.80	0.81	1.18	5.32
63	0.76	0.60	3.55	0.91	0.85	8.04
64	0.93	1.08	4.17	1.19	1.34	5.58

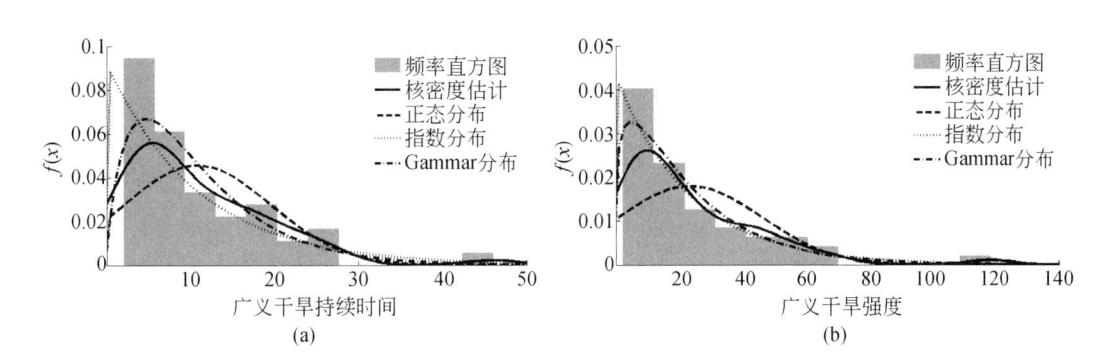

图 13-3 非参数与参数方法对应的密度估计

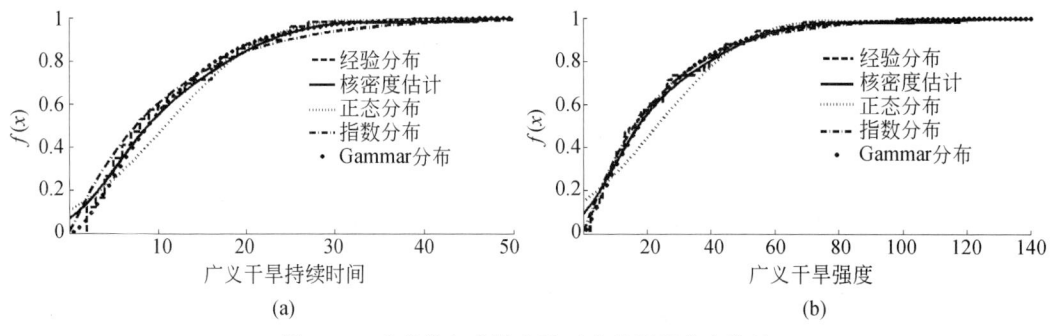

图 13-4 非参数与参数方法对应的累积分布估计

13.1.2 联合分布函数的选取

以流域评价单元 1 为例，由图 13-5 可知，广义干旱持续时间和强度边缘分布的频率直方图具有基本对称的尾部，也就是说（U，V）的联合密度函数（即 Copula 密度函数）具有对称的尾部，可以选取二元正态 Copula 函数、二元 t- Copula 函数或者二元 Frank Copula 函数来描述广义干旱持续时间和强度的相关结构。

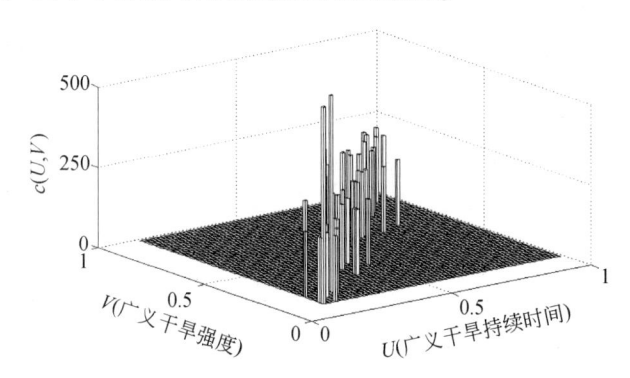

图 13-5 广义干旱持续时间和强度边缘分布的频率

为了比较二元 Frank Copula 函数和二元正态 Copula 函数、二元 t- Copula 函数、二元 Clayton Copula 函数、二元 Gumbel Copula 函数的拟合效果，采用极大似然法进行参数估计，分别计算上述 5 种二元 Copula 函数与经验 Copula 函数的平方欧氏距离。线性相关参数为 0.977 的二元正态 Copula 函数与经验 Copula 函数的平方欧氏距离为 0.007；线性相关参数为 0.984，自由度为 41 的二元 t- Copula 函数与经验 Copula 函数的平方欧氏距离为 0.006；参数分别为 12.80、32.29、7.35 的二元 Clayton Copula 函数、二元 Frank Copula 函数、二元 Gumbel Copula 函数与经验 Copula 函数的平方欧氏距离分别为 0.009、0.005、0.008。在平方欧氏距离标准下，二元 Frank Copula 函数能更好地拟合广义干旱持续时间和强度的相关结构。该结果与广义干旱持续时间和强度边缘分布的频率直方图的分析结果一致（图 13-6）。

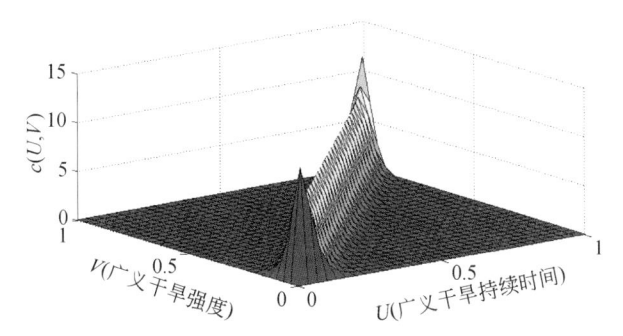

图 13-6　二元 Frank Copula 密度函数和分布函数（$\alpha=32.29$）

流域 64 个评价单元的广义干旱持续时间和强度的 Copula 函数的相关参数及平方欧氏距离见表 13-2。

表 13-2　东辽河流域各评价单元 Copula 函数的参数与平方欧氏距离对比

评价单元	正态 Copula ρ_1	SED	ρ_2	k	SED	Clayton α_1	SED	Frank α_2	SED	Gumbel α_3	SED	最小值
1	0.977	0.007	0.984	41	0.006	12.80	0.009	32.29	0.005	7.35	0.008	0.005
2	0.988	0.003	0.991	60	0.003	15.65	0.012	42.69	0.004	10.25	0.003	0.003
3	0.985	0.005	0.989	2	0.004	18.16	0.006	39.44	0.004	9.22	0.006	0.004
4	0.977	0.006	0.983	10	0.005	9.01	0.022	29.34	0.007	7.82	0.005	0.005
5	0.981	0.007	0.986	9	0.006	15.01	0.009	33.99	0.008	7.94	0.009	0.006
6	0.985	0.004	0.989	64	0.003	13.93	0.006	35.16	0.003	8.80	0.004	0.003
7	0.972	0.008	0.979	4	0.006	9.89	0.018	26.20	0.009	7.06	0.008	0.006
8	0.984	0.003	0.989	10	0.002	13.64	0.009	38.08	0.004	8.98	0.003	0.002
9	0.962	0.013	0.971	7	0.011	8.43	0.015	23.71	0.015	5.69	0.017	0.011
10	0.978	0.006	0.984	10	0.004	11.08	0.014	28.76	0.006	7.72	0.007	0.004
11	0.982	0.005	0.988	13	0.003	17.01	0.006	41.06	0.003	7.92	0.006	0.003
12	0.977	0.008	0.984	10	0.006	12.90	0.012	32.34	0.005	7.00	0.010	0.005
13	0.977	0.005	0.984	14	0.003	12.59	0.008	29.14	0.004	7.47	0.006	0.003
14	0.986	0.006	0.990	4	0.005	16.36	0.009	41.65	0.004	9.86	0.005	0.004
15	0.983	0.004	0.989	6	0.003	17.30	0.006	39.48	0.003	8.47	0.005	0.003
16	0.987	0.003	0.990	11	0.003	14.04	0.009	38.80	0.004	10.00	0.004	0.003
17	0.973	0.007	0.980	2	0.005	13.58	0.005	29.93	0.006	7.03	0.009	0.005
18	0.960	0.013	0.977	3	0.007	10.82	0.008	28.29	0.004	6.14	0.010	0.004
19	0.974	0.008	0.984	2	0.005	14.74	0.008	34.05	0.005	7.76	0.007	0.005
20	0.973	0.007	0.981	10	0.007	11.21	0.012	26.30	0.009	6.73	0.009	0.007
21	0.976	0.004	0.983	15	0.002	11.48	0.009	29.16	0.003	7.23	0.005	0.002

续表

评价单元	正态 Copula ρ_1	SED	t-Copula ρ_2	k	SED	Clayton α_1	SED	Frank α_2	SED	Gumbel α_3	SED	最小值
22	0.980	0.006	0.987	12	0.004	14.34	0.008	34.64	0.005	8.12	0.007	0.004
23	0.975	0.008	0.982	9	0.007	10.96	0.015	27.74	0.009	7.24	0.008	0.007
24	0.972	0.014	0.984	4	0.009	16.62	0.005	34.35	0.006	6.81	0.015	0.005
25	0.954	0.035	0.979	1	0.021	16.81	0.009	32.49	0.014	5.56	0.035	0.009
26	0.969	0.018	0.984	3	0.011	15.33	0.008	35.95	0.007	6.73	0.016	0.007
27	0.971	0.011	0.980	15	0.007	10.81	0.018	32.58	0.005	6.44	0.011	0.005
28	0.953	0.006	0.966	2	0.005	9.69	0.006	22.54	0.006	5.25	0.008	0.005
29	0.972	0.009	0.978	9	0.008	7.40	0.020	26.08	0.011	7.34	0.011	0.008
30	0.975	0.012	0.987	4	0.006	15.76	0.004	39.07	0.004	7.52	0.013	0.004
31	0.970	0.014	0.977	10	0.014	8.85	0.030	24.11	0.018	6.41	0.015	0.014
32	0.986	0.004	0.988	5	0.004	9.82	0.020	35.03	0.007	10.31	0.004	0.004
33	0.976	0.006	0.982	8	0.005	11.28	0.009	27.95	0.007	7.34	0.007	0.005
34	0.953	0.005	0.967	10	0.004	6.49	0.016	19.77	0.005	5.29	0.005	0.004
35	0.969	0.010	0.978	29	0.007	12.74	0.007	30.49	0.004	5.96	0.013	0.004
36	0.970	0.015	0.983	2	0.009	14.78	0.005	35.49	0.004	6.83	0.015	0.004
37	0.947	0.005	0.962	10	0.004	6.52	0.013	19.27	0.004	4.74	0.006	0.004
38	0.972	0.011	0.977	6	0.011	7.71	0.018	25.87	0.014	7.31	0.014	0.011
39	0.973	0.008	0.981	10	0.005	12.81	0.009	30.83	0.005	6.14	0.010	0.005
40	0.977	0.005	0.984	29	0.005	10.79	0.016	30.83	0.007	7.87	0.005	0.005
41	0.960	0.011	0.964	5	0.011	6.41	0.017	18.30	0.018	5.66	0.014	0.011
42	0.974	0.009	0.984	7	0.005	15.79	0.005	35.59	0.004	6.73	0.011	0.004
43	0.936	0.011	0.953	10	0.012	5.66	0.026	15.46	0.018	4.52	0.012	0.011
44	0.978	0.008	0.986	5	0.005	18.06	0.005	36.88	0.004	7.24	0.011	0.004
45	0.972	0.015	0.985	3	0.009	15.49	0.007	38.62	0.005	6.82	0.015	0.005
46	0.965	0.019	0.981	2	0.011	15.04	0.005	33.73	0.007	6.19	0.020	0.005
47	0.971	0.005	0.980	10	0.004	9.00	0.020	28.43	0.005	6.67	0.004	0.004
48	0.977	0.011	0.985	3	0.011	11.46	0.009	32.37	0.010	8.50	0.013	0.009
49	0.978	0.009	0.984	29	0.009	10.95	0.023	30.33	0.013	7.66	0.009	0.009
50	0.966	0.012	0.982	3	0.005	14.40	0.005	33.54	0.003	6.46	0.010	0.003
51	0.966	0.015	0.979	5	0.013	11.45	0.006	28.34	0.011	6.42	0.018	0.006
52	0.974	0.009	0.984	4	0.005	16.56	0.003	35.28	0.004	6.66	0.012	0.003
53	0.976	0.009	0.985	4	0.005	14.83	0.005	33.73	0.004	7.28	0.010	0.004
54	0.977	0.008	0.983	6	0.008	11.72	0.013	30.13	0.009	7.52	0.009	0.008

续表

评价单元	正态 Copula ρ_1	SED	t-Copula ρ_2	k	SED	Clayton α_1	SED	Frank α_2	SED	Gumbel α_3	SED	最小值
55	0.976	0.006	0.984	6	0.004	12.98	0.008	32.54	0.003	7.43	0.006	0.003
56	0.984	0.005	0.989	3	0.003	14.86	0.010	38.03	0.004	9.63	0.004	0.003
57	0.978	0.006	0.985	11	0.003	14.47	0.006	35.15	0.002	7.20	0.007	0.002
58	0.973	0.007	0.980	100	0.007	9.31	0.022	25.86	0.010	6.85	0.007	0.007
59	0.974	0.005	0.980	10	0.005	8.98	0.022	26.11	0.008	6.92	0.005	0.005
60	0.973	0.008	0.981	10	0.006	10.04	0.009	29.01	0.006	6.85	0.010	0.006
61	0.982	0.006	0.987	10	0.004	11.18	0.014	35.18	0.004	8.08	0.007	0.004
62	0.975	0.009	0.982	4	0.008	10.88	0.017	28.37	0.010	7.42	0.009	0.008
63	0.970	0.017	0.981	3	0.014	12.70	0.009	30.94	0.011	6.90	0.018	0.009
64	0.987	0.003	0.991	10	0.002	29.83	0.001	61.32	0.001	8.85	0.003	0.001

注：ρ_1、ρ_2 分别为正态 Copula 函数和 t-Copula 函数的线性相关参数；k 为 t-Copula 函数的自由度；α_1、α_2、α_3 分别为 Clayton Copula 函数、Frank Copula 函数和 Gumbel Copula function 的参数；SED 为平方欧氏距离。

13.1.3 重现期分析

广义干旱持续时间和强度的边缘分布（单变量）的重现期介于 T_o 和 T_a 之间，联合分布的两种重现期可以看做边缘分布的两种极端情况（图 13-7）。以流域评价单元 1 为例（表 13-3），当广义干旱持续 19 旬，广义干旱强度为 40，则广义干旱持续时间的边缘分布的重现期为 138 旬，广义干旱强度的边缘分布的重现期为 120 旬，广义干旱持续时间和强度的联合分布的重现期分别为 116 旬和 144 旬。

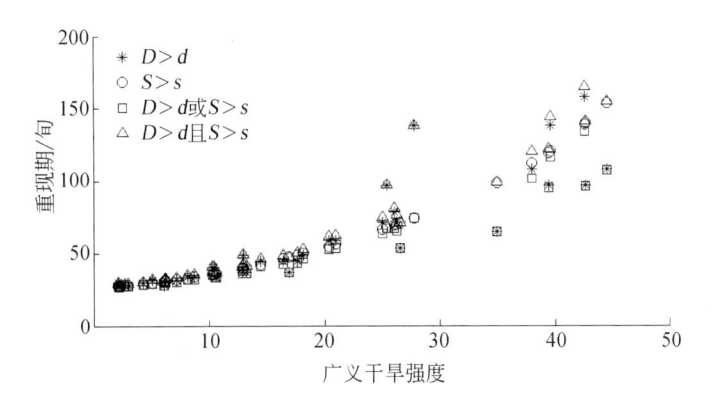

图 13-7 评价单元 1 的边缘分布与联合分布的重现期比较

表 13-3　流域各评价单元边缘分布与联合分布的重现期比较

评价单元	持续时间 D/旬	强度 S	T（D>d）	T（S>s）	T（D>d 或 S>s）	T（D>d 且 S>s）
1	19	39.59	138	120	116	144
2	18	33.36	104	86	85	105
3	18	52.25	105	194	105	194
4	18	32.27	193	163	159	199
5	19	46.25	102	130	101	133
6	18	39.80	165	164	153	178
7	18	49.28	94	154	93	154
8	18	36.32	171	202	168	207
9	18	48.07	19	21	19	22
10	18	40.14	130	148	125	154
11	18	43.09	47	53	46	55
12	18	42.38	72	81	69	85
13	18	46.05	106	173	106	173
14	18	39.69	197	258	196	260
15	18	30.55	129	97	96	130
16	19	34.47	130	110	109	132
17	18	41.30	110	137	108	140
18	18	32.26	105	78	77	107
19	18	38.33	99	98	92	107
20	18	37.74	109	114	101	124
21	18	31.10	126	98	97	129
22	18	33.90	48	43	42	50
23	19	36.05	253	214	207	263
24	18	36.02	56	50	48	59
25	18	35.35	49	45	42	53
26	18	32.69	73	55	54	74
27	18	37.18	41	42	38	46
28	18	38.11	192	190	170	218
29	19	63.38	13	17	13	17
30	19	50.09	68	107	68	107
31	18	48.80	39	49	38	50
32	18	50.98	8	8	8	8
33	19	36.72	280	245	236	294
34	18	37.82	266	253	230	298
35	18	43.55	77	101	76	104
36	18	38.88	79	76	71	86

续表

评价单元	持续时间 D/旬	强度 S	$T(D>d)$	$T(S>s)$	$T(D>d$ 或 $S>s)$	$T(D>d$ 且 $S>s)$
37	18	37.83	259	241	218	292
38	20	65.19	12	16	12	16
39	18	40.05	79	83	73	90
40	21	59.41	38	50	38	50
41	18	38.20	9	9	9	10
42	18	36.45	113	124	107	132
43	20	40.48	348	279	262	377
44	18	34.41	45	41	39	47
45	18	31.55	75	55	55	76
46	18	40.11	72	78	68	84
47	18	30.66	201	133	132	203
48	19	33.66	19	17	17	19
49	18	47.65	45	56	45	57
50	18	36.47	126	131	116	143
51	18	36.93	19	18	17	20
52	18	36.60	105	118	100	125
53	18	36.82	113	135	110	139
54	18	34.19	203	177	171	211
55	18	37.84	126	152	123	156
56	18	39.02	174	183	167	192
57	18	38.08	115	142	113	146
58	18	46.20	40	48	39	49
59	18	46.27	43	52	42	53
60	18	41.87	77	89	75	93
61	18	50.95	12	13	12	13
62	18	33.15	226	192	186	235
63	18	41.93	91	121	90	123
64	18	39.74	508	482	461	534

13.1.4 流域广义干旱风险分析

不同广义干旱等级下东辽河流域广义干旱不同风险等级分布情况分别见图 13-8 和表 13-4。对于轻度干旱，流域广义干旱 2 级风险区主要分布在流域中游二龙山水库附近，占流域面积的 2.09%；3 级风险区主要分布在流域中下游地区，占流域面积的 19.74%；4 级风险区分布在流域的大部分地区，占流域面积的 74.39%；5 级风险区主要分布在流域上游的金满水库和八一水库附近，以及下游的南崴子灌区，占流域面积的 3.77%。

(a) 轻度干旱

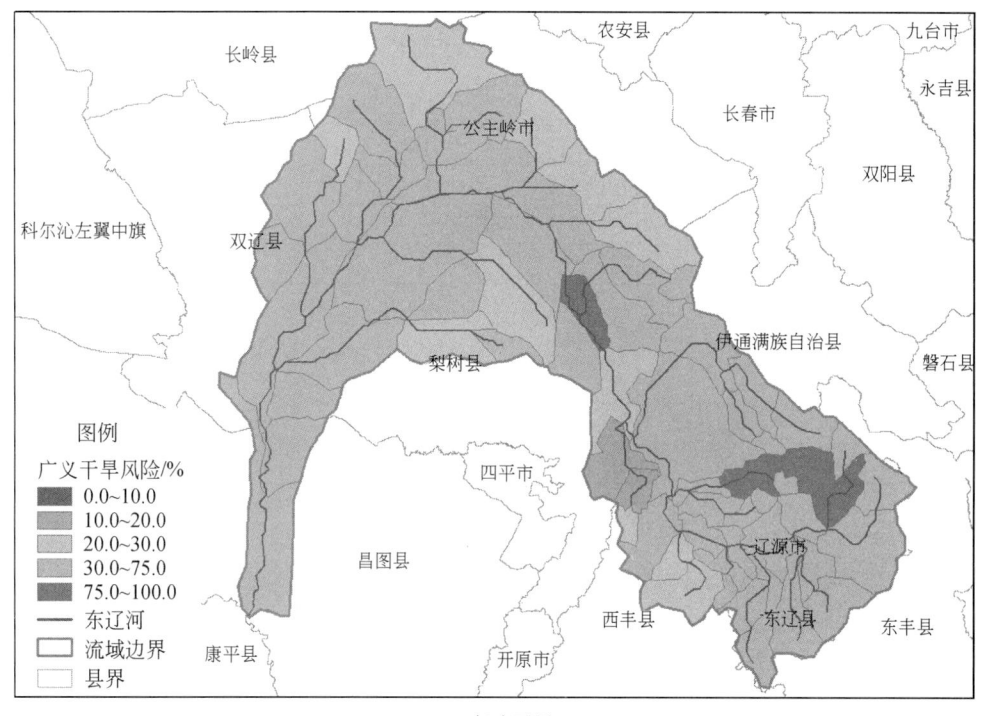

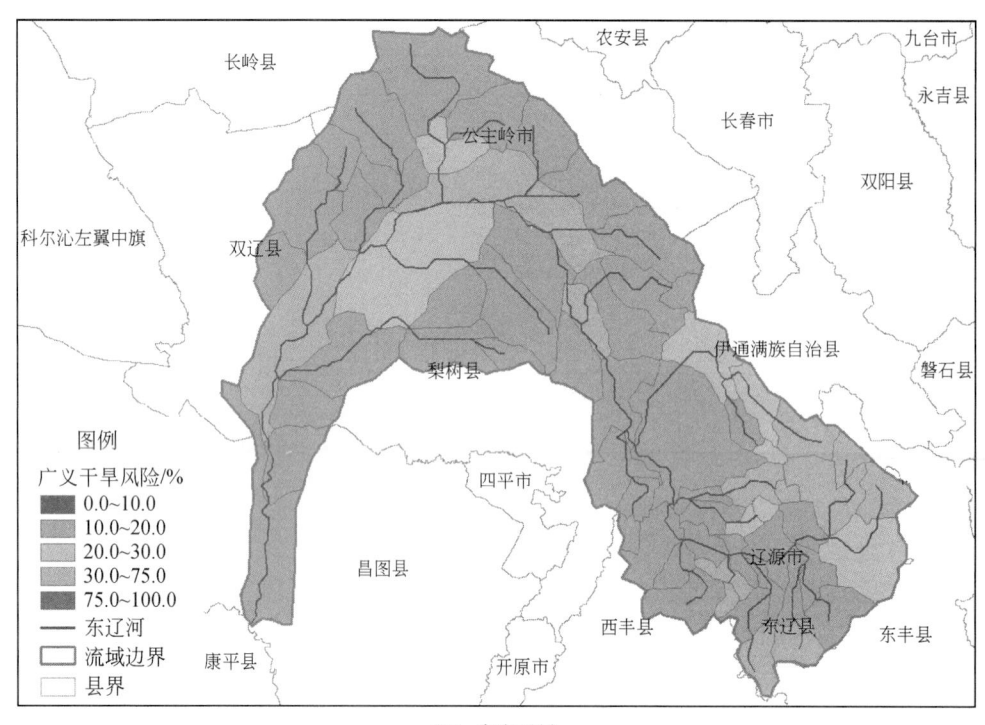

(b) 中度干旱

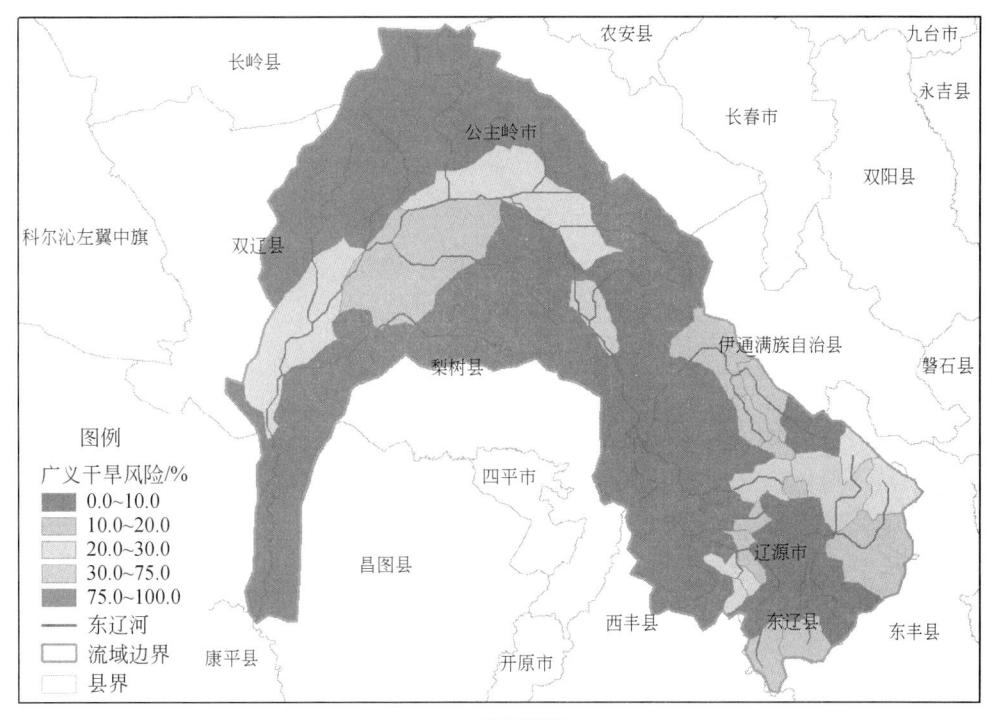

(c) 重度干旱

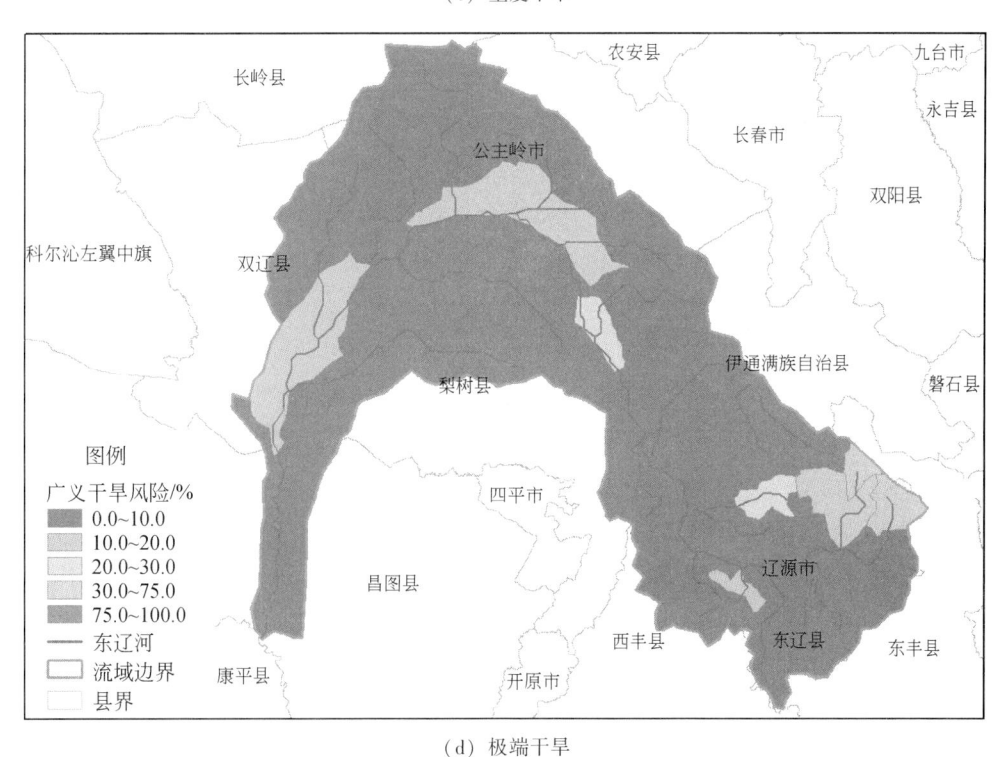

(d) 极端干旱

图 13-8 东辽河流域广义干旱风险区划

表 13-4　不同广义干旱等级下东辽河流域广义干旱不同风险等级分布面积　　（单位：km²）

风险等级	图例	轻旱	中旱	重旱	极旱
1		0	0	7 817	9 571
2		235	7 638	1 728	1 451
3		2 217	1 539	1 261	208
4		8 354	2 053	424	0
5		424	0	0	0

对于中度干旱，流域广义干旱 2 级风险区分布在流域的大部分地区，占流域面积的 68.02%；3 级风险区主要分布在流域下游的梨树灌区，占流域面积的 13.70%；4 级风险区主要分布在流域上游及下游的南崴子灌区、秦屯灌区和双山灌区，占流域面积的 18.28%。

对于重度干旱，流域广义干旱 1 级风险区分布在流域的大部分地区，占流域面积的 69.61%；2 级风险区主要分布在流域上游地区和下游的梨树灌区，占流域面积的 15.39%；3 级风险区主要分布在流域下游的秦屯灌区和双山灌区，占流域面积的 11.23%；4 级风险区主要分布在流域上游的金满水库和八一水库附近，以及下游的南崴子灌区，占流域面积的 3.77%。

对于极端干旱，流域广义干旱 1 级风险区分布在流域的大部分地区，占流域面积的 85.23%；2 级风险区主要分布在流域上游的金满水库附近以及下游的秦屯灌区和双山灌区，占流域面积的 12.92%；3 级风险区主要分布在流域上游的八一水库附近，以及下游的南崴子灌区，占流域面积的 1.85%。

综上所述，东辽河流域高风险区主要分布在流域上游的金满水库、八一水库、椅山水库、安西水库、三良水库的供水范围内，以及下游的南崴子灌区、秦屯灌区、梨树灌区和双山灌区。上述高风险区内的土地利用类型以水田为主，需水量较大。同时，部分以林地为主要土地利用类型的评价单元的风险值也较高。

13.2　不同驱动力作用下的流域广义干旱风险分析

为了分析自然气候变化、人为气候变化、下垫面条件改变和水利工程调节对广义干旱风险的影响，本文设置了 4 种情景：一是自然气候变化情景，选取 1960~1981 年的气象数据和 1986 年的土地利用数据，不考虑水利工程的调节；二是人为气候变化情景，选取 1982~2010 年的气象数据，其他参数保持不变，与自然气候变化情景作对比；三是下垫面条件变化情景，选取 2000 年的土地利用数据，其他参数保持不变，与自然气候变化情景作对比；四是水利工程调节情景，考虑水利工程的调节作用，其他参数保持不变，与自然气候变化情景作对比（表 13-5）。

表 13-5 不同驱动力作用下广义干旱情景设置

驱动力	数据序列	情景1	情景2	情景3	情景4
自然气候变化	1960~1981 年气象数据	√		√	√
人为气候变化	1982~2010 年气象数据		√		
下垫面条件	1986 年土地利用	√	√		√
	2000 年土地利用			√	
水利工程	有水利工程				√
	无水利工程	√	√	√	

13.2.1 自然气候变化情景

自然气候变化情景下东辽河流域不同广义干旱等级的风险区划如图 13-9 所示。对于轻度干旱，流域广义干旱 2 级风险区主要分布在流域中游，占流域面积的 3.99%；3 级风险区主要分布在流域下游，占流域面积的 16.77%；4 级风险区分布在流域的大部分地区，占流域面积的 71.05%；5 级风险区分布在流域上游金满水库附近和下游的梨树灌区，占流域面积的 8.20%。

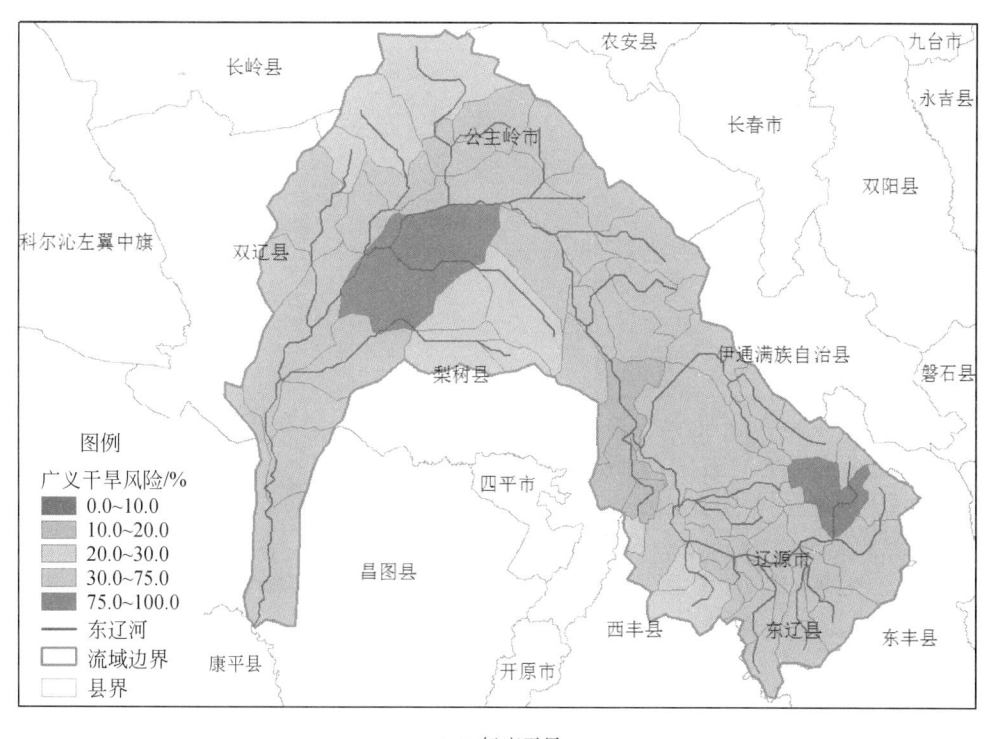

（a）轻度干旱

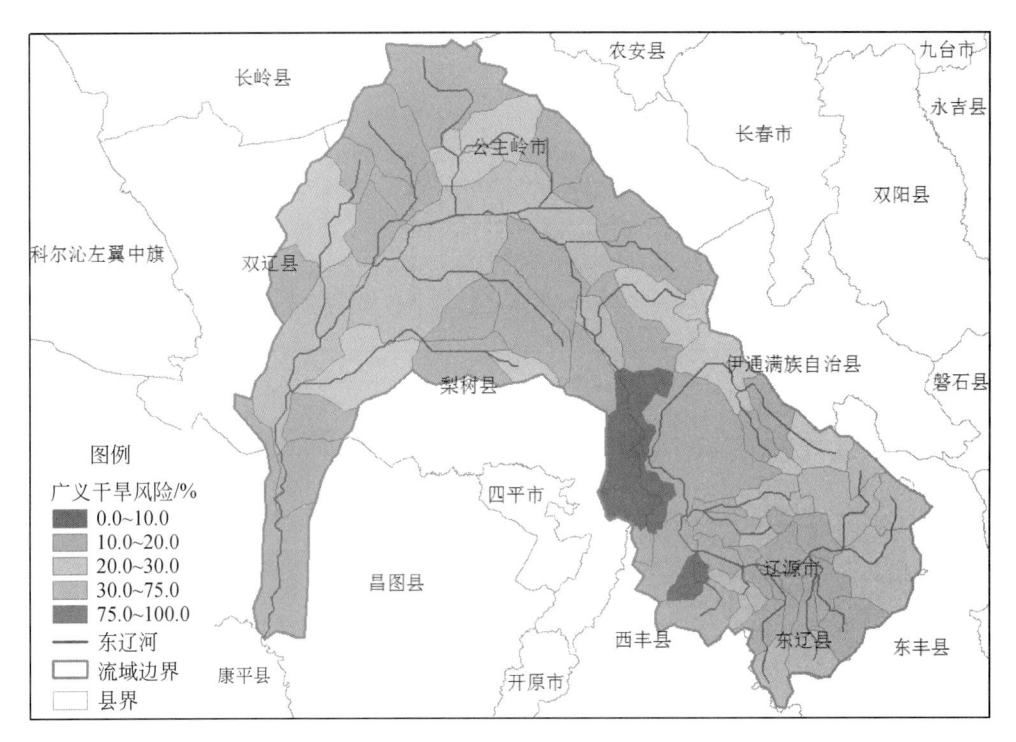

(b) 中度干旱

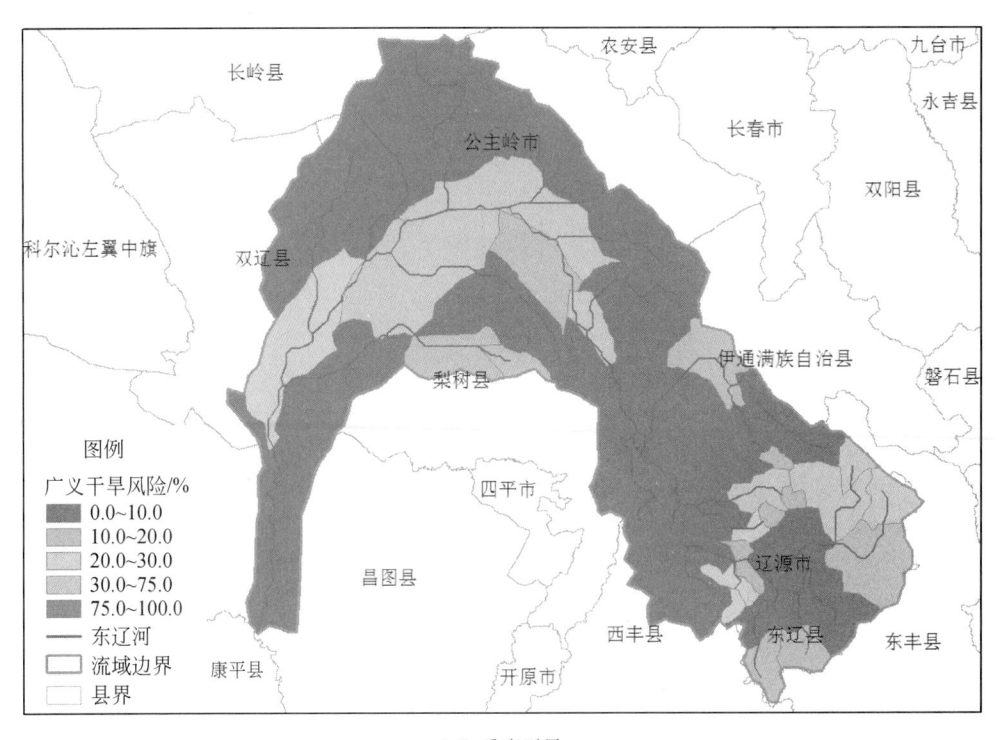

(c) 重度干旱

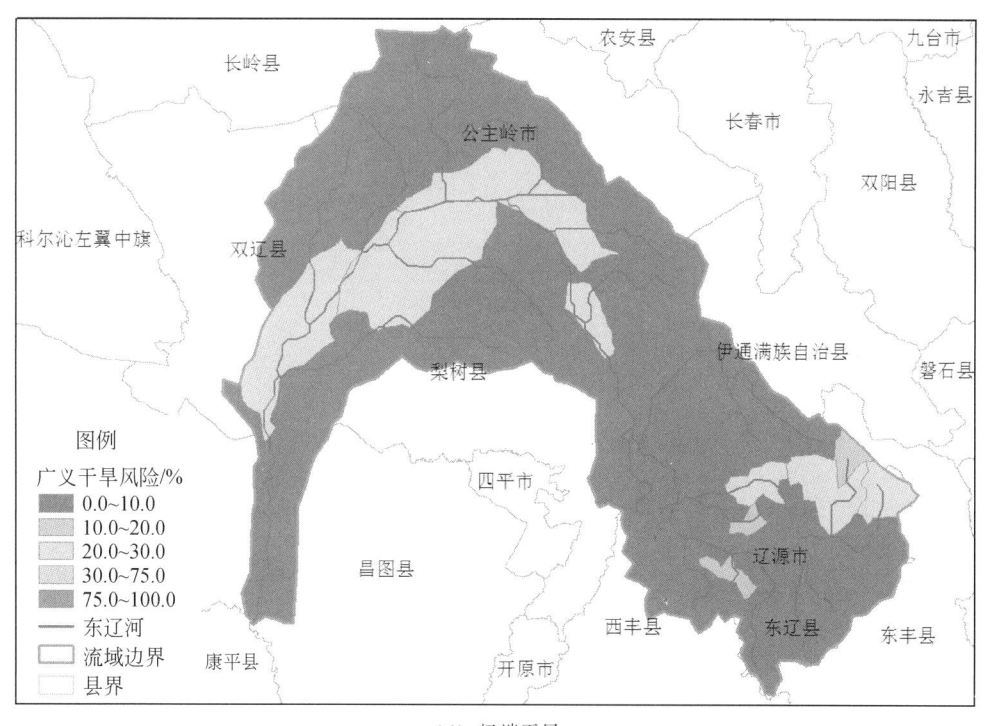

(d) 极端干旱

图 13-9 自然气候变化影响下东辽河流域广义干旱风险区划

对于中度干旱，流域广义干旱 1 级风险区主要分布在流域中游，占流域面积的 4.60%；2 级风险区分布在流域的大部分地区，占流域面积的 54.41%；3 级风险区主要分布在流域中下游地区，占流域面积的 14.75%；4 级风险区主要分布在流域上游的金满水库和八一水库附近以及中下游的四大灌区，占流域面积的 26.24%。

对于重度干旱，流域广义干旱 1 级风险区分布在流域的大部分地区，占流域面积的 66.10%；2 级风险区分布在流域的上游和下游地区，占流域面积的 17.74%；3 级风险区主要分布在流域下游的双山灌区，占流域面积的 16.16%。

对于极端干旱，流域广义干旱 1 级风险区分布在流域的大部分地区，占流域面积的 78.65%；2 级风险区分布在流域的上游地区，占流域面积的 1.36%；3 级风险区主要分布在流域上游的八一水库和金满水库附近以及下游的四大灌区，占流域面积的 19.99%。

13.2.2 人为气候变化情景

人为气候变化情景下东辽河流域不同广义干旱等级的风险区划如图 13-10 所示。对于轻度干旱，流域广义干旱 1 级风险区主要分布在流域中下游的北部，占流域面积的 13.42%；2 级风险区主要分布在流域上游和下游，占流域面积的 28.35%；3 级风险区分布在流域的大部分地区，占流域面积的 29.75%；4 级风险区分布在流域上游及下游的梨树灌区和双山灌区，占流域面积的 28.48%。

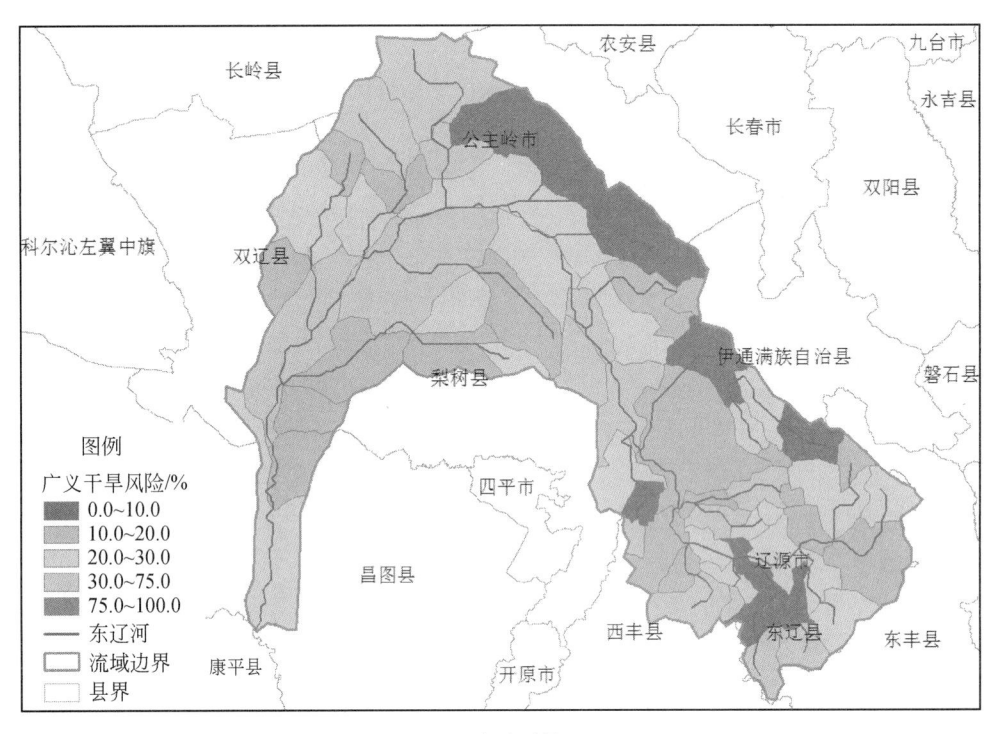

(a) 轻度干旱

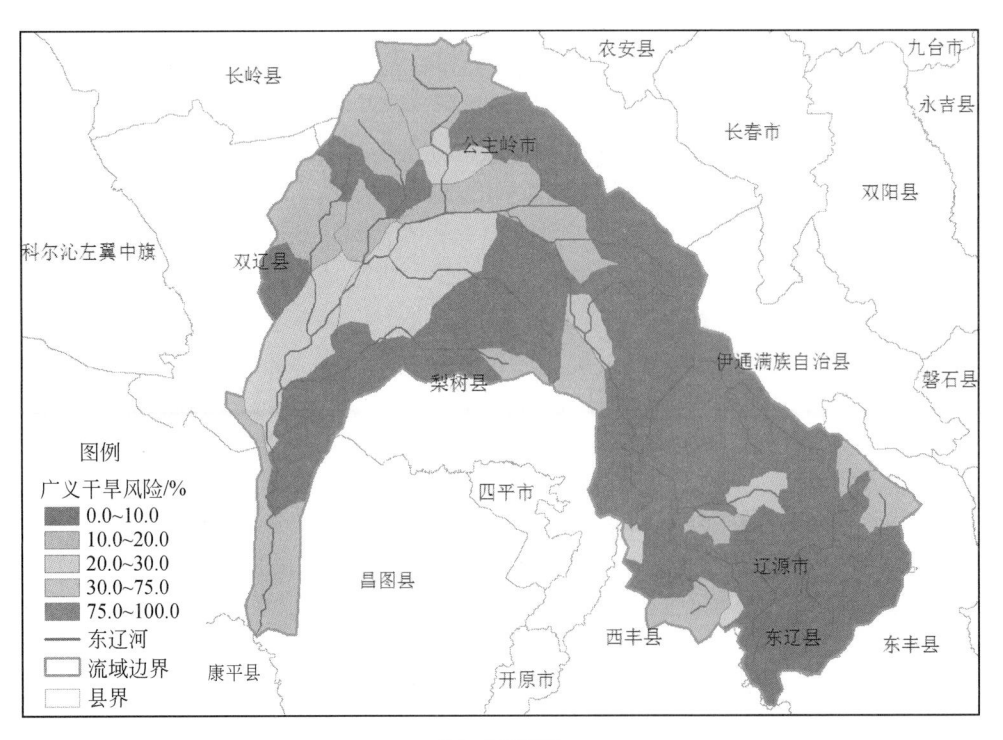

(b) 中度干旱

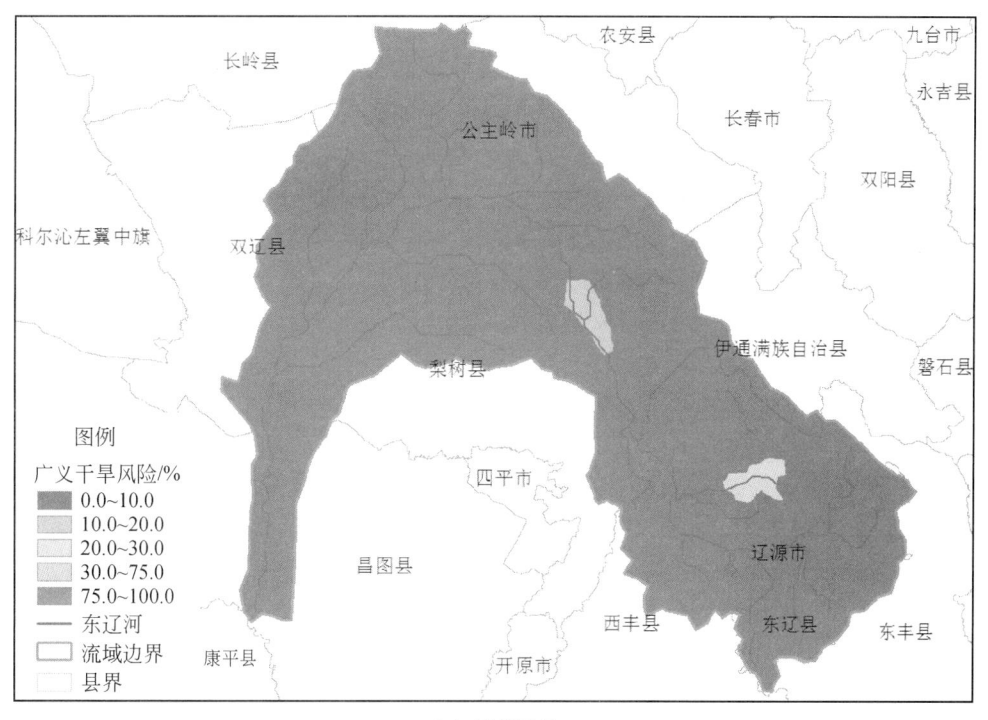

(c) 重度干旱

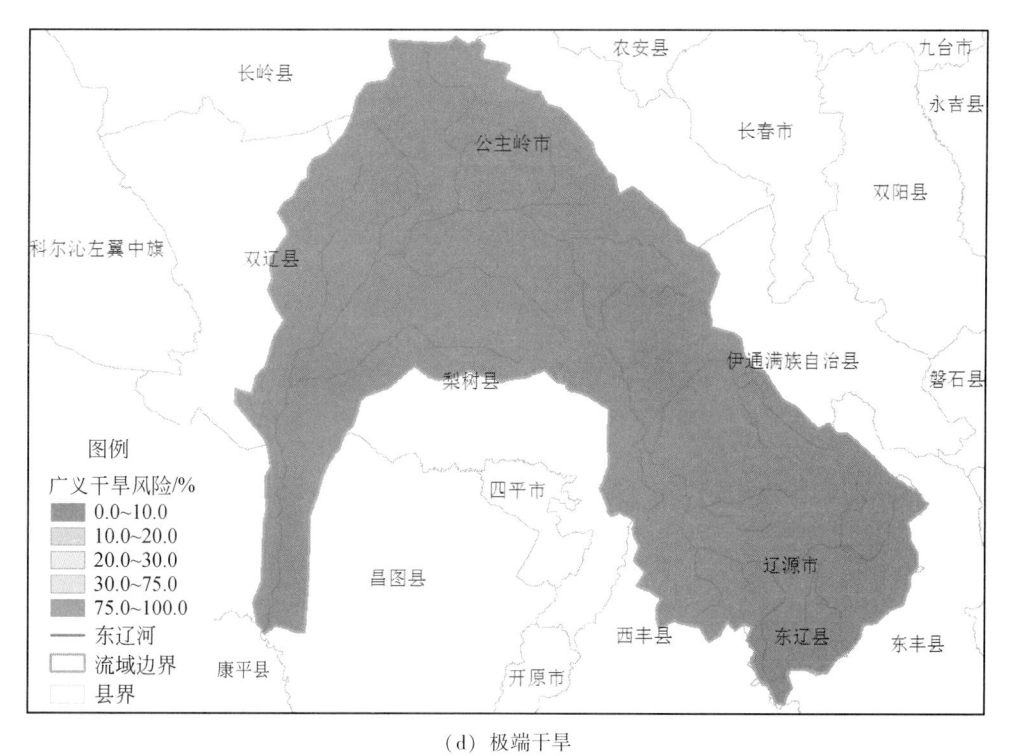

(d) 极端干旱

图 13-10　人为气候变化影响下东辽河流域广义干旱风险区划

对于中度干旱，流域广义干旱 1 级风险区分布在流域的大部分地区，占流域面积的 60.55%；2 级风险区主要分布在流域的下游地区，占流域面积的 25.16%；3 级风险区主要分布在流域下游的梨树灌区和双山灌区，占流域面积的 12.44%；4 级风险区主要分布在流域上游的八一水库附近以及中游的南崴子灌区，占流域面积的 1.85%。

对于重度干旱，流域广义干旱 1 级风险区分布在流域的大部分地区，占流域面积的 98.15%；2 级风险区分布在流域下游的南崴子灌区，占流域面积的 0.96%；3 级风险区分布在流域上游的八一水库附近，占流域面积的 0.89%。

对于极端干旱，流域广义干旱风险均为 1 级风险。

13.2.3　下垫面条件变化情景

下垫面条件变化情景下东辽河流域不同广义干旱等级的风险区划如图 13-11 所示。对于轻度干旱，流域广义干旱 1 级风险区主要分布在流域中下游地区，占流域面积的 25.17%；2 级风险区主要分布在流域上游地区，占流域面积的 20.30%；3 级风险区主要分布在流域的中下游地区，占流域面积的 24.48%；4 级风险区分布在流域上游及下游的梨树灌区和双山灌区，占流域面积的 30.06%。

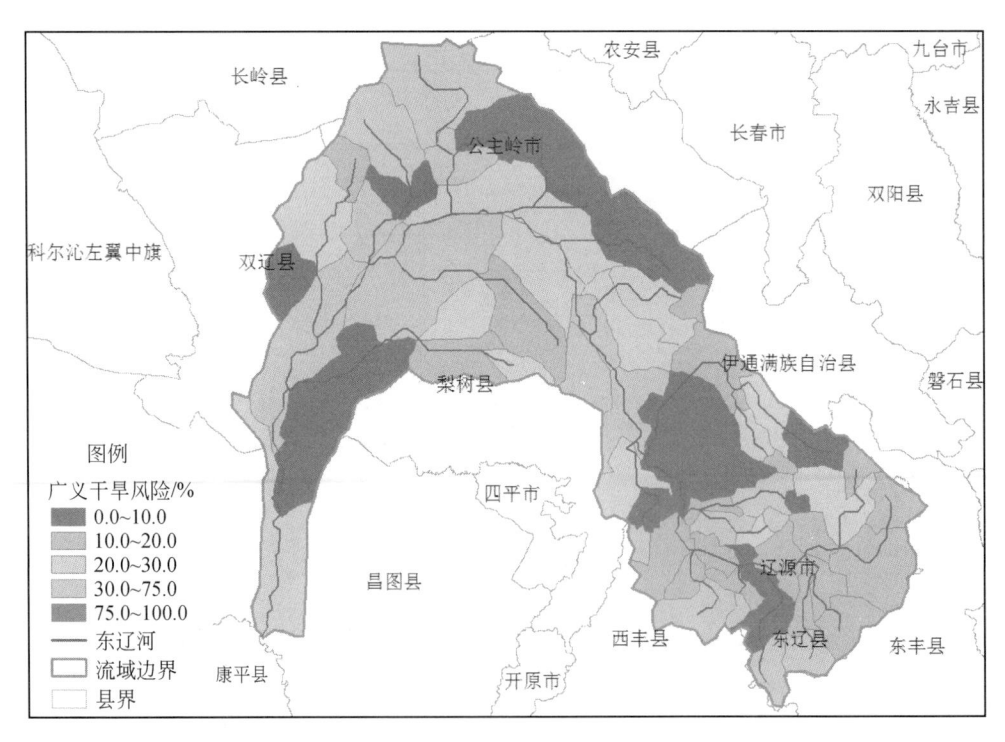

(a) 轻度干旱

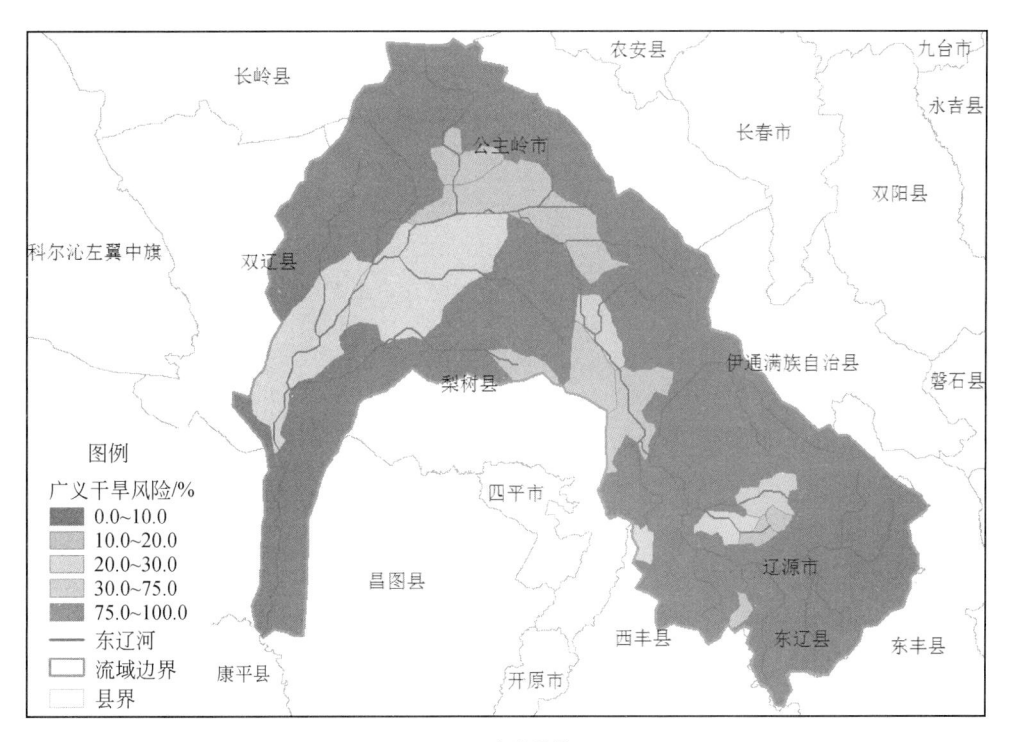

(b) 中度干旱

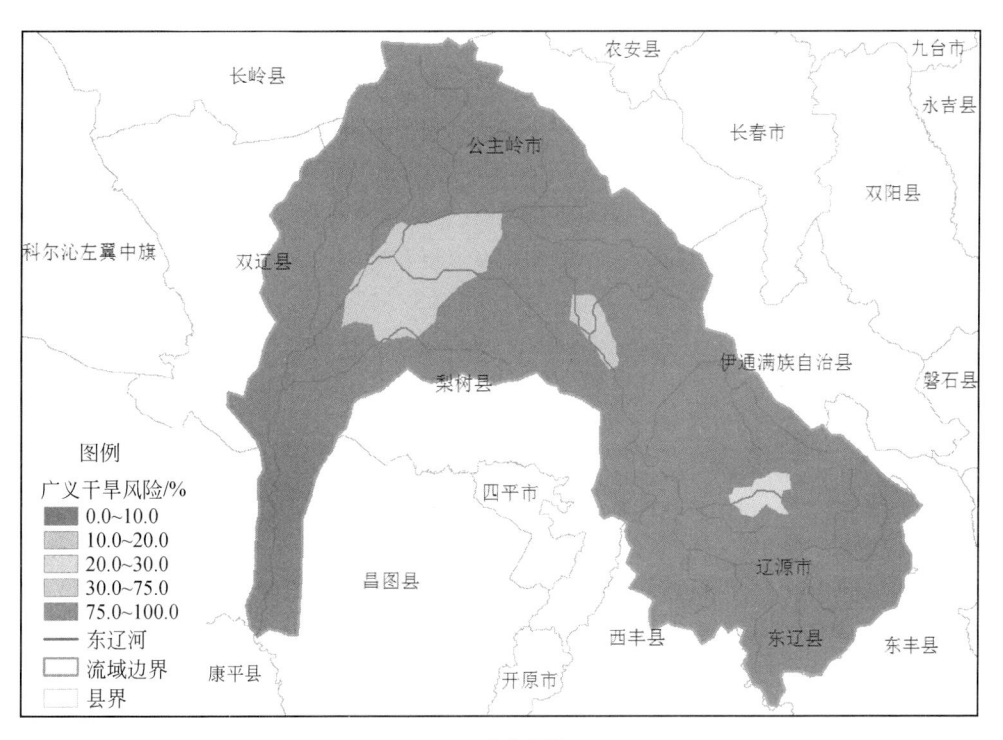

(c) 重度干旱

(d) 极端干旱

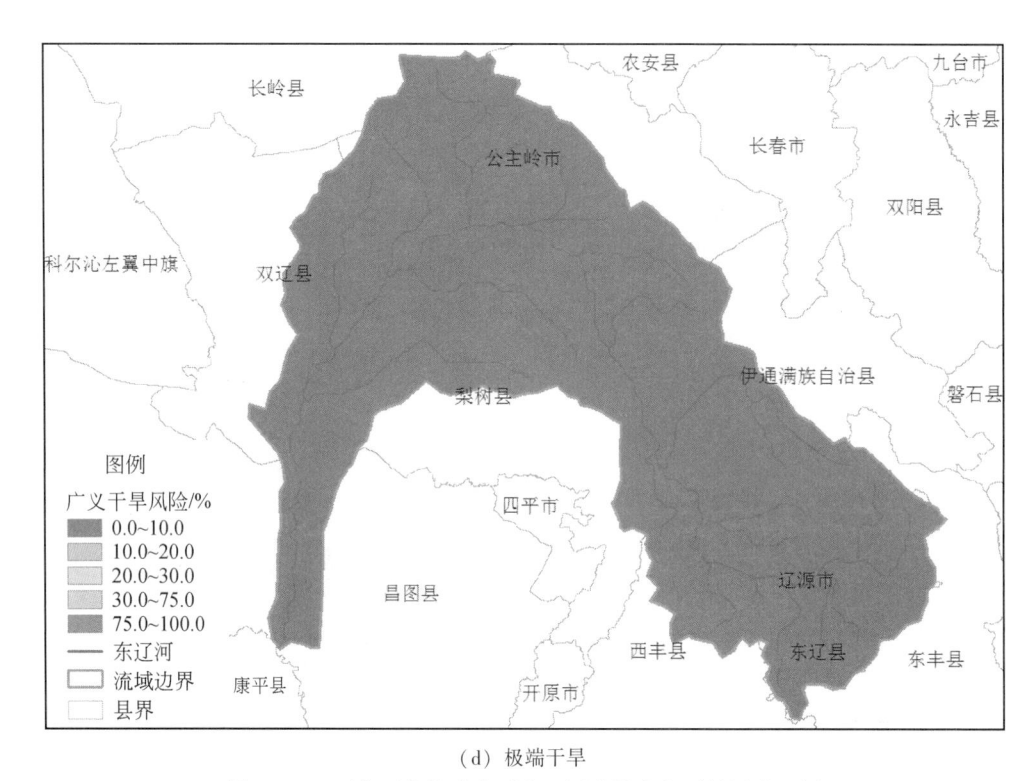

图 13-11 下垫面条件改变下东辽河流域广义干旱风险区划

对于中度干旱，流域广义干旱 1 级风险区分布在流域的大部分地区，占流域面积的 76.07%；2 级风险区主要分布在流域下游的秦屯灌区，占流域面积的 10.36%；3 级风险区主要分布在流域下游的梨树灌区和双山灌区，占流域面积的 11.72%；4 级风险区主要分布在流域上游的八一水库附近以及中游的南崴子灌区，占流域面积的 1.85%。

对于重度干旱，流域广义干旱 1 级风险区分布在流域的大部分地区，占流域面积的 91.88%；2 级风险区分布在流域下游的南崴子灌区和梨树灌区，占流域面积的 7.23%；3 级风险区分布在流域上游的八一水库附近，占流域面积的 0.89%。

对于极端干旱，流域广义干旱风险均为 1 级风险。

13.2.4 水利工程调节情景

水利工程调节情景下东辽河流域不同广义干旱等级的风险区划如图 13-12 所示。对于轻度干旱，流域广义干旱 1 级风险区主要分布在流域下游的梨树灌区，占流域面积的 6.27%；2 级风险区主要分布在流域中游，占流域面积的 3.99%；3 级风险区主要分布在流域下游，占流域面积的 16.77%；4 级风险区分布在流域的大部分地区，占流域面积的 71.05%；5 级风险区分布在流域上游金满水库附近，占流域面积的 1.93%。

| 第 13 章 | 东辽河流域广义干旱风险评价与风险区划

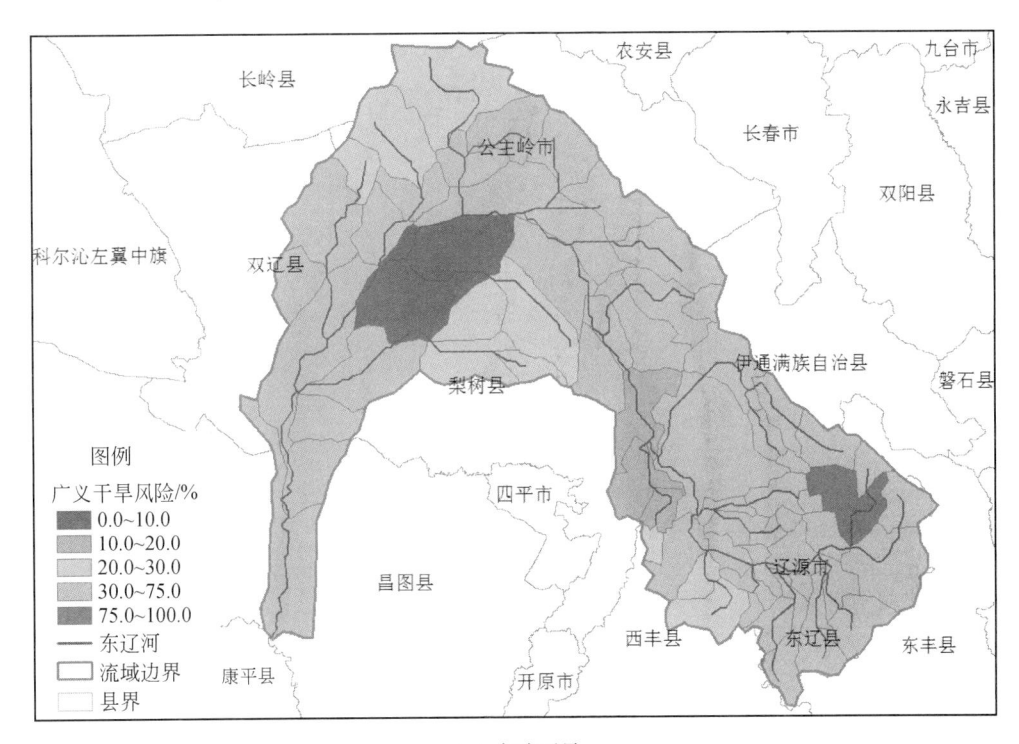

(a) 轻度干旱

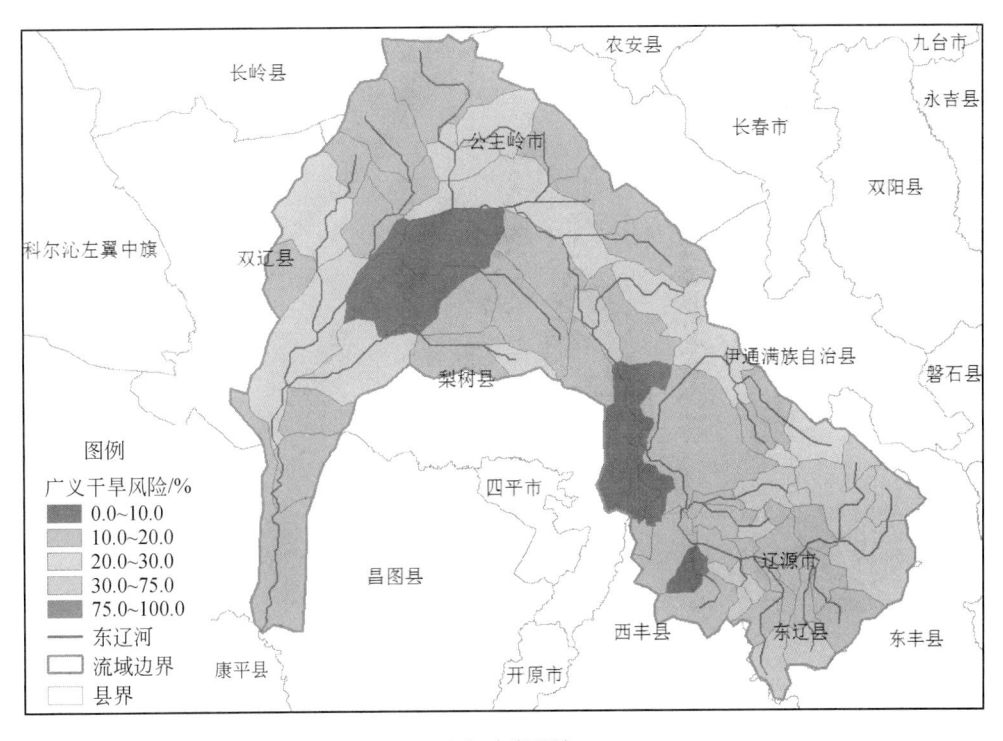

(b) 中度干旱

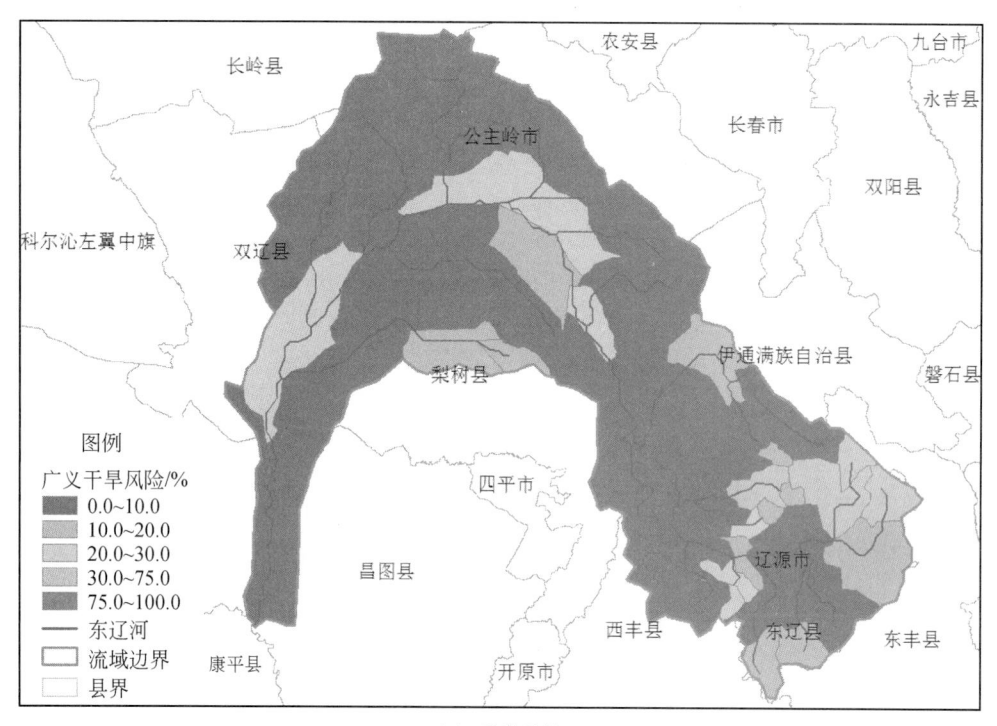

(c) 重度干旱

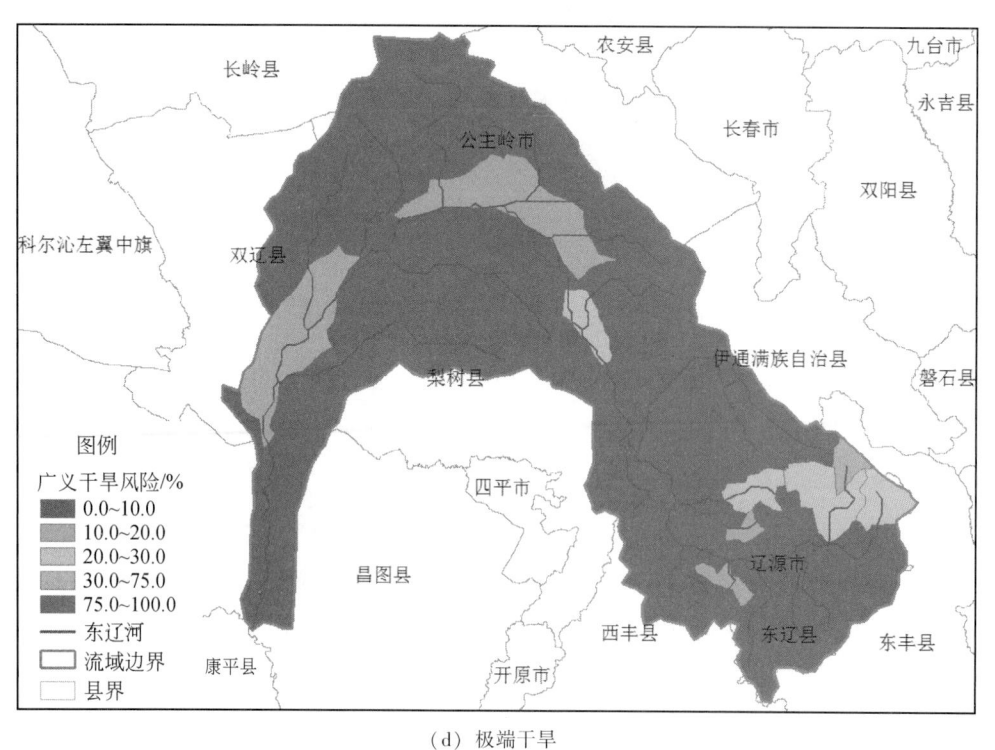

(d) 极端干旱

图 13-12　水利工程调节下东辽河流域广义干旱风险区划图

对于中度干旱,流域广义干旱 1 级风险区主要分布在流域中游和下游的梨树灌区,占流域面积的 10.87%;2 级风险区分布在流域的大部分地区,占流域面积的 54.41%;3 级风险区主要分布在流域下游地区,占流域面积的 23.60%;4 级风险区主要分布在流域上游的金满水库和八一水库附近以及下游的南崴子灌区,占流域面积的 11.12%。

对于重度干旱,流域广义干旱 1 级风险区分布在流域的大部分地区,占流域面积的 72.37%;2 级风险区分布在流域的上游地区,占流域面积的 12.31%;3 级风险区主要分布在流域下游的双山灌区、南崴子灌区和秦屯灌区,占流域面积的 10.83%;4 级风险区主要分布在流域上游的金满水库和八一水库附近,占流域面积的 4.48%。

对于极端干旱,流域广义干旱 1 级风险区分布在流域的大部分地区,占流域面积的 84.92%;2 级风险区分布在流域下游的秦屯灌区和双山灌区,占流域面积的 10.21%;3 级风险区主要分布在流域上游的八一水库和金满水库附近,占流域面积的 4.87%。

13.2.5 综合分析

在人为气候变化的影响下,流域广义干旱风险的变化情况见表 13-6。对于轻度干旱,东辽河流域广义干旱 1 级风险区的面积增加了 1507 km²,2 级和 3 级风险区的面积分别增加了 610.49% 和 77.38%,而 4 级风险区的面积减少了 59.91%,5 级风险区面积减少了 920 km²;对于中度干旱,流域广义干旱 1 级风险区的面积增加了 1217.64%,而 2 级、3 级和 4 级风险区的面积分别减少了 53.76%、15.69% 和 92.94%;对于重度干旱,流域广义干旱 1 级风险区的面积增加了 48.47%,而 2 级和 3 级风险区的面积分别减少了 94.58% 和 94.49%;对于极端干旱,流域广义干旱 1 级风险区的面积增加了 27.14%,而 2 级和 3 级风险区的面积分别减少了 153 km² 和 2244 km²。

表 13-6　人为气候变化对流域广义干旱风险的影响

风险等级	自然气候变化情景/km²				人为气候变化情景/km²				变化率/%			
	轻旱	中旱	重旱	极旱	轻旱	中旱	重旱	极旱	轻旱	中旱	重旱	极旱
1 级	0	516	7 423	8 832	1 507	6 799	11 021	11 229	—	1 217.64	48.47	27.14
2 级	448	6 110	1 992	153	3 183	2 825	108	0	610.49	-53.76	-94.58	—
3 级	1 883	1 657	1 814	2 244	3 340	1 397	100	0	77.38	-15.69	-94.49	—
4 级	7 978	2 946	0	0	3 198	208	0	0	-59.91	-92.94	—	—
5 级	920	0	0	0	0	0	0	0	-100.0	—	—	—

可见,人为气候变化在一定程度上使得东辽河流域广义干旱的高风险区向低风险区转移,高风险区的面积减少,而低风险区的面积增加。这种情况可能是由于东辽河流域在人为气候变化的影响下,2000 年以后降水量有所增加,而蒸发量有所降低造成的。

在下垫面条件变化的影响下,流域广义干旱风险的变化情况见表 13-7。对于轻度干旱,东辽河流域广义干旱 1 级风险区的面积增加了 2826 km²,2 级和 3 级风险区的面积分别增加了 408.71% 和 45.99%,而 4 级和 5 级风险区的面积分别减少了 57.70% 和 920 km²;

对于中度干旱，流域广义干旱1级风险区的面积增加了1555.43%，而2级、3级和4级风险区的面积分别减少了80.97%、20.58%和92.94%；对于重度干旱，流域广义干旱1级风险区的面积增加了38.99%，而2级和3级风险区的面积分别减少了59.24%和94.49%；对于极端干旱，流域广义干旱1级风险区的面积增加了27.14%，而2级和3级风险区的面积分别减少了153 km² 和2244 km²。

表13-7 下垫面条件改变对流域广义干旱风险的影响

风险等级	自然气候变化情景/km²				下垫面条件变化情景/km²				变化率/%			
	轻旱	中旱	重旱	极旱	轻旱	中旱	重旱	极旱	轻旱	中旱	重旱	极旱
1级	0	516	7 423	8 832	2 826	8 542	10 317	11 229	—	1 555.43	38.99	27.14
2级	448	6 110	1 992	153	2 279	1 163	812	0	408.71	−80.97	−59.24	—
3级	1 883	1 657	1 814	2 244	2 749	1 316	100	0	45.99	−20.58	−94.49	—
4级	7 978	2 946	0	0	3 375	208	0	0	−57.70	−92.94	—	—
5级	920	0	0	0	0	0	0	0	−100.0	—	—	—

可见，下垫面条件变化（主要是土地利用变化）使得流域广义干旱高风险区向低风险区转移，高风险区的面积减少，而低风险区的面积增加。

在水利工程调节下，流域广义干旱风险的变化情况见表13-8。对于轻度干旱，东辽河流域广义干旱1级风险区的面积增加了704km²，而5级风险区的面积减少了76.52%；对于中度干旱，流域广义干旱1级和3级风险区的面积分别增加了136.63%和59.93%，而4级风险区的面积减少了57.60%；对于重度干旱，流域广义干旱1级风险区的面积增加了9.48%，而2级和3级风险区的面积分别减少了30.57%和32.91%；对于极端干旱，流域广义干旱1级和2级风险区的面积分别增加了7.97%和649.02%，而3级风险区的面积减少了75.62%。

表13-8 水利工程调节对流域广义干旱风险的影响

风险等级	自然气候变化情景/km²				水利工程调节情景/km²				变化率/%			
	轻旱	中旱	重旱	极旱	轻旱	中旱	重旱	极旱	轻旱	中旱	重旱	极旱
1级	0	516	7 423	8 832	704	1 221	8 127	9 536	—	136.63	9.48	7.97
2级	448	6 110	1 992	153	448	6 110	1 383	1 146	0.0	0.0	−30.57	649.02
3级	1 883	1 657	1 814	2 244	1 883	2 650	1 217	547	0.0	59.93	−32.91	−75.62
4级	7 978	2 946	0	0	7 978	1 249	503	0	0.0	−57.60	—	—
5级	920	0	0	0	216	0	0	0	−76.52	—	—	—

可见，水利工程的调节使得流域广义干旱高风险区向低风险区转移，高风险区的面积减少，而低风险区的面积增加，风险值降低区主要发生在梨树灌区和秦屯灌区。

第 14 章 东辽河流域广义干旱风险应对

本章将首先介绍东辽河流域广义干旱风险应对目标和应对策略；其次，从提高农田灌溉水利用系数、减少田间土面蒸发和流域外调水 3 方面提出应对广义干旱风险的解决方案，并评估应对效果；最后，提出具体的应对措施。

14.1 应对目标

根据流域水资源条件和粮食生产对水资源安全保障的要求，以降低流域广义干旱风险为核心，在压缩流域内需水、配置流域内水资源和流域外调水的基础上，到远期水平年基本降低流域内广义干旱高风险区，实现流域水资源可持续利用的应对目标。

近期目标（近期水平年 2020 年）：严格控制超采区地下水的开采，做到地下水平水年不超采，丰水年适量回补，将地下水水源作为应对流域广义干旱风险的应急水源；农田灌溉水利用系数由现状的 0.50 提高到 0.55，基本提高农业灌溉节水潜力；基本完成流域重点水资源配置工程的建设，保障农业用水需求。

远期目标（远期水平年 2030 年）：基本退还超采的地下水及不合理开采的深层承压水，为极端情境下的广义干旱提供应急水源；农田灌溉水利用系数提高到 0.60，提高农业灌溉节水潜力；完成流域重点水资源配置工程的建设，保障农业和生态系统用水需求。

14.2 应对策略

东辽河流域广义干旱的风险应对采取"三步走"的策略，一是在现有工程条件的基础上，提高农业毛节水潜力，即提高农田灌溉水利用系数，降低流域广义干旱风险；二是提高农业净节水潜力，即减少农田无效消耗量，降低流域广义干旱风险；三是实现流域外调水，降低流域广义干旱风险。在经过"三步走"以后，将流域的广义干旱风险降到最低。

14.3 解决方案

14.3.1 提高农田灌溉水利用系数

2006 年东辽河流域总用水量为 6.34 亿 m^3，生活用水占 11.25%，生态用水占 0.95%，生产用水占 87.80%，其中，农业生产用水占生产用水的 83.67%，工业生产用水占生产用水的13.46%，建筑业用水占生产用水的0.54%，第三产业用水占生产用水的2.33%，可见，农业生产用水在流域各业用水结构中占有很大的比例。同时，根据第13章的分析结果，流域干旱高风险区主要分布在流域上游的金满水库、八一水库、椅山水库、安西水库、三良水库的供水范围内，以及下游的南崴子灌区、秦屯灌区、梨树灌区和双山灌区。高风险区内的土地利用以水田为主，需水量较大。因此，强化农业节水，对于降低流域广义干旱风险具有重要的意义。

选取风险值较高的20个评价单元近期水平年（表14-1）和远期水平年（表14-2）的风险值与现状风险值进行对比可知，不同广义干旱等级下评价单元32、41、61、38、29、58、64的风险值均降低了，而评价单元31的风险值增大了，其他评价单元的风险值变化不大。风险值降低的评价单元均在水库的供水范围内。可见，农田灌溉水利用系数的提高使得水库供水范围内的广义干旱风险值降低，但变化幅度不大。而风险值增大的评价单元31和49分别在金满水库和安西水库的下游，风险值增大的原因可能是：上游农田灌溉水利用系数提高后，使得深层渗漏量和灌溉回归水量减少，从而导致下游地区的可供水量减少，广义干旱风险值增大。

综上所述，提高灌溉水利用系数，一方面可以减少一部分灌区的取水量，另一方面又同时减少了另一部分灌区的可供水量的来源，导致部分评价单元广义干旱风险值得到降低，同时，又提高了另一部分评价单元的广义干旱风险值。

表14-1 近期水平年对应的流域广义干旱风险 （单位：%）

评价单元	轻度干旱 现状	轻度干旱 近期	中度干旱 现状	中度干旱 近期	重度干旱 现状	重度干旱 近期	极端干旱 现状	极端干旱 近期	备注
32	81.29	79.73	54.94	54.17	35.61	35.14	23.29	22.07	八一水库
41	76.21	75.89	48.01	47.68	32.82	31.54	17.94	15.63	金满水库
61	76.15	76.04	47.24	46.53	32.03	31.90	22.29	21.02	南崴子灌区
38	72.62	71.23	47.03	46.48	26.82	24.68	18.48	17.04	安西水库
29	69.18	67.74	43.87	42.49	26.17	25.24	16.14	14.98	椅山水库
9	64.23	63.61	38.56	38.06	28.35	27.20	18.89	17.52	双山灌区
11	61.61	60.68	41.97	41.60	23.31	20.96	12.91	13.04	秦屯灌区
48	60.19	60.19	35.81	35.81	23.82	23.82	10.46	10.46	林地
51	58.23	58.23	40.05	40.05	23.41	23.41	7.47	7.47	林地
31	49.91	50.62	31.39	32.46	18.25	19.74	0.68	1.82	林地
58	49.56	48.18	30.95	29.36	16.89	16.27	1.26	0.89	三良水库
59	48.96	48.96	30.54	30.54	17.24	17.24	0.68	0.68	林地
27	48.84	48.84	30.07	30.07	7.60	7.60	0	0	林地
40	48.65	48.65	26.72	26.72	16.91	16.91	6.29	6.29	林地
49	48.12	49.34	29.46	30.54	13.03	14.12	0.61	1.08	林地
44	45.19	45.19	19.24	19.24	12.40	12.40	6.33	6.33	旱地

续表

评价单元	轻度干旱 现状	轻度干旱 近期	中度干旱 现状	中度干旱 近期	重度干旱 现状	重度干旱 近期	极端干旱 现状	极端干旱 近期	备注
64	43.99	40.64	23.90	22.67	16.33	14.98	7.18	5.93	梨树灌区
30	42.05	42.05	20.17	20.17	9.57	9.57	1.67	1.67	旱地
22	41.87	41.87	21.18	21.18	12.80	12.80	6.19	6.19	旱地
25	41.51	41.51	20.48	20.48	10.95	10.95	3.88	3.88	旱地

表 14-2　远期水平年对应的流域广义干旱风险　　（单位：%）

评价单元	轻度干旱 现状	轻度干旱 远期	中度干旱 现状	中度干旱 远期	重度干旱 现状	重度干旱 远期	极端干旱 现状	极端干旱 远期	备注
32	96.50	93.28	79.69	76.12	58.54	57.16	41.15	38.98	八一水库
41	94.34	92.12	72.97	71.26	54.86	52.24	32.66	30.28	金满水库
61	94.31	94.28	72.16	71.20	53.80	53.23	39.61	37.63	南崴子灌区
38	92.50	91.34	71.94	70.68	46.45	44.92	33.55	31.87	安西水库
29	90.50	89.26	68.49	67.13	45.50	44.23	29.67	28.45	椅山水库
9	87.21	86.06	62.25	62.61	48.66	47.05	34.22	31.95	双山灌区
11	85.26	82.72	66.33	64.94	41.19	38.35	24.15	23.56	秦屯灌区
48	84.15	84.15	58.80	58.80	41.97	41.97	19.82	19.82	林地
51	82.55	82.55	64.06	64.06	41.34	41.34	14.39	14.39	林地
31	74.91	76.03	52.93	54.16	33.17	34.89	1.36	2.05	林地
58	74.55	72.18	52.32	49.62	30.92	28.53	2.51	1.07	三良水库
59	73.94	73.94	51.75	51.75	31.51	31.51	1.35	1.35	林地
27	73.83	73.83	51.10	51.10	14.62	14.62	0	0	林地
40	73.63	73.63	46.30	46.30	30.96	30.96	12.19	12.19	林地
49	73.08	74.76	50.24	51.87	24.36	24.04	1.21	1.89	林地
44	69.96	69.96	34.79	34.79	23.26	23.26	12.25	12.25	旱地
64	68.63	58.43	42.08	34.74	29.99	23.39	13.85	9.94	梨树灌区
30	66.42	66.42	36.27	36.27	18.22	18.22	3.32	3.32	旱地
22	66.21	66.21	37.87	37.87	23.97	23.97	11.99	11.99	旱地
25	65.79	65.79	36.77	36.77	20.69	20.69	7.61	7.61	旱地

14.3.2　减少田间土面蒸发

通过提高农田灌溉水利用系数来强化节水，虽然在一定程度上可以降低一部分灌区的广义干旱风险值，但也同时提高了另一部分灌区的风险值，因此，通过减少田间土面蒸发、减少渠系水面蒸发、减少无效潜水蒸发、减少不可利用无效流失量等措施来减少无效消耗量和渗漏损失量,达到降低广义干旱风险值的目的,从而得到广义干旱风险。

本书主要从减少田间土面蒸发的角度来减少无效消耗量,从而降低风险值。相关结果显示,沟灌条件下夏玉米棵间土壤蒸发量占全生育期总耗水量的33.06%~34.35%(孙景生等,2005);间歇灌溉、湿润灌溉、淹灌条件下水稻本田期(返青期至乳熟期)株间土壤蒸发量分别占阶段蒸散量的44.2%、39.6%和47.4%(聂晓等,2011)。对于近期水平年,假设播种至出苗期,夏玉米株间土壤蒸发量占阶段蒸散量的90%;出苗至拔节期,株间土壤蒸发量占阶段蒸散量的35%;拔节至抽雄期,株间土壤蒸发量占阶段蒸散量的25%;抽雄至灌浆期,株间土壤蒸发量占阶段蒸散量的15%;灌浆期以后,株间土壤蒸发量占阶段蒸散量的25%。水稻本田期(返青期至乳熟期)株间土壤蒸发量占阶段蒸散量的40%。对于远期水平年,假设播种至出苗期,夏玉米株间土壤蒸发量占阶段蒸散量的85%;出苗至拔节期,株间土壤蒸发量占阶段蒸散量的30%;拔节至抽雄期,株间土壤蒸发量占阶段蒸散量的20%;抽雄至灌浆期,株间土壤蒸发量占阶段蒸散量的10%;灌浆期以后,株间土壤蒸发量占阶段蒸散量的20%。水稻本田期(返青期至乳熟期)株间土壤蒸发量占阶段蒸散量的35%。

选取风险值较高的20个评价单元近期水平年(表14-3)和远期水平年(表14-4)的风险值与现状风险值作对比可知,不同广义干旱等级下大部分评价单元的风险值均降低了,只有部分评价单元的风险值未发生变化。

表14-3 近期水平年对应的流域广义干旱风险　　　　　　　　(单位:%)

评价单元	轻度干旱 现状	轻度干旱 近期	中度干旱 现状	中度干旱 近期	重度干旱 现状	重度干旱 近期	极端干旱 现状	极端干旱 近期	备注
32	81.29	63.67	54.94	36.14	35.61	24.44	23.29	14.12	八一水库
41	76.21	58.87	48.01	35.12	32.82	18.39	17.94	5.25	金满水库
61	76.15	52.06	47.24	30.93	32.03	19.51	22.29	10.22	南崴子灌区
38	72.62	53.75	47.03	29.92	26.82	16.01	18.48	2.71	安西水库
29	69.18	50.26	43.87	30.41	26.17	13.16	16.14	2.79	椅山水库
9	64.23	39.27	38.56	27.88	28.35	13.38	18.89	3.59	双山灌区
11	61.61	39.73	41.97	17.11	23.31	11.10	12.91	1.64	秦屯灌区
48	60.19	60.19	35.81	35.81	23.82	23.82	10.46	10.46	林地
51	58.23	58.23	40.05	40.05	23.41	23.41	7.47	7.47	林地
31	49.91	49.91	31.39	31.39	18.25	18.25	0.68	0.68	林地
58	49.56	49.56	30.95	30.95	16.89	16.89	1.26	1.26	三良水库
59	48.96	48.96	30.54	30.54	17.24	17.24	0.68	0.68	林地
27	48.84	48.84	30.07	30.07	7.60	7.60	0	0	林地
40	48.65	48.65	26.72	26.72	16.91	16.91	6.29	6.29	林地
49	48.12	48.12	29.46	29.46	13.03	13.03	0.61	0.61	林地
44	45.19	30.56	19.24	14.18	12.40	6.85	6.33	0	旱地

续表

评价单元	轻度干旱 现状	轻度干旱 近期	中度干旱 现状	中度干旱 近期	重度干旱 现状	重度干旱 近期	极端干旱 现状	极端干旱 近期	备注
64	43.99	20.43	23.90	4.88	16.33	2.01	7.18	0	梨树灌区
30	42.05	29.21	20.17	12.83	9.57	1.91	1.67	0	旱地
22	41.87	28.98	21.18	14.31	12.80	5.68	6.19	0	旱地
25	41.51	28.97	20.48	13.56	10.95	3.75	3.88	0	旱地

表 14-4　远期水平年对应的流域广义干旱风险　　　　　　　（单位:%）

评价单元	轻度干旱 现状	轻度干旱 远期	中度干旱 现状	中度干旱 远期	重度干旱 现状	重度干旱 远期	极端干旱 现状	极端干旱 远期	备注
32	96.50	72.09	79.69	49.29	58.54	29.66	41.15	10.33	八一水库
41	94.34	68.67	72.97	44.23	54.86	15.55	32.66	1.99	金满水库
61	94.31	64.01	72.16	38.42	53.80	20.93	39.61	5.02	南崴子灌区
38	92.50	67.34	71.94	43.26	46.45	9.48	33.55	0	安西水库
29	90.50	63.30	68.49	38.44	45.50	9.60	29.67	0	椅山水库
9	87.21	58.02	62.25	26.70	48.66	8.86	34.22	0	双山灌区
11	85.26	37.42	66.33	25.25	41.19	3.95	24.15	0	秦屯灌区
48	84.15	84.15	58.80	58.80	41.97	41.97	19.82	19.82	林地
51	82.55	82.55	64.06	64.06	41.34	41.34	14.39	14.39	林地
31	74.91	74.91	52.93	52.93	33.17	33.17	1.36	1.36	林地
58	74.55	74.55	52.32	52.32	30.92	30.92	2.51	2.51	三良水库
59	73.94	73.94	51.75	51.75	31.51	31.51	1.35	1.35	林地
27	73.83	73.83	51.10	51.10	14.62	14.62	0	0	林地
40	73.63	73.63	46.30	46.30	30.96	30.96	12.19	12.19	林地
49	73.08	73.08	50.24	50.24	24.36	24.36	1.21	1.21	林地
44	69.96	43.12	34.79	17.50	23.26	5.44	12.25	0	旱地
64	68.63	14.89	42.08	4.01	29.99	0	13.85	0	梨树灌区
30	66.42	40.23	36.27	11.75	18.22	0	3.32	0	旱地
22	66.21	43.38	37.87	16.61	23.97	3.87	11.99	0	旱地
25	65.79	41.24	36.77	13.62	20.69	3.97	7.61	0	旱地

近期水平年下通过减少田间土面蒸发，流域大部分评价单元的广义干旱风险均得到了降低。对于轻度干旱，广义干旱风险降低最为明显的是在流域下游的四大灌区，而流域上游的部分评价单元的风险值未发生变化；对于中度干旱，风险值降低最为明显的是秦屯灌区，流域上游的部分评价单元的风险值未发生变化；对于重度干旱，流域下游四大灌区及上游的金满水库和八一水库所在评价单元的风险值降低较为明显；对于极端干旱，流域下游的南崴子灌区、秦屯灌区和双山灌区以及上游的金满水库所在评价单元的风险值降低较为明显，而未发生变化的评价单元较其他广义干旱等级的多（图 14-1）。

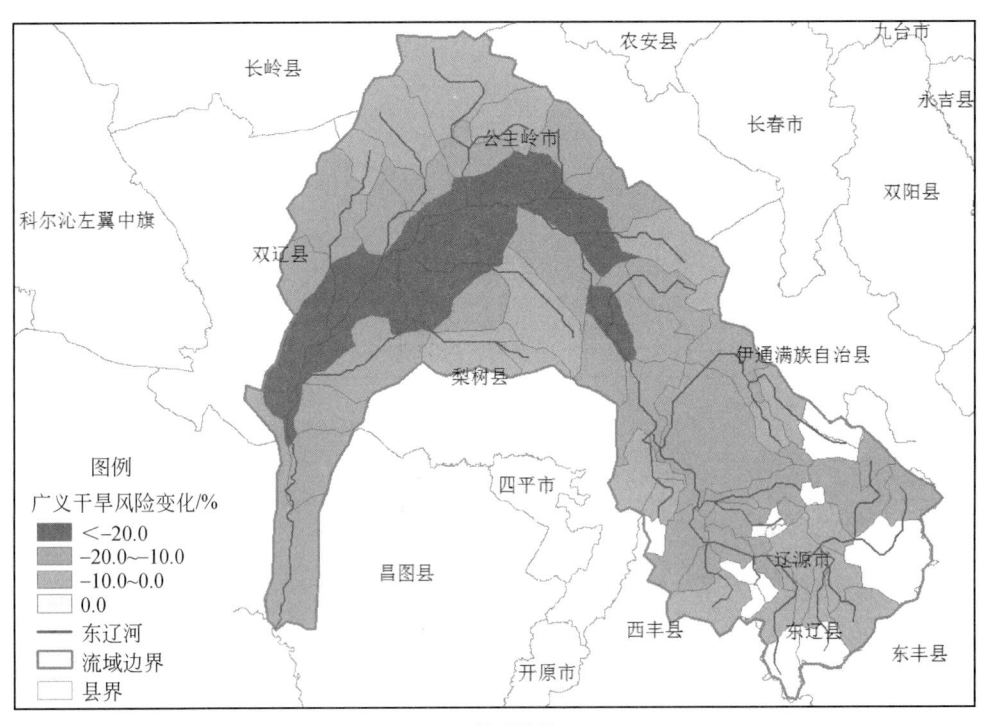

(a) 轻度干旱

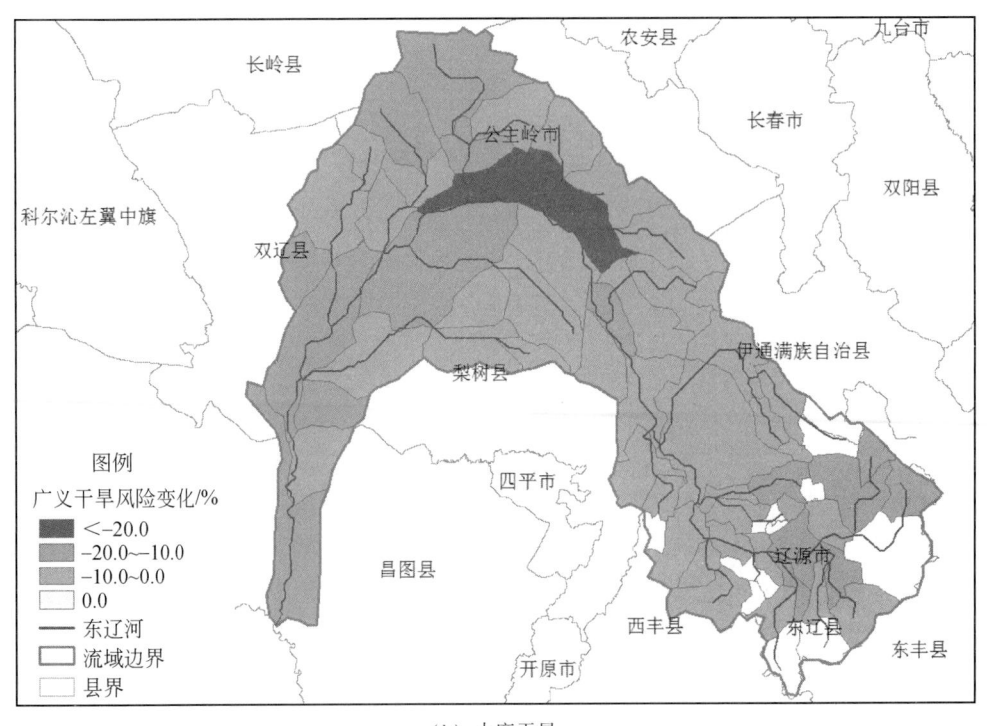

(b) 中度干旱

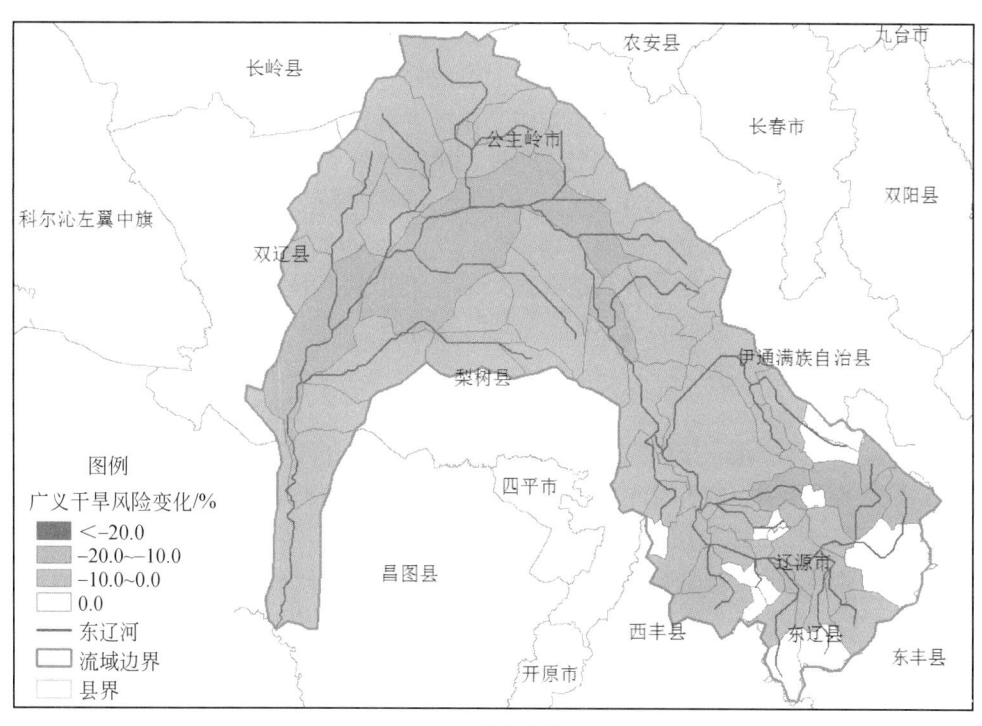

(c) 重度干旱

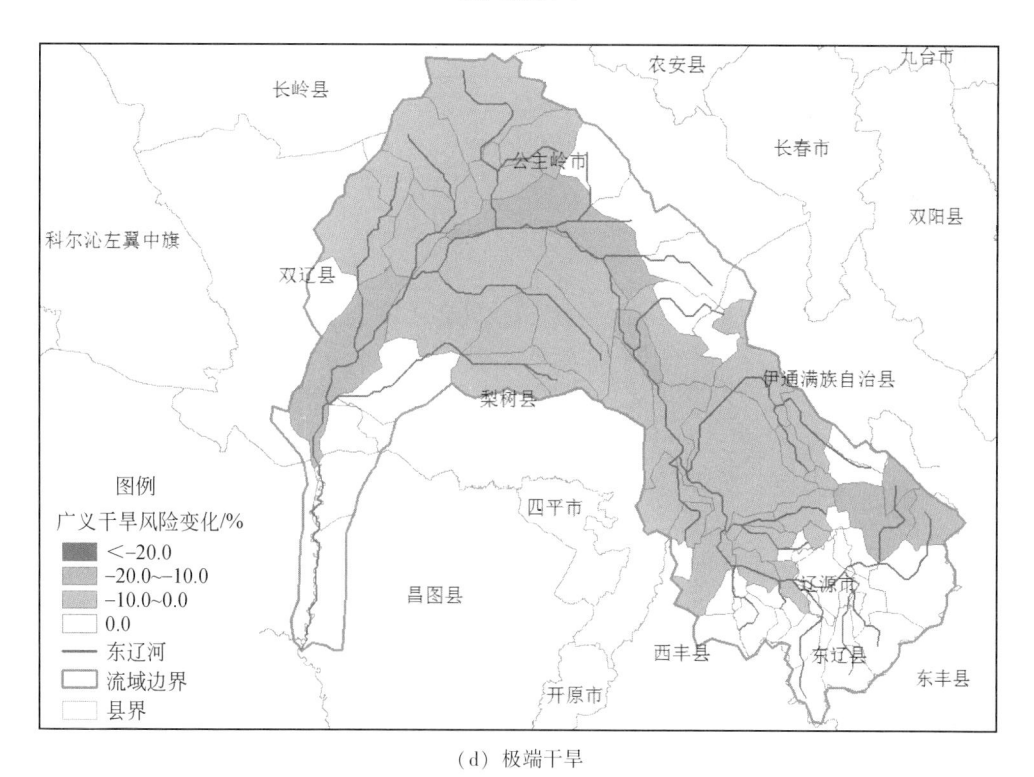

(d) 极端干旱

图 14-1 近期水平年下流域广义干旱风险变化情况

远期水平年下通过减少田间土面蒸发，流域大部分评价单元的广义干旱风险均得到了降低。对于轻度干旱，广义干旱风险除流域上游的部分评价单元外均发生了较为明显的降低；对于中度干旱，风险值降低最为明显的是流域下游和上游的部分地区，特别是下游的四大灌区和上游水库所在评价单元；对于重度干旱，流域下游四大灌区及上游的金满水库和八一水库所在评价单元的风险值降低较为明显；对于极端干旱，流域下游的南崴子灌区、秦屯灌区和双山灌区以及上游的金满水库、八一水库所在评价单元的风险值降低较为明显，而未发生变化的评价单元较其他广义干旱等级的多（图14-2）。

14.3.3 流域外调水

东辽河流域由于当地水资源条件的限制，规划修建吉林省中部城市群引水工程，解决当地的水资源供需矛盾。吉林省中部城市群是指以长春、四平、辽源3市为中心，涵盖10座县级城市及25个建制镇的吉林省中部广大地区，是全国粮食主产区之一。吉林省中部城市群引松供水工程是从第二松花江丰满水库库区引水，工程主要由输水工程（隧道和管线）、调节工程（星星哨、石头口门、新立城等三座大型已建水库，金满、杨木、卡伦等15座中型已建水库）、加压站、城市输水线路等组成。规划2020年向东辽河流域调入水量为1.49亿m³，2030年调入水量为1.99亿m³。根据流域种植结构、产业布局和生活条件等，本书假设调入水量中用于农业生产和生态用水的2020年为1.11亿m³，2030年为1.48亿m³。

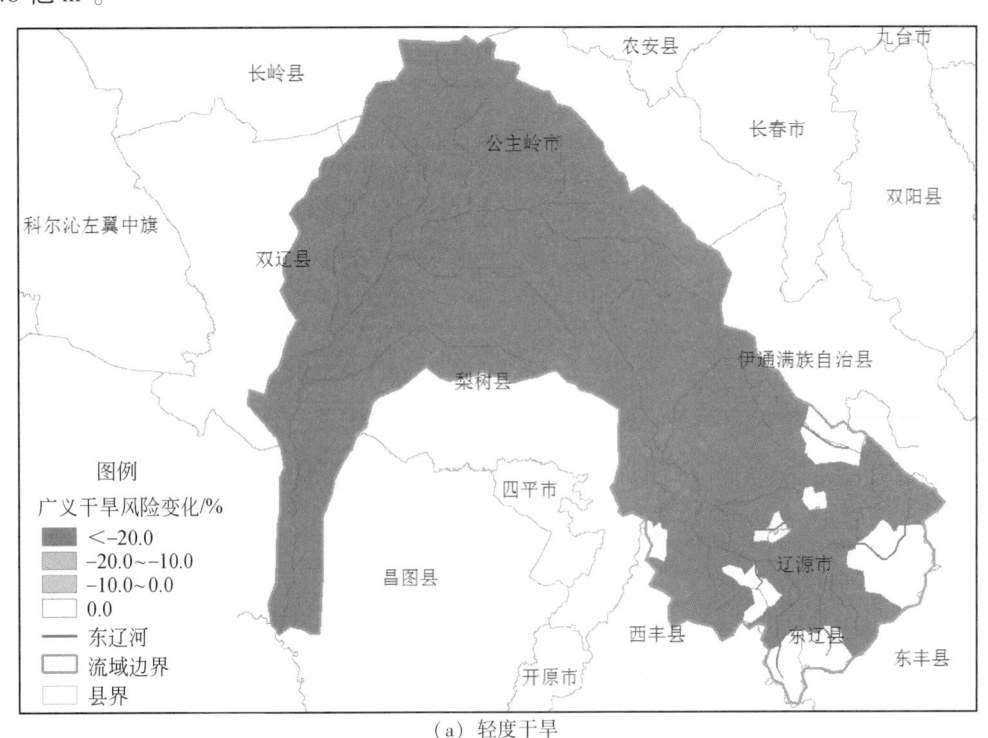

(a) 轻度干旱

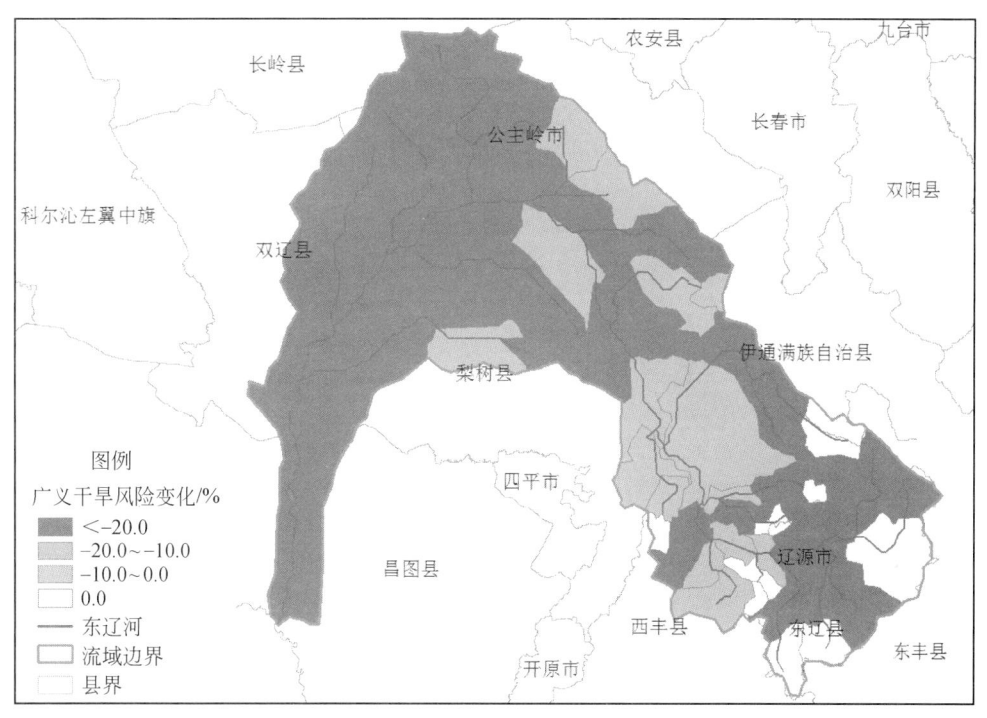

(b) 中度干旱

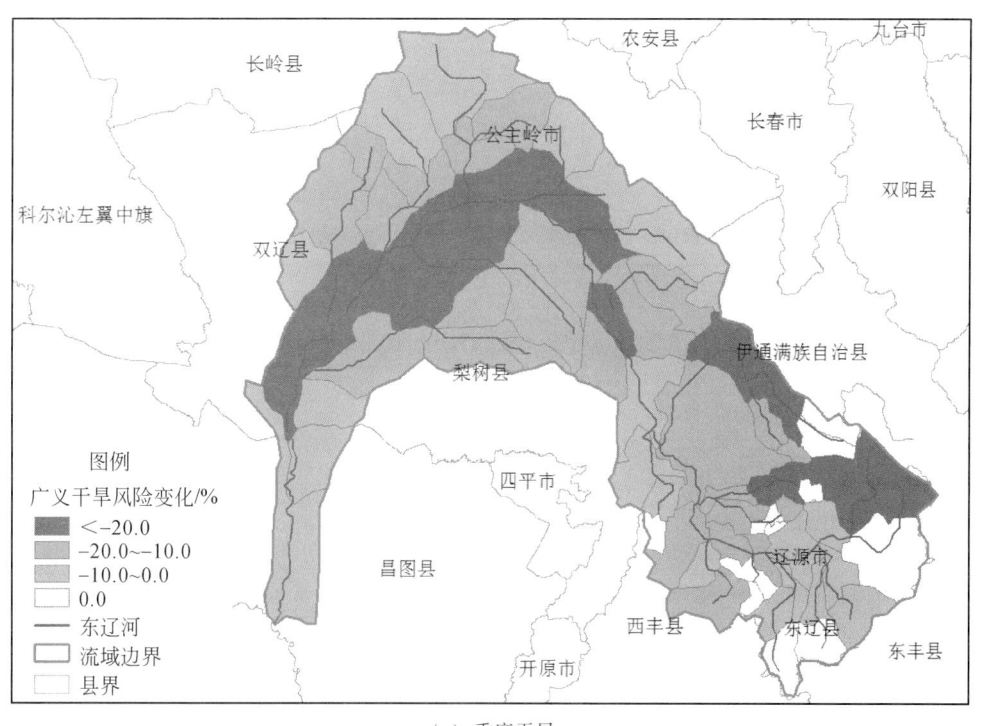

(c) 重度干旱

(d) 极端干旱

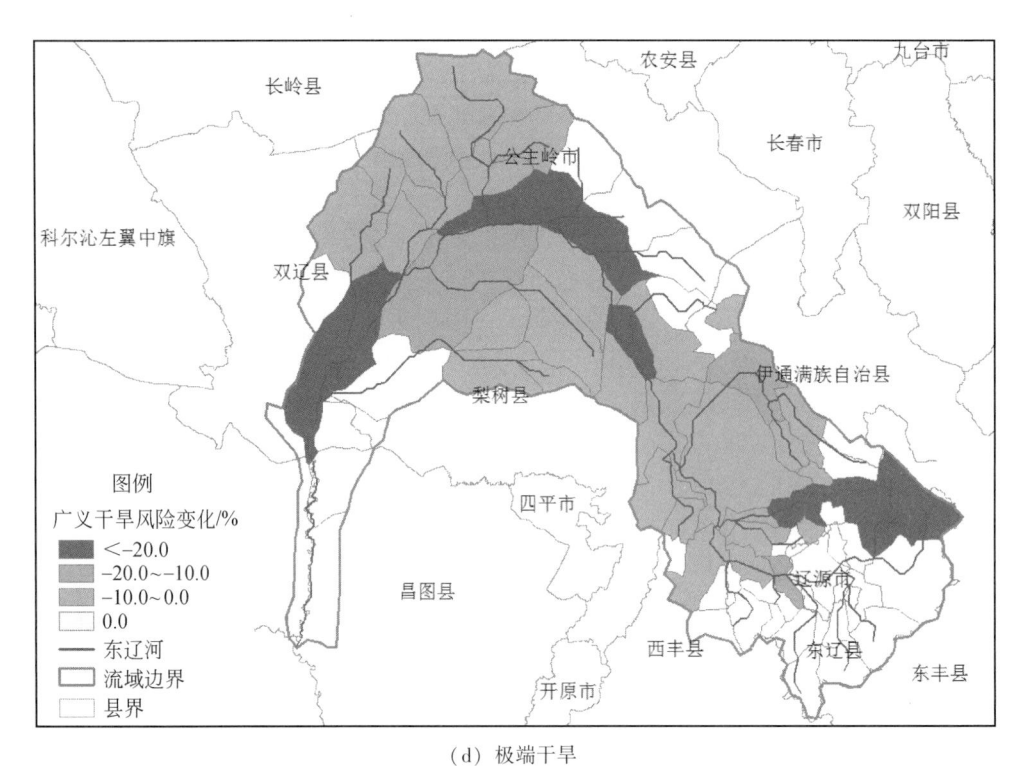

图 14-2 远期水平年下流域广义干旱风险变化情况

选取风险值较高的 20 个评价单元近期水平年（表 14-5）和远期水平年（表 14-6）的风险值与现状风险值作对比可知，不同广义干旱等级下大部分评价单元的风险值均降低了，只有部分评价单元的风险值未发生变化。

表 14-5 近期水平年对应的流域广义干旱风险 （单位:%）

评价单元	轻度干旱 现状	轻度干旱 近期	中度干旱 现状	中度干旱 近期	重度干旱 现状	重度干旱 近期	极端干旱 现状	极端干旱 近期	备注
32	81.29	40.87	54.94	26.23	35.61	14.22	23.29	3.56	八一水库
41	76.21	39.31	48.01	20.77	32.82	3.56	17.94	0	金满水库
61	76.15	26.33	47.24	14.75	32.03	3.31	22.29	0	南崴子灌区
38	72.62	33.23	47.03	17.17	26.82	2.45	18.48	0	安西水库
29	69.18	33.54	43.87	13.90	26.17	1.60	16.14	0	椅山水库
9	64.23	20.14	38.56	7.49	28.35	0	18.89	0	双山灌区
11	61.61	18.13	41.97	3.78	23.31	0	12.91	0	秦屯灌区
48	60.19	55.34	35.81	31.29	23.82	23.06	10.46	6.20	林地
51	58.23	53.85	40.05	33.69	23.41	20.96	7.47	3.45	林地
31	49.91	41.25	31.39	26.42	18.25	7.88	0.68	1.64	林地

续表

评价单元	轻度干旱 现状	轻度干旱 近期	中度干旱 现状	中度干旱 近期	重度干旱 现状	重度干旱 近期	极端干旱 现状	极端干旱 近期	备注
58	49.56	39.31	30.95	23.95	16.89	9.33	1.26	1.08	三良水库
59	48.96	38.42	30.54	24.22	17.24	9.23	0.68	0	林地
27	48.84	40.38	30.07	24.76	7.60	4.88	0	0	林地
40	48.65	43.15	26.72	24.97	16.91	14.12	6.29	4.23	林地
49	48.12	37.83	29.46	25.62	13.03	7.06	0.61	1.58	林地
44	45.19	24.34	19.24	11.23	12.40	2.60	6.33	0	旱地
64	43.99	2.91	23.90	0	16.33	0	7.18	0	梨树灌区
30	42.05	23.96	20.17	6.07	9.57	0	1.67	0	旱地
22	41.87	24.57	21.18	9.76	12.80	1.97	6.19	0	旱地
25	41.51	25.71	20.48	7.57	10.95	1.99	3.88	0	旱地

表14-6　远期水平年对应的流域广义干旱风险　　　　　　　　（单位:%）

评价单元	轻度干旱 现状	轻度干旱 远期	中度干旱 现状	中度干旱 远期	重度干旱 现状	重度干旱 远期	极端干旱 现状	极端干旱 远期	备注
32	96.50	39.90	79.69	21.61	58.54	0	41.15	0	八一水库
41	94.34	37.29	72.97	7.11	54.86	0	32.66	0	金满水库
61	94.31	24.90	72.16	3.81	53.80	0	39.61	0	南崴子灌区
38	92.50	29.88	71.94	3.72	46.45	0	33.55	0	安西水库
29	90.50	24.28	68.49	3.28	45.50	0	29.67	0	椅山水库
9	87.21	12.76	62.25	0	48.66	0	34.22	0	双山灌区
11	85.26	12.28	66.33	0	41.19	0	24.15	0	秦屯灌区
48	84.15	72.45	58.80	45.85	41.97	35.43	19.82	9.06	林地
51	82.55	72.29	64.06	52.61	41.34	28.10	14.39	4.44	林地
31	74.91	56.89	52.93	43.36	33.17	9.4	1.36	0	林地
58	74.55	56.75	52.32	40.23	30.92	9.47	2.51	0	三良水库
59	73.94	57.57	51.75	38.22	31.51	6.55	1.35	0	林地
27	73.83	63.54	51.10	31.99	14.62	3.77	0	0	林地
40	73.63	55.92	46.30	38.38	30.96	18.47	12.19	3.90	林地
49	73.08	56.07	50.24	41.37	24.36	5.74	1.21	0	林地
44	69.96	35.89	34.79	7.96	23.26	0	12.25	0	旱地

续表

评价单元	轻度干旱 现状	轻度干旱 远期	中度干旱 现状	中度干旱 远期	重度干旱 现状	重度干旱 远期	极端干旱 现状	极端干旱 远期	备注
64	68.63	0	42.08	0	29.99	0	13.85	0	梨树灌区
30	66.42	32.83	36.27	3.96	18.22	0	3.32	0	旱地
22	66.21	31.00	37.87	7.87	23.97	0	11.99	0	旱地
25	65.79	27.18	36.77	5.49	20.69	0	7.61	0	旱地

近期水平年下通过流域外调水，流域大部分评价单元的广义干旱风险均得到了降低。对于轻度干旱，广义干旱风险降低最为明显的是在流域上游的金满、八一、安西等水库的供水范围内，以及下游的四大灌区；对于中度干旱，风险值降低最为明显同样是在流域上游的金满、八一等水库的供水范围内和流域下游的四大灌区；对于重度干旱，流域上游的金满、八一等水库所在评价单元以及下游的南崴子、秦屯、双山等灌区的风险值降低较为明显；对于极端干旱，流域上游的八一水库所在评价单元以及下游的南崴子灌区的风险值降低较为明显，大部分评价单元的风险值变化不大（图14-3）。

远期水平年下通过流域外调水，流域大部分评价单元的广义干旱风险均得到了降低。对于轻度干旱，广义干旱风险降低最为明显的是流域下游的四大灌区；对于中度干旱，风

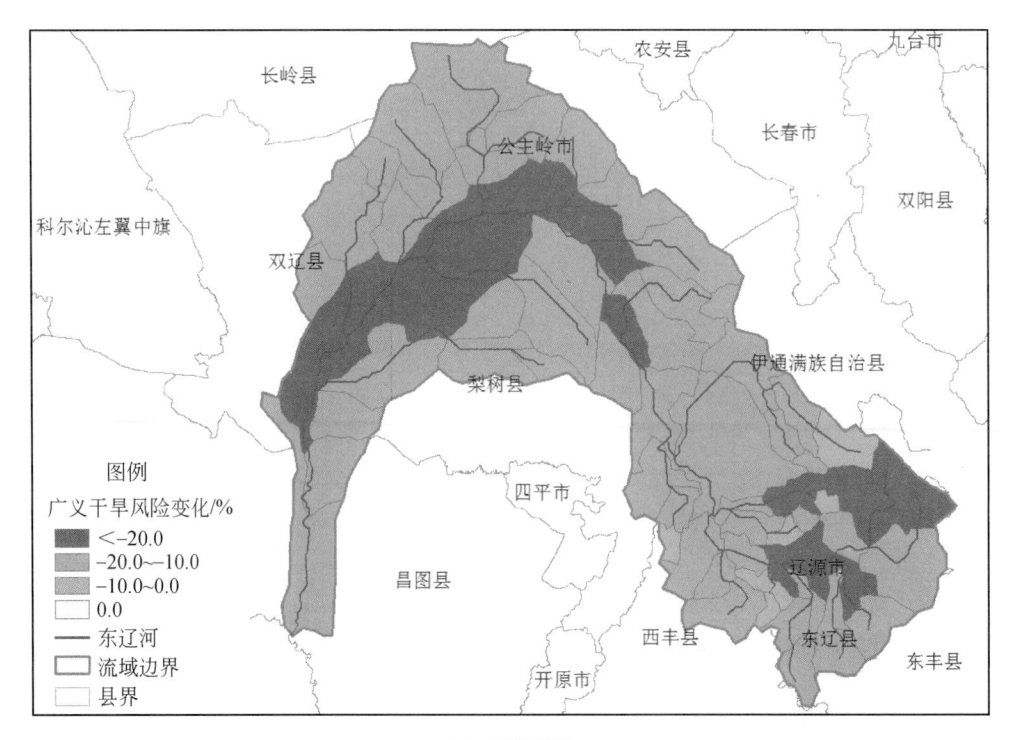

(a) 轻度干旱

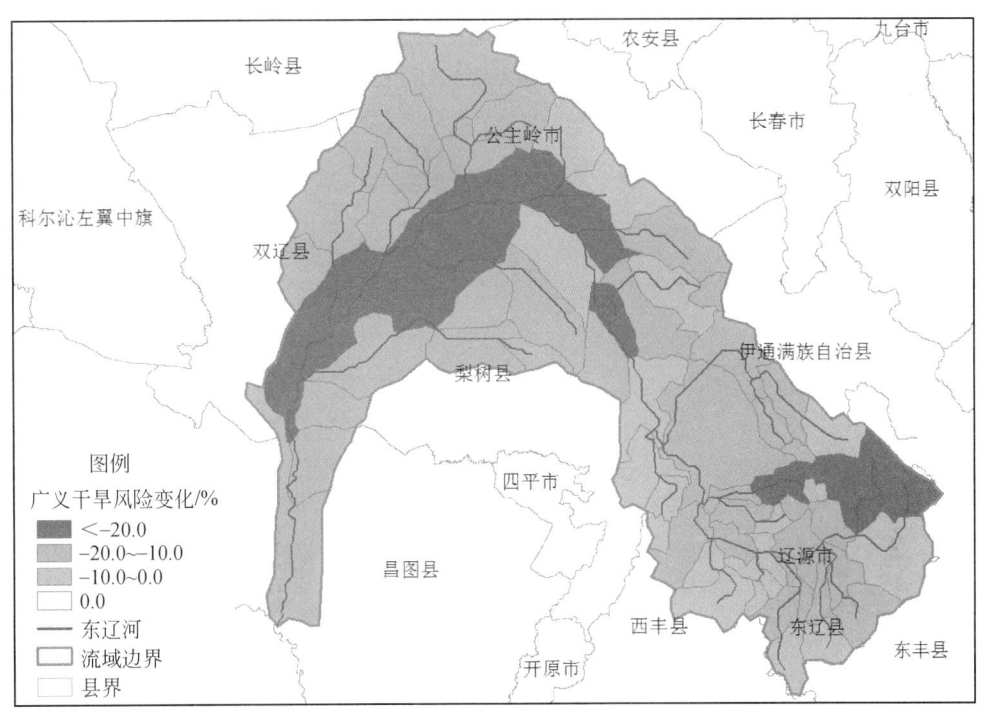

(b) 中度干旱

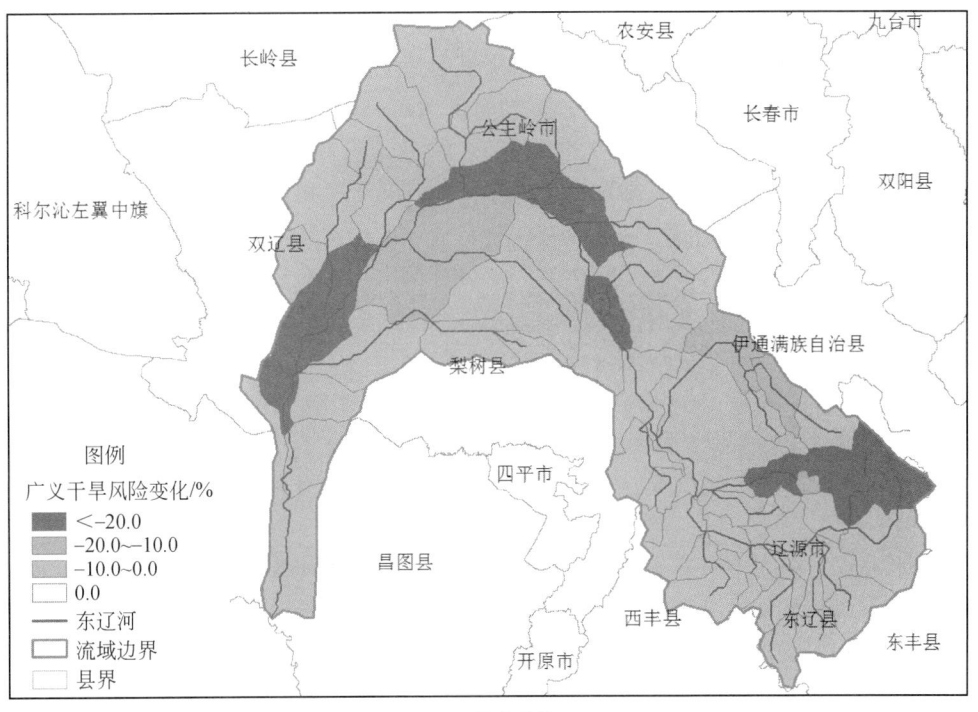

(c) 重度干旱

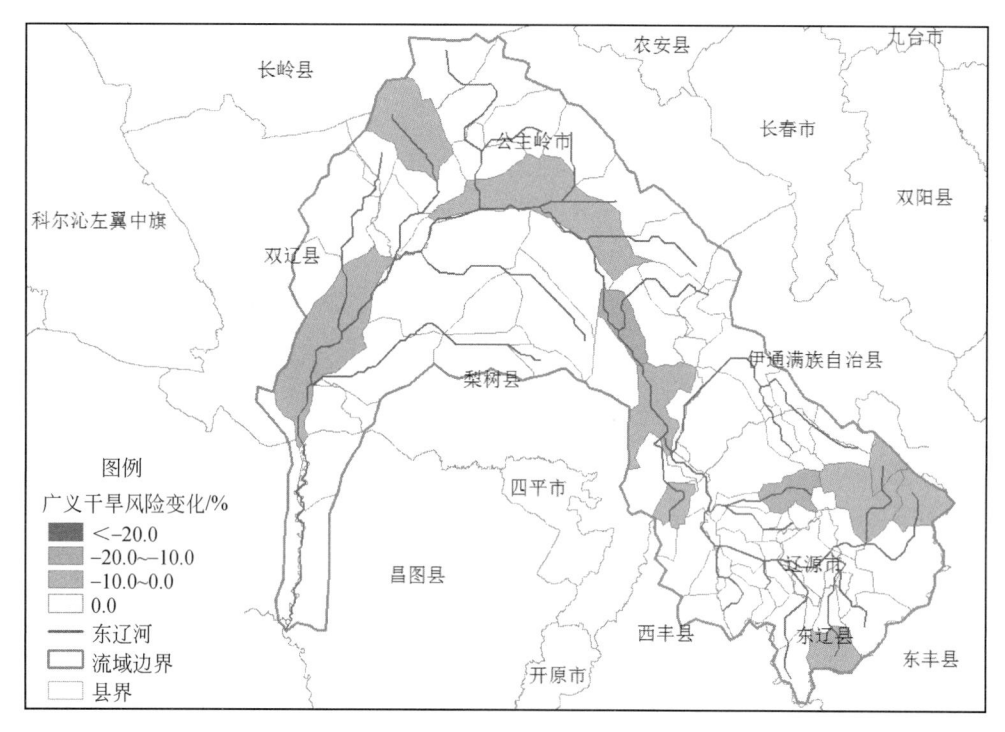

(d) 极端干旱

图 14-3 近期水平年下流域广义干旱风险变化情况

险值降低最为明显的是流域下游的秦屯灌区；对于重度干旱，流域下游四大灌区及上游的金满水库和八一水库所在评价单元的风险值降低较为明显；对于极端干旱，流域下游的南崴子灌区、秦屯灌区和双山灌区以及上游的金满水库所在评价单元的风险值降低较为明显，而变化不大的评价单元较其他广义干旱等级的多（图 14-4）。

综上所述，东辽河流域在未来规划水平年降低广义干旱风险首先是强化节水，通过节水可压缩流域内需水，其次是增加本流域调蓄，通过调引水增加流域内供水。在经过提高农田灌溉水利用系数、减少田间土面蒸发和流域外调水后，东辽河流域广义干旱风险值得到了大幅度的降低。

近期水平年，轻度干旱下流域由现状的以 4 级风险为主转为以 2 级风险为主，只有上游部分地区出现 4 级风险；中度干旱下流域由现状的以 2 级风险为主转为以 1 级风险为主，上游部分地区也由现状的 4 级风险转为 3 级风险；重度干旱下流域大部分地区由现状的 3 级和 4 级风险转为 1 级风险；极端干旱下流域现状的 2 级和 3 级风险区均转为 1 级风险区（图 14-5）。

远期水平年，轻度干旱下流域由现状的以 4 级风险为主转为以 2 级风险为主，只有上游部分地区出现 4 级风险，且现状的部分 5 级风险区转为 2 级风险区；中度干旱下流域由现状的以 4 级和 3 级风险为主转为以 1 级风险为主，只有上游部分地区出现 4 级风险；重度干旱下流域大部分地区由现状的 3 级和 4 级风险转为 1 级风险；极端干旱下流域现状的 3 级和 4 级风险区均转为 1 级风险区（图 14-6）。

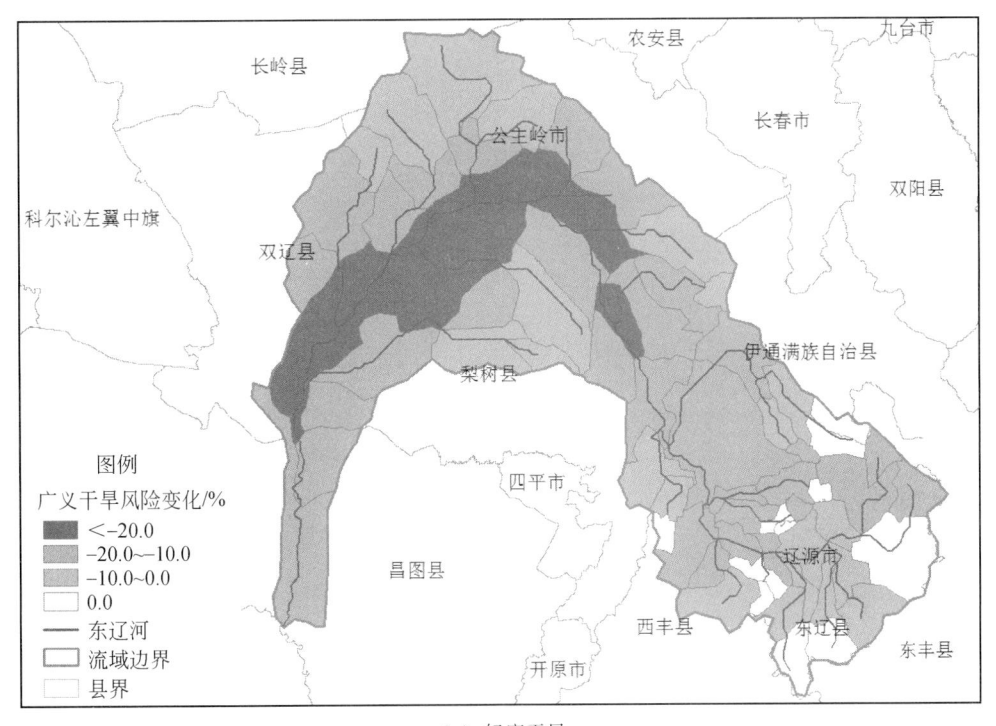

(a) 轻度干旱

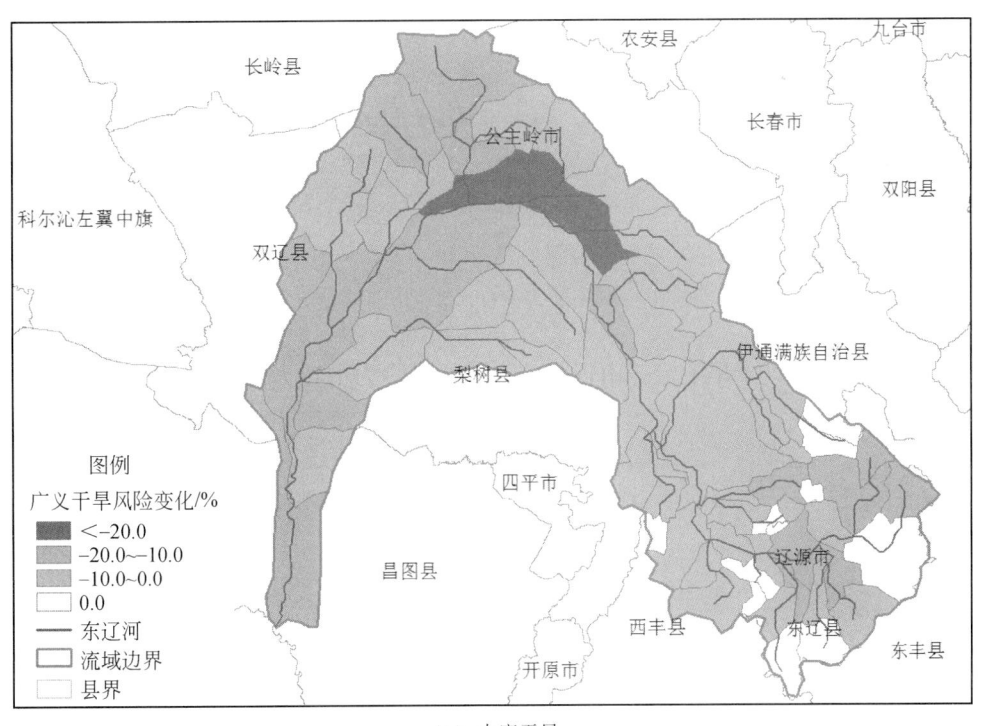

(b) 中度干旱

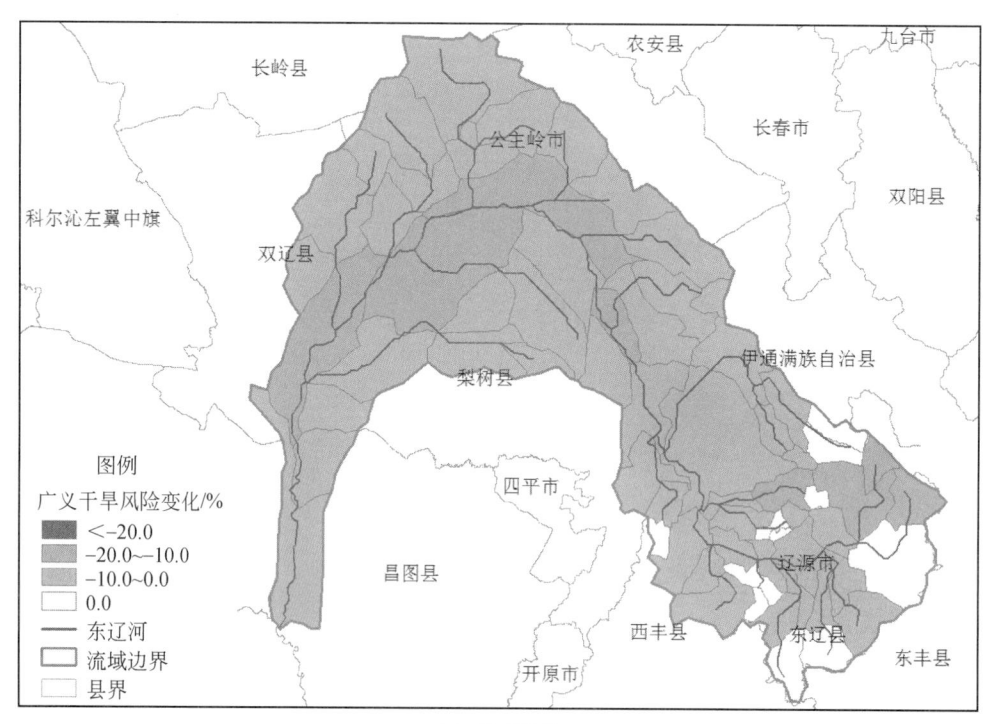

(c) 重度干旱

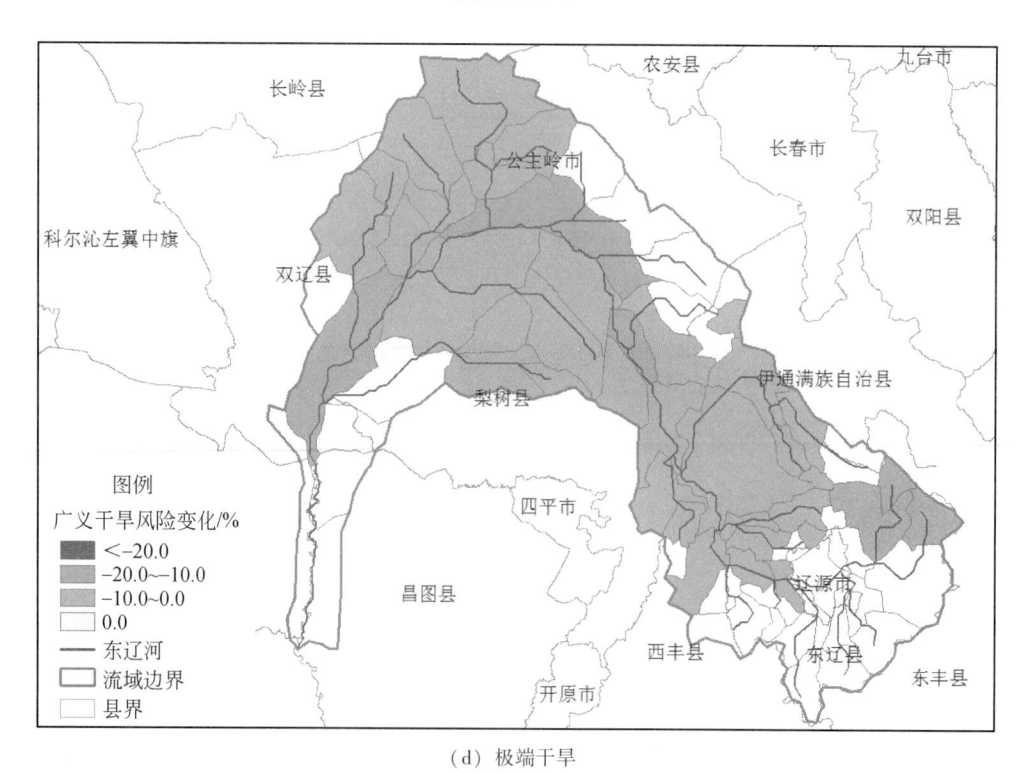

(d) 极端干旱

图 14-4 远期水平年下流域广义干旱风险变化情况

第14章 东辽河流域广义干旱风险应对

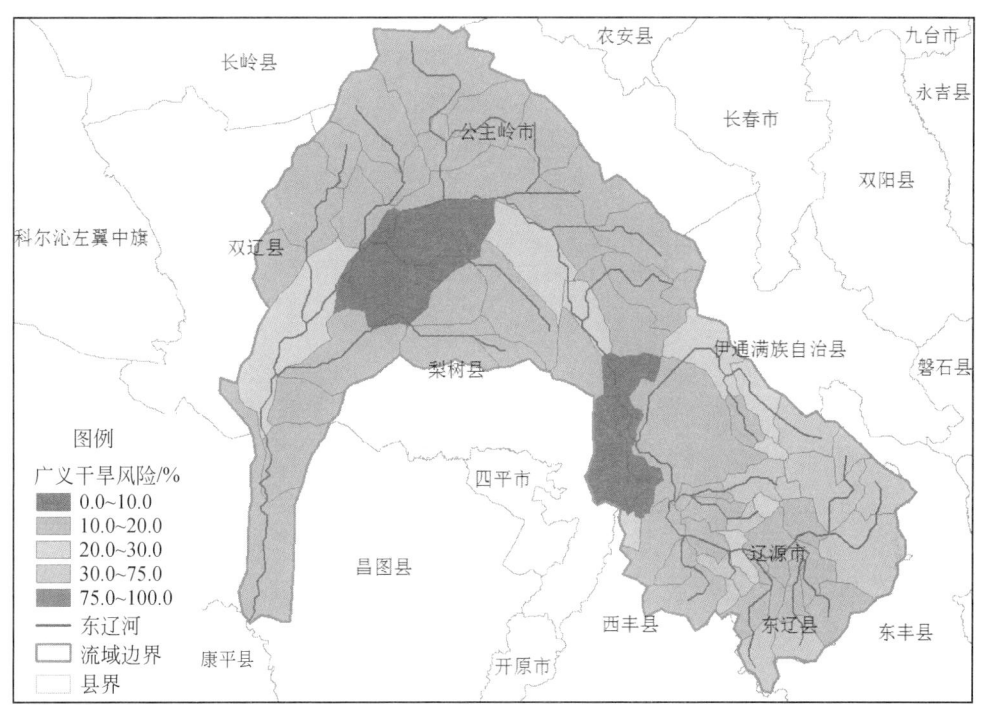

(a) 轻度干旱

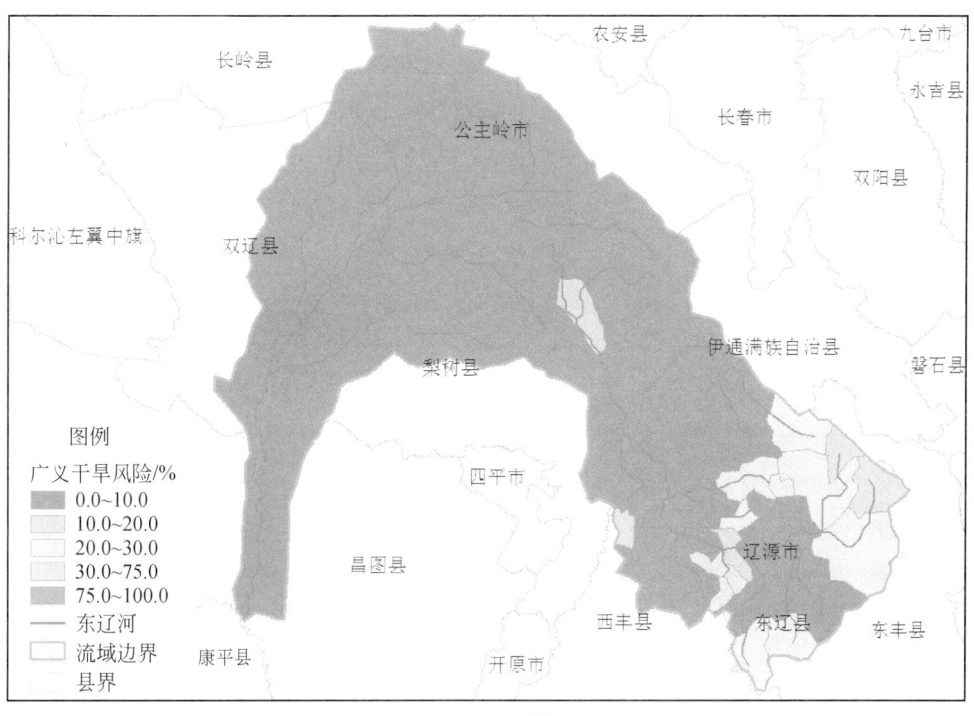

(b) 中度干旱

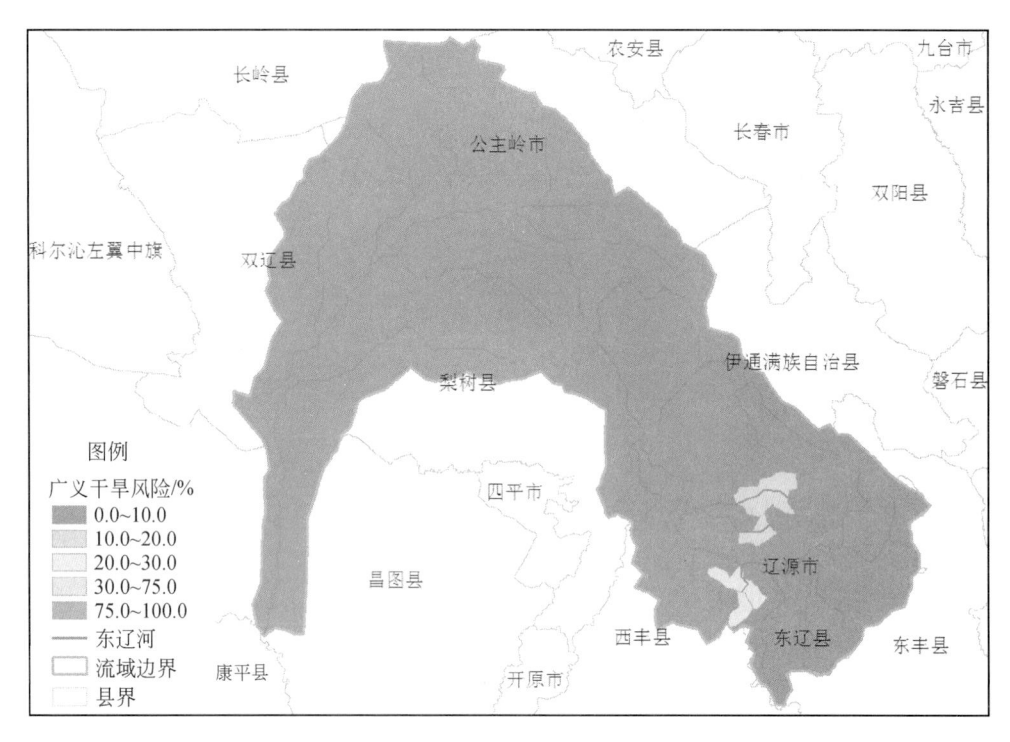

(c) 重度干旱

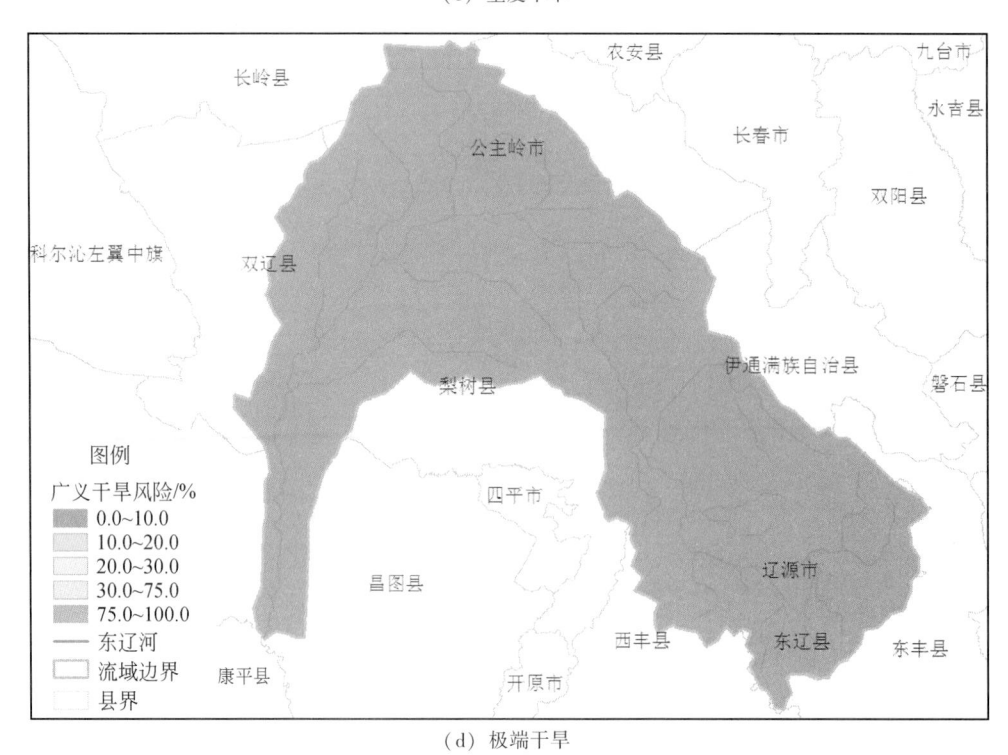

(d) 极端干旱

图 14-5 近期水平年对应的流域广义干旱风险区划

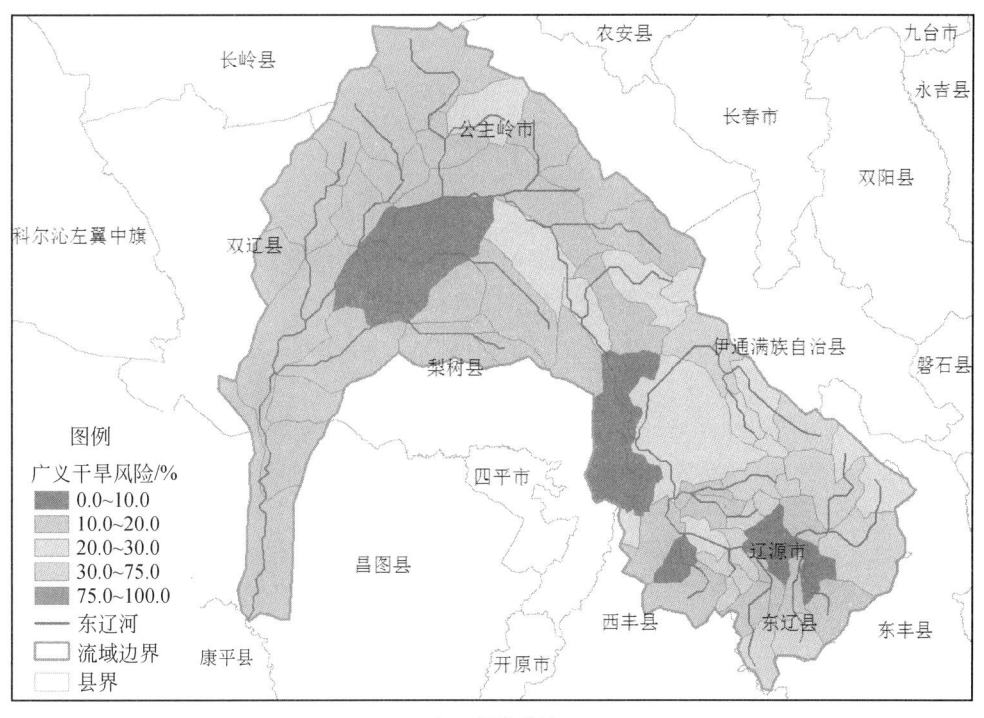

(a) 轻度干旱

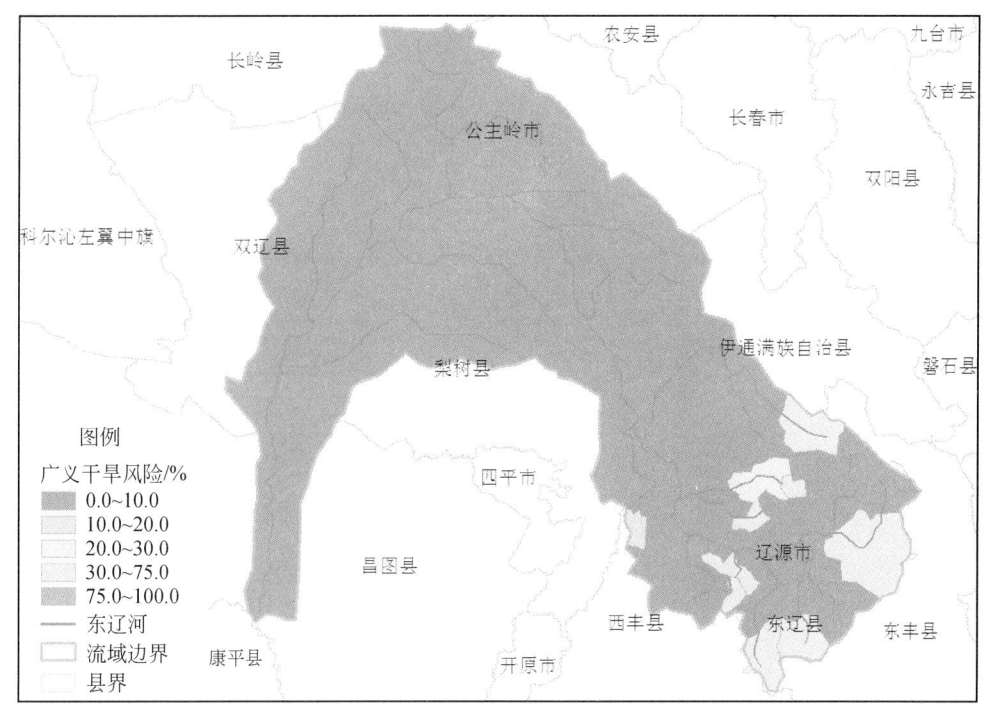

(b) 中度干旱

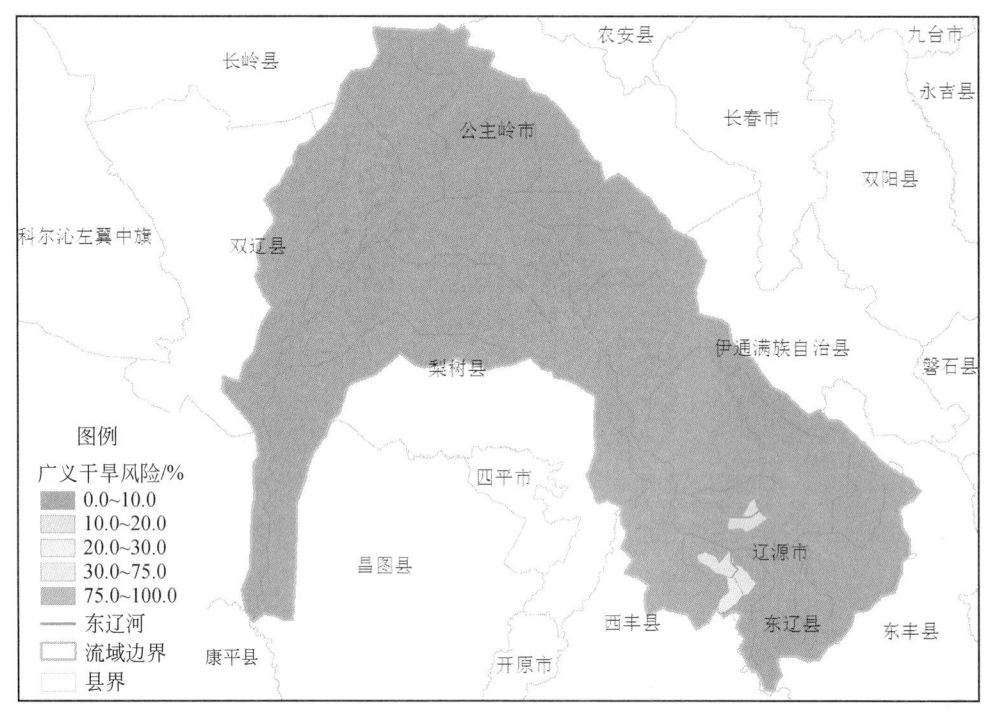

(c) 重度干旱

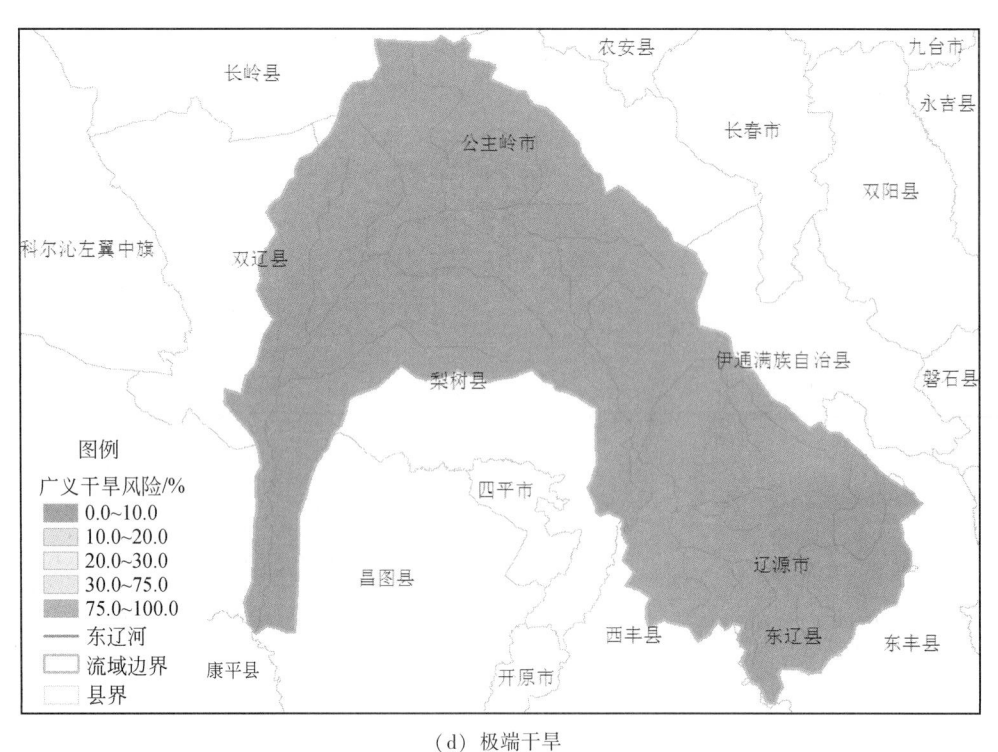

(d) 极端干旱

图 14-6 远期水平年对应的流域广义干旱风险区划

14.4 应对措施

根据以上分析，提高农田灌溉水利用系数、减少田间土面蒸发和流域外调水对于降低东辽河流域广义干旱风险值发挥着重要作用。要达到上述应对效果，可以采取以下两方面措施。

（1）工程措施

东辽河流域对灌区的供水主要采取渠道输水的方式，因此，应减少渠道灌溉水在输送和分配过程中的渗漏和蒸发损失，提高输水效率的同时还能减少地下潜水位的上升，防止土壤次生盐碱化。

目前，流域大部分灌区的灌溉方式仍以大水漫灌为主，因此，改进田间灌水技术的田间节水潜力巨大。具体措施包括：推广小畦灌溉、细流沟灌、波涌灌溉；推广高精度平整土地技术；发展喷灌和微灌技术，尤其是结合雨水集蓄利用工程，推广低水头重力式微灌技术；发展渠井结合的灌排模式；等等。

（2）非工程措施

改传统灌溉制度为节水型灌溉制度，广义干旱高风险区采取非充分灌溉，如金满水库和八一水库的供水区。

水稻采用格田化和浅湿控制灌溉技术，淘汰长期淹灌，杜绝稻田串灌串排；推广水稻泡田与耕作结合技术；研究稻田适宜水层标准、土壤水分控制指标、晒田技术及相应的灌溉制度。

根据节水型灌溉制度制订灌区用水计划，同时，为有效实施灌区用水计划的配水方案，按时按量向田间供水，保证渠道输水安全，减少弃水，提高渠系水有效利用系数，必须对灌溉渠系的水量和流量进行实时调控。

建立新型的灌区管理体制，用水者参与灌溉管理。

此外，建设流域干旱风险管理体制，如明确管理机构的法律地位、明晰管理机构的职能分割和职能交叉、确立相关规划的法律法规等；建设流域干旱风险管理机制，如实行最严格的水资源管理、推进节水型社会建设、加强水库调度管理系统建设、加快编制相关干旱应对规划等。

第15章 小 结

本篇以自然-人工二元水循环理论和广义干旱风险评价理论为指导,以干旱事件频发的东辽河流域为研究区,结合自然气候变化、人为气候变化、下垫面条件改变、水利工程调节等对干旱事件的影响特性,构建广义干旱演变的整体驱动模式,并定量识别其驱动机制;结合干旱事件演变的确定性和随机性特征,提出广义干旱风险评价方法与基于3S技术的广义干旱风险区划方法,并绘制东辽河流域广义干旱风险区划图;从节流与开源两方面提出流域广义干旱风险应对措施,并评估措施的实施效果。通过本研究,将进一步发展变化环境下干旱应对理论与技术,并为东辽河流域干旱综合应对提供科学依据。本篇所取得的主要结论有以下5点。

(1) 识别了东辽河流域广义干旱的驱动机制

东辽河流域广义干旱的驱动力主要包括:自然气候变化、人为气候变化、下垫面条件改变和水利工程调节。本篇分析了区/流域气象水文要素和下垫面条件的演变规律,其中,气象水文要素的演变规律主要分析了东辽河流域所在区域的大气水汽含量、流域降水量、气温值、潜在蒸发量、天然径流量和土壤含水量的趋势性、突变性和周期性;下垫面条件的演变规律主要分析了1954~2005年流域土地利用的变化情况,以及流域内二龙山水库、金满水库、八一水库等水利工程的运行情况。区域大气水汽含量呈现"减—增—减"的变化趋势,突变点在1964年,而周期性不明显;流域降水量呈现"减—增—减—增"的变化趋势,突变点在1982年,周期为2~3年;流域气温值呈现"减—增—减"的变化趋势,突变点在1988年,周期为2~3年;流域潜在蒸发量呈现"减—增—减"的变化趋势,突变点在1995年,周期为2~3年;流域天然径流量呈现"减—增—减"的变化趋势,突变点在1966年和1984年。1954~1986年,流域约有41.69%的土地参与了土地利用/覆被变化,面积最大的是林地和旱地之间的转化,其次是旱地和建筑用地之间的转化;1986~2005年,流域约有35.39%的土地参与了土地利用/覆被变化,面积最大的是旱地和林地之间的转化,其次是旱地和水田之间的转化。流域内最早投入运用的是二龙山水库,投入时间是1950年。因此,东辽河流域广义干旱在1960~1981年主要受自然气候变化、下垫面条件改变(主要是土地利用变化)和水利工程调节的影响,在1982~2010年主要受自然气候变化、人为气候变化、下垫面条件改变(主要是土地利用变化)和水利工程调节的影响。

(2) 评价了东辽河流域广义干旱时空分布规律

根据 WEP-GD 模型的输出结果,从水资源系统的角度,构建了东辽河流域广义干旱评价指标,梨树县和公主岭市典型场次的实际旱情与广义干旱评价指标计算结果是较为一致的,说明东辽河流域广义干旱评价指标可用于该流域干旱事件的评价。由于流域广义干旱评价指标是以自然-人工二元水循环模型为基础，从水资源系统的角度，考虑了自然气候变化、人为气候变化、下垫面条件改变和水利工程调节 4 种驱动力的作用提出的，其在东辽河流域的模拟效果优于标准化降水指标、Palmer 干旱指标和缺水率指标。运用广义干旱评价指标分析东辽河流域 1960~2010 年广义干旱次数、持续时间和强度的时空分布规律，结果显示，流域各评价单元的广义干旱次数、持续时间、强度有较大的差异；各评价单元的广义干旱次数、持续时间和强度在 20 世纪 60 年代、70 年代、80 年代、90 年代和 21 世纪初发生了较大的变化；不同年代流域广义干旱次数、持续时间和强度的重心在空间上发生了明显的转移。

（3）分析了不同广义干旱等级下东辽河流域广义干旱风险分布情况

轻度干旱下，流域广义干旱 2 级风险区占流域面积的 2.09%，3 级风险区占 19.74%，4 级风险区占 74.39%，5 级风险区占 3.77%；中度干旱下，流域广义干旱 2 级风险区占流域面积的 68.02%，3 级风险区占 13.70%，4 级风险区占 18.28%；重度干旱下，流域广义干旱 1 级风险区占流域面积的 69.61%，2 级风险区占 15.39%，3 级风险区占 11.23%，4 级风险区占 3.77%；极端干旱下，流域广义干旱 1 级风险区占流域面积的 85.23%，2 级风险区占 12.92%，3 级风险区占 1.85%。东辽河流域高风险区主要分布在流域上游的金满水库、八一水库、椅山水库、安西水库、三良水库的供水范围内，以及下游的南崴子灌区、秦屯灌区、梨树灌区和双山灌区。

（4）绘制了不同驱动力作用下东辽河流域广义干旱风险区划图

自然气候变化情景下东辽河流域轻度干旱、中度干旱、重度干旱和极端干旱分别以 4 级风险区、2 级风险区、1 级风险区和 1 级风险区为主，分别占流域面积的 71.05%、54.41%、66.10% 和 78.65%。人为气候变化情景下东辽河流域轻度干旱以 3 级和 4 级风险区为主，占流域面积的 58.23%；中度干旱、重度干旱和极端干旱均以 1 级风险区为主，分别占流域面积的 60.55%、98.15% 和 100.0%。下垫面条件变化情景下东辽河流域轻度干旱以 4 级风险区为主，占流域面积的 30.06%；中度干旱、重度干旱和极端干旱均以 1 级风险区为主，分别占流域面积的 76.07%、91.88% 和 100.0%。水利工程调节情景下东辽河流域轻度干旱以 4 级风险区为主，占流域面积的 71.05%；中度干旱以 2 级风险区为主，占流域面积的 54.41%；重度干旱和极端干旱均以 1 级风险区为主，分别占流域面积的 72.37% 和 84.92%。人为气候变化、下垫面条件变化（主要是土地利用变化）、水利工程的调节均在一定程度上使得东辽河流域广义干旱高风险区的面积减少，而低风险区的面积增加。

（5）提出了东辽河流域广义干旱风险应对措施

本篇从提高农田灌溉水利用系数、减少田间土面蒸发和流域外调水 3 个方面提出了东辽河流域广义干旱风险应对方案。提高灌溉水利用系数，可使部分评价单元广义干旱风险值降低，同时又提高了另一部分评价单元的广义干旱风险值；减少田间土面蒸发，可使流域大部分评价单元的广义干旱风险值得到大幅度的降低；实行流域外调水后，可以降低流域水利工程供水范围内的评价单元的广义干旱风险值。通过采取减少渠道灌溉水的渗漏和蒸发、改进田间灌水技术等工程措施和实行节水型灌溉制度、建立新型的灌区管理体制、建设流域干旱风险管理体制和机制等非工程措施可达到降低流域广义干旱风险的目的。

第四篇 滦河流域干旱驱动机制识别及定量化评价

第 16 章　研究区概况

16.1　自然地理概况

16.1.1　地理位置

滦河是海河流域的四大水系之一,也是华北地区第二大单独入海的河流,发源于河北省张家口市丰宁满族自治县西北的巴彦古尔图山北麓,流经内蒙古自治区、河北省,以及辽宁省的 25 个市县区后,于河北省乐亭县兜网铺注入渤海湾。滦河全长 888km,干流呈东南向,横穿燕山和冀东平原。

滦河流域位于华北平原东北部,地理范围为:39°10′N ~ 42°30′N,115°30′E ~ 119°15′E,流域控制面积 44 750km²,北部、东部以苏克斜鲁山、七老图山、努鲁尔虎和松岭为界,西南以燕山山脉为界与潮白河、蓟运河相邻,南临渤海(图 16-1)。

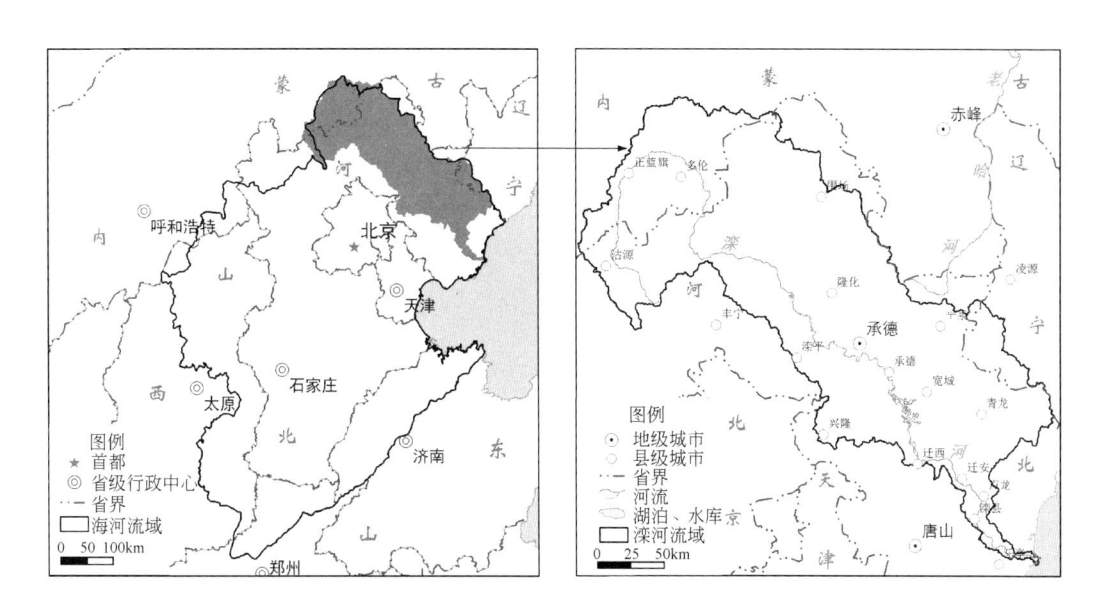

图 16-1　滦河流域地理位置

16.1.2 自然地理条件

(1) 地质地貌

滦河流域属华北地台的一部分,由于中生代的燕山运动,形成燕山山地和河北拗陷。进入新生代又经历第三纪的喜马拉雅运动,北部的张北、围场北部地区沿断裂发生大规模玄武岩溢出,形成玄武岩高原,而南部冀东地区继续下陷,形成冀东平原。

滦河流域主要包括高原、山地和平原三大地貌类型,地势由西北向东南倾斜。流域上游为坝上草原区,区内海拔为1300~1800m,属于内蒙古高原中部的边缘,多为草甸和沼泽,地势呈波状起伏,具有典型的高原地貌特征;中游为冀北、燕山山地丘陵区,海拔为300~1000m,沟壑纵横,河谷深切;下游为燕山山前平原和滦河三角洲平原,比降为1/300~1/1000。在各种地貌中,山地、丘陵和盆地约占流域总面积的70%,高原约占16%。另外还广泛分布有河谷、滩地和台地等地貌单元。

(2) 河流水系

滦河是华北第二大单独入海的河流,发源于河北省丰宁满族自治县西北的巴彦古尔图山北麓,流入内蒙古自治区称闪电河,在多伦县附近,有上都河注入称大滦河,经两度曲折,转回河北省,在郭家屯附近汇小滦河后称滦河 (图16-2)。

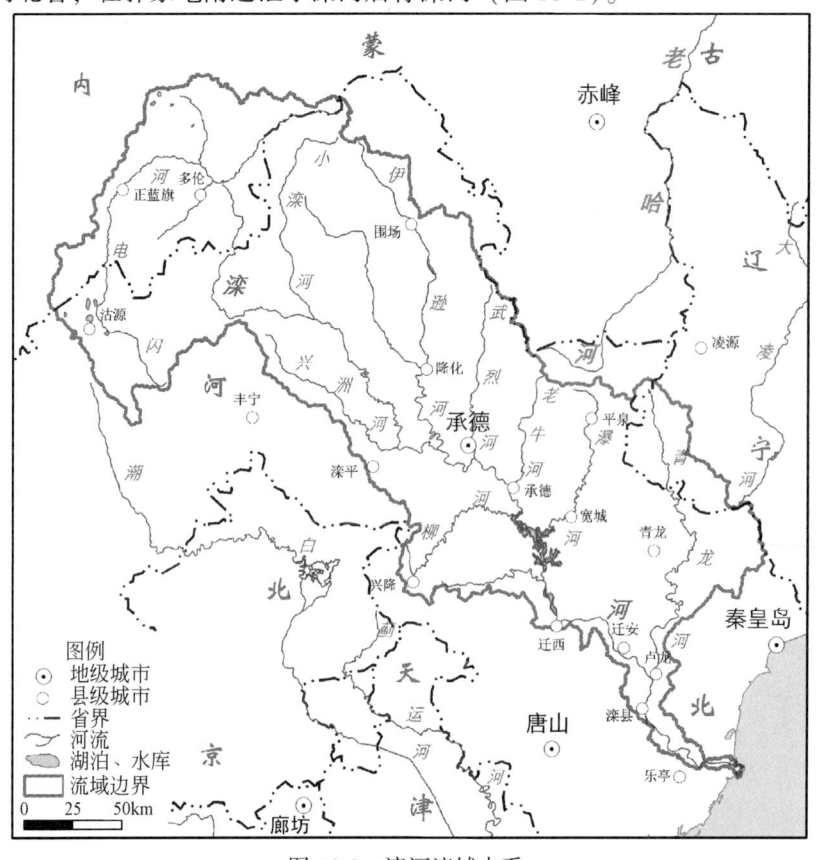

图16-2 滦河流域水系

流域上宽下窄，水系呈羽状分布。上游地处内蒙古高原南缘，海拔高，地势平坦，比降约为1/2000，河道迂回曲折，河床宽浅，支流较少，水流缓慢。中游穿行于燕山山地丘陵区，坡陡流急，河道比降大，在承德地区先后有兴洲河、伊逊河、武烈河、柳河、瀑河等支流汇入。下游段经桑园峡谷进入迁安盆地，河谷展宽，滦县以下为冲积平原，河道宽阔，水流冲淤改道变化较大，有青龙河汇入，最后在乐亭县、昌黎县间分成几道细流，经过约50km宽的三角洲注入渤海湾。

滦河沿途汇入的常年有水支流约500条，其中河长在20km以上的一级支流33条，二、三级支流48条。流域面积大于1000km^{2}的支流有10条，即闪电河、小滦河、兴洲河、伊逊河、武烈河、老牛河、柳河、瀑河、洒河和青龙河，其中小滦河、伊逊河、洒河和青龙河水量相对较大。

(3) 气候水文

滦河流域位于中纬度欧亚大陆东岸，属于典型的温带大陆性季风气候，夏季炎热多雨，春秋干旱少雨，冬季寒冷干燥。流域年均气温5~12℃，一般由东南向西北逐渐降低，流域南北年均气温相差11.5℃。多年平均降水量为400~700mm，且降水分布空间差异显著，年内分配不均，各月差异明显，6~9月份降水占全年总量的75%~85%，其中又以7月、8月降水最为集中，但春秋干旱少雨。

流域水量较丰沛，多年平均年径流量为46.94亿m^3。但径流量年内分配不均，70%的水量集中在7~9月，且年际丰枯变化比较悬殊，常出现连续丰水年和枯水年的异常现象，1962年曾发生特大洪水，滦河下游滦县站洪峰流量达到34 000m^3/s，而2002年水资源量仅为13.1亿m^3。

(4) 土壤

滦河流域土壤分布遵循地域分异的基本格局，在气候、成土母质、水文、植被和人类活动等土壤形成条件的作用下，研究区主要分布有13种土壤类型，包括棕壤、褐土、栗钙土、潮土、灰色森林土等（图16-3）。流域上游高原区以栗钙土、草甸土、草原风沙土为主要土壤类型；在冀北山地丘陵区，则以棕壤和褐土分布最广；滦河三角洲平原广泛分布着潮土和潮褐土。整个流域棕壤的面积最大，占29.12%，主要分布在流域中上游低山丘陵区；其次为褐土，占流域总面积的26.48%，广泛分布于中游中低山丘陵以及下游山前平原区。

(5) 植被

滦河流域主要植被类型包括温带针叶林、寒温带和温带山地针叶林、温带落叶小叶疏林、温带落叶阔叶林、温带阔叶灌丛、温带草丛、温带丛生禾草典型草原、温带禾草和杂类草盐生草甸、苔草及杂类草沼泽化草和农作物等（图16-4）。

流域上游高原区植被主要由线叶菊、禾草、羊草，以及杂类草等草甸草原，羊草、沙蓬、克氏针茅等温带丛生禾草典型草原组成。中游冀北山地丘陵区，由于地势起伏以及气候差异较大，按照垂直地带性分布有以白桦林和蒙古栎林为主的温带落叶阔叶林，以油松林为代表的温带针叶林和温带落叶灌丛，阔叶灌丛主要有绣线菊、虎榛子、小叶锦鸡儿等。流域下游平原地区和河谷地带多为人工栽培植被，主要有小麦、玉米、高粱、荞麦、

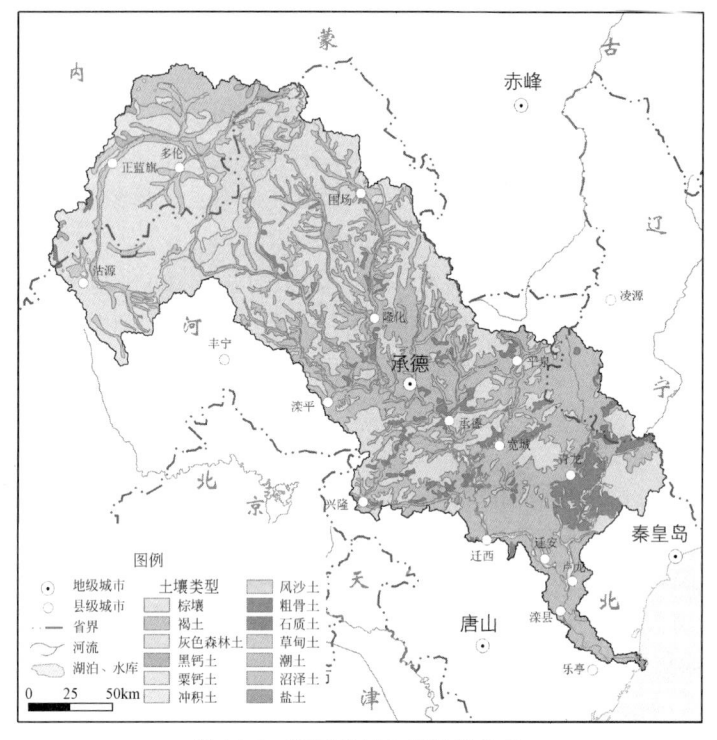

图 16-3　滦河流域土壤类型分布

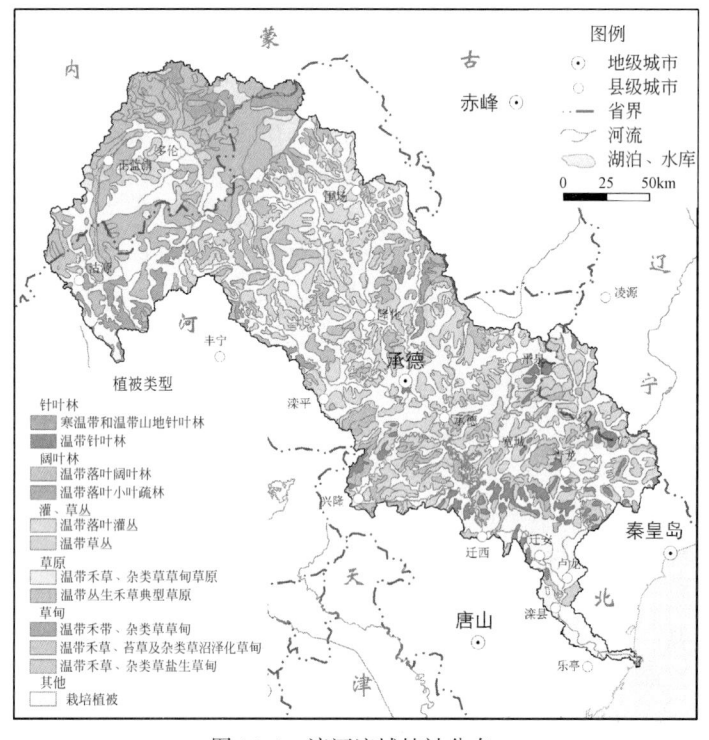

图 16-4　滦河流域植被分布

马铃薯等粮食与经济作物。

16.2 社会经济概况

16.2.1 行政区划与人口

滦河流域主要涉及内蒙古自治区、河北省和辽宁省3个省区的25个市、县、旗。内蒙古自治区包括正蓝旗、太仆寺旗、多伦县和克什克腾旗；河北省包括围场满族自治县、沽源县、丰宁满族自治县、隆化县、滦平县、承德市、遵化市、承德县、兴隆县、卢龙县、平泉县、宽城满族自治县、青龙满族自治县、迁西县、迁安市、滦县、昌黎县、滦南县、乐亭县等19个市县，另外还包括辽宁省凌源市、建昌县的部分地区（图16-5）。

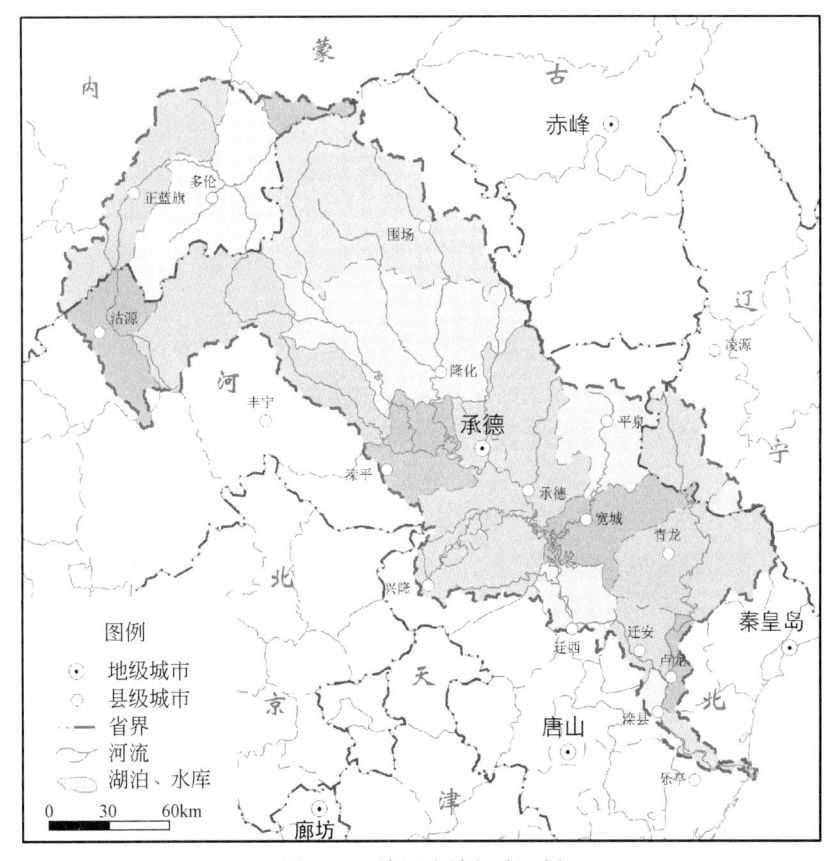

图16-5 滦河流域行政区划

根据2007年滦河流域县市社会经济资料，流域总人口约1341.85万，其中城镇人口471.52万，约占总人口的35.1%，平均人口密度为225人/km²（刘玉芬，2012），尤其是流域中下游的承德、唐山与秦皇岛等地区人口较为聚集。滦河流域同时也是多民族聚集区，主要以汉族为主，少数民族中满族和回族人口最多，且分布较广泛。

16.2.2 社会经济发展情况

滦河流域经济发达，但地区间发展不平衡。流域上游内蒙古自治区正蓝旗、多伦县、河北省沽源县等地主要以农牧和旅游业为主，经济相对落后，生产总值仅占流域生产总值的1.1%左右。而河北省的承德市、唐山市和秦皇岛市等地处流域中下游，农业与工业资源丰富，经济发达。

滦河流域农业主要以种植业为主，流域内耕地面积为1400多万亩，粮食与经济作物种类齐全，主要粮食作物有玉米、小麦、高粱、豆类、水稻等，经济作物有花生、甜菜等。

16.2.3 水利工程建设

滦河流域内大型水库包括庙宫水库（伊逊河）、双峰寺水库（武烈河，在建）、桃林口水库（青龙河）、潘家口水库（干流）和大黑汀水库（干流），以及引滦入津、引滦入唐等引水工程，上述水利工程的建设大大缓解了天津市严重缺水的局面，同时也促进了唐山地区的工农业生产，在供水和防洪等方面发挥了显著的经济和社会效益。

16.3 水资源与历史旱情概况

16.3.1 流域水资源量和开发利用程度

滦河流域1956~2007年多年平均地表水资源量为39.49亿m^3，地下水资源量为19.40亿m^3，水资源总量为43.71亿m^3，人均水资源占有量为855 m^3（2007年）。

流域2000~2007年平均总供水量为48.61亿m^3。其中地表水供水量为13.54亿m^3，约占总供水量的27.9%；地下水供水量为34.88亿m^3，占总供水量的71.8%，非常规水源供水量为0.19亿m^3，占总供水量0.4%。

流域2000~2007年平均总用水量为48.61亿m^3，其中生活用水量为4.24亿m^3，占总用水量的8.7%；第一、第二、第三产业用水量分别为34.40亿m^3、8.15亿m^{3}和1.51亿m^3（田建平和张俊栋，2011）。

由于流域地区间经济发展不均衡以及水资源条件和水利工程设施建设情况有所差异，不同地区的水资源开发利用程度不尽相同，大体上表现为北低南高。其中，北部上游地区地表水资源丰富，但地下水资源相对贫乏，而且由于水利工程调蓄能力较差，导致水资源开发利用程度低。而下游地区经济发达，地表水和水资源量开发程度分别高达52.5%和144%。

16.3.2 流域历史旱情概况

滦河流域旱灾的记载，始见于唐代。唐代8次，北宋3次，南宋至元代17次，明代51次，平均5.4年一次。清代42次，平均6.3年一次。民国时期11次，平均3.4年一次。1949年后，主要旱灾发生在1961年、1963年、1968年、1972年、1980~1984年。1972年干旱是滦河流域历史上罕见的大旱，承德地区春夏连旱，干旱面积占耕地面积的80%，受灾面积为286万亩，成灾235万亩，旱死禾苗26万亩。1980~1984年，滦河流域连续干旱，承德地区成灾面积累计达953万亩，唐山地区受旱面积累计达1274万亩。1997~2005年，流域又出现连续干旱。2004年7月潘家口水库入库水量仅有1.1亿m^3，仅相当于常年的26%。

随着全球气候的变化，以及社会经济发展带来的用水需求的增加，流域水资源短缺和干旱问题日益突出。

第 17 章 基于 SWAT 模型的滦河流域分布式水文模拟

基于物理基础的分布式水文模型由于能够考虑降水、下垫面等因子的空间分异性，更能真实地模拟水文循环过程，目前已成为流域水文模型发展的必然趋势。而且分布式水文模型中分布式的输入参数与输出结果更易与遥感和 GIS 技术结合，可以灵活设定土地利用/覆被变化情景，模拟不同土地利用情景下的水文响应。因此，分布式水文模型已成为研究土地利用/覆被变化水文响应的重要工具。SWAT（soil and water assessment tool）模型是由美国农业部农业服务中心于 20 世纪 90 年代初期开发的面向大中流域、长时间尺度的分布式水文模型（Arnold et al., 1998），该模型建立在 SWRRB 模型的基础上，并结合了美国农业研究中心的 GLEAMS、CREAMS、EPIC、ROTO 等模型的优点发展而来，是一个集成数字高程模型（DEM）、遥感（RS）和地理信息系统（GIS）技术的具有较强物理机制的流域综合水文模型，目前已被国内外学者广泛应用于土地利用/覆被变化的水文响应研究，因此本书选择 SWAT 模型作为滦河流域研究区的水文模拟模型。

针对研究流域雨量站降水资料不完整的情况，本章首先以降水空间差异显著，且受人类活动影响相对较小的滦河一级支流武烈河流域为例，建立了基于相邻空间域气象站点资料对雨量站降水序列进行时间维尺度扩展的方法，并分析了其应用于流域长序列分布式水文模拟的可行性。在此基础上，通过模型率定和验证，构建滦河流域分布式水文模型，并检验其在流域径流模拟中的适用性。

17.1 SWAT 模型原理及结构

SWAT 模型中流域水文过程包括水循环的陆面部分——亚流域模块（产流和坡面汇流部分）和水循环的水面部分——汇流演算模块（河道汇流部分）。亚流域模块控制着每个子流域内主河道的水、沙、营养负荷和化学物质等的输入量，主要包括 8 个组件：水文、气象、泥沙、土壤温度、作物生长、营养物、农药/杀虫剂和农业管理；汇流演算模块决定水、沙等物质从河网向流域出口的输移运动，包括河道汇流演算及蓄水体（水库、池塘和湿地）的汇流计算（王中根等，2003）。模型中的水量平衡表达式为

$$\mathrm{SW}_t = \mathrm{SW}_0 + \sum_{i=1}^{t}(R_{\mathrm{day}} - Q_{\mathrm{surf}} - E_{\mathrm{a}} - W_{\mathrm{seep}} - Q_{\mathrm{gw}}) \tag{17-1}$$

式中，SW_t 为土壤最终含水量（mm）；SW_0 为土壤前期含水量（mm）；t 为时间步长（d）；R_{day} 为第 i 天降水量（mm）；Q_{surf} 为第 i 天的地表径流（mm）；E_{a} 为第 i 天的蒸发量

（mm）；W_{seep} 为第 i 天土壤剖面底层的渗透量和侧流量（mm）；Q_{gw} 为第 i 天地下水出流量（mm）。模型陆面水文循环过程如图 17-1 所示。

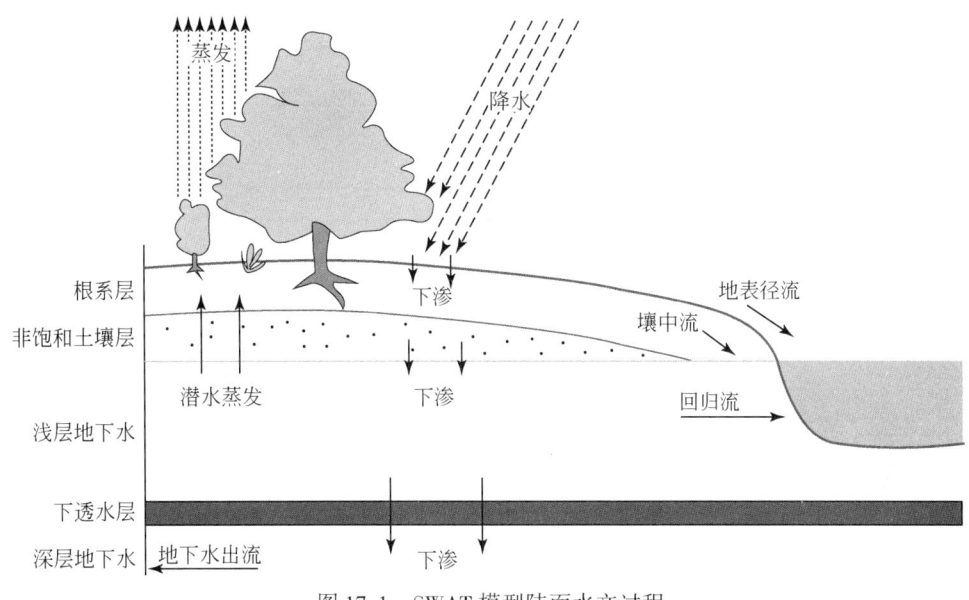

图 17-1　SWAT 模型陆面水文过程
资料来源：Neitsch et al.，2005

SWAT 模型在两个水平上实现对流域的离散化。首先，基于数字高程模型提供的地形数据和最小集水面积（critical source area，CSA）阈值将流域划分为不同数量的子流域。CSA 是形成河流的最小集水面积，并且被认为是流域总面积的百分比，随着 CSA 的增大子流域数量将减少（Kumar and Merwade，2009）。由于过细的子流域划分会产生虚假子流域（很小或十分狭长）的增加，且计算时间和后续分析工作量会大大增加，因此子流域数量不宜过多（胡连伍等，2007）。其次，在子流域划分的基础上根据特定土地利用和土壤类型阈值下的组合在每一个子流域内进一步划分水文响应单元（hydrologic response units，HRUs）。例如，土地利用和土壤面积的最小阈值比若均定为 10%，子流域中某种土地利用和土壤类型的面积比小于该阈值时，则在模拟中不予考虑，剩余的土地利用和土壤类型的面积重新按比例计算，以保证整个子流域的面积得到 100% 的模拟。每个 HRU 基于水量平衡进行独立运算，再进行汇流演算，最后求得流域出口断面流量、泥沙和污染负荷。

SWAT 模型采用模块化设计思路，水循环的每个环节对应一个子模块（图 17-2）。其中用 SCS 模型和 Green&Ampt 入渗模型来计算地表径流；土壤侵蚀由 MUSLE 方程推算；在计算蒸散发时，考虑水面蒸发、裸地蒸发和植物蒸腾，并提供了 3 种潜在蒸发计算方法（Penman-Montieth、Priestly-Taylor 和 Hargreaves 方法）；壤中流的计算采用动力储水模型的方法，并考虑到水力传导度、坡度和土壤含水量的时空变化；而河道汇流演算多采用变动存储系数模型或马斯京根方法（Neitsch et al.，2005）。

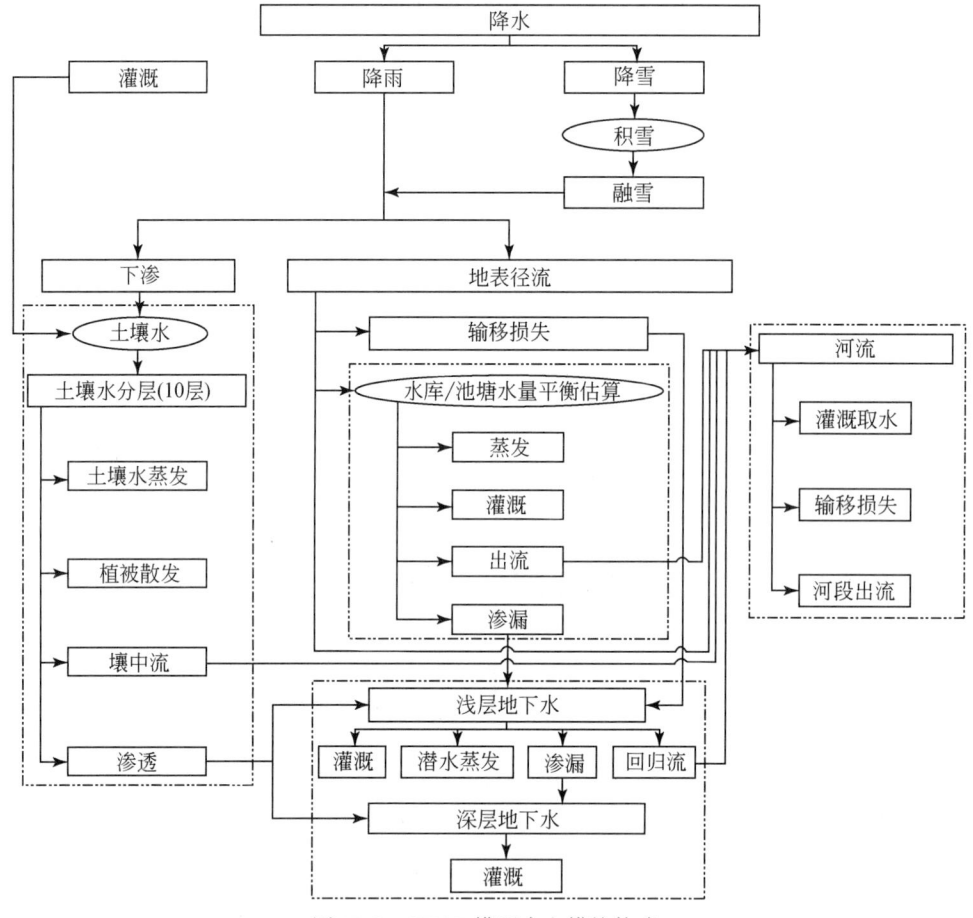

图 17-2 SWAT 模型水文模块构成

17.2 SWAT 模型数据库的构建

SWAT 模型的运行需要大量的输入数据作为支撑，所需资料大致可以分为空间数据和属性数据两部分。其中模型要求输入的空间数据主要包括数字高程模型、土地利用和土壤类型数据等；属性数据库则包括土地利用和土壤属性数据库、气象数据库及水文资料（表17-1）。

表 17-1 SWAT 模型数据库输入资料

数据类别	详细类别
地形	数字高程模型、水系
土地利用	土地利用类型空间分布，径流曲线数、冠层高度等属性数据
土壤	土壤类型空间分布，土壤物理性质、土壤化学性质等属性数据

续表

数据类别	详细类别
气象	最高气温、最低气温、太阳辐射、平均风速、相对湿度
降水	雨量站逐日降水资料
水文	河道水文站流量资料

17.2.1 数据格式与坐标系统

(1) 数据格式

SWAT 模型要求输入的 DEM、土地利用和土壤类型等空间数据均为 ESRI Grid 格式的栅格数据；气象站、雨量站与水文站等点状文件均采用包括点状地物平面和经纬度坐标的 dbf 表文件的格式存储。对于二位属性数据表则以 dbf 表文件或者 txt 文本文件格式存储，如降水、流量等气象水文观测资料。

(2) 地图投影

由于不同的数据源可能具有不一致的坐标系统，为适应模型对输入资料的要求，并为空间数据叠加分析和模拟计算提供基础，本书选择北京 1954 坐标系，地图投影为正轴等面积双标准纬线割圆锥投影（Albers），经过投影转换，使不同来源的数据统一在相同坐标系下，其参数见表 17-2。

表 17-2 研究区投影参数

第一标准纬线	第二标准纬线	中央经线	椭球体	单位
25°N	47°N	105°E	Krasovsky	m

17.2.2 数据库构建过程

(1) 流域数字高程模型

本研究所采用的 DEM 数据为美国宇航局（NASA）和美国国防部国家测绘局（NIMA）联合测量的 SRTM（shuttle radar topography mission）数据集。SRTM 数据由雷达影像制作而成，是迄今为止现势性最好、具有统一坐标系的全球性数字地形数据。目前能够免费获取覆盖中国全境的 SRTM-3 数据。本书所用 DEM 数据来源于中国科学院计算机网络信息中心国际科学数据镜像网站（http://datamirror.csdb.cn），分辨率为 90m，DEM 数据经投影处理后见图 17-3。

(2) 土地利用数据

滦河流域土地利用数据集包括 1985 年和 2000 年两期，来源于中国科学院地理科学与资源研究所。为使土地利用分类系统与 SWAT 模型保持一致，需要对土地利用数据进行重分类，将分类代码转化为 SWAT 模型能够识别的代码，参考庞靖鹏（2010）的研究成果，

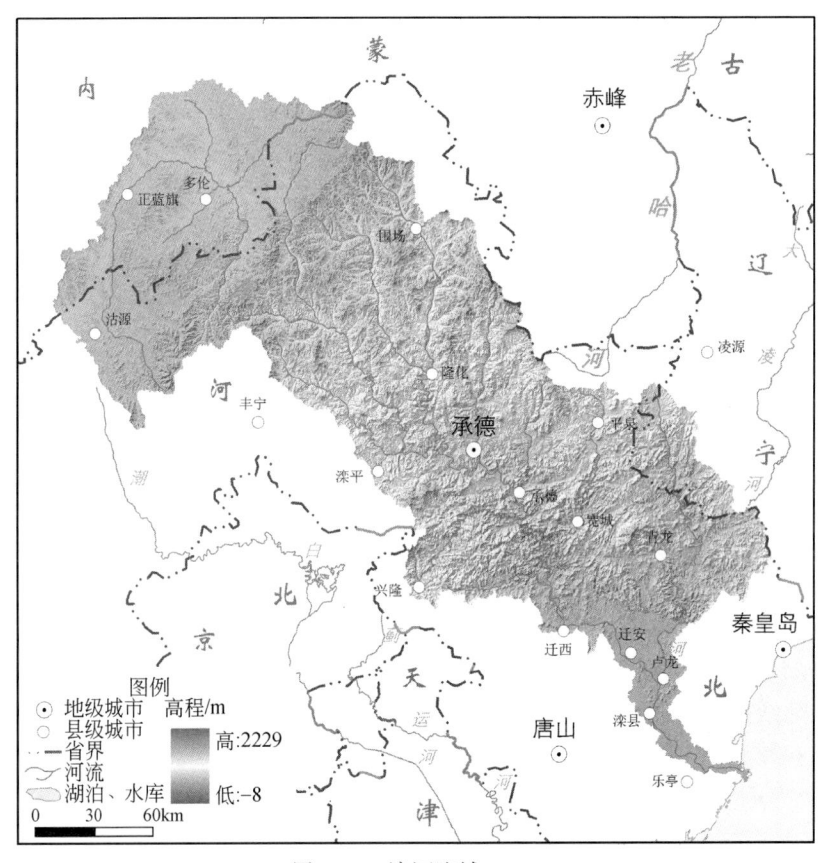

图 17-3 滦河流域 DEM

研究区所包含土地利用类型和重新分类后的类型对应关系见表 17-3。

表 17-3 滦河流域土地利用类型重分类代码转换

编码	土地利用类型	SWAT 代码	编码	土地利用类型	SWAT 代码
11	水田	RICE	41	河流	—
12	旱地	AGRR	42	湖泊	—
21	有林地	—	43	水库	—
23	疏林地	FRST	46	滩地	WATR
22	灌木林	RNGB	51	城镇用地	URMD
25	果园苗圃	ORCD	52	农村居民地	URML
31	高覆盖度草地	—	53	工矿用地	UIDU
32	中覆盖度草地	—	61	沙地	—
33	低覆盖度草地	PAST	63	盐碱地	—

续表

编码	土地利用类型	SWAT代码	编码	土地利用类型	SWAT代码
65	裸土地	—	—	—	—
66	裸岩	SWRN	—	—	—
64	沼泽地	WETN	—	—	—
—	—	—	—	—	—

(3) 土壤数据

SWAT 模型中，土壤数据是主要的输入参数之一。其中土壤类型空间分布数据根据 1:100 万土壤图矢量化获得。模型所需的属性参数主要包括物理属性数据和化学属性数据。其中物理属性数据决定了土壤剖面中水和气的运动情况，并且对 HRU 中的水循环过程起着重要作用，主要包括土壤分层数、各层厚度、土壤水文分组等（表 17-4）；化学属性主要是土壤中氮、磷的初始浓度，由于本书是针对水文过程的模拟，因此主要确定土壤物理属性数据。

表 17-4 模型土壤物理属性输入文件

变量	模型定义
SNAM	土壤名称
HLAYERS	土壤分层数目
HYDGPR	土壤水文性质分组（A、B、C 或 D）
SOL_ZMX	土壤剖面最大根系深度（mm）
ANION_EXCL	阴离子交换孔隙度，模型默认值为 0.5
TEXTURE	土壤层的结构
SOL_Z	土壤表层到土壤底层的深度（mm）
SOL_BD	土壤容重
SOL_AWC	土层可利用的有效水
SOL_K	饱和水力传导系数（mm/h）
SOL_CBN	有机碳含量
CLAY	黏土（%），直径<0.002mm 的土壤颗粒组成
SILT	壤土（%），直径 0.002~0.05mm 的土壤颗粒组成
SAND	砂土（%），直径 0.05~2.0mm 的土壤颗粒组成
ROCK	砾石（%），直径>2.0mm 的土壤颗粒组成
SOL_ALB	地表反射率
USLE_K	USLE_K 中土壤可蚀性因子（0.0~0.65）
SOL_EC	电导率（dS/m）

在土壤物理属性数据库中最重要的一类数据是土壤粒径级配数据，其他许多土壤物理参数如容重、饱和水力传导系数等，都可以通过土壤的粒径级配数据导出。但是我国第二

次土壤普查数据的质地体系采用国际制，而 SWAT 模型使用的是 USDA 简化的美国制标准（表 17-5）。因此，要利用我国现有的土壤普查资料就必然涉及不同分类标准的土壤质地转换。蔡永明等（2003）在利用诺谟图来推求土壤可蚀性 K 值时，通过对比三次样条插值、二次样条插值、线性插值结果，探讨了不同粒径制间土壤质地的数学转换方法，结果表明三次样条插值法是最优方法。因此，本书通过查阅内蒙古自治区和河北省土种志，以及中国科学院南京土壤研究所土壤分中心的中国土壤数据库（http：//www.soil.csdb.cn）收集土壤剖面数据，并在 Matlab 中采用三次样条插值方法实现流域土壤粒径转换。

土壤容重、有效田间持水量、饱和导水率等参数应用美国华盛顿州立大学开发的土壤水特性软件 SPAW（soil-plant-atmosphere-water）（Saxton et al.，1985）估算得到。

表 17-5 土壤粒径的 USDA 简化的美国制和国际制比较

USDA 简化的美国制		国际制	
粒径/mm	名称	粒径/mm	名称
>2	石砾	>2	石砾
0.05~2	砂粒	0.2~2	粗砂粒
		0.02~0.2	细砂粒
0.002~0.05	粉粒	0.002~0.02	粉粒
<0.002	黏粒	<0.002	黏粒

USLE 方程中土壤可蚀性因子 K 值可以根据 Williams 等（1996）提出的公式计算：

$$K_{\mathrm{USLE}} = f_{\mathrm{csand}} \times f_{\mathrm{cl\text{-}si}} \times f_{\mathrm{orgc}} \times f_{\mathrm{hisand}} \tag{17-2}$$

式中，f_{csand} 为粗糙沙土质地土壤侵蚀因子；$f_{\mathrm{cl\text{-}si}}$ 为黏壤土土壤侵蚀因子；f_{orgc} 为土壤有机质因子；f_{hisand} 为高沙质土壤侵蚀因子。各因子的计算公式如下：

$$f_{\mathrm{csand}} = 0.2 + 0.3 \times \exp\left[-0.0256 \times m_{\mathrm{s}} \times \left(1 - \frac{m_{\mathrm{silt}}}{100}\right)\right] \tag{17-3}$$

$$f_{\mathrm{cl\text{-}si}} = \left(\frac{m_{\mathrm{silt}}}{m_{\mathrm{c}} + m_{\mathrm{silt}}}\right) \tag{17-4}$$

$$f_{\mathrm{orgc}} = 1 - \frac{0.25 \times \rho_{\mathrm{orgc}}}{\rho_{\mathrm{orgc}} + \exp[3.72 - 2.95 \times \rho_{\mathrm{orgc}}]} \tag{17-5}$$

$$f_{\mathrm{hisand}} = 1 - \frac{0.7 \times \left(1 - \frac{m_{\mathrm{s}}}{100}\right)}{\left(1 - \frac{m_{\mathrm{s}}}{100}\right) + \exp\left[-5.51 + 22.9 \times \left(1 - \frac{m_{\mathrm{s}}}{100}\right)\right]} \tag{17-6}$$

式中，m_{s} 为砂粒含量（%）；m_{silt} 为粉粒含量（%）；m_{c} 为黏粒含量（%）；ρ_{orgc} 为各土壤层中有机碳含量（%）。其余参数通过查阅土种志资料以及经验模型等方式获取，表 17-6 列出了各种参数的获取与计算方法。

表17-6 SWAT模型土壤物理参数计算方法

土壤参数	计算/获取方法
土壤层数、各层厚度、土壤质地、土壤孔隙度、有机质含量	查阅当地土种志
阴离子交换孔隙度、电导率	模型默认值
有机碳含量	SOL_C=SOL_CBN×0.58（SOL_CBN：有机质含量）
机械组成	三次样条插值
饱和导水率、可利用水量、土壤容重	SPAW模型计算
土壤水文组	根据经验模型计算土壤下渗率，进而查表得到土壤水文分组
田间土壤反射率	SOL_ALB=0.227×exp(−1.8267×SOL_CBN)
USLE方程K因子	$K_{USLE}=f_{csand} \times f_{cl\_si} \times f_{orgc} \times f_{hisand}$

（4）气象水文数据

气象水文资料主要包括逐日降水、最高和最低气温、相对湿度、太阳辐射和平均风速，以及实测和还原的月径流资料。所用气象水文站点分布如图17-4所示。

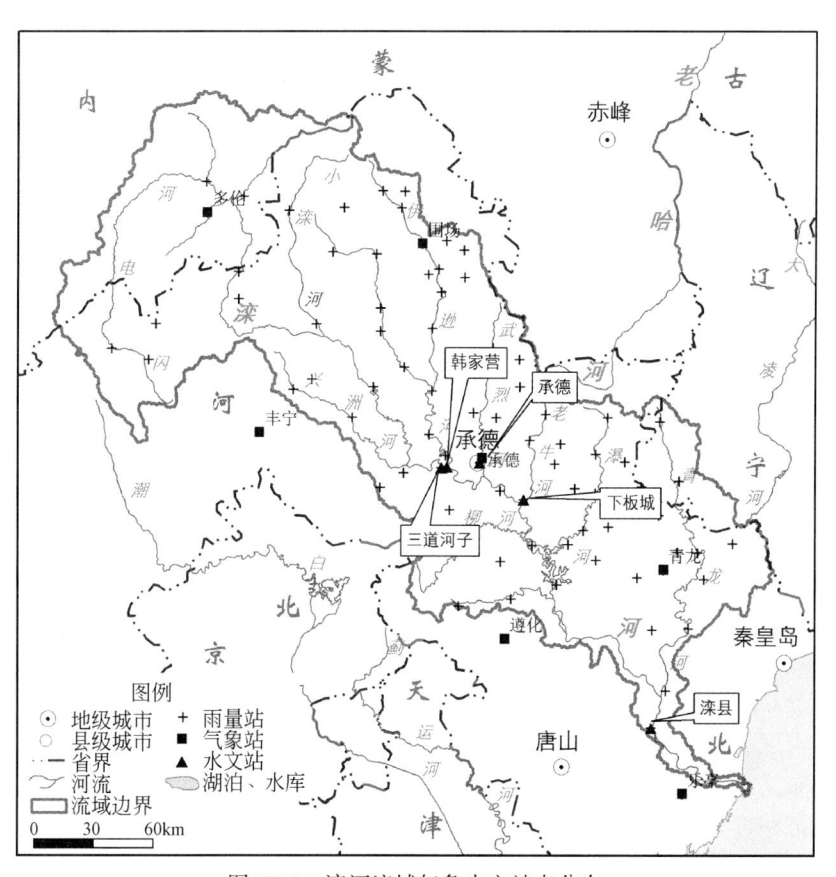

图17-4 滦河流域气象水文站点分布

气象数据采用流域内及周边的多伦、围场、丰宁、承德、遵化、青龙、乐亭 7 个气象站 1970~2010 年的逐日最高和最低气温、相对湿度、平均风速和日照时数，数据来源于中国气象科学数据共享服务网（http：//cdc.cma.gov.cn）。太阳辐射是地球表层上的物理、生物和化学过程的主要能量来源，也是水文模拟模型必不可少的气象参数。但是本书所用气象站点中除乐亭站外其他站点均缺少太阳辐射实测资料，若用邻近站点的辐射观测值代替，则会受到云量和其他天气要素的影响，并导致较短时间间隔的误差较大（庞靖鹏等，2010），因此需要利用已有的常规气象监测数据来模拟计算太阳辐射值。本研究根据童成立等（2005）建立的基于站点位置和日照时数的模拟逐日太阳辐射的方法估算了各气象站逐日太阳辐射值，并采用乐亭气象辐射站 1992~2010 年的日辐射数据进行验证，两者的相关系数为 0.89，均方根误差为 2.72 MJ/m^2，模拟效果较好。因此，本研究利用该方法模拟各气象站逐日太阳辐射值。

降水数据选择了流域内资料序列相对较完整的 76 个雨量站和上述 7 个气象站的长序列逐日降水数据，其中雨量站降水资料时间段为 1970~1988 年，气象站为 1970~2010 年。

本书数据选取了滦河干支流上三道河子、韩家营、承德、下板城、滦县 5 个水文站 1970~2000 年的月还原流量数据用于模型率定和验证（表 17-7）。

表 17-7 模型率定和验证所用水文站信息

站名	河流	断面位置	集水面积/km^2	占流域总面积比例/%
韩家营	伊逊河	河北省承德市双滦区大龙庙村	6 736.26	14.78
承德	武烈河	河北省承德市双桥区车站路	2 502.21	5.49
下板城	老牛河	河北省承德县下板城镇中磨村	1 679.61	3.69
三道河子	滦河	河北省滦平县西地满族乡三道河子村	18 560.07	40.74
滦县	滦河	河北省滦县滦州镇老站村	44 939.82	98.63

17.3 降水空间分布不确定性对分布式流域水文模拟的影响

由于水文循环的高度非线性和复杂性，分布式水文模型需要大量的输入参数，而降水作为控制流域水量平衡的主要模型输入，其空间分布成为影响模型模拟成功与否的一个关键因子（Manguerra and Engel，1998），也是导致分布式水文模拟不确定性的主要因素之一（Lopes，1996）。Lopes（1996）、Chaubey 等（1999）、黄粤等（2010）的研究表明，降水的空间分布不均匀性对分布式水文模型的径流预测有较大的影响。张雪松等（2004）发现雨量站密度、分布和降水空间分布变化均对模拟结果产生了较大影响，并在一定程度上限制了分布式水文模型的应用和参数识别。Chaplot 等（2005）研究认为高密度雨量站对于提高模拟精度是必要的。因此，有学者建议采用"泰森多边形法"或者"距离倒数加权法"等生成子流域的降水输入数据，来提高降水的空间分布精度（王中根等，2003）。

综上所述，有效反映流域降水空间异质性的输入数据对于分布式流域水文模拟至关重要。但是滦河流域内雨量站实测降水资料相对完整的序列较短（1970~1988年），而气象站点分布相对较少，很难充分反映流域降水分布的空间异质性，且多分布在城市地区，不可避免地受到城市热岛和湿岛效应的影响，这些因素在一定程度上限制了气象站降水资料在分布式水文模拟中的直接应用。因此，对于流域详细的雨量站降水资料不完整的情况，如何对其在时间维度进行尺度扩展就成为长时间序列分布式水文模拟的关键。基于此，本节选择降水空间分布差异显著，且受人类活动影响相对较小，分析结果更具代表性的滦河一级支流武烈河流域为例，建立基于相邻空间域气象站资料对雨量站降水数据进行时间维尺度扩展的方法，并评价其应用于分布式水文模拟中的可行性，从而为滦河流域长时间序列水文模拟提供基础。

17.3.1 雨量站降水数据时间维尺度扩展方法

降水的空间分布具有相近相似的特点，相邻空间域的降水特征相似，而相距较远的区域，降水特征相似的可能性较小。

基于此理论基础，可以利用流域内相邻空间域有限的气象站资料实现对雨量站降水数据时间维的尺度扩展。具体以雨量站与各相邻气象站点之间的距离为权重进行加权平均，距离雨量站越近的气象站赋予的权重越大，继而基于气象站降水资料推求各雨量站数据缺失年份的逐日降水量，从而实现对雨量站降水数据在时间维度的估算延长。计算公式如下：

$$P_\mathrm{d}(r_i) = \sum_{j=1}^{N} \lambda_j P_\mathrm{d}(w_j) \tag{17-7}$$

式中，$P_\mathrm{d}(r_i)$ 为雨量站 r_i 的逐日降水估算值；N 为相邻气象站点个数；$P_\mathrm{d}(w_j)$ 为气象站 w_j 的逐日实测降水量；λ_j 为气象站 w_j 的权重，确定权重的公式为

$$\lambda_j = d_{ij}^{-2} / \sum_{j=1}^{N} d_{ij}^{-2} \tag{17-8}$$

式中，d_{ij} 为雨量站 r_i 和各相邻气象站点 w_j 之间的距离。

为了减少降水空间分布异质性对估算结果的影响，将各雨量站资料完整年份的逐日降水量和根据式（17-7）估算的相应年份的降水数据分别汇总到月尺度，据此在每个雨量站建立实测与估算值之间的回归关系，求算各雨量站的修正系数：

$$P_{\mathrm{m\_obs}}(r_i) = \gamma_i P_\mathrm{m}(r_i) \tag{17-9}$$

式中，$P_{\mathrm{m\_obs}}(r_i)$ 和 $P_\mathrm{m}(r_i)$ 分别为各雨量站资料完整年份的逐月实测和估算降水量；γ_i 为各雨量站修正系数。继而对各雨量站资料缺失年份的逐日降水估算值进行修正，如式（17-10）所示：

$$P_\mathrm{d}^*(r_i) = \gamma_i P_\mathrm{d}(r_i) \tag{17-10}$$

式中，$P_\mathrm{d}^*(r_i)$ 为修正后各雨量站逐日降水估算值；$P_\mathrm{d}(r_i)$ 为通过式（17-7）计算得到的修正前雨量站逐日降水估算值。

17.3.2 武烈河流域 SWAT 模型构建

(1) 武烈河流域概况与数据处理

武烈河是滦河的一级支流，发源于河北省承德市围场满族自治县道至沟，纵贯承德市双桥区，至雹神庙村汇入滦河，干流全长 110km，流域面积为 2580km²，涉及河北省围场满族自治县、隆化、承德等县市（图17-5）。武烈河流域位于暖温带和寒温带过渡地带，属大陆燕山山地气候，年均气温 8.9℃，年均降水量为 537.2mm，而且降水年际变率大，年内降水分布极不均匀，主要集中在汛期 6~9 月份，占全年降水量的 77.9%。

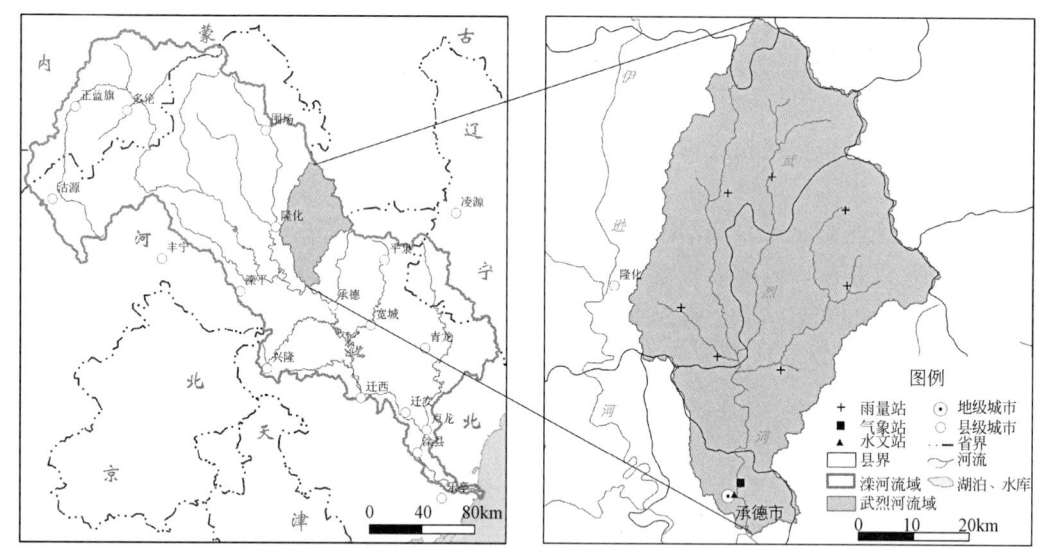

图 17-5 武烈河流域及水文气象站点分布

流域内承德水文站年均径流量为 2.60 亿 m³，多年平均流量为 6.93m³/s，且径流的年内分配极不均匀，径流主要集中在 6~9 月份，占多年平均径流量的 73.7%。流域内主要土地覆被类型为林地，占总面积的 50%，其次为草地和耕地，主要土壤类型为棕壤和褐土。

由于武烈河流域内 8 个雨量站降水资料序列较短（1970~1988 年），本书选择了滦河流域内及周边的承德、围场、丰宁、多伦、遵化、乐亭和青龙 7 个气象站点 1970~2000 年的逐日降水资料，根据上述雨量站降水资料时间维尺度扩展方法，实现了对各雨量站 1989~2000 年逐日降水资料的估算延长。武烈河流域的 DEM、土地利用和土壤类型分布情况如图 17-6 所示。

(2) 模型空间离散化与模拟方法

SWAT 模型对子流域的划分基于最小集水面积阈值，本书中最小集水面积取 50km²，将武烈河流域划分为 22 个子流域 [图 17-6（b）]。水文响应单元（HRU）的生成采用土地利用类型/优势土壤类型方法，根据 SWAT 模型建议选择土地利用和土壤临界阈值分别为 20% 和 10%（Wang et al., 2010），最终将研究流域划分为 98 个（1985 年土地利用）和 92 个（2000 年土地利用）HRU。

(a) DEM

(b) 子流域

(c) 1985 年土地利用

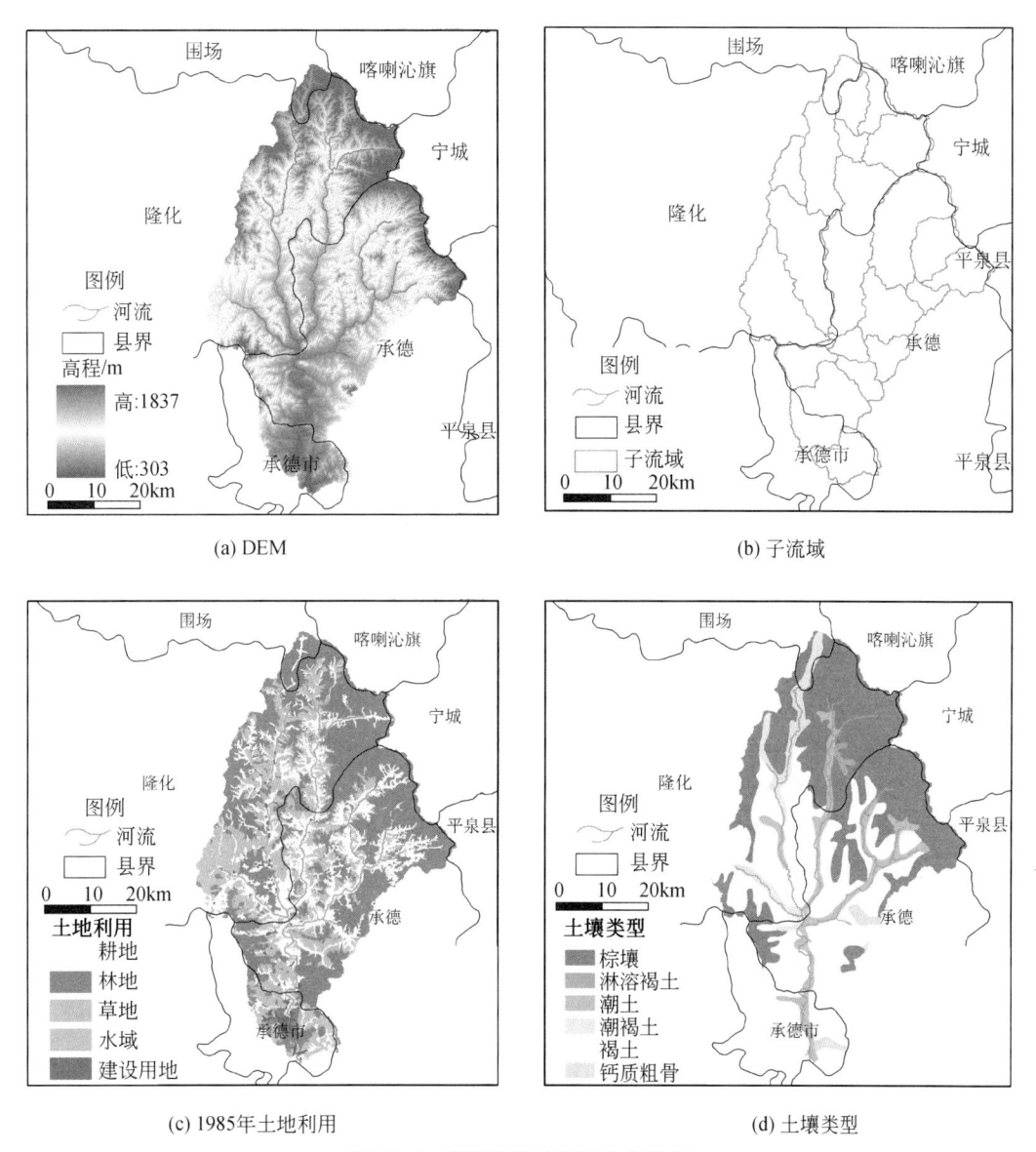

(d) 土壤类型

图 17-6　武烈河流域主要空间数据

本研究地表径流估算采用 SCS 径流曲线数法，以日为时间单位进行径流演算。潜在蒸散发选择 Penman-Monteith 法，河道汇流演算则采用了变动存储系数法。

（3）模型率定与验证

本研究基于雨量站实测降水数据对模型进行率定和验证，检验 SWAT 模型在武烈河流域的适用性。考虑到流域降水资料和水文数据获取情况，选择 1970~1988 年的气象水文数据对模型进行率定和验证，由于许多模型参数在模拟初期初始值为 0，本书将 1970~1972 年作为模型的初始条件形成期，利用 1973~1982 年承德水文站的月还原流量对模型进行率定；采用率定后的参数，应用 1983~1988 年承德水文站的月还原流量进行模型验证，两个阶段均以 1985 年土地利用作为输入。

采用常用的线性回归方程相关系数（R^2）、Nash-Sutcliffe 效率系数（E_{ns}）（Nash and Sutcliffe, 1970）和均方根误差（RMSE）3 个指标评价模型在研究区的适用性。

$$R^2 = \frac{\left[\sum_{i=1}^{n}(Q_{m,i}-\overline{Q}_m)(Q_{s,i}-\overline{Q}_s)\right]^2}{\sum_{i=1}^{n}(Q_{m,i}-\overline{Q}_m)^2 \sum_{i=1}^{n}(Q_{s,i}-\overline{Q}_s)^2} \quad (17-11)$$

$$E_{ns} = 1 - \frac{\sum_{i=1}^{n}(Q_{m,i}-Q_{s,i})^2}{\sum_{i=1}^{n}(Q_{m,i}-\overline{Q}_m)^2} \quad (17-12)$$

$$\text{RMSE} = \sqrt{\frac{1}{n}\sum_{i=1}^{n}(Q_{s,i}-Q_{m,i})^2} \quad (17-13)$$

式中，$Q_{m,i}$ 为实测值；$Q_{s,i}$ 为模型模拟值；$\overline{Q}_m$、$\overline{Q}_s$ 分别为观测值和模拟值的平均值；n 为实测值的个数。一般认为，R^2 越高，E_{ns} 越大，RMSE 越小，表明模拟效果越好。当 $E_{ns} \geq 0.75$ 时，模拟效果好；当 $0.36<E_{ns}<0.75$ 时，认为模拟效果基本满意；$E_{ns} \leq 0.36$ 时模拟效果不好（Motovilov et al., 1999）。

SWAT 模型参数众多，主要包括两类：第一类如土壤物理属性数据、土地利用/植被覆被属性等可根据参数的物理意义通过实际测量或者利用 SWAT 模型自带数据库等方式直接获取；第二类主要是影响产汇流过程的参数，本书通过敏感性分析得到影响武烈河流域径流模拟精度的 7 个重要参数并对其进行参数率定，各参数的意义和模拟过程见表 17-8。

表 17-8　武烈河流域 SWAT 模型率定参数及取值

参数	描述	模拟过程	取值范围	取值
CN2	SCS 径流曲线数	地表径流	35~98	-10%
ESCO	土壤蒸发补偿系数	蒸散	0.01~1	0.98
ALPHA_BF	基流 Alpha 系数	地下水	0~1	0.03
REVAPMN	浅层地下水再蒸发系数	地下水	0~500	128.64
CH_K2	主河道河床有效的水力传导度	壤中流	0.01~150	1.5
SOL_AWC	土壤可利用有效水量	土壤水	0~1	-10%
SOL_K	土壤饱和导水率	土壤水	0~2 000	-69%

在参数率定过程中遵循先调整水量平衡，再调整过程；先调整地表径流，再调整土壤水、蒸发和地下径流的原则（张利平等，2011）。本书首先采用瑞士联邦水生物科学与技术研究院开发的 SWAT-CUP 中的 SUFI-2（sequential uncertainty fitting version 2）优化算法

进行自动校准，进而结合手动校准进行相关参数的率定，率定参数最终取值见表17-8。

表17-9为承德水文站率定和验证期月径流模拟评价结果，图17-7为承德水文站月径流量模拟和实测值的对比结果。可以看出，模型率定和验证期的R^2和E_{ns}均大于0.8，反映了模型对径流趋势的模拟能力较好。流域的月径流模拟结果略微偏高，但相对误差均不超过5%。模拟结果表明SWAT模型对于武烈河流域月径流模拟是可行的。

表17-9 承德站径流模拟结果评价

模拟时段	多年平均值/(m³/s) 实测值	多年平均值/(m³/s) 模拟值	R^2	E_{ns}	RMSE/(m³/s)
率定期（1973~1982年）	7.59	7.75	0.85	0.83	4.64
验证期（1983~1988年）	5.06	5.07	0.89	0.87	2.49

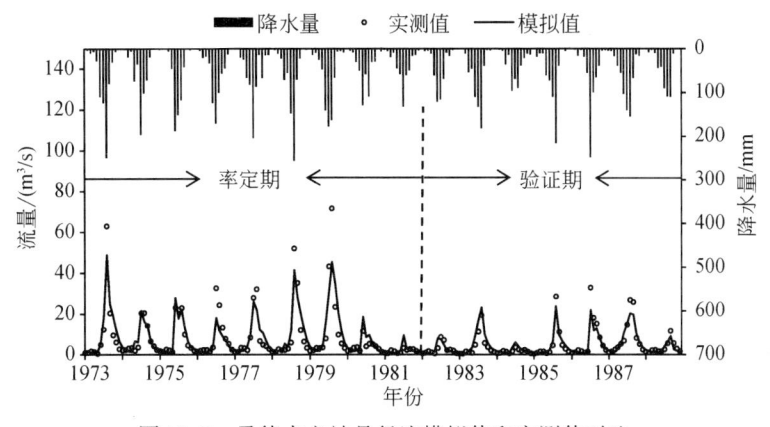

图17-7 承德水文站月径流模拟值和实测值对比

17.3.3 降水输入的不确定性分析

（1）不同降水输入情景

为研究不同的降水输入对武烈河流域降水量和分布式水文模拟结果的影响，本书设定了3种不同的降水输入：①雨量站实测降水资料，时段为1973~1988年；②基于降水数据时间维尺度扩展方法得到的雨量站降水估算值；③单一气象站（承德站）降水数据，后两种降水数据时段为1973~2000年。

（2）不同降水输入对流域降水量的影响

一般认为分布密度较高的雨量站降水资料可以相对真实地反映流域降水的空间异质性（张雪松等，2004；王国庆等，2009），因此本书以雨量站实测降水数据作为准确值来评价其他降水输入估算的流域降水量。

根据雨量站实测降水资料得到的流域年均等雨量线图［图17-8（a）］可以看出，武烈河流域降水空间分布差异显著，呈现出从东北向西南方向递减趋势，降水中心位于流域东北方向。在3种不同的降水输入条件下，流域年均降水量分别为544.39mm、518.00mm和511.13mm。由于承德气象站位于流域下游，年降水量明显低于流域其他地区，而流域西北与东南两个方向的围场和青龙气象站距离较远［图17-8（c）］。因此相对于作为准确值的雨量站实测降水值，基于相邻有限气象站降水资料得到的雨量站降水估算值和仅用承德气象站的降水数据由于无法描述流域降水的高值信息，从而过低估计了流域降水量。但是仅用单一承德站与雨量站实测降水资料估算的流域年均降水量之间的相对误差仅为6.1%，说明在不同的降水空间分布情景下流域平均降水量差异并不显著，这与张雪松等（2004）的研究结果基本一致。

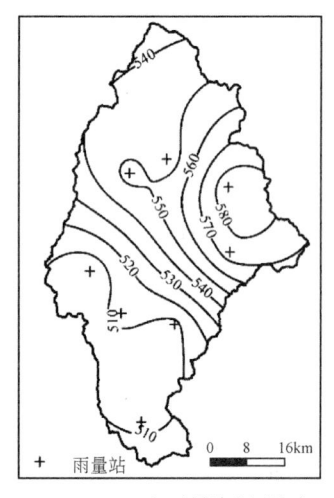

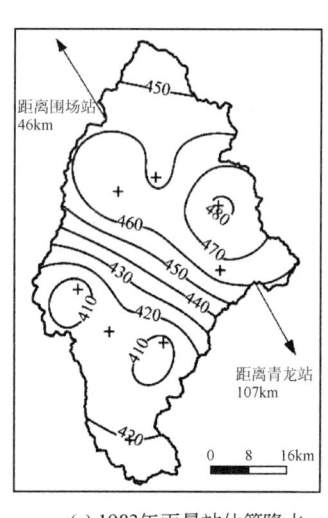

(a) 1973~1988年雨量站实测降水　　(b) 1983年雨量站实测降水　　(c) 1983年雨量站估算降水

图17-8　武烈河流域等雨量线（单位：mm）

但是通过比较不同降水输入条件下的逐年降水过程［图17-9（a）］发现，与雨量站实测降水数据相比，其他两种降水输入条件下的流域降水量在不同年份均存在不同程度的估算误差，尤其是在1975年、1976年、1983年和1987年严重低估了流域降水量。其中根据承德气象站降水数据估算的1983年流域降水量相对于雨量站实测值偏小164.72mm，相对误差达到28%。分析原因主要在于相对于多年平均降水量，1983年流域降水的空间差异更加显著［图17-8（b）］，最大最小降水量相差达到220mm，并且降水中心向西北方面偏移，但由于周围气象站距离较远［图17-8（c）］，基于周边相邻气象站资料的雨量站降水估算值无法准确表现降水的空间变化，使得降水中心的降水量被明显低估，从而导致1983年基于相邻气象站降水资料估算的流域降水量误差较大。而从逐月降水过程［图17-9（b）］可以看出，基于有限气象站资料的降水空间分布情景下年降水量估算差异主要体现在汛期的6~9月份，其中1983年8月基于承德站资料估算的月降水量与准确值之间的误差甚至达到了-35.6%。

同时从图17-9中可以看出，基于雨量站估算数据得到的流域降水量介于雨量站实测和单一承德站降水数据之间。因此在雨量站降水资料不完整的情况下，相对于仅采用单一气象站，通过对雨量站降水资料进行时间维尺度扩展，在一定程度上可以提高流域降水的估算精度。

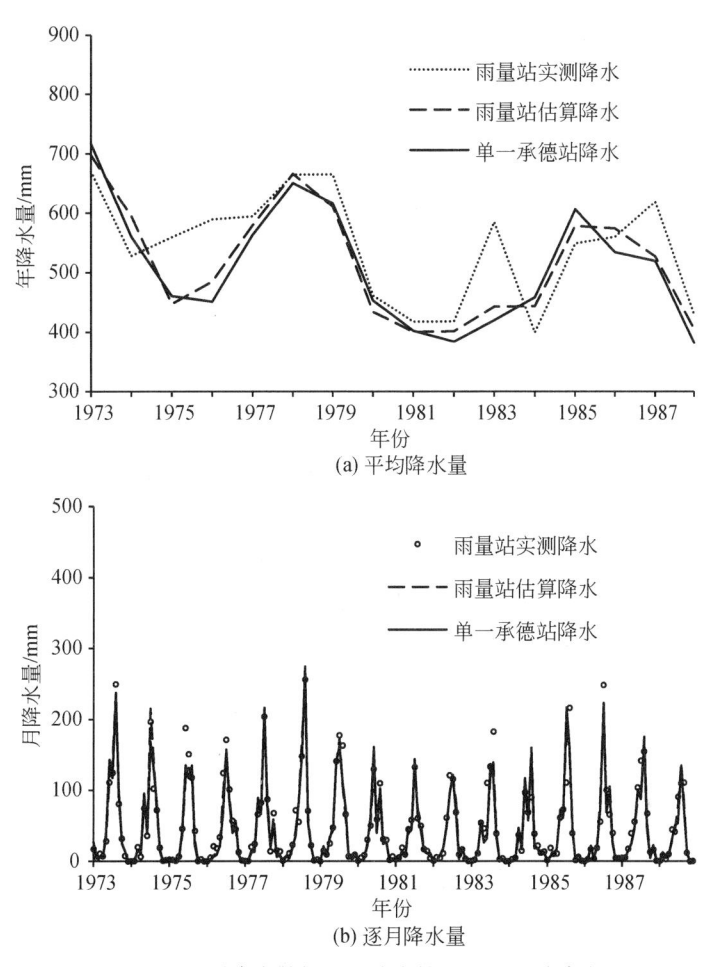

图 17-9　不同降水数据空间分布情景下的流域降水量

17.3.4　降水输入对分布式径流模拟结果的影响

为研究不同降水输入对分布式水文模拟结果的影响，本研究结合已经过检验的 SWAT 模型，按照不同的降水输入分别进行径流模拟，其中 1989~2000 年以 2000 年土地利用作为输入。从模拟结果可以看出（表 17-10），在 1973~1988 年，相对于雨量站实测降水数据对应的径流模拟结果，其他两种降水数据空间分布情景下的径流模拟精度明显下降。但是相对于仅用单一承德气象站，基于雨量站降水估算值的模拟精度有所提高。

对于雨量站实测降水资料欠缺的 1989~2000 年，基于有限气象站资料的两种降水空间分布情景的模拟结果基本达到了精度要求（表 17-10），但是基于雨量站降水数据时间维尺度扩展方法得到的估算降水输入条件下的模拟结果优于仅采用单一气象站降水资料。

表 17-10 不同降水输入条件下武烈河流域 1973~2000 年径流模拟结果评价

降水输入	1973~1988 年			1989~2000 年		
	R^2	E_{ns}	RMSE/(m³/s)	R^2	E_{ns}	RMSE/(m³/s)
雨量站实测	0.85	0.84	4.14	—	—	—
雨量站估算	0.68	0.65	6.22	0.67	0.67	7.59
单一气象站	0.60	0.59	6.66	0.65	0.64	7.88

比较不同降水输入条件下的年径流模拟结果[图 17-10（a）]可以看出，与基于雨量站实测降水数据的模拟结果相比，基于雨量站降水估算值和仅用单一承德气象站降水数据的径流模拟值在 1975 年、1976 年、1979 年、1983 年和 1987 年等年份过低模拟了径流量。这与年降水量的估算结果趋势基本一致，但是也有一些降水估算误差并不显著的年份，径流模拟结果相差较大。例如，基于单一承德站资料在 1976 年严重低估了流域降水量，通过改变流域土壤前期含水量等产流特征，影响了整个流域产汇流过程，从而使得降水估算

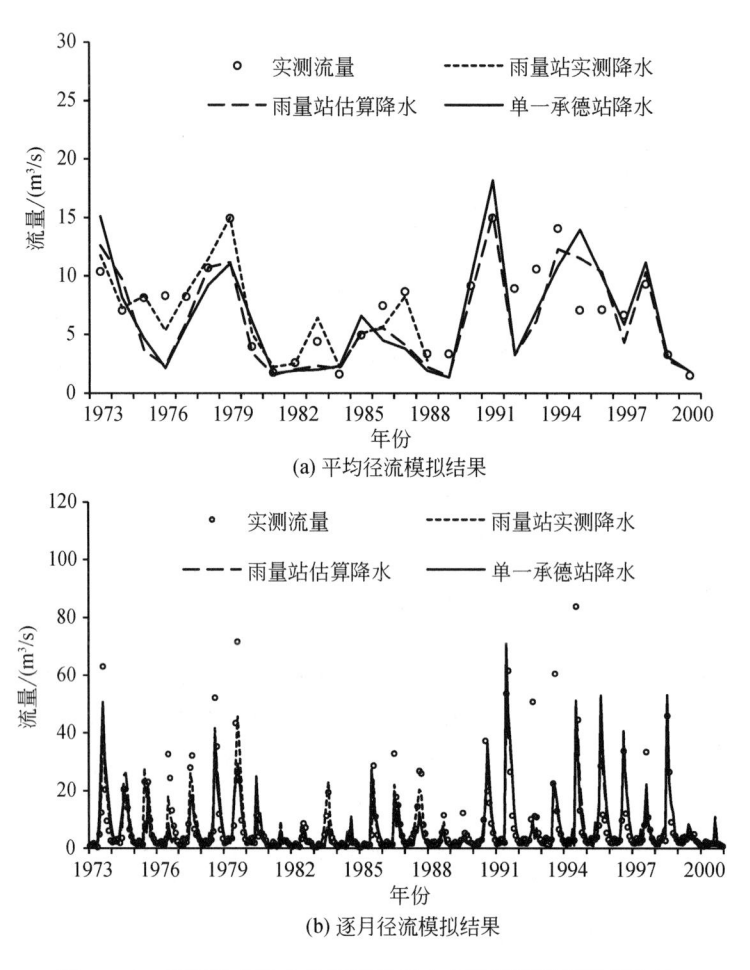

(a) 平均径流模拟结果

(b) 逐月径流模拟结果

图 17-10 不同降水输入条件下承德水文站径流模拟结果比较

误差并不明显的 1979 年径流模拟误差较大。而在欠缺雨量站降水整编资料的 1989~2000 年，除 1992 年和 1995 年之外的其他年份，基于气象站降水资料的后两种降水输入条件下的径流模拟结果较好，而且基于雨量站降水数据时间维尺度扩展方法得到的雨量站估算降水值对应的模拟结果也好于以单一承德气象站降水数据为输入的模型。在 1992 年和 1995 年较大的模拟误差主要是由于气象站降水资料无法准确反映降水的空间异质性所引起，从而严重低估了汛期径流量［图 17-10（b）］。但在没有更加详细的降水资料的情况下，这种模拟误差很难通过模型参数率定解决。同时需要指出的是，水库、取用水工程等人类活动均会对流域长序列分布式水文模拟产生影响。而本研究旨在分析降水输入对水文模拟结果的影响，减少由于降水输入引起的模型不确定性，因此本书采用了承德水文站的还原流量对模型进行校验，基本剔除了人类活动对水文模拟的影响。

尽管不同的降水输入对流域降水量影响较小，但是由于基于有限气象站资料估算得到的降水数据在部分年份无法有效地反映降水的空间异质性，流域上游降水中心的降水量被明显低估，导致在降水空间差异显著的年份以及夏季汛期，不同降水输入对分布式流域水文模拟影响较大。但是相对于直接采用气象站资料，基于本研究建立的降水数据时间维尺度扩展方法对雨量站降水资料进行估算延长，在一定程度上可以提高无降水整编资料时段的径流模拟精度，从而为流域长时间序列的分布式水文模拟提供数据基础。

17.4　SWAT 模型在滦河流域分布式水文模拟中的适用性

上节的研究结果表明，在雨量站降水资料不完整的情况下，基于相邻空间域有限气象站资料对雨量站降水逐日资料进行估算延长，在一定程度上可以提高雨量站无降水资料时段的分布式水文模拟精度。基于此方法，将滦河流域内所有雨量站降水资料估算延长至 2010 年，在此基础上构建滦河流域分布式水文模型。

17.4.1　流域离散化与模拟方法选择

根据流域的气象水文资料情况，并考虑到子流域划分的意义与空间分析的需求（胡连伍等，2007），最小集水面积取 150km^2，将滦河流域划分为 174 个子流域。地表径流估算采用 SCS 径流曲线数法，潜在蒸散发选择 Penman-Monteith 法，河道汇流演算采用变动存储系数法。

17.4.2　基于 SWAT 模型的滦河流域分布式水文模拟

(1) 模型参数敏感性分析与率定

考虑到流域水文气象数据获取情况，选择 1970~2000 年的数据对模型进行率定和验证，其中 1970~1972 年作为模型的初始条件形成期，选取 1973~1988 年三道河子、韩家营、承德、下板城和滦县水文站月还原径流数据进行模型率定，以 1985 年土地利用数据作为输入；模型率定后，保证率定后的参数不变，应用 1989~2000 年水文气象数据进行模型验证，以 2000 年土地利用数据为输入。影响滦河流域径流模拟的主要参数及其最终取值见表 17-11。

表 17-11 滦河流域 SWAT 模型率定参数及取值

参数	描述	模拟过程	取值范围	取值 三道河子	韩家营	承德	下板城	滦县
CN2	SCS 径流曲线数	地表径流	35~98	12%	3.2%	3%	8.7%	6%
ESCO	土壤蒸发补偿系数	蒸散	0.01~1	0.4	0.87	0.97	0.87	—
ALPHA_BF	基流 Alpha 系数	地下水	0~1	0.035	0.08	0.025	0.017	0.057
REVAPMN	浅层地下水再蒸发系数	地下水	0~500	285.4	210	282.2	100.20	—
CH_K2	主河道河床有效的水力传导度	壤中流	0.01~150	1.0	1.7	1.5	2.6	3.9
SOL_AWC	土壤可利用有效水量	土壤水	0~1	4.5%	16%	4%	39%	1.8%
SOL_K	土壤饱和导水率	土壤水	0~2000	-57%	-69%	-55%	-59%	-12%

（2）模拟结果分析

表 17-12 为各水文断面径流模拟的评价结果。可以看出，率定期各水文站模拟结果均达到模拟精度的要求，除三道河子站外，其他水文站 R^2 和 E_{ns} 均大于 0.8，反映了模型对径流趋势的模拟能力较好。韩家营、承德和下板城 3 个主要支流水文站的月径流模拟结果小于实测值，而三道河子与滦县水文站的模拟结果略微偏高，除下板城，其余各站的相对误差均不超过±5%。由于 1988 年之后无雨量站降水整编资料，本书采用了基于相邻气象站资料的降水估算值，但是由于在部分年份无法有效描述流域降水的高值信息，因此验证期各站模拟值均小于实测值，且 R^2 和 E_{ns} 有所降低，但结果均达到了模拟精度的要求，月径流拟合结果较好（图 17-11）。

表 17-12 模型月径流模拟结果评价

水文站	率定期（1973~1988 年） R^2	E_{ns}	RE	验证期（1989~2000 年） R^2	E_{ns}	RE
韩家营	0.89	0.89	-3.30%	0.73	0.66	-1.09%
承德	0.86	0.85	-1.34%	0.71	0.71	-7.32%
下板城	0.87	0.87	-5.82%	0.68	0.62	-2.75%
三道河子	0.78	0.72	1.05%	0.71	0.62	-12.01%
滦县	0.93	0.93	3.40%	0.92	0.91	-2.59%

(a) 三道河子站

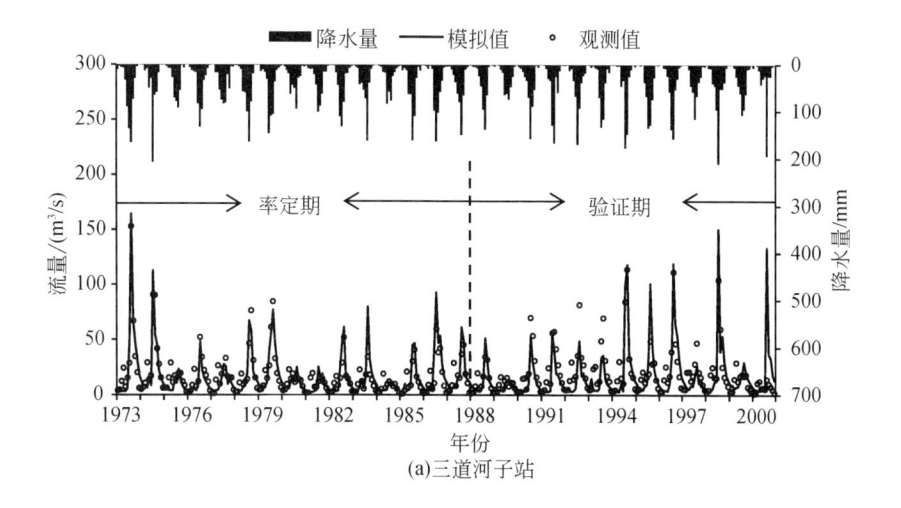

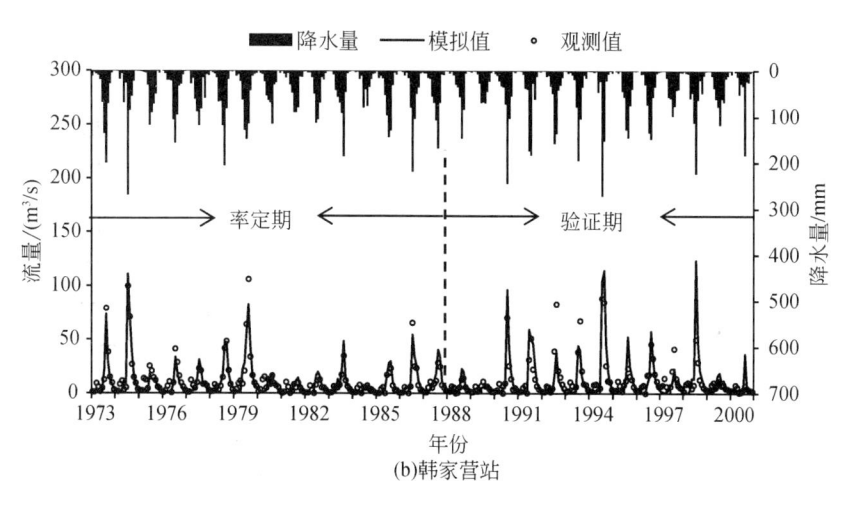

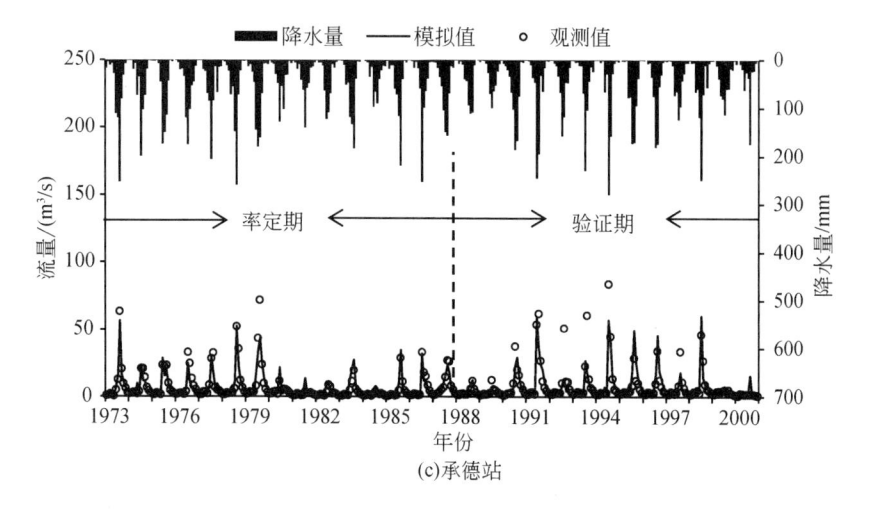

(b) 韩家营站

(c) 承德站

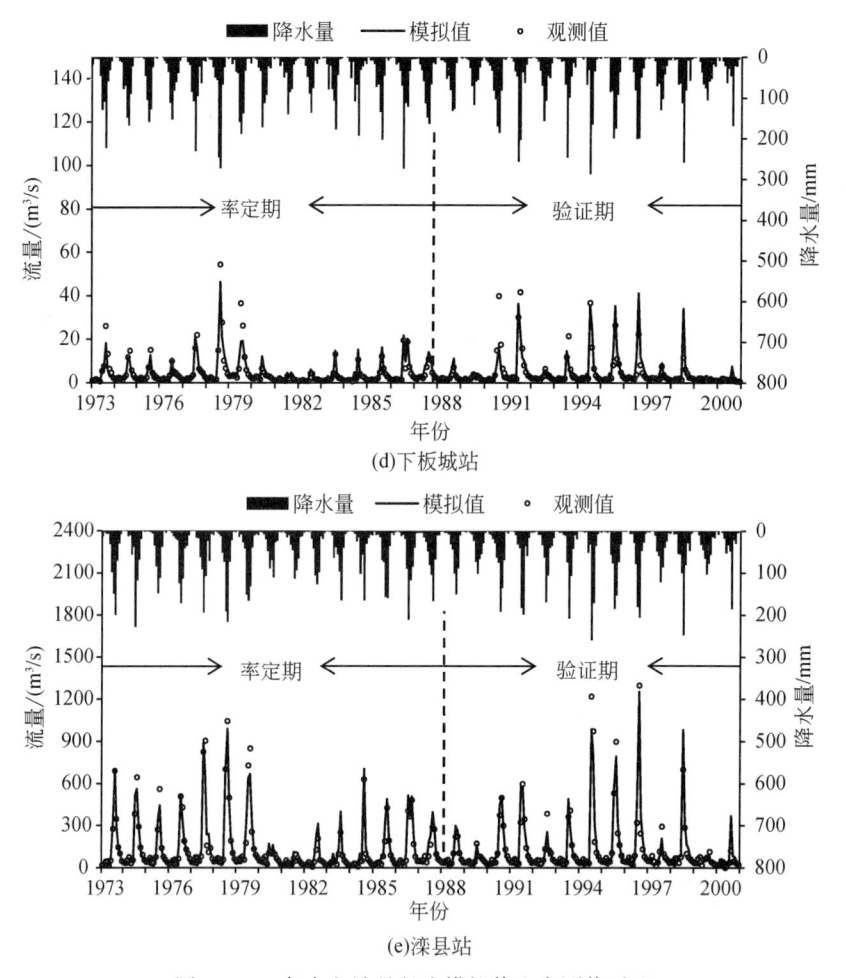

图 17-11　各水文站月径流模拟值和实测值对比

　　总体来看，模型模拟结果较好，各评价指标均达到了要求，尤其是在接近流域出口的滦县站具有较高的模拟精度。模拟结果表明应用 SWAT 模型进行滦河流域的径流模拟是可行的，该模型可以应用于流域土地利用/覆被变化的水文响应研究，以及研究区干旱评价模式的构建。

第18章 滦河流域径流演变归因识别

流域径流演变受到变化环境（人类活动和气候变化）下多重因素的影响，反映了不同影响因素综合作用的结果。气候变化对径流的影响主要通过降水和气温等因素的变化来实现，而人类活动主要通过土地利用/覆被变化和水土保持等下垫面因素以及水库和工农业用水等社会经济因素影响径流量。由于人类活动和气候变化对径流量演变的影响是交叉的，因此，如何定量分离二者对径流变化的影响程度，明晰径流演变的主要驱动因子，对于未来变化环境下水资源的规划与管理决策，以及解决未来可能的水资源问题具有重要意义（王喜峰等，2010；Bao et al.，2012）。如果气候变化是主要影响因素，应面向规划和管理机构研究未来不同气候变化情景下气候变化对水资源的影响；如果人类活动是主要驱动因子，决策者更应注重水资源管理和规划（Fu et al.，2004）。本章在分析滦河流域水文气象要素演变规律的基础上，通过确定流域径流演变受人类活动影响相对较少的天然时期和人类活动影响期，并结合分布式水文模拟定量识别气候变化和人类活动对滦河流域径流量演变的影响程度，并改进归因识别方法，进一步细化了具体的人类活动对径流变化的贡献。

18.1 流域水文气象要素演变规律分析

分析流域内降水、气温、蒸发和径流等气象水文要素的演变规律，能更好地了解流域的气候水文特征，并为流域径流量演变的归因识别研究提供依据。本书采用了 Mann-Kendall 秩次相关检验（李丽娟和郑红星，2000）进行滦河流域气象水文要素的趋势性分析；采用 Mann-Kendall 法（符淙斌和王强，1992）进行突变性检测；采用 FAO Penman-Monteith 方程（Allen et al.，1998）计算潜在蒸发量。降水、气温、风速、相对湿度等气象资料来自流域内及周边的 7 个气象站，分析时段为 1961~2010 年；还原径流量的资料来自滦县水文站，分析时段为 1961~2000 年。

18.1.1 降水量

(1) 趋势性分析

图 18-1 为近 50 年滦河流域逐年降水量变化趋势及其 5 年滑动平均过程。从图中可以看出，流域近 50 年来降水量变化明显，总体呈递减趋势，变化率为 -1.15mm/a。降水变

化 M-K 趋势检验结果，统计量 $Z=-1.13>-1.96$，没有通过 0.05 的显著性检验，降水减少趋势不显著。从表 18-1 可以看出滦河流域 20 世纪 60~80 年代、90 年代的平均降水均高于多年平均，但距平百分率有所下降。20 世纪 80 年代以及 21 世纪初期平均降水低于多年平均，尤其是 21 世纪初期距平百分率达到 -7.72%。总体上，滦河流域 50 年间降水量呈现"减—增—减"的变化趋势。

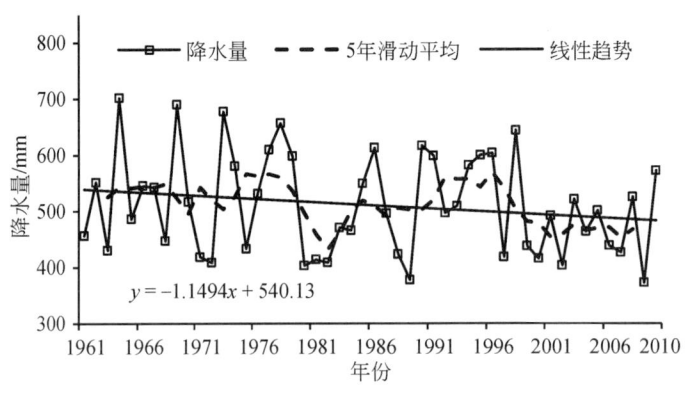

图 18-1　1961~2010 年滦河流域逐年降水量变化趋势

表 18-1　滦河流域水文气象要素年代特征统计

年份	降水量 年均值/mm	距平百分率/%	气温 年均值/℃	距平百分率/%	潜在蒸发 年均值/mm	距平百分率/%	径流量 年均值/亿 m^3	距平百分率/%
1961~2010	510.82	—	6.71	—	935.06		39.19	—
1961~1971	536.75	5.08	6.22	-7.33	951.40	1.75	41.59	6.11
1971~1980	531.83	4.11	6.39	-4.86	948.26	1.41	46.04	17.49
1981~1990	483.48	-5.35	6.62	-1.36	924.61	-1.12	27.81	-29.04
1991~2000	530.65	3.88	7.17	6.83	902.73	-3.46	41.32	5.44
2001~2010	471.37	-7.72	7.16	6.71	948.29	1.41	—	—

（2）突变性检测

利用 Mann-Kendall 法对滦河流域 1961~2010 年逐年的年平均降水量进行突变检验（0.05 显著性水平），绘制 UF、UB 曲线（图 18-2）。从图中可以看出，UF 与 UB 曲线在置信线之间存在若干交点，降水变化存在较明显的突变点。流域降水在 1972 年出现一次增加突变，1979 年出现一次减少突变，80 年代末期出现一次增加突变，1999 年后再次出现较明显的减少突变。

（3）空间分布特征

滦河流域 1961~2010 年 50 年年均降水量空间分布如图 18-3 所示，可以明显看出，流域降水分布空间差异显著，且具有明显的纬度地带性，从流域下游向上游递减。下游平原地区的迁西、迁安和青龙一带年均降水量最大，一般在 660mm 以上，而上游坝上草原地

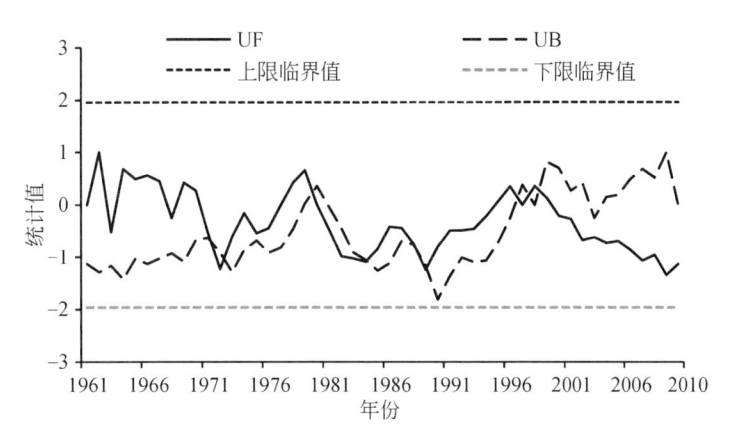

图 18-2　1961~2010 年滦河流域年均降水量 Mann-Kendall 突变检验曲线

区的正蓝旗和多伦县等地降水量相对明显偏少。

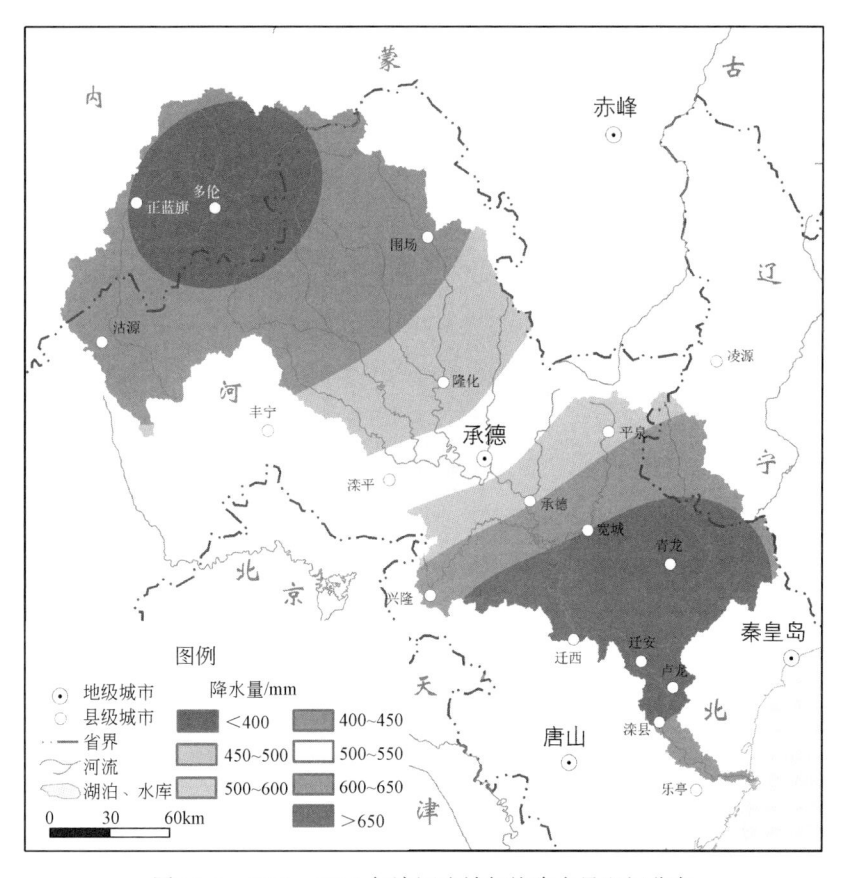

图 18-3　1961~2010 年滦河流域年均降水量空间分布

18.1.2 气温

(1) 趋势性分析

图 18-4 为近 50 年来滦河流域逐年气温变化趋势及其 5 年滑动平均过程。从图中可以看出，流域近 50 年来气温变化明显，呈缓慢增加趋势，变化率约为 0.025℃/a。气温变化 M-K 趋势检验结果，统计量 $Z=4.22>1.96$，通过 0.05 的显著性检验，气温增加趋势显著。从表 18-1 可以看出滦河流域 20 世纪 60~80 年代的平均气温均低于多年平均，尤其是 20 世纪 60 年代气温最低，距平百分率为 -7.33%，但在此期间年均气温不断上升，直到 20 世纪 90 年代达到最高，此后 21 世纪初期略有下降。

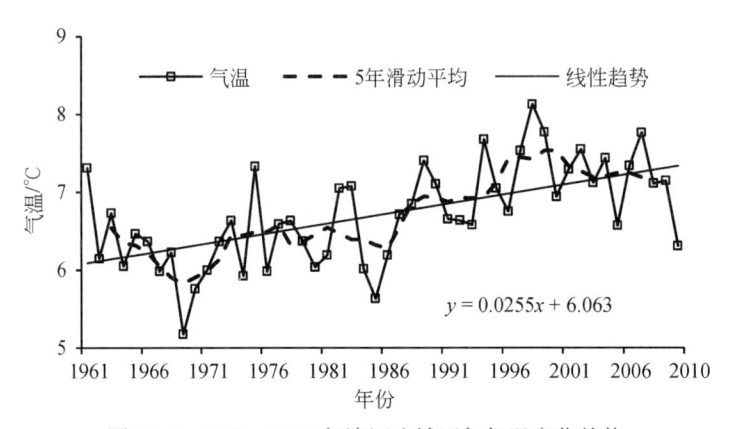

图 18-4　1961~2010 年滦河流域逐年气温变化趋势

(2) 突变性检测

利用 Mann-Kendall 法对滦河流域 1961~2010 逐年的年均气温进行突变检验（0.05 显著性水平），绘制 UF、UB 曲线（图 18-5）。从图中可以看出，流域气温在 1988 年出现一次增加突变。

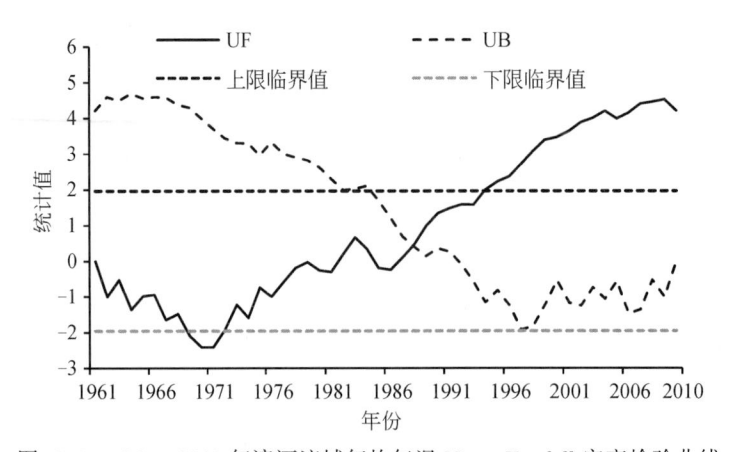

图 18-5　1961~2010 年滦河流域年均气温 Mann-Kendall 突变检验曲线

(3) 空间分布特征

滦河流域近 50 年年均气温空间分布如图 18-6 所示，可以明显看出，流域气温空间分布特征与降水类似，空间差异显著，且具有明显的纬度地带性，从下游向上游递减。下游平原地区年均气温相对较高，一般在 9℃ 以上，而上游坝上草原地区的正蓝旗、多伦县等地气温偏低。

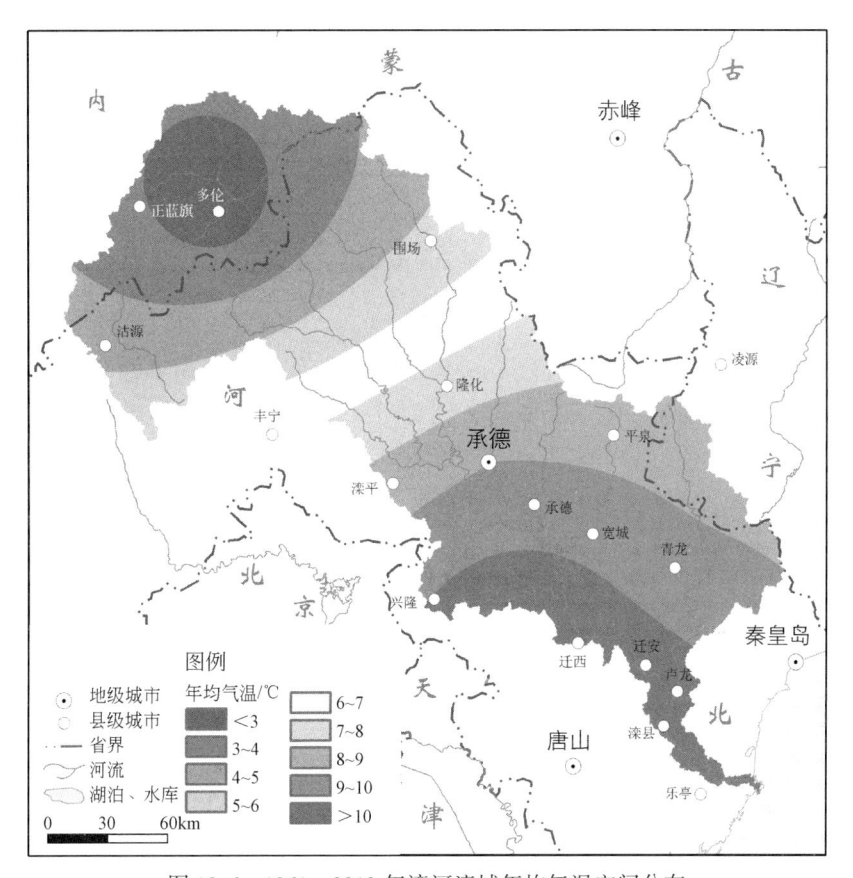

图 18-6　1961~2010 年滦河流域年均气温空间分布

18.1.3　潜在蒸发量

(1) 趋势性分析

图 18-7 为近 50 年来滦河流域逐年潜在蒸发变化趋势及其 5 年滑动平均过程。从图中可以看出，流域近 50 年来潜在蒸发量呈缓慢减小趋势，变化率约为 -0.57mm/a。潜在蒸发变化 M-K 趋势检验结果，统计量 $Z=-1.45>-1.96$，没有通过 0.05 的显著性检验，潜在蒸发减小趋势不显著。从表 18-1 可以看出滦河流域 20 世纪 60~70 年代的平均潜在蒸发均较多年平均偏大，此后 20 世纪 80~90 年代平均蒸发量低于多年平均，尤其是 20 世纪 90 年代低于多年平均 3.46%，而 21 世纪初期潜在蒸发又有所增加。总体上，滦河流域 50 年

间潜在蒸发量呈现"减—增"的变化趋势。

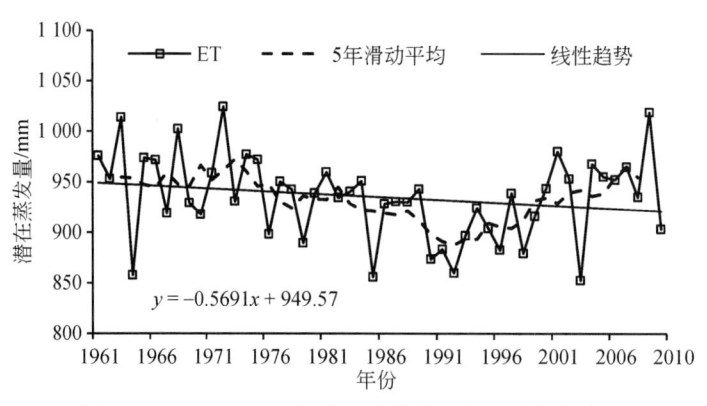

图 18-7　1961~2010 年滦河流域潜在蒸发量变化趋势

(2) 突变性检测

利用 Mann-Kendall 法对滦河流域 1961~2010 年逐年的年平均潜在蒸发进行突变检验（0.05 显著性水平），绘制 UF、UB 曲线（图 18-8）。从图中可以看出 1964~1972 年间两条曲线存在较多的交点，而从 1972 年之后流域潜在蒸发量发生了明显的减小突变。

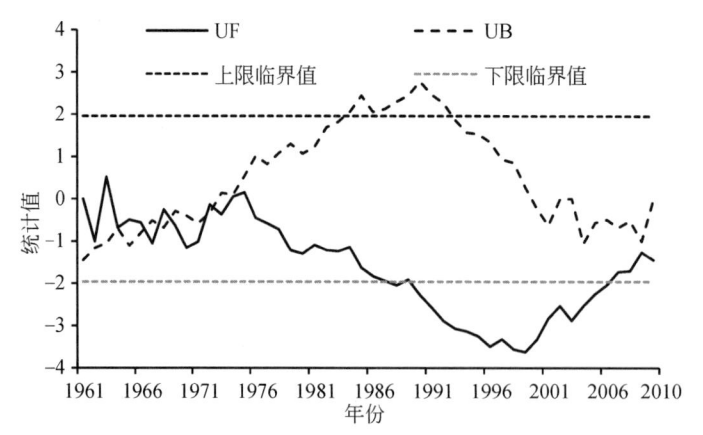

图 18-8　1961~2010 年滦河流域潜在蒸发 Mann-Kendall 突变检验曲线

(3) 空间分布特征

滦河流域近 50 年年均潜在蒸发空间分布如图 18-9 所示，可以明显看出，流域潜在蒸发空间差异显著，呈现由南向北递减趋势。下游平原入海口地区年均潜在蒸发相对最大，一般在 970mm 以上，而河北省围场满族自治县北部地区潜在蒸发在 940mm 以下，相对较低。

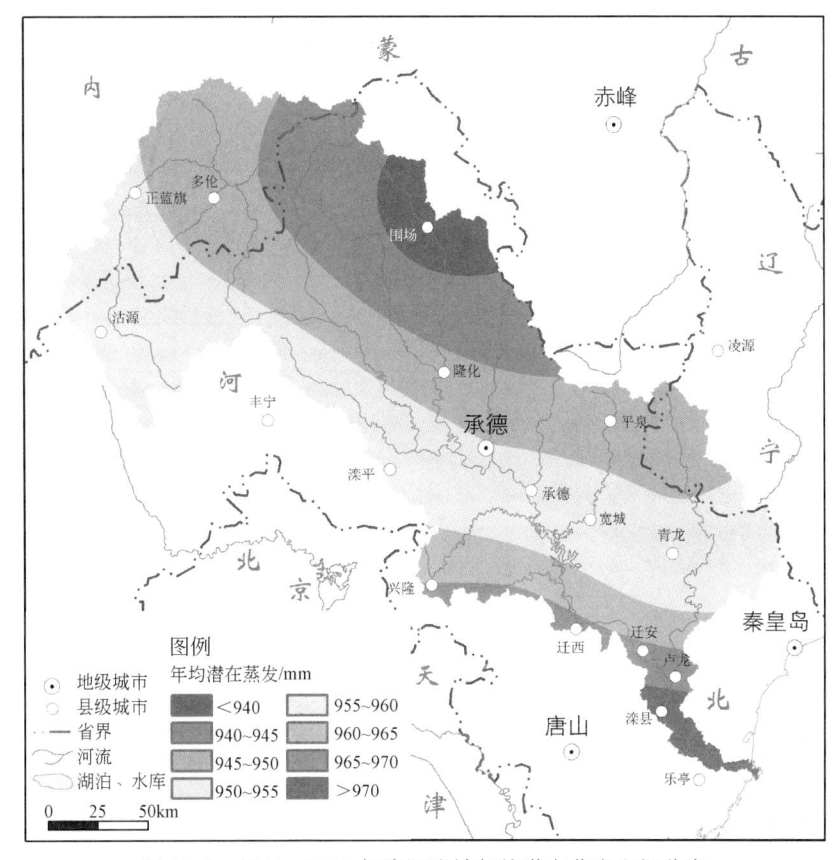

图 18-9　1961~2010 年滦河流域年均潜在蒸发空间分布

18.1.4　天然径流量

(1) 趋势性分析

图 18-10 为 1961~2000 年滦县站逐年天然径流量变化趋势及其 5 年滑动平均过程。从图中可以看出，流域多年天然径流量呈缓慢减小趋势，变化率约为-0.15 亿 m³/a。天然径流量 M-K 趋势检验结果，统计量 $Z=-0.51>-1.96$，没有通过 0.05 的显著性检验，减小趋势不显著。从表 18-1 可以看出滦河流域年径流量在 20 世纪 60 年代、70 年代和 90 年代均比多年平均偏大，尤其是 20 世纪 70 年代平均天然径流量高于多年平均 17.49%。而 20 世纪 80 年代年均径流量较多年平均偏低 29.04%，该时段为枯水期。总体上，滦河流域 1961~2000 年天然径流量呈现"增—减—增"的变化趋势。

(2) 突变性检测

利用 Mann-Kendall 法对滦河流域 1961~2000 年逐年天然径流量进行突变检验 (0.05 显著性水平)，绘制 UF、UB 曲线 (图 18-11)。从图中可以看出，UF 与 UB 曲线在置信线之间存在若干交点，径流变化存在较明显的突变点。流域径流在 1973 年出现一次增加突

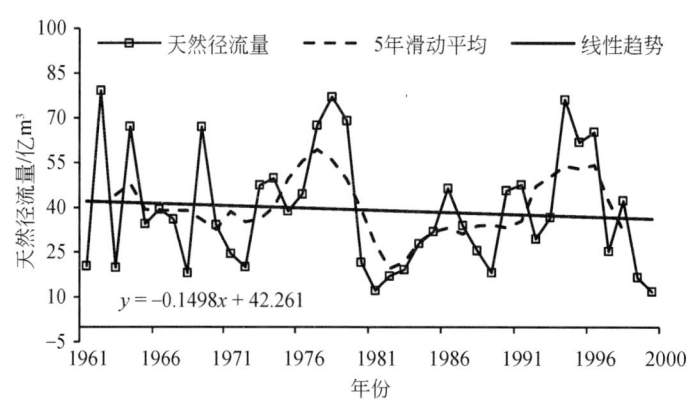

图 18-10 1961~2000 年滦河流域天然径流量变化趋势

变,1980 年出现一次减少突变,80 年代末期出现一次增加突变,1999 年后再次出现较明显的减少突变,与前面的降水突变性基本吻合。

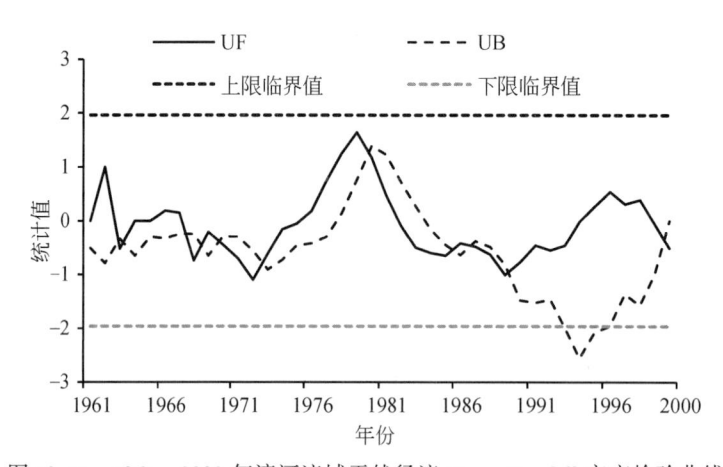

图 18-11 1961~2000 年滦河流域天然径流 Mann-Kendall 突变检验曲线

18.2 滦河流域径流演变归因识别方法

分离气候变化和人类活动对流域径流演变的影响程度首先应假定气候变化和人类活动是影响径流变化的两个相互独立的因子（王国庆等,2006）。评价的关键包括两个方面：其一是水文序列阶段的划分,即人类活动对流域径流显著影响之前的天然时期（水资源系统保持天然状态）和人类活动影响期（相对于天然期,由于受到人类活动和/或气候变化的影响,流域径流显著变化）的界定；其二是人类活动影响期间天然径流量的还原（王国庆等,2006）。以往研究中,人类活动影响期天然径流量的还原主要是通过调查计算主要人类活动因素及其用水量,并与实测径流量叠加得到。但是这种方法需要大量具体的人类活动资料,且难以全面考虑所有人类活动的影响。近年来,流域水文模拟技术的发展为人类活动影响期天然径流量的还原提供了技术支撑。利用天然时期的气象水文资料率定相应模型参数，就可以用来表示在没有人类活动影响的自然状况下的流域产汇流特征，继而利用相同的模型参数和人类活动影响期间的气象资料模拟得到相同时期没有人类活动显著影响的天然径流。

在此基础上，以流域天然时期的实测径流量 Q_{on} 作为基准值，则人类活动影响时期实测径流量 Q_{oi} 与基准值之间的变化表示为

$$\Delta Q = Q_{oi} - Q_{on} = \Delta Q_C + \Delta Q_H \tag{18-1}$$

式中，ΔQ 为径流变化总量，主要包括两部分变化：气候变化（ΔQ_C）和人类活动（ΔQ_H）。

气候变化影响部分（ΔQ_C）可以通过人类活动影响时期和天然时期模型模拟的天然径流量的差值计算得到：

$$\Delta Q_C = Q_{ei} - Q_{en} \tag{18-2}$$

式中，Q_{ei} 和 Q_{en} 分别为人类活动影响时期和天然时期模型模拟的天然径流量。

同时，人类活动主要通过土地利用/覆被等下垫面变化和社会经济因素（水库、调水等水库工程、工农业用水和生活用水）等影响径流量。本书结合统计叠加得到的包括水库调度、工农业和生活用水等社会经济取用水定额的还原径流量（Q_{si}）改进归因识别方法，进一步细分人类活动对径流的影响程度。

$$\Delta Q_S = Q_{si} - Q_{oi} \tag{18-3}$$

式中，ΔQ_S 为社会经济因素对径流的影响量。在此基础上，即可得到气候变化、社会经济和下垫面因素对径流量变化的贡献率。

$$\theta_C = \frac{\Delta Q_C}{\Delta Q} \times 100\% \tag{18-4}$$

$$\theta_S = \frac{\Delta Q_S}{\Delta Q} \times 100\% \tag{18-5}$$

$$\theta_L = 100\% - \theta_C - \theta_S \tag{18-6}$$

式中，θ_C、θ_S 和 θ_L 分别为气候变化、社会经济和下垫面因素对径流变化的贡献率。本书改进的归因识别方法如图 18-12 所示。

18.2.1 水文序列阶段划分

由于人类活动的干扰，水文序列一般表现出阶段性或者趋势性的变化。通常根据年径流系数序列分析人类活动引起的流域径流变化的阶段性，确定突变点，将其划分为人类活动对流域显著影响前的天然期和人类活动影响期。常用的分析方法主要有双累积曲线和有序聚类等方法。本书分别采用两种方法识别滦河流域 1970~2000 年的水文序列阶段。

(1) 双累积曲线法

双累积曲线法（double mass curve, DMC）是目前水文气象要素长期演变趋势分析的一种常用方法。其基本思想是分析的两个变量之间应具有正比关系，一个变量的连续累加值和另一个变量的连续累加值可以表示为一条直线。如果双累积曲线的斜率发生突变，则

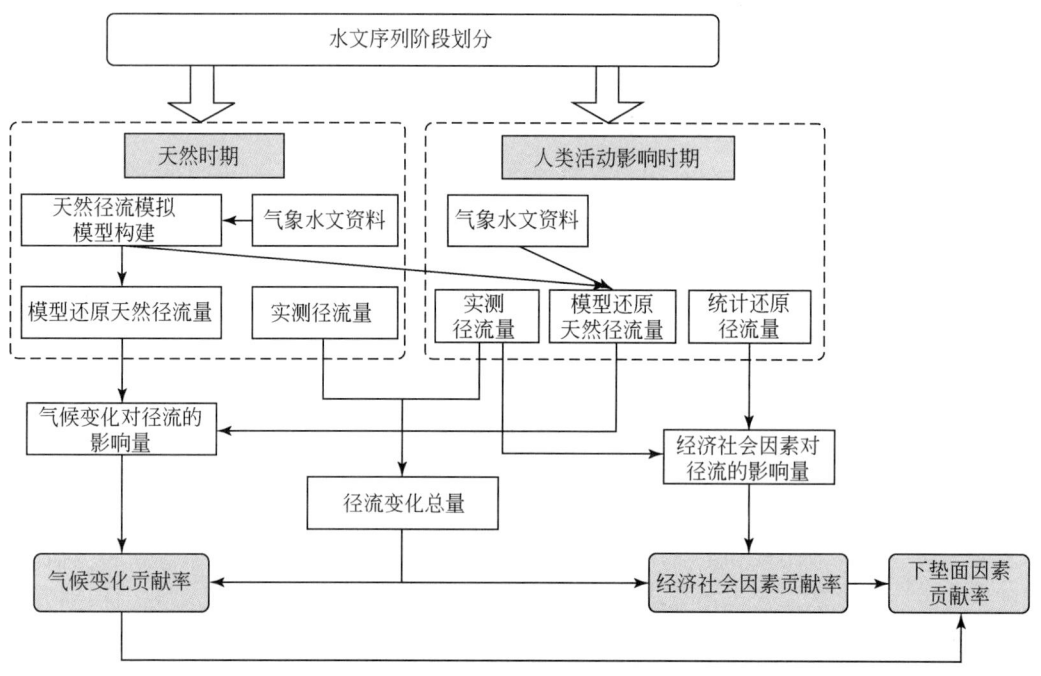

图 18-12 改进的径流演变归因识别方法

斜率发生突变时所对应的点即是分析变量阶段性变化的依据（孙宁等，2007）。

对于特定流域，在没有人类活动强烈干扰的情况下，自然条件下的径流量基本随水量的变化而变化，累计径流量与累计同期降水量大致表现为直线关系。如果人类活动影响前后曲线斜率发生明显偏离，一般则认为人类活动改变了流域产流能力，发生偏离点对应的年份即是人类活动导致径流量发生突变的年份。图 18-13 点绘了滦河流域 1970~2000 年降水量和径流深的双累计曲线。可以看出，年径流量具有趋势性的变化，双累计曲线在 1979 年向右侧发生明显偏移，1979 年之后流域自然产流能力有所下降。

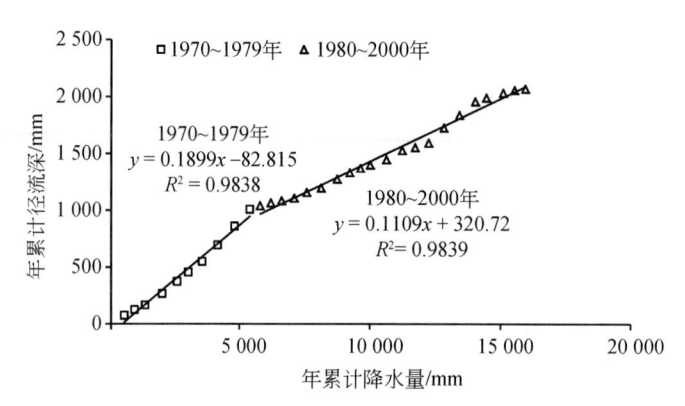

1970~1979年
$y = 0.1899x - 82.815$
$R^2 = 0.9838$

1980~2000年
$y = 0.1109x + 320.72$
$R^2 = 0.9839$

图 18-13 滦河流域年降水与径流的双累计曲线

(2) 有序聚类法

对于受人类活动强烈干扰的水文序列，在某个时期存在显著性突变时，推求最优分割点，将序列划分为天然序列和影响后序列，使得划分后序列内的离差平方和最小，而序列间的离差平方相对较大。

对于序列 x_t ($t = 1, 2, \cdots, n$)，设可能的突变（分割）点为 τ，使突变前后两个序列的离差平方和的总和较小。

$$V_\tau = \sum_{t=1}^{\tau} (x_t - \bar{x}_\tau)^2 \tag{18-7}$$

$$V_{n-\tau} = \sum_{t=\tau+1}^{n} (x_t - \bar{x}_{n-\tau})^2 \tag{18-8}$$

$$S(\tau) = V_\tau + V_{n-\tau} \tag{18-9}$$

式中，$\bar{x}_\tau$ 和 $\bar{x}_{n-\tau}$ 分别为突变点 τ 前后的水文序列平均值；V_τ 和 $V_{n-\tau}$ 分别为突变点 τ 前后水文序列的离差平方和；$S(\tau)$ 取最小值时对应的年份 τ 即最优分割点。

一般而言，若水文序列存在两个明显的阶段性过程，则总离差平方和的时序变化曲线为单谷底；若包括两个及以上的明显阶段性变化，则总离差平方和曲线存在两个以上的谷底（王国庆等，2008）。本书采用有序聚类法对滦河流域 1970~2000 年径流系数序列进行突变分析，点绘 $S(\tau)$ 变化曲线（图 18-14）。可以看出，滦河流域在 1979 年和 1996 年存在两个突变点，但 1979 年变化更加显著。

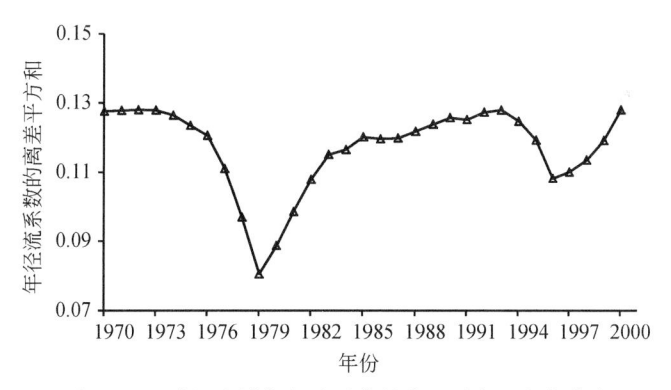

图 18-14 滦河流域年径流系数的离差平方和变化曲线

综合双累计曲线和有序聚类两种方法划分的结果，判定 1979 年是滦河流域天然时期和人类活动影响时期的分界点，据此将 1970~2000 年的水文序列划分为 1970~1979 年和 1980~2000 年两个阶段。

18.2.2 天然径流量模拟

本书利用 SWAT 分布式水文模型模拟还原人类活动影响时期自然状态下的天然径流量。考虑到 1989 年之后雨量站降水资料为估算数据，通过前面的分析可知其与雨量站实测资料之间存在误差。为保证还原的天然径流量与基准值之间的一致性和可比性,本书在两个阶段均采用气象站降水资料作为输入。

利用 1970~1979 年天然时期的水文气象资料率定并检验模型。其中 1970 年作为模型的初始条件形成期,由于本章构建模型的目的是模拟滦河流域径流量的变化,并不需要考虑各子流域的水文分量,因此仅选取了滦县水文站用于模型率定和验证。其中 1971~1976 年滦县站月实测径流数据用于模型率定;模型率定后,保证率定后的参数不变,应用 1976~1979 年水文气象数据进行模型验证,两个阶段均以 1985 年土地利用数据为输入。影响滦河流域径流模拟的主要参数及率定后最终取值见表 18-2。

表 18-2 滦河流域 SWAT 模型率定参数及取值

参数	描述	模拟过程	取值范围	取值
CN2	SCS 径流曲线数	地表径流	35~98	14%
ESCO	土壤蒸发补偿系数	蒸散	0.01~1	0.7
ALPHA_BF	基流 Alpha 系数	地下水	0~1	0.032
CH_K2	主河道河床有效的水力传导度	壤中流	0.01~150	3.5
SOL_AWC	土壤可利用有效水量	土壤水	0~1	31%
SOL_K	土壤饱和导水率	土壤水	0~2 000	-24%

表 18-3 为滦县水文站率定和验证期月径流模拟评价结果,可以看出,模型率定和验证期的相关系数 R^2 和 Nash-Sutcliffe 效率系数 E_{ns} 均大于 0.85,反映了模型对径流趋势的模拟能力较好。率定期流域的月径流模拟结果略微偏高,而验证期则相对偏小,但相对误差不超过 10%,均在允许范围之内。图 18-15(a)为率定和验证期月径流量模拟和实测值的对比结果,可以看出模拟结果基本可以反映流域月流量过程,但由于部分年份夏季峰值模拟结果偏小,所以 8 月份模拟结果小于实测值 [图 18-15(b)],但是模拟值的年内分配过程与实测值趋势基本一致。总体来看,应用 SWAT 模型还原滦河流域人类活动影响期间的天然径流量是可行的。

表 18-3 模型月径流模拟结果评价

水文站	率定期(1971~1976 年)			验证期(1977~1979 年)		
	R^2	E_{ns}	RE	R^2	E_{ns}	RE
滦县	0.90	0.91	3.10%	0.89	0.88	-7.56%

基于天然时期构建的 SWAT 模型模拟得到整个研究时段的天然径流量(图 18-16)。年径流深的模拟值和实测值具有显著差异的起始年份与实测径流的突变点基本一致,而实测值和模拟的天然径流量之间的差异则代表了人类活动对径流的影响(王国庆等,2008)。

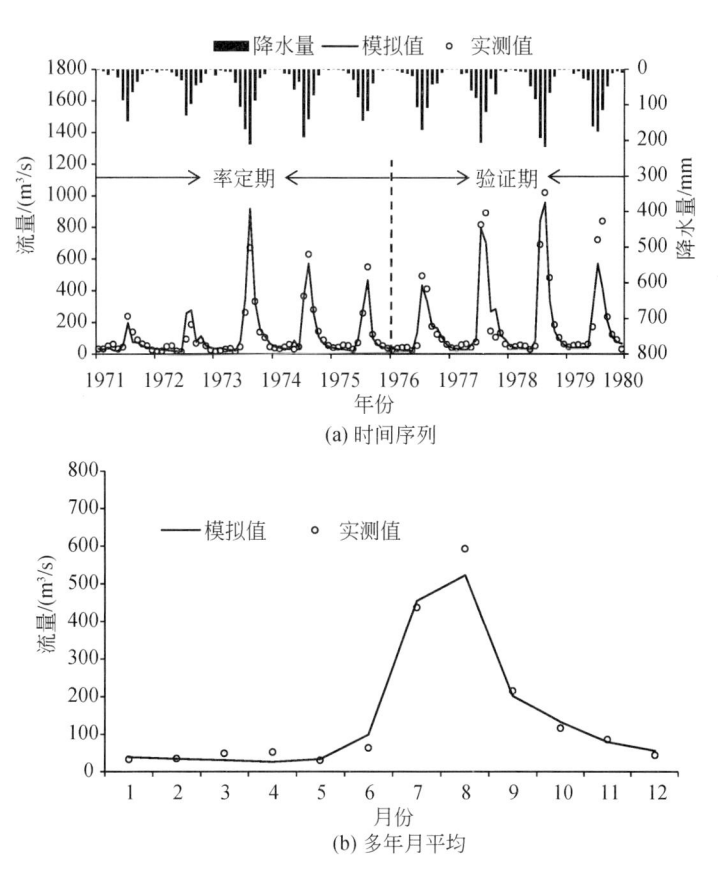

图 18-15　滦县水文站流量模拟值和实测值对比

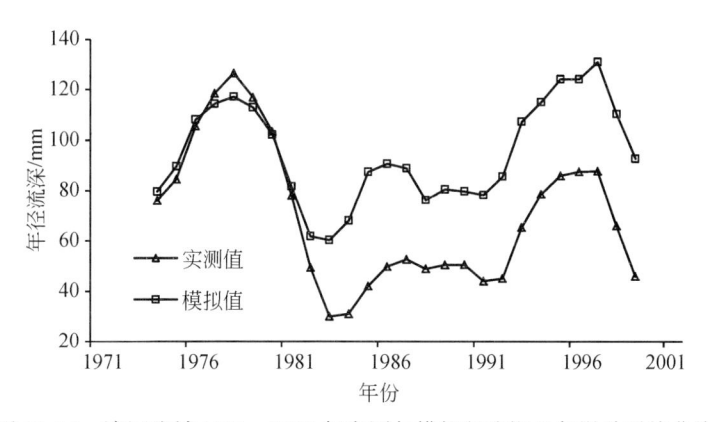

图 18-16　滦河流域 1971~2000 年实测与模拟径流深 5 年滑动平均曲线

18.3 滦河流域气候与人类活动对径流影响的归因识别

根据滦河流域天然时期的模型参数和 1979 年之后的气象资料，模拟还原得到人类活动影响时期 1980~2000 年的天然径流量。以天然时期（1971~1979 年）的实测径流量作为基准值，根据人类活动影响时期（1980~2000 年）的实测径流量、相应时期通过模型模拟还原的天然径流量，以及通过统计还原得到的天然径流量资料，定量分析气候变化和人类活动对径流量变化的影响程度。

18.3.1 流域径流量变化归因的年际特征

表 18-4 为变化环境下各种因素对滦河流域径流量影响的分析结果。从中可以看出，气候变化和人类活动对滦河流域径流量减小的贡献率分别为 26.5% 和 73.5%，人类活动是滦河流域径流量减小的主要驱动因素。其中，潘家口、大黑汀和桃林口水库等大型水库相继投入使用，以及引滦入津和引滦入唐等调水工程的实施，使得在人类活动因素中，水利工程、工农业和生活用水等经济社会因素对径流减小的影响程度为 47.0%，相对于土地利用/覆被、水土保持措施等下垫面因素的影响更加显著。

表 18-4 气候变化和人类活动对径流量变化的贡献率

研究时段	Q_o/mm	Q_e/mm	Q_s/mm	ΔQ/mm	气候变化 ΔQ_C/mm	θ_C/%	人类活动 ΔQ_S/mm	θ_S/%	ΔQ_L/mm	θ_L/%
天然期	103.5	101.3	—	—	—	—	—	—	—	—
影响期	50.7	87.3	75.5	−52.8	−14.0	26.5	−24.8	47.0	−14	26.5

注：Q_o 为各阶段年均实测径流深；Q_e 为各阶段模型模拟还原的年均天然径流深；Q_s 为人类活动影响期统计还原的年均天然径流深；ΔQ 为径流变化总量；ΔQ_C、ΔQ_L、ΔQ_S 分别为气候变化、下垫面、经济社会因素对径流的影响量；θ_C、θ_L、θ_S 分别为气候变化、下垫面和经济社会因素对径流影响的贡献率。

滦河流域人类活动影响时期（1980~2000 年）经济社会因素对径流量减小的贡献率的年际变化过程如图 18-17 所示，其中由于 1994~1996 年流域发生特大洪水，此阶段被剔除。可以看出，1980~1991 年经济社会因素对径流变化的贡献率整体呈增加趋势，在此期间大规模调水工程导致流域径流量显著减小，而 1991 年之后经济社会因素的影响程度有所降低。

18.3.2 流域径流量变化归因的年内特征

图 18-18 为滦河流域气候变化和人类活动（经济社会因素和下垫面变化）对径流量减小的贡献率的年内分布特征，总体上与年际贡献率分析结果基本一致，经济社会因素对流域径流减小的影响最为显著。4 月份由于降水增加导致径流增加，因而气候变化对径流减

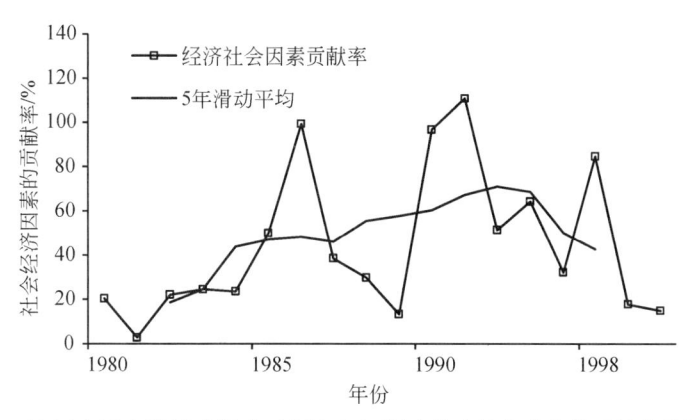

图 18-17 滦河流域人类活动影响时期社会经济因素对径流减小的贡献率的年际变化

小的贡献率在 4 月为-60%，而在其他月份气候变化均导致径流减小，尤其是在 12 月份气候变化的贡献率达到了 37.4%。此外，流域内大面积林地被开垦为耕地或者退化为草地会导致流域径流在部分月份有所增加，因此在 1 月、3 月、5 月、10 月、12 月份下垫面因素对流域径流减小的贡献率为负，从而使得在 1 月、3 月、5 月份经济社会因素的影响程度超过了 100%。

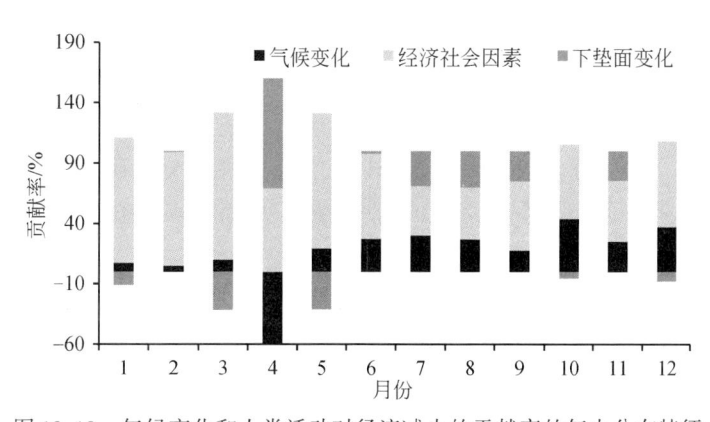

图 18-18 气候变化和人类活动对径流减小的贡献率的年内分布特征

总之，滦河流域经济社会因素是径流量减小的主要因素，尤其是在 1~6 月份影响更为显著，其次为气候变化和下垫面因素。

第 19 章 滦河流域干旱评价研究

干旱已成为制约经济社会可持续发展的重要因素之一，尤其是进入 21 世纪以来，伴随着人类活动影响的加剧，以及全球气候变化异常，干旱作为一种极端水文灾害事件发生概率持续增加。如何应对变化环境（由人类活动和气候变化所引起的陆地水循环变化）下的干旱，成为经济社会和谐发展过程中亟须解决的关键问题之一（翁白莎和严登华，2010）。但是现有干旱评价方法大多只是根据干旱形成的某一因素（降水等）或者旱情表现的某一特征（土壤墒情等）来评价干旱程度，因此难以客观反映干旱形成的复杂性和影响的广泛性，而且在表现旱情的区域差异等方面存在不足。尽管 Palmer 旱度模式（Palmer，1965）具有较好的时空可比性，但是目前关于 Palmer 旱度模式的计算大多利用有限的气象站点资料，无法有效获取大尺度长时间序列的土壤含水量等水文要素，且空间上的代表性不够，而基于机理性的分布式水文模型能够从水文循环过程的角度提供各项气象水文要素，并且可以体现下垫面异质性对干旱程度的影响，从而为干旱评价模式提供了良好的基础。此外，相对于人类活动影响下的水资源响应研究而言，干旱特征响应研究相对薄弱。

本章利用构建的 SWAT 分布式水文模型的输出结果，结合 Palmer 旱度模式，构建滦河流域干旱评价模式，并验证评价结果的合理性，为干旱特征响应研究奠定模型基础。在此基础上从空间尺度上探讨干旱特征对土地利用/覆被变化的响应过程。

19.1 基于分布式水文模拟的流域干旱评价模式构建

1965 年美国气象学家 Palmer 在对美国中西部地区多年气象资料分析研究的基础上，提出了满足地区作物生长、经济运行和各项活动用水所适宜的需水量，即"当前情况气候上适应的降水"（climatically appropriate for existing condition，CAFEC）的概念。在此基础上，Palmer 将干旱定义为数月或数年内，水分供应持续低于气候上所期望的水分供给的时段（卫捷等，2003），从而建立了 Palmer 旱度模式。

本书基于 Palmer 旱度模式的思路，利用滦河流域 SWAT 分布式水文模型的输出结果，构建了基于子流域的月尺度干旱评价模式。

19.1.1 基于水分平衡的水分距平指数计算

本研究选择流域内多伦、围场、承德和青龙 4 个气象站点，利用这些代表站点所在子流域的气象水文参量（SWAT 模型模拟输出），建立各子流域的水文账，并计算水分平衡各分量的平均值、各气候常数和气候适宜值。

蒸散常数：
$$\alpha = \overline{ET}/\overline{PE} \tag{19-1}$$

补水常数：
$$\beta = \overline{R}/\overline{PR} \tag{19-2}$$

径流常数：
$$\gamma = \overline{RO}/\overline{PRO} \tag{19-3}$$

失水常数：
$$\delta = \overline{L}/\overline{PL} \tag{19-4}$$

气候特征系数
$$\kappa^* = (\overline{PE} + \overline{R})/(\overline{P} + \overline{L}) \tag{19-5}$$

式中，$\overline{ET}$和$\overline{PE}$分别为多年月平均实际蒸散量和可能蒸散量；$\overline{R}$和$\overline{PR}$分别为多年月平均实际补水量和可能补水量，可能补水量定义为土壤达到田间持水量所需要的水分；$\overline{RO}$和$\overline{PRO}$分别为多年月平均实际径流量和可能径流量，可能径流量表示降水量和可能补水量之间的差值；$\overline{L}$和$\overline{PL}$分别为多年月平均实际失水量和可能失水量，可能失水量定义为当某个时期降水为零时，可能从土壤中散失的水分量（Szép et al., 2005）；$\overline{PE}+\overline{R}$表示多年月平均水分需要；$\overline{P}+\overline{L}$表示多年月平均水分供给；后两者的比值能够反映出不同地区和时期的水分气候差异，是气候特征值的一级近似（刘巍巍等，2004）。

对于上述水文分量，在 Palmer 旱度模式中，主要是基于气象站点的气象观测数据，并采用简单的水量平衡模型来计算。该模型将土壤分为上（地表到犁底层）、下两层，实际上是个简化的概念性水文模型，并且由于只考虑了代表站点的水量收支，没能从水循环角度综合反映流域实际的降水产流过程。因此本书基于具有物理基础的 SWAT 分布式水文模型，获取和计算每个子流域上述各项水文分量的实际和可能值，从而构建基于分布式水文模拟的干旱评价模式。其中对于各月的实际蒸散量 ET_i、可能蒸散量 PE_i 和实际径流量 RO_i，直接利用各子流域单元的 SWAT 模型输出结果，其他参量基于各子流域土壤含水量模拟结果根据以下公式计算得到：

实际补水量：
$$R_i = \max(0, SW_i - SW_{i-1}) \tag{19-6}$$

可能补水量：
$$PR_i = AWC - SW_{i-1} \tag{19-7}$$

可能径流量：
$$PRO_i = AWC - PR_i = SW_{i-1} \tag{19-8}$$

实际失水量：
$$L_i = \max(0, SW_{i-1} - SW_i) \tag{19-9}$$

可能失水量：

$$PL_i = \min(PE_i, SW_{i-1}) \tag{19-10}$$

式中，SW_{i-1} 和 SW_i 分别为各月月初和月末的土壤含水量（mm）；AWC 为土壤田间有效持水量，参考联合国粮食及农业组织（FAO）和维也纳国际应用系统研究所（IIASA）构建的世界和谐土壤数据库（harmonized world soil database，HWSD），本书中研究区的土壤田间有效持水量均取 150mm；根据滦河流域 SWAT 模型的模拟输出结果，分别统计上述各参量 1973～2010 年的月平均值，从而计算得到上述气候常数。

根据上面计算所得的各气候常数，计算出各月的气候适宜降水量 $\hat{P}$（mm），计算公式如下：

$$\hat{P}_i = \hat{ET}_i + \hat{R}_i + \hat{RO}_i - \hat{L}_i \tag{19-11}$$

式中，i 为月份；$\hat{ET}_i$ 为气候适宜蒸散量；$\hat{ET}_i = \alpha PE_i$，PE_i 为月可能蒸散量；$\hat{R}_i$ 为气候适宜补水量；$\hat{R}_i = \beta PR_i$，PR_i 为月可能补水量；$\hat{RO}_i$ 为气候适宜径流量，$\hat{RO}_i = \gamma PRO_i$，$PRO_i$ 为月可能径流量；$\hat{L}$ 为气候适宜失水量，$\hat{L} = \delta PL_i$，PL_i 为月可能失水量。

水分距平值 d 表示该月的实际降水量 P_i 与气候适宜降水量 $\hat{P}_i$ 的差值：

$$d_i = P_i - \hat{P}_i \tag{19-12}$$

由此可以求得各月水分距平指数 z（未经修正的 z）：

$$z_i = \kappa^* \times d_i \tag{19-13}$$

z 值反映的是水分亏缺状态。若 z 值为负，表示气候为负异常，水分亏缺，即处于干旱状态；若 z 值为正，表示气候为正异常，水分盈余，即处于湿润状态。

19.1.2 干旱指标计算

水分距平指数 z 只是反映了当月的水分亏缺，没有表现出前 1 个月或者前几个月的缺水状况对该月的影响，因此并不能直接用于干旱评价，需要确定一个评价指标来表示干湿程度与水分亏缺值和持续时间之间的函数关系（许继军等，2008）。Palmer 采用指标 x 来定量确定干湿等级（表 19-1）。

表 19-1 Palmer 指数的干湿等级

指数值（x）	等级	指数值（x）	等级
≥4.0	极端湿润	-1.00～1.99	轻微干旱
3.00～3.99	严重湿润	-2.00～2.99	中等干旱
2.00～2.99	中等湿润	-3.00～3.99	严重干旱
1.00～1.99	轻微湿润	≤-4.00	极端干旱
-0.99～0.99	正常	—	—

在计算各站气候常数和气候适宜降水量的基础上，根据式（19-13），计算得到 4 个代

表性站点在 1973~2010 年的逐月 z 值，并统计这些站点最旱时段的持续月数和累积 z 值。假定历史资料中最旱时段为极端干旱，$x \leq -4.0$，确定干旱指标 x 与水分距平值 z 和持续月数 t 之间的函数关系，表达式如下：

$$x_i = \sum_{t=1}^{i} z_t / (6.14t + 49.57) \tag{19-14}$$

但是由于干旱期起始时的累积值不同，可能出现这样的情况，即虽然某两个月的 z 值相同，但是分别出现在几个湿润月或者干旱月之后，则两者的干旱指数并不相同。因此上式并不能立即应用，必须确定每个月的 z_i 值对干旱指数 x_i 的影响（刘巍巍等，2004）。令 $i=1$，$t=1$，则

$$x_1 = z_1 / 55.71 \tag{19-15}$$

设该月是干旱期的开始，则

$$x_1 - x_0 = \Delta x_1 = z_1 / 55.71 \tag{19-16}$$

如果要维持上个月的旱情，随着时间 t 的增加，$-\sum z$ 必然增加。但是 t 的增加是恒定的，因此维持上个月的旱情所需要增加的 z 值取决于 x 值，故令

$$x_i - x_{i-1} = \Delta x_1 = (z_1/55.71) + Cx_{i-1} \tag{19-17}$$

上式中的 C 为常数，当 $t=2$，$x_{i-1} = x_i = -1$ 时，$C = -0.11$，将其代入式（19-17）得

$$x_i = 0.89 x_{i-1} + z_i / 55.71 \tag{19-18}$$

上式即是计算干旱指数的基本模式。

19.1.3 权重因子修正

式（19-18）是根据流域内多伦、围场、承德和青龙 4 个气象站所在子流域建立的，用于流域其他地区可能并不一定适合。从实际情况考虑，距平值在不同地区和时间的意义不尽相同，同样的水分距平值在某个地区表示水分严重亏缺，而在其他地区可能只是轻微亏缺。因此，为了使该模式具有更好的空间可比性，就需要对权重因子进行修正。假设一年中每个月 $x = -4.0$，则 $t = 12$ 代入式（19-14）得

$$\sum z = -493.00 \tag{19-19}$$

因假设这 12 个月对于流域任何地区都表示极端干旱，所以如果每个子流域计算的 12 个最干旱月的水分距平累计值为 $\sum d$（表示该地区极端干旱），则该子流域 12 个月期间的极端干旱平均权重因子 $\overline{K}$ 通过下式计算：

$$\overline{K} = -493.00 / \sum_{i=1}^{12} d_i \tag{19-20}$$

气候特征 κ^* 的估计值 K' 取决于平均水分需要和平均水分供给的比值，在平均水分需要中除平均可能蒸散量 $\overline{PE}$ 和平均补水 $\overline{R}$ 外，还应包括平均径流量 $\overline{RO}$，并且 κ^* 值还与 $\overline{D}$（d 的绝对值平均）呈负相关。根据滦河流域 174 个子流域的结果作出回归方程如下：

$$K' = 1.2459\lg\left[\left(\frac{\overline{PE} + \overline{R} + \overline{RO}}{\overline{P} + \overline{L}}\right)/\overline{D}\right] + 3.3684 \qquad (19\text{-}21)$$

如果 K' 值从空间可比性的角度来说是完全合理的,则每个子流域的 $\sum_{1}^{12}DK'$ 应该相等,但是实际上却相差较大,滦河流域 174 个子流域的 $\sum_{1}^{12}DK'$ 平均年总和为 438.91。如果将权重因子修正到使所有子流域的水分距平指数的年总和都为 438.91,则结果更易对比。修正后的 K' 为

$$K = \frac{438.91}{\sum_{1}^{12}DK'}K' \qquad (19\text{-}22)$$

经过对权重进行空间的调整后,重新计算逐月的水分距平指数 z,并计算干旱指数,基本模式如下:

$$z_i = K \times d_i \qquad (19\text{-}23)$$
$$x_i = 0.89x_{i-1} + z_i/55.71 \qquad (19\text{-}24)$$

以上两式就是基于 SWAT 模型构建的滦河流域干旱评价模式的最终计算表达式。

19.2　干旱评价模式验证

19.2.1　历史干旱事件过程验证

利用上述建立的干旱评价模式计算得到滦河流域各子流域 1973~2010 年逐月干旱指标值。结合《河北省水旱灾害》(河北省水利厅,1997)中记载的 1973~1990 年的实际旱情来验证基于 SWAT 模型模拟结果构建的干旱评价模式的合理性。

本书采用干旱影响范围表示滦河流域 1973~1990 年发生干旱面积的变化特征(图 19-1),以此反映基于本书构建的干旱评价模式得到的滦河流域干旱情况在典型年份的合理性。干旱影响范围在本书中采用干旱率来表示,即在一定的时间范围内,某地区干旱发生面积占总面积的比例(闫峰等,2010),计算公式为

$$\theta = \frac{S_\mathrm{d}}{S_\mathrm{t}} \times 100\% \qquad (19\text{-}25)$$

式中,θ 为干旱率;S_d 为干旱面积(km²);S_t 为流域总面积(km²)。《河北省水旱灾害》中记载,1973~1990 年,流域典型的干旱年份有 1975 年、1980~1984 年 5 年连旱和 1989 年春、夏、秋三季连旱。从图 19-1 中可以看出,除 1980 年外,上述实际记载的典型干旱年份的干旱影响范围均明显大于其他年份,尤其是 1981 年,流域 69.06% 的区域发生了不同程度的干旱,与记载的实际旱情较为一致。需要说明的是,基于干旱评价模式主要是对旱情的评价,而在史料中主要是对旱灾的记载。因此,本书基于干旱评价模式得到的评价结果表明,1976 年同样发生了比较严重的干旱,可能是由于 1975 年特大干旱对后期的影

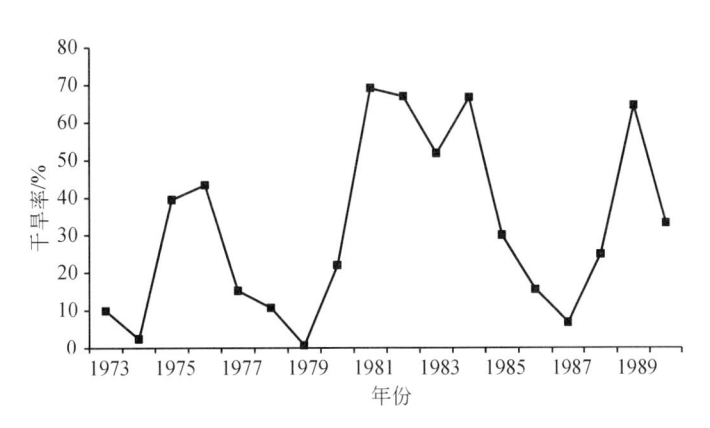

图 19-1　滦河流域 1973~1990 年历年干旱率变化

响,但是在文献中没有记载。因此尽管本研究中 1976 年干旱评价结果与史料描述略有出入,但是基本可以反映流域干旱情况。

19.2.2　典型干旱年份旱情发展的空间分布验证

进一步选择典型干旱年份从干旱发生发展的空间分布特征角度来验证基于 SWAT 模型的干旱评价模式的合理性。《河北省水旱灾害》中记载,河北省 1989 年发生春、夏、秋连旱,2 月下旬测墒,唐山、秦皇岛春白地 0~20cm 土层含水率仅为 6%;到 3 月底,河北全省失欠墒面积达 4740 万亩。4~5 月份北部地市和中部部分县市只有零星降水,旱情日趋发展;7 月下旬进入大汛期以后,绝大多数地方少雨或无雨,使北部地市春旱连夏旱,中部出现伏旱,全省多数地方严重伏旱一直持续到 9 月下旬;从 9 月下旬至 11 月的秋旱,不仅使大秋作物的生长发育受到影响,也给中南部产麦区小麦播种造成了极大困难。

本书基于 SWAT 模型模拟结果建立的干旱评价模式得到滦河流域 1989 年干旱等级空间分布图(图 19-2)。可以看出,滦河流域的河北省部分地区从 1989 年 3 月份开始出现干旱,主要集中于流域上游河北省承德市的围场县北部地区,且多为轻微和中等干旱;4~5 月份干旱范围逐渐扩大内蒙古自治区多伦县和正蓝旗,以及流域中下游的承德县、青龙县等地;而进入 7 月份后,整个流域上游均发生不同程度的干旱,且均已发展为严重干旱。干旱范围进一步蔓延到唐山市和秦皇岛市,且干旱程度有所加剧;9 月份后,随着干旱范围的缩小和程度的减弱,旱情有所缓解,但流域上游旱情一直持续到 11 月份。总体来看,干旱模式的评价结果与实际旱情基本一致。

(a) 3月

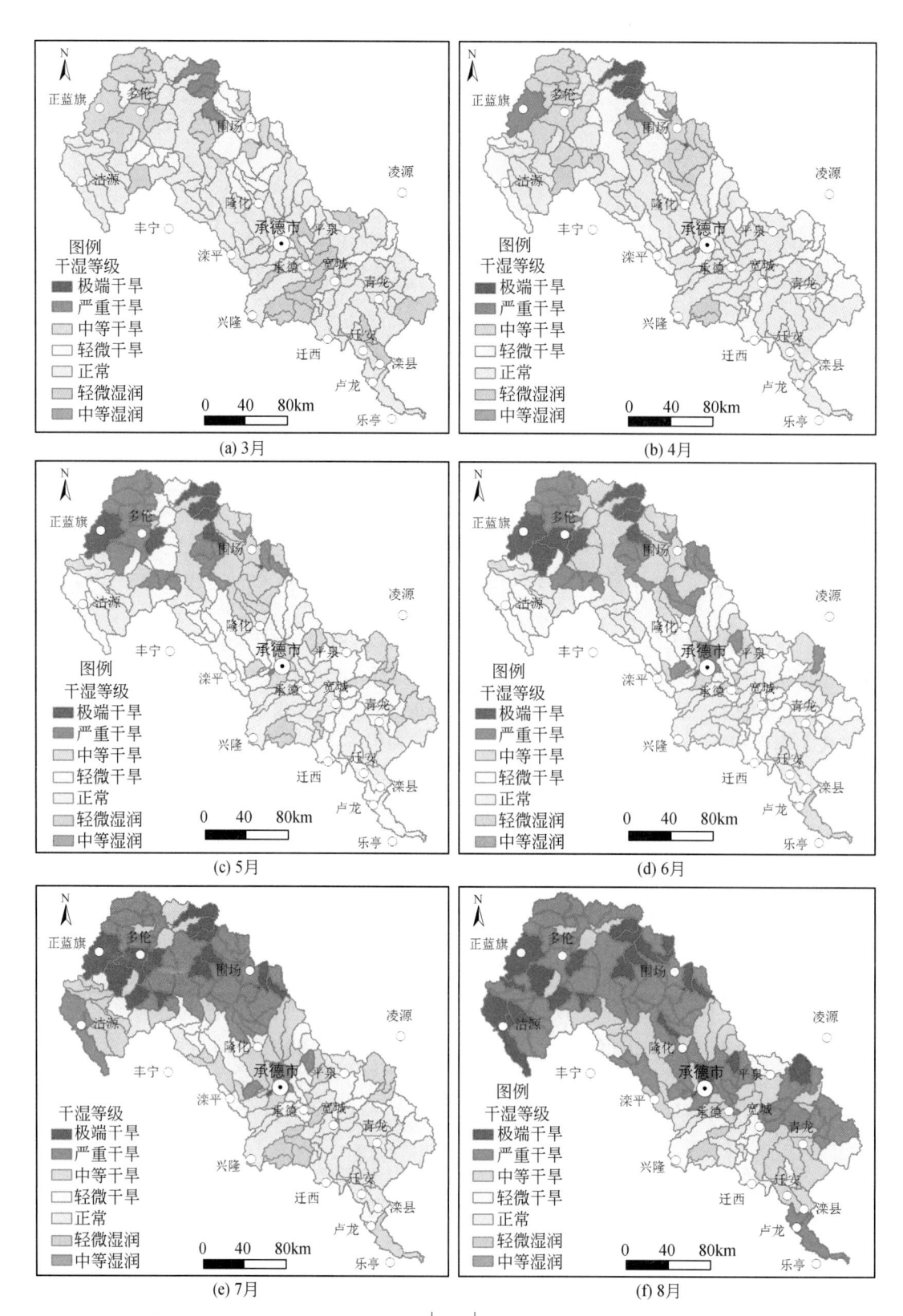

(b) 4月

(c) 5月

(d) 6月

(e) 7月

(f) 8月

(g) 9月　　(h) 10月

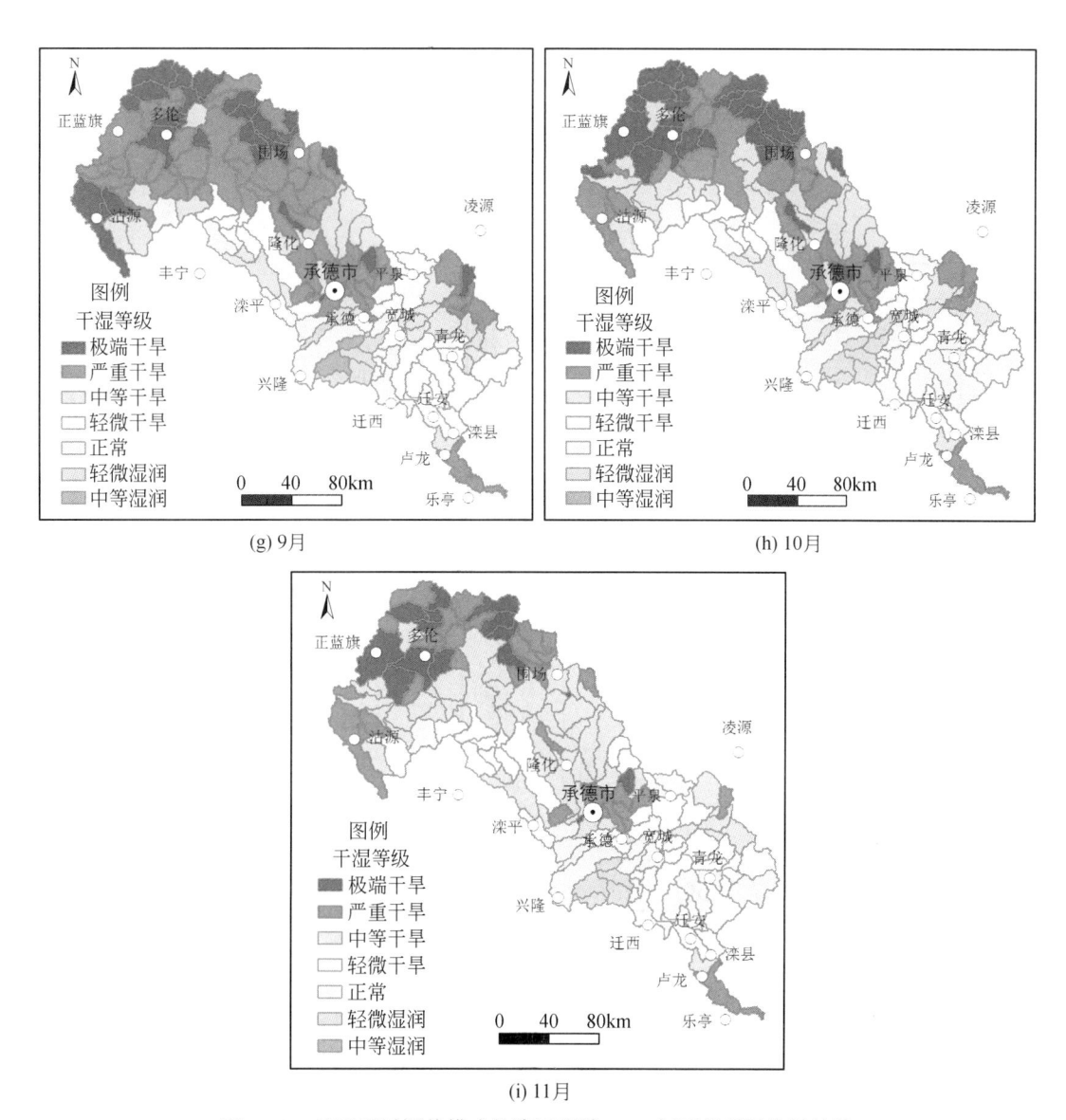

(i) 11月

图 19-2　基于干旱评价模式的滦河流域 1989 年逐月干旱发展过程

19.3　滦河流域干旱时空分布特征

19.3.1　流域干旱影响范围演变特征

计算滦河流域 1973～2010 年历年以及全年春、夏、秋三季干旱率（冬季降水较少，本书不做分析），以此反映流域干旱影响范围的年际和年内演变特征（图 19-3）。从图中可以看出，1973～2010 年滦河流域干旱率年际变化较大，平均干旱率为 32.82%。20 世纪

70年代至80年代中期，干旱影响范围呈现明显增加的趋势，之后至90年代末干旱范围又呈波动减小的趋势，到1996年干旱率降至1.73%。从90年代末开始，干旱影响范围又呈明显增大的趋势。总体上，滦河流域干旱影响范围呈现出一定增加的趋势，旱情不断加剧。

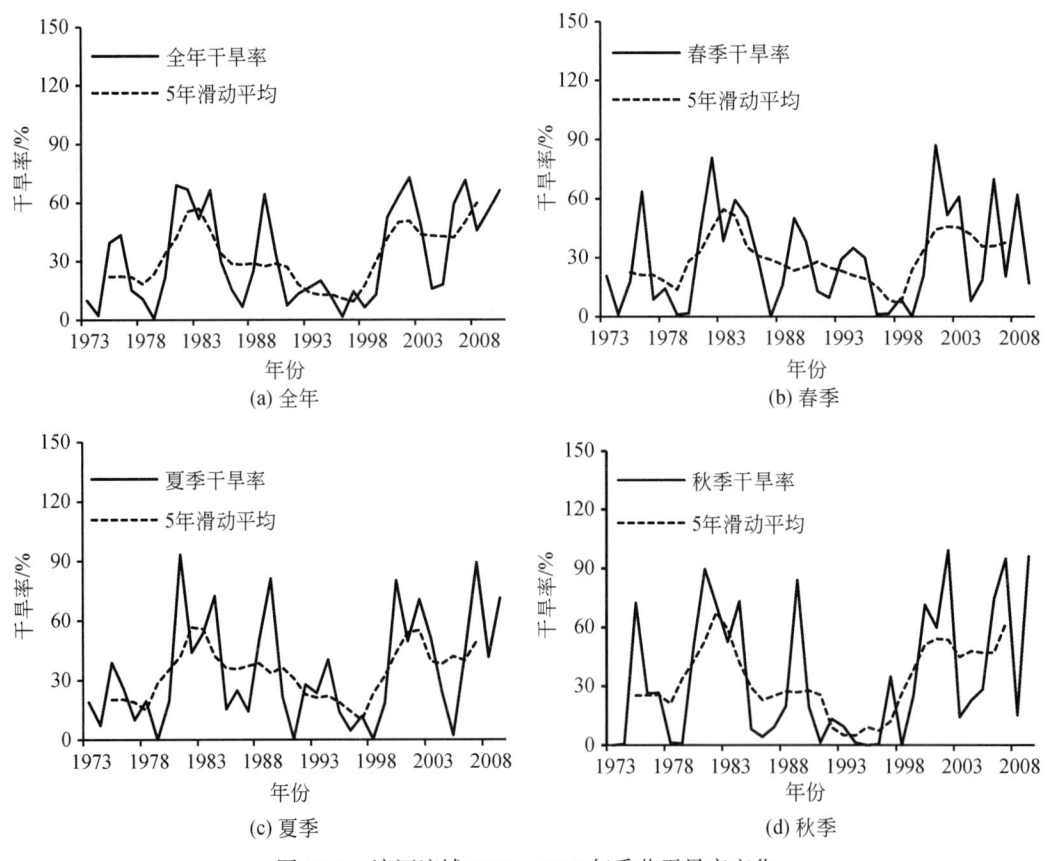

图19-3 滦河流域1973~2010年季节干旱率变化

对于春季，多年平均干旱率为29.07%。1973~2010年干旱率大于50%的有9年，其中以1982年和2001年尤为严重，干旱率在80%以上。在年代际变化方面，流域春季干旱以2000年以来最为严重，平均干旱率为43.89%；20世纪80年代次之，平均干旱率为40.35%；20世纪70年代和90年代的平均干旱率分别为16.09%和14.87%。

夏季，多年平均干旱率为34.51%。1973~2010年干旱率大于50%的有10年，其中1981年、2007年、1989年和2000年夏季干旱最为严重，干旱率均在80%以上。在年代际变化方面，流域夏旱以2000年以来最为严重，平均干旱率为49.21%；20世纪80年代次之，平均干旱率为47.16%；20世纪70年代和90年代的平均干旱率分别为17.52%和22.22%。

滦河流域秋季多年平均干旱率为34.46%。1973~2010年干旱率大于50%的有13年，其中2002年、2009年、2007年、1981年和1989年秋季干旱最为严重，干旱率均在80%

以上。在年代际变化方面，流域秋旱以 2000 年以来最为严重，平均干旱率为 56.17%；20 世纪 80 年代次之，平均干旱率为 43.24%；20 世纪 70 年代和 90 年代的平均干旱率分别为 22.44% 和 15.78%。

从各季节干旱率变化的 5 年滑动平均曲线可以看出，干旱率的变化过程基本一致。干旱从春季出现，而在夏季由于降水明显偏少，旱情不断加剧，随着旱情的不断发展，从而导致流域秋季干旱率略大于春夏季。在年代际变化方面，2000 年以来各季节干旱均最为严重，20 世纪 80 年代次之，70 年代和 90 年代以来的干旱发生也处于十分严重的水平，呈现"增加—减小—增加"的变化趋势。

19.3.2 流域干旱频率空间分布特征

图 19-4 为滦河流域 1973~2010 年各等级干旱频率空间分布图。从图中可以看出，流域上游坝上草原的内蒙古自治区多伦县和正蓝旗、河北省的沽源县、中游冀北山地丘陵区的围场满族自治县北部、承德县以及下游的迁安市和卢龙县等为干旱高发区，轻微以上干旱发生频率均在 40% 以上。河北省唐山市的兴隆县一带的干旱频率相对较低，在 20% 以下。

相对于轻微干旱频率，中等以上干旱发生频率较低的区域范围有所增加，由兴隆县扩展到东部的宽城县和青龙县的部分地区，其他空间分布特征与轻微干旱基本一致，而流域严重以上干旱发生频率明显降低，其中流域上游内蒙古自治区的多伦县，河北省的围场满族自治县北部地区，以及中游的承德市等地严重干旱发生频率相对较高，均在 18% 之上，整个流域下游的其他地区严重干旱发生频率相对较低。

流域上游的多伦县及围场县北部等地区极端干旱发生频率相对较大，但一般也均在 8% 以下，中下游地区基本很少发生极端干旱。

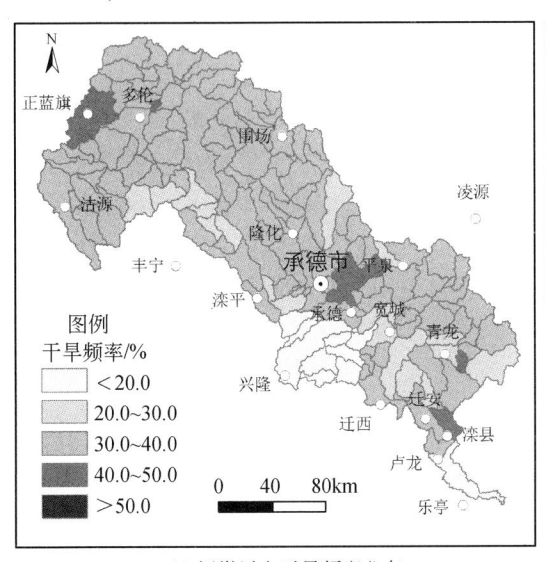

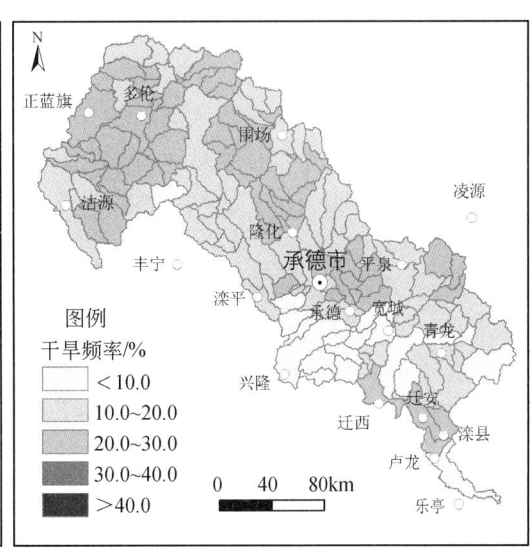

(a) 轻微以上干旱频率分布   (b) 中等以上干旱频率分布

(c) 严重以上干旱频率分布　　　　　　　　(d) 极端干旱频率分布

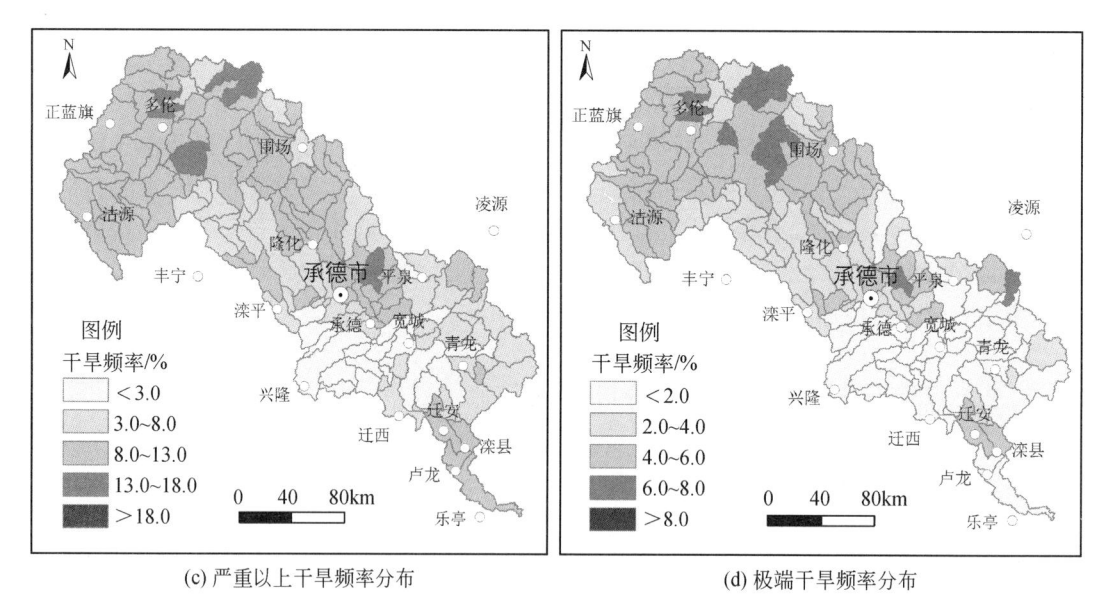

图 19-4　滦河流域不同等级干旱频率空间分布

总体来看，滦河流域干旱，尤其是极端和严重干旱主要发生在流域上游内蒙古自治区的多伦县，正蓝旗，河北省的沽源县，围场满族自治县北部，以及中游的承德市周边地区，尤其是上游坝上草原地区干旱发生频次最高，而中游的承德市地区极旱和重旱也常有发生；流域下游的平原地区干旱发生较少，且多以轻微干旱为主。

19.3.3　流域干旱持续时间空间分布

图 19-5 为滦河流域 1973~2010 年各等级干旱平均持续时间的空间分布图。从图中可以看出，滦河流域上游的河北省丰宁县和围场县北部地区，中游承德县地区，以及下游的迁安市和卢龙县等地干旱持续时间较长，达到了 16 个月以上。流域中下游的兴隆县、青龙县南部地区等地干旱持续时间相对较短。

对于中等以上干旱，流域上游河北省沽源县、围场县北部地区、中游的平泉县等地干旱持续时间相对较长，一般在 11 个月以上，尤其是在围场县北部地区持续时间达到 14 个月左右。相比较而言，流域中游的兴隆县和下游的滦县等地持续时间较短，一般在 5 个月以下。

对于严重以上干旱，持续时间较长的区域范围有所减小，主要分布在围场县北部，沽源县和迁安市等地，一般持续时间在 8 个月以上。这些地区极端干旱持续时间同样相对较长，大多为 6~10 个月，尤其是在丰宁县北部、辽宁省凌源市南部等地极端干旱持续时间较长。而在中下游的滦平县南部地区、兴隆县和宽城县等地基本没有极端干旱发生。

总体来说，滦河流域干旱的持续时间平均在 7 个月左右，而严重和极端干旱则为 2~5 个月。围场县北部及中游的承德市等地干旱持续时间相对较长，而流域中下游的兴隆县等

(a) 轻微以上干旱持续时间分布

(b) 中等以上干旱持续时间分布

(c) 严重以上干旱持续时间分布

(d) 极端干旱持续时间分布

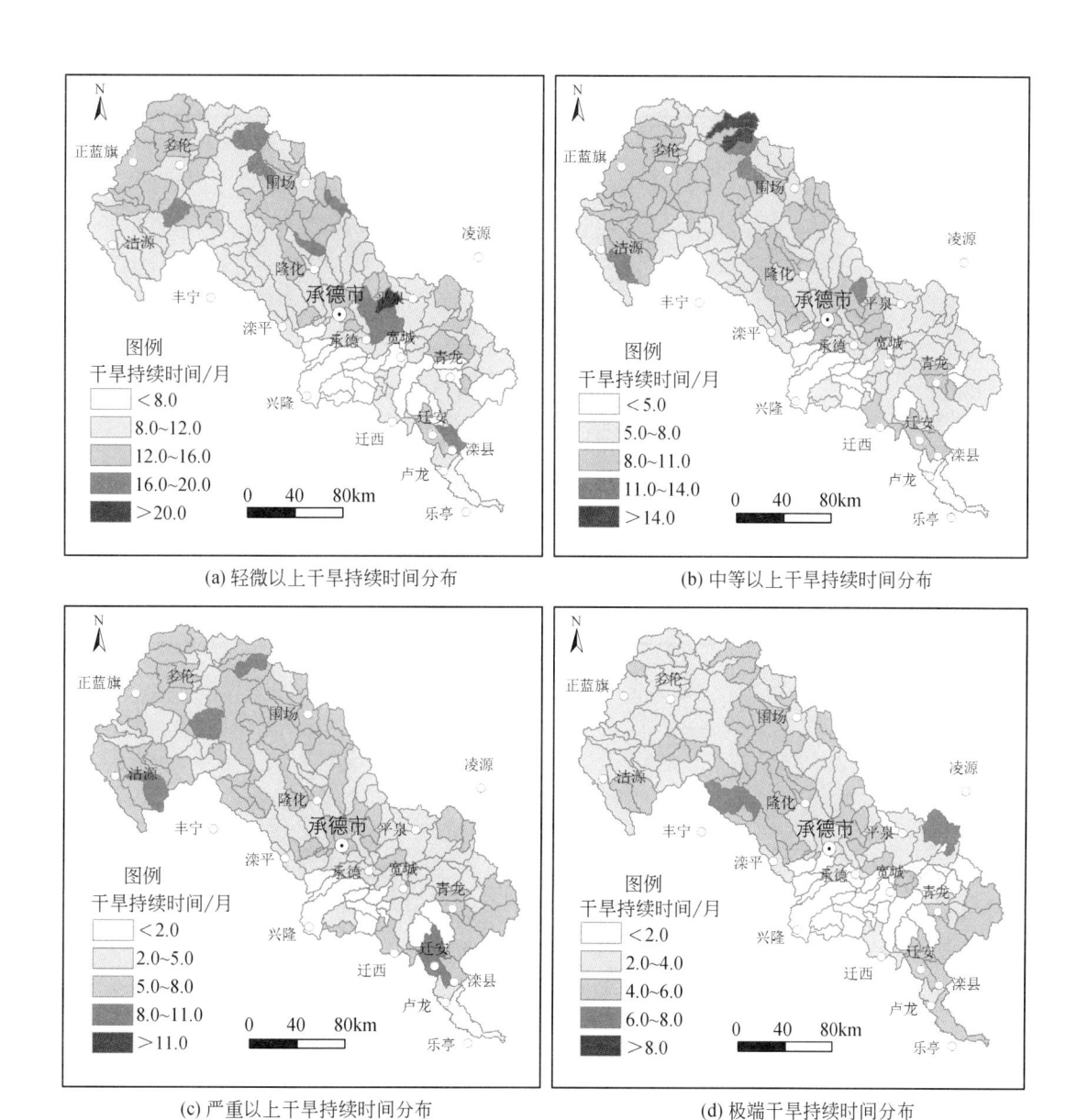

图 19-5 滦河流域不同等级干旱持续时间空间分布

地干旱持续时间较短，尤其是极端干旱基本很少发生。

19.3.4 流域干旱强度空间分布特征

图 19-6 为滦河流域 1973~2010 年各等级干旱强度平均值的空间分布图。从图中可以看出，流域上游的河北省丰宁县北部、中游的隆化县中部、承德市等地轻微以上干旱强度较大，均达到了 40 以上；上游的内蒙古自治区的正蓝旗、围场县大部分地区，中游的凌

源市南部和下游的迁西县、卢龙县等地干旱强度也较大,为 30~40。

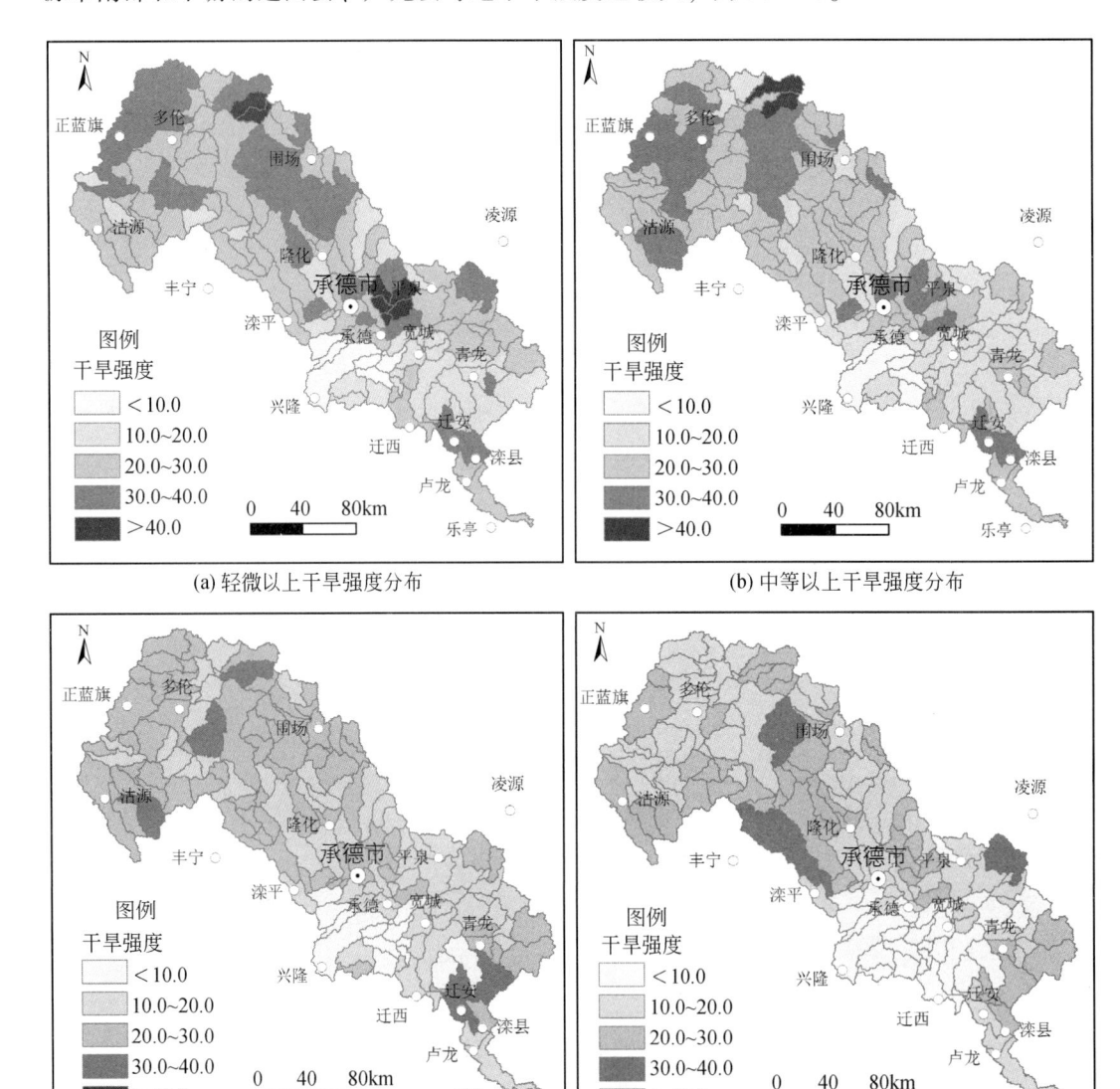

图 19-6 滦河流域不同等级干旱强度空间分布

中等以上干旱强度空间分布特征与轻微干旱基本一致,区别在于上游干旱强度较大地区范围略有减少,而下游强度较小地区的范围向东部扩大。

严重以上干旱强度相对较大地区的范围有所减少,与以上等级干旱相比,承德县等地严重干旱强度降低,而其他地区严重干旱强度较大,此外,沽源县东部和丰宁县西北部地区严重干旱强度相对最大,达到 35 以上。

极端干旱强度较大地区范围有所扩大,尤其是流域上游的丰宁县北部和隆化县西部地区，以及凌源市南部地区，干旱强度均达到了30以上，而在兴隆县大部分地区，宽城县、青龙县和迁西县地区极端干旱强度最小。

总体来说，滦河流域平均干旱强度在22.0左右，轻微干旱强度较大的地区主要分布在承德市和迁安市等地，而围场县大部分地区，沽源县和丰宁县的部分地区等地严重及其以上等级干旱强度相对较大；中下游的兴隆县等地干旱强度相对较小。

19.4 滦河流域土地利用/覆被变化的干旱响应

人类活动，尤其是土地利用/覆被变化是干旱发生的驱动因素之一。为了分析土地利用/覆被变化对干旱事件的影响，本书基于滦河流域1985年和2000年两期实际土地利用状况，并采用经过校验的SWAT模型模拟滦河流域1973~2010年水文过程，在此过程中固定气候与土壤等因子不变。基于模型模拟结果，结合构建的干旱评价模式计算逐月干旱指标，从干旱影响范围、发生频率、持续时间和强度等方面探讨滦河流域1985~2000年土地利用/覆被变化的干旱特征响应。

19.4.1 土地利用/覆被变化对干旱影响范围的影响

相对于1985年土地利用状况，2000年土地利用状况下滦河流域1973~2010年各等级干旱影响范围的多年平均值变化情况如图19-7所示。可以看出，各等级干旱影响范围均有不同程度的增加，尤其是严重干旱率增加了1.38%，面积增加了630.58 km²，滦河流域土地利用/覆被变化将会导致旱情的加剧。此外，相对于轻微干旱影响范围增加值，中等、严重和极端干旱范围变化值均有所增加，尤其是严重和中等干旱频率增加更加明显。由此可以说明，流域中等和严重干旱影响范围增加显著，而极端和轻微干旱亦有增加，表明滦河流域土地利用/覆被变化导致干旱等级变大，旱情加剧。

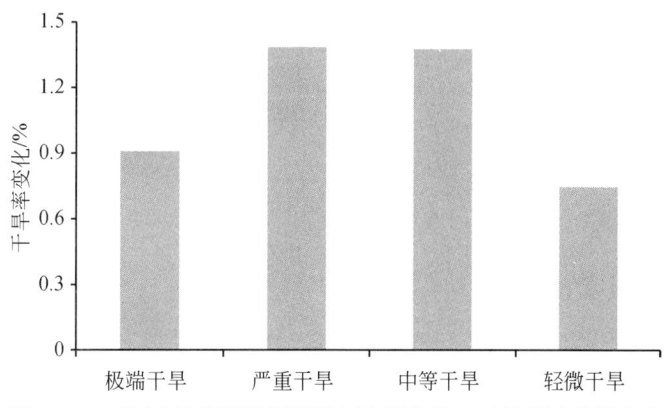

图 19-7 不同土地利用状况下滦河流域各等级干旱影响范围变化

19.4.2 土地利用/覆被变化对干旱频率的影响

相对于1985年土地利用状况，2000年土地利用状况下滦河流域1973~2010年不同等级干旱频率变化空间分布如图19-8所示。

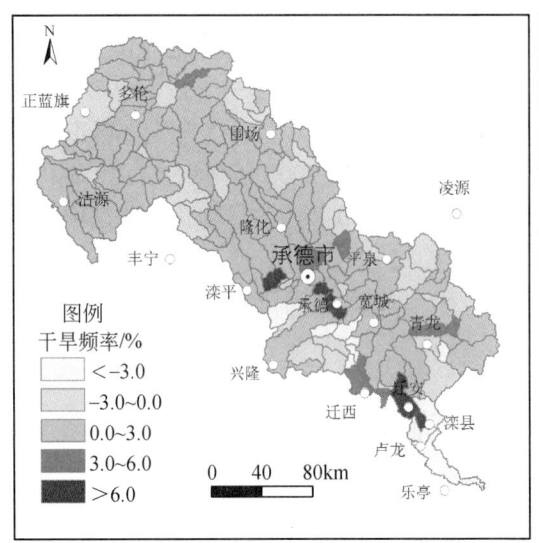

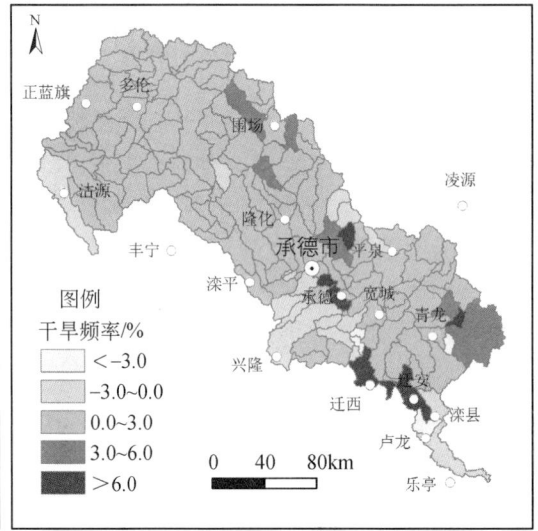

(a) 轻微以上干旱频率变化分布

(b) 中等以上干旱频率变化分布

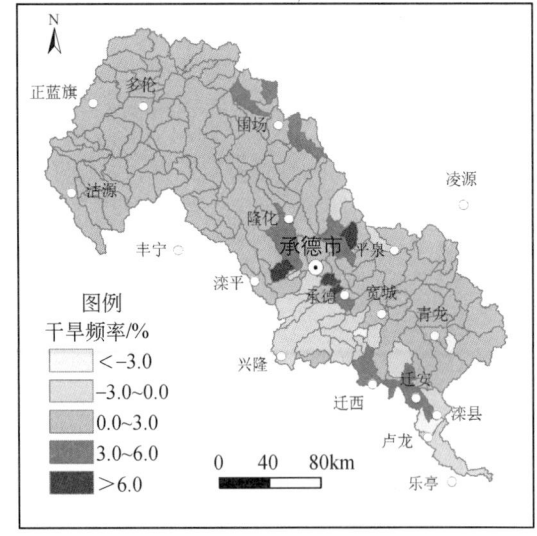

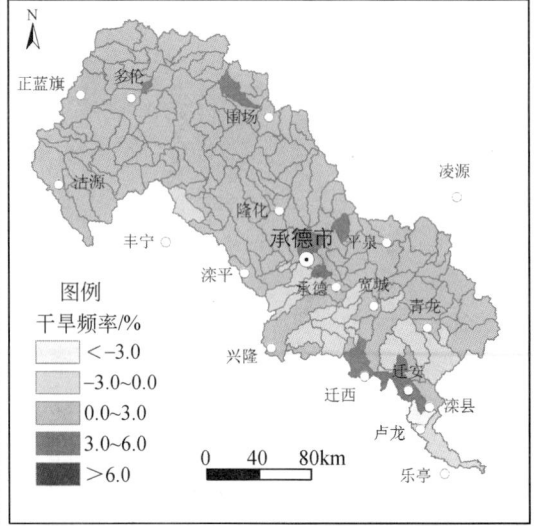

(c) 严重以上干旱频率变化分布

(d) 极端干旱频率变化分布

图19-8　不同土地利用状况下滦河流域不同等级干旱频率变化空间分布

从图中可以看出，相对于1985年土地利用状况，在2000年土地利用情景下，1973~2010年滦河流域75.64%的地区轻微以上等级干旱发生频率将会有所增加。分析原因在于在滦河流域两期土地利用的变化过程中，随着部分林地向草地和耕地的转变，尤其是向草地的转变，流域地表径流增加，而在蒸散发量变化不大的情况下，水分距平值减小，干旱影响范围增加。上游的丰宁县北部，中游的兴隆县和平泉县，以及下游的滦县等地干旱频率有所降低。

相对于轻微以上干旱频率增加的子流域范围，中等、严重和极端干旱频率增加的子流域面积占流域总面积的比例不断增加，尤其是严重和极端干旱频率增加的子流域面积比例分别达到了87.84%和87.51%，干旱频率降低的流域范围则相应减少，1985~2000年的土地利用变化过程将导致流域大部分地区干旱频率发生不同程度的增加。

从以上分析可以看出，相对于1985年土地利用状况，2000年土地利用条件下不同等级干旱的发生频率发生了不同程度的变化。尽管部分地区干旱频率有所降低，但分布范围和变化幅度均较小，流域大部分地区干旱发生频率将会发生不同程度的增加，主要分布在流域中上游围场县的北部地区、承德县，以及下游的迁安市和迁西县等地。可以认为，滦河流域1985~2000年的土地利用变化过程将会导致干旱发生频率增加，干旱风险加剧。

19.4.3　土地利用/覆被变化对干旱持续时间的影响

相对于1985年土地利用状况，2000年土地利用状况下滦河流域1973~2010年不同等级平均干旱持续时间变化空间分布如图19-9所示。

从图中可以看出，各子流域在不同的土地利用/覆被变化条件下干旱持续时间变化的差异显著。对于轻微以上干旱，占流域总面积64.51%的地区持续时间有所增加，主要分布在流域上游的河北省沽源县，中游的围场县和承德市，以及下游的青龙县等地，干旱持续时间平均增加1.7个月，其中位于承德市附近的子流域92的干旱持续时间增加最多，增加了9个月。另有11.46%的地区的干旱持续时间没有发生变化，主要分布在流域上游的正蓝旗和多伦县等地。流域其他地区的干旱持续时间存在不同程度的减少，平均减少了0.7个月，变化不明显。

对于中等以上干旱，占流域总面积65.29%的地区持续时间有所增加，与轻微以上干旱空间分布特征基本一致，但范围有所减少。持续时间平均增加1.2个月，其中位于承德县北部的子流域91的干旱持续时间增加最多，增加了5个月。另有8.52%的地区的干旱持续时间没有发生变化，主要分布在流域上游的丰宁县的西北部和中游的兴隆县等地。流域其他地区的干旱持续时间存在不同程度的减少，平均减少了1个月，变化不大。

对于严重以上干旱，占流域总面积66.51%的地区持续时间有所增加，主要分布在流域中上游地区，以及下游的青龙县和迁西县等地，持续时间平均增加0.8个月，变化并不显著，其中位于承德县北部的子流域117的干旱持续时间增加最多，增加了3个月。另有8.17%的地区的干旱持续时间没有发生变化，主要分布在兴隆县和青龙县等地。流域其他地区的干旱持续时间存在不同程度的减少，平均减少了1个月，变化不大。

对于极端干旱，占流域总面积58.19%的地区持续时间有所增加，主要分布在沽源县、承德市、青龙县和迁西县等地，干旱持续时间平均增加0.4个月，变化并不显著，其中位

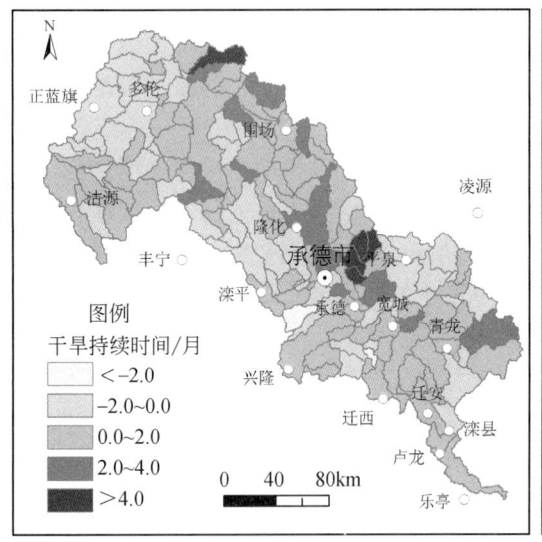

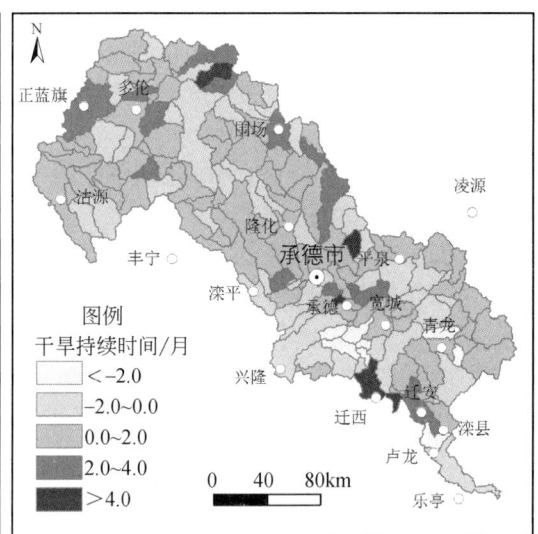

(a) 轻微以上干旱持续时间变化分布　　　　　(b) 中等以上干旱持续时间变化分布

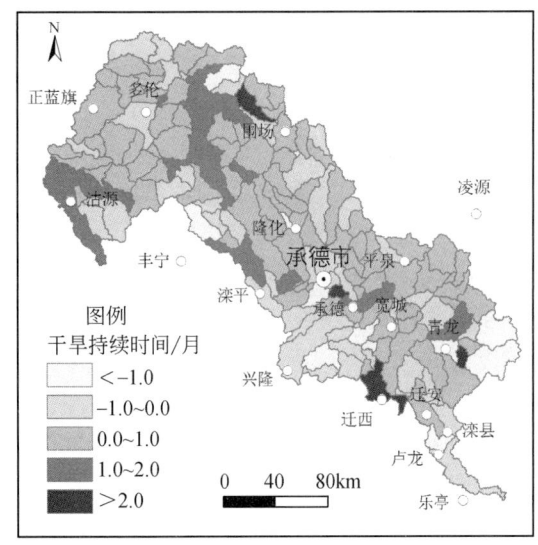

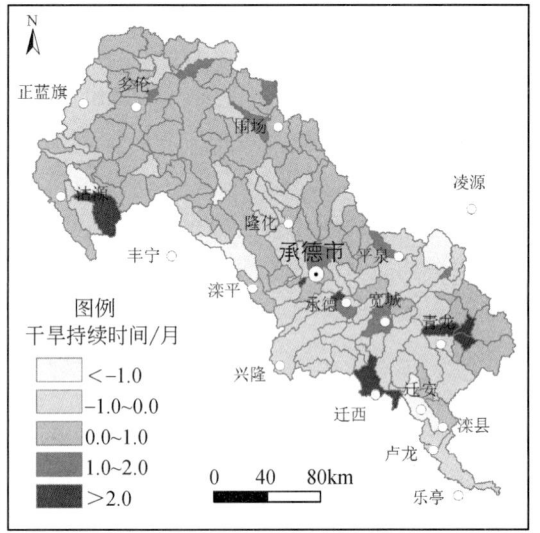

(c) 严重以上干旱持续时间变化分布　　　　　(d) 极端干旱持续时间变化分布

图 19-9　不同土地利用状况下滦河流域不同等级平均干旱持续时间变化空间分布

于青龙县东北部的子流域 148 的干旱持续时间增加最多，增加了 6 个月。另有 23.48% 的地区干旱持续时间没有发生变化，广泛分布于兴隆县、宽城县、青龙县和卢龙县等地。流域其他地区的干旱持续时间存在不同程度的减少，平均减少了 0.6 个月，变化不大。

从以上分析可以看出，相对于 1985 年土地利用状况，2000 年土地利用条件下不同等级干旱的平均持续时间发生了不同程度的变化。尽管部分地区干旱持续时间有所减少，但分布范围和变化幅度均较小，流域大部分地区各等级干旱的持续时间均发生了不同程度的增加，大约增加了 1 个月，主要分布在流域上游坝上草原的多伦县，以及中游的围场县、承德县和下游的青龙县等地，而下游的兴隆县及其周边地区的干旱持续时间受土地利用/覆被变化的影响相对较小。可以认为，滦河流域1985~2000年的土地利用变化过程将会导致流域大部分地区干旱持续时间的增加。

19.4.4　土地利用/覆被变化对干旱强度的影响

相对于1985年土地利用状况，2000年土地利用状况下滦河流域1973~2010年不同等级平均干旱强度变化空间分布如图19-10所示。

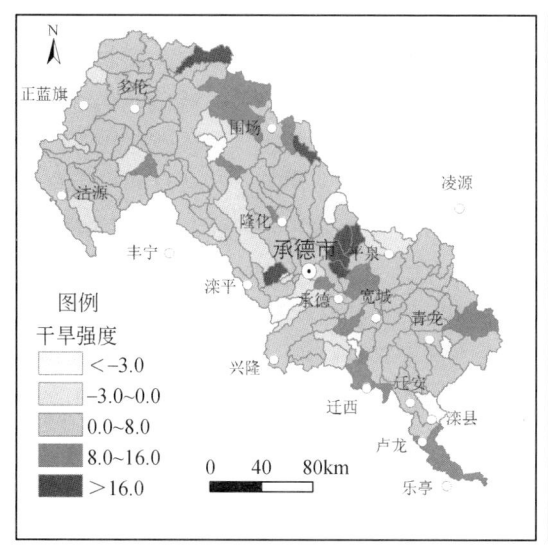

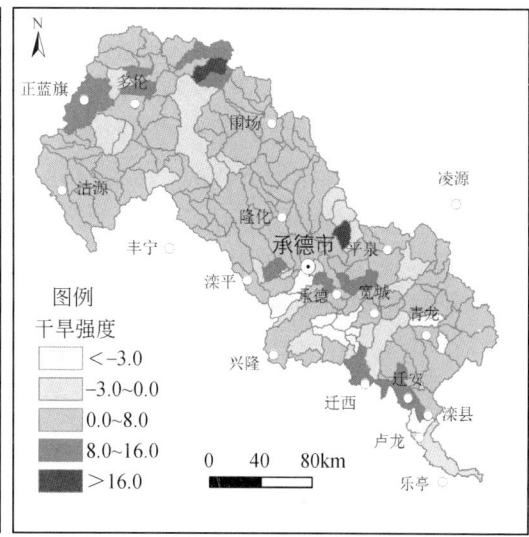

(a) 轻微以上干旱强度变化分布　　(b) 中等以上干旱强度变化分布

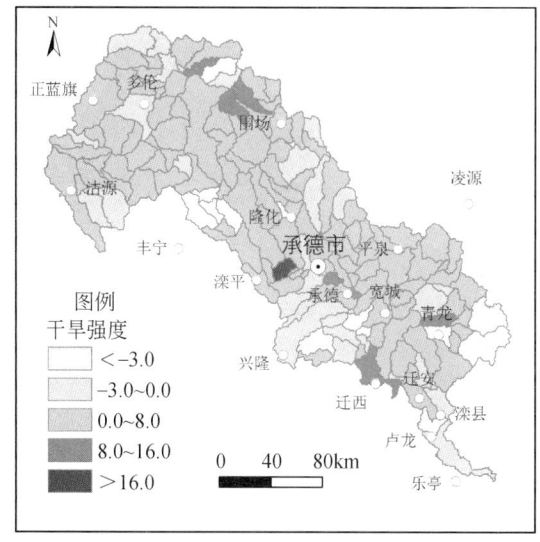

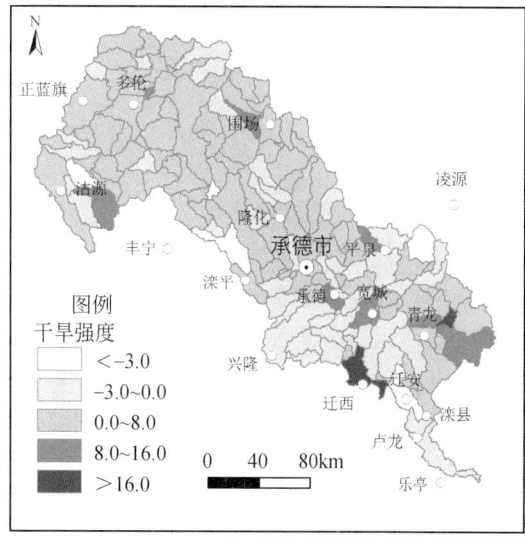

(c) 严重以上干旱强度变化分布　　(d) 极端干旱强度变化分布

图19-10　不同土地利用状况下滦河流域不同等级干旱强度变化空间分布

从图中可以看出，各子流域在不同的土地利用/覆被条件下干旱强度的变化差异显著。对于轻微及其以上等级干旱，占流域总面积87.03%的地区干旱强度均有所增加，尤其是河北省围场县、承德市以及青龙县等地干旱强度增加明显，干旱强度平均增加了4.61。流域其他地区干旱强度均存在不同程度的降低，平均降低了2.44。

对于中等以上等级干旱，占流域总面积80.81%的地区强度有所增加，尤其是流域上游的多伦县和沽源县，以及围场县和承德县的部分地区增加幅度较大，干旱强度平均增加了4.04。流域其他地区干旱强度均存在不同程度的降低，平均降低了2.85，变化不明显。

对于严重及以上等级干旱，占流域总面积72.37%的地区干旱强度有所增加，尤其是流域上游的正蓝旗、丰宁县北部和沽源县，以及围场县、承德县、宽城县和青龙县的部分地区增加幅度较大。干旱强度平均增加了3.45。另有5.02%的地区土地利用/覆被变化对干旱强度没有产生影响，主要分布在承德县西南部和兴隆县大部分地区。流域其他地区干旱强度均存在不同程度的降低，平均降低了3.80，略大于增加的幅度。

对于极端干旱，占流域总面积69.11%的地区干旱强度有所增加，尤其是流域上游沽源县东部、中游的围场县大部分地区、承德县，以及下游的青龙县、迁西县等地增加幅度比较明显，干旱强度平均增加了4.00。另有12.19%的地区土地利用/覆被变化对干旱强度没有产生影响，主要分布在承德县西南部、兴隆县大部分地区、宽城县南部和迁西县北部等地。流域其他地区干旱强度均存在不同程度的降低，平均降低了2.26。

从以上分析可以看出，相对于1985年土地利用状况，滦河流域2000年土地利用条件下不同等级干旱对应的干旱强度发生了不同程度的变化。尽管部分地区干旱强度有所降低，但分布范围和变化幅度均较小，流域大部分地区各等级干旱强度均发生了不同程度的增加，主要分布在流域上游的正蓝旗、沽源县，以及中游的围场县、承德县和下游的青龙县、迁西县等地，而下游的兴隆县及其周边地区的干旱强度受土地利用/覆被变化的影响相对较小。可以认为，滦河流域1985~2000年的土地利用变化过程将会导致流域整体干旱强度的增加。

19.5 滦河流域干旱应对措施

(1) 优化水资源体系

在流域范围内，遵循公平性、可持续性和有效性的原则，综合利用各种非工程和工程措施，对可利用水资源在区域间和各用水部门间进行配置。可以依托流域内的潘家口水库、大黑汀水库、桃林口水库等大型控制性水库工程，进行汛期联合调度，实现对雨洪资源的有效利用，调节水资源时空分布，提高水资源的利用率，尤其是对围场县、承德县、青龙县等干旱高风险区适当增加调水配额。

(2) 优化社会经济发展模式

从流域长期宏观发展战略上构建与水资源承载能力相适应的社会经济发展模式，并优化调整种植和工业产业结构，保持水资源需求的长期稳定。对于流域内承德市等大中城市的火电、石油化工、造纸和钢铁等高耗水行业，应考虑通过技术更新、产业结构优化、建立循环经济发展等方式，降低工业用水，并坚决关停并转移生产规模小、技术落后、用水量大的企业。

积极优化调整种植结构、发展高效节水和生态农业。加快流域下游大中型灌区的配套与改造，提高灌溉面积的比例。对于流域中上游的缺水地区，考虑发展节水旱作农业，减少冬小麦、水稻等耗水较多的作物种植比例。

(3) 制定有效应急预案

根据本书研究结果，对于干旱响应比较敏感的地区，如多伦县、围场县、承德县、青龙县等地，建立健全抗旱预案，并适当建设应急水源，做到主动抗旱。

(4) 推进节水型社会建设

推行节水工程改造和节水措施，提高用水效率；对于下游沿海地区，可以考虑加大对非常规水源的开发利用力度，通过雨水资源化与海水淡化等技术，有效增加水资源可利用量。同时，逐步完善相关政策法规，加强生活节水宣传，增强人们的节水意识。

第 20 章 小　　结

针对土地利用/覆被变化背景下流域水文循环过程和干旱响应的研究需求，本篇选择海河流域水资源一级区滦河流域为研究对象，构建了流域分布式水文模型；基于分布式水文模拟和 Palmer 旱度模式建立了流域干旱评价模型，形成干旱特征对于土地利用/覆被变化响应评价的技术方法体系；基于改进的径流演变归因识别技术定量识别了滦河流域历史径流量演变过程中气候因素和人类活动的贡献。通过本篇的研究，主要得出以下 3 方面成果。

（1）构建了滦河流域 SWAT 分布式水文模型

针对流域雨量站降水资料不完整的情况，建立了降水数据时间尺度扩展的方法，基于此方法对雨量站降水资料进行估算延长，在一定程度上可以提高径流模拟精度。在此基础上建立了滦河流域 SWAT 分布式水文模型，模拟结果表明，模型在滦河流域径流模拟中能够满足精度要求，可以较好地模拟流域径流量的变化过程。

（2）识别了滦河流域径流演变过程中气候变化和人类活动的贡献率

采用双累积曲线和有序聚类法确定 1979 年为滦河流域人类活动对水文序列显著干扰的起始年份，将研究时段划分为 1970~1979 年的天然时期和 1980~2000 年的人类活动影响时期。应用天然阶段的水文气象资料构建 SWAT 流域分布式水文模型，基于水文模型模拟还原人类活动影响时期的天然径流量，区分人类活动和气候变化对径流变化的影响程度，结果显示气候变化和人类活动对滦河流域径流量减少的贡献率分别为 26.5% 和 73.5%，人类活动是滦河流域径流量减少的主要驱动因素。利用包括社会经济等用水定额的统计还原径流量改进归因识别方法，进一步细分了人类活动对径流的影响，其中水利工程、工农业和生活用水等经济社会因素对流域径流减少的影响程度为 47.0%，相对于下垫面变化的影响更加显著。

（3）建立了流域干旱评价模式及土地利用/覆被变化的干旱响应评价方法

根据 SWAT 分布式水文模型的输出结果，从水循环角度，依循 Palmer 旱度模式，构建了滦河流域干旱评价模式。通过史料记载的实际旱情对模式评价结果的验证表明，基于分布式水文模型模拟结果建立的干旱评价模式能够较好地反映滦河流域干旱的时空变化特征。该模式不仅具有 Palmer 旱度模式能够综合反映水分亏缺量与持续时间对干旱程度影响的优点，而且由于采用机理性的分布式水文模型来取代原模型中简化的两层土壤模型来计算水量平衡，可以较好地体现下垫面空间异质性对干旱程度的影响。

基于建立的干旱评价模式，从干旱影响范围、发生频率、持续时间和强度等方面评价了流域 1985~2000 年土地利用/覆被对干旱的影响，并形成了干旱响应评价技术方法。研究结果认为滦河流域 1985~2000 年的土地利用/覆被变化过程将使流域中上游大部分地区干旱范围、频率、持续时间和强度均有不同程度的增加，旱情加剧，尤其是上游坝上草原的多伦县，中游冀北山地丘陵区的围场县、承德县和下游的青龙县等地的干旱特征受土地利用/覆被变化影响显著。

参 考 文 献

白莹莹,高阳华,张焱,等.2010.气候变化对重庆高温和旱涝灾害的影响.气象,36(9):47-54.
卞传恂,黄永革,沈思跃,等.2000.以土壤缺水量为指标的干旱模型.水文,20(2):5-10.
蔡永明,张科利,李双才.2003.不同粒径制间土壤质地资料的转换问题研究.土壤学报,40(4):511-517.
陈红,张丽娟,李文亮,等.2010.黑龙江省农业干旱灾害风险评价与区划研究.中国农学通报,26(3):245-248.
陈隆勋,周秀骥,李维亮,等.2004.中国近80年来气候变化特征及其形成机制.气象学报,62(5):634-646.
陈晓楠,黄强,邱林,等.2006.基于混沌优化神经网络的农业干旱评估模型.水利学报,37(2):247-252.
成福云.2009.以保障民生为目标大力加强抗旱减灾工作.中国水利,9:12-13.
成福云,马建明,张伟兵.2003.澳大利亚国家干旱政策——保障生产力和应对风险的抗旱管理.防汛与抗旱,3:52-56.
程国栋,王根绪.2006.中国西北地区的干旱与旱灾——变化趋势与对策.地学前沿,13(1):3-14.
迟道才,张宁宁,袁吉,等.2006.时间序列分析在辽宁朝阳地区干旱灾变中的应用.沈阳农业大学学报,4:627-630.
迟鹏,张升堂.2011.我国北方大面积干旱成因分析.安徽农业科学,39(19):11464-11466.
邓慧平,李爱贞,刘厚风,等.2000.气候波动对莱州湾地区水资源及极端旱涝事件的影响.地理科学,20(1):56-60.
邓振镛,张强,尹宪志,等.2007.干旱灾害对干旱气候变化的响应.冰川冻土,29(1):114-118.
丁晶,袁鹏,杨荣富,等.1997.中国主要河流干旱特性的统计分析.地理学报,52(4):88-95.
丁一汇,张莉.2008.青藏高原与中国其他地区气候突变时间的比较.大气科学,32(4):794-805.
冯锦明,符淙斌.2007.不同区域气候模式对中国地区温度和降水的长期模拟比较.大气科学,31(5):806-815.
冯利华.2000.基于信息扩散理论的气象要素风险分析.气象科技,1:27-29.
冯平,钟翔,张波,等.2000.基于人工神经网络的干旱程度评估方法.系统工程理论与实践,3:141-144.
冯平,朱元伸.1997.干旱灾害的识别途径.自然灾害学报,6(3):41-47.
符淙斌,王强.1992.气候突变的定义和检测方法.大气科学,16(4):482-493.
符淙斌,温刚.2002.中国北方干旱化的几个问题.气候与环境研究,7(1):22-29.
高升荣.2005.清代淮河流域旱涝灾害的人为因素分析.中国历史地理论丛,20(3):80-86.
龚志强,封国林.2008.中国近1000年旱涝的持续性特征研究.物理学报,57(6):3920-3931.
顾本文,谢应齐.1998.AR(p)模型在云南降水预报及旱涝等级划分中的应用.云南大学学报(自然科学版),20(1):59-63.
顾静,赵景波,周杰,等.2007.关中地区元代干旱灾害与气候变化.海洋地质与第四纪地质,27(6):111-117.
顾颖,刘培.1998.应用模拟技术进行区域干旱分析.水科学进展,9(3):66-71.
郭瑞,查小春.2009.泾河流域1470-1979年旱涝灾害变化规律分析.陕西师范大学学报(自然科学版),

37（3）：90-95.

郭毅，赵景波．2010．1368-1948年陇中地区干旱灾害时间序列分形特征研究．地球科学进展，25（6）：630-637.

国家防汛抗旱总指挥部办公室．2010．防汛抗旱专业干旱培训教材．北京：中国水利水电出版社．

韩萍，王鹏新，王彦集，等．2008．多尺度标准化降水指数的ARIMA模型干旱预测研究．干旱地区农业研究，26（2）：212-219.

何斌，赵林，刘明，等．2010．湖南省农业旱灾风险综合分析与定量评价．安徽农业科学，38（3）：1559-1562，1578.

河北省水利厅．1997．河北省水旱灾害．北京：中国水利水电出版社．

侯光良，于长水，许长军．2009．青海东部历史时期的自然灾害与LUCC和气候变化．干旱区资源与环境，23（1）：86-92.

胡连伍，王学军，罗定贵，等．2007．不同子流域划分对流域径流、泥沙、营养物模拟的影响：丰乐河流域个例研究．水科学进展，18（2）：235-240.

黄崇福．2008．综合风险评估的一个基本模式．应用基础与工程科学学报，16（3）：371-381.

黄嘉佑．1995．气候状态变化趋势与突变分析．气象，21（7）：54-57.

黄琳煜，包为民，颜开，等．2008．水文模型在计算干旱等级中的应用比较．水电能源科学，26（6）：12-14.

黄晚华，杨晓光，李茂松，等．2010．基于标准化降水指数的中国南方季节性干旱近58a演变特征．农业工程学报，26（7）：50-59.

黄粤，陈曦，包安明，等．2010．开都河流域山区径流模拟及降水输入的不确定性分析．冰川冻土，32（3）：567-572.

贾仰文，王浩，严登华．2006a．黑河流域水循环系统的分布式模拟．水利学报，37（5）：534-542.

贾仰文，王浩，仇亚琴，等．2006b．基于流域水循环模型的广义水资源评价——评价方法．水利学报，37（9）：1051-1055.

贾仰文，王浩，倪广恒，等．2005．分布式流域水文模型原理与实践．北京：中国水利水电出版社．

姜逢清，朱诚，穆桂金，等．2002．当代新疆洪旱灾害扩大化：人类活动的影响分析．地理学报，57（1）：57-66.

李克让，尹思明，沙万英．1996．中国现代干旱灾害的时空特征．地理研究，15（3）：6-15.

李丽娟，郑红星．2000．华北典型河流年径流演变规律及其驱动力分析——以潮白河为例．地理学报，55（3）：309-317.

李世奎．1999．中国农业灾害风险评价与对策．北京：气象出版社．

李祚泳，邓新民．1994．四川旱涝灾害时间分布序列的分形特征研究．灾害学，3：88-91.

刘昌明，魏忠义．1989．华北平原农业水文及水资源．北京：科学出版社．

刘德祥，白虎志，宁惠芳，等．2006．气候变暖对甘肃干旱气象灾害的影响．冰川冻土，28（5）：707-712.

刘会玉，张明阳，林振山．2004．我国东北地区降水空间分布及干湿弛豫时间的研究．南京气象学院学报，27（1）：97-105.

刘建西，龙美希，杜远林，等．2010．川渝地区空中水资源分布及水汽输送特征．高原山地气象研究，30（2）：31-35.

刘巍巍，安顺清，刘庚山，等．2004．帕默尔旱度模式的进一步修正．应用气象学报，15（2）：207-216.

刘玉芬．2012．滦河流域水文、地质与经济概况分析．河北民族师范学院学报，32（2）：24-26.

卢明龙. 2010. 海河流域土地利用变化特征及趋势分析. 天津：天津大学硕士学位论文.

陆桂华, 闫桂霞, 吴志勇, 等. 2010. 基于 Copula 函数的区域干旱分析方法. 水科学进展, 21 (2)：188-193.

马柱国, 华丽娟, 任小波. 2003. 中国近代北方极端干湿事件的演变规律. 地理学报, 58 (增刊)：69-74.

莫伟华, 王振会, 孙涵, 等. 2006. 基于植被供水指数的农田干旱遥感监测研究. 南京气象学院学报, 29 (3)：396-402.

穆兴民, 王飞, 冯浩, 等. 2010. 西南地区严重旱灾的人为因素初探. 水土保持通报, 30 (2)：1-4.

聂晓, 王毅勇, 刘兴土. 2011. 节水灌溉对三江平原寒地水稻生理生态需水和产量的影响. 华北农学报, 26 (6)：168-173.

庞靖鹏, 刘昌明, 徐宗学. 2010. 密云水库流域土地利用变化对产流和产沙的影响. 北京师范大学学报 (自然科学版), 46 (3)：290-299.

彭世彰, 魏征, 窦超银, 等. 2009. 加权马尔可夫模型在区域干旱指标预测中的应用. 系统工程理论与实践, 29 (9)：173-179.

秦大河. 2009. 气候变化与干旱. 科技导报, 11：7.

仇亚琴. 2006. 水资源综合评价及水资源演变规律研究. 北京：中国水利水电科学研究院博士学位论文.

任国玉, 姜彤, 李维京, 等. 2008. 气候变化对中国水资源情势影响综合分析. 水科学进展, 19 (6)：772-779.

任鲁川. 2000. 灾害熵：概念引入及应用案例. 自然灾害学报, 9 (2)：26-31.

桑燕芳, 王栋. 2008. 水文时间序列周期识别的新思路与两种新方法. 水科学进展, 19 (3)：412-417.

尚松浩, 毛晓敏, 雷志栋, 等. 2002. 冬小麦田间墒情预报的 BP 神经网络模型. 水利学报, 4：60-63.

邵骏, 袁鹏, 李秀峰, 等. 2008. 基于最大熵谱估计的水文周期分析. 中国农村水利水电, 1：30-33.

史东超. 2011. 河北省唐山市干旱状况与旱灾成因分析. 安徽农业科学, 39 (8)：4684-4686.

水利部松辽水利委员会. 2003. 东北区水旱灾害. 长春：吉林人民出版社.

孙景生, 康绍忠, 王景雷, 等. 2005. 沟灌夏玉米株间土壤蒸发规律的试验研究. 农业工程学报, 21 (11)：20-24.

孙力, 安刚, 丁立, 等. 2000. 中国东北地区夏季降水异常的气候分析. 气象学报, 58 (1)：70-82.

孙宁, 李秀彬, 冉圣洪, 等. 2007. 潮河上游降水-径流关系演变及人类活动的影响分析. 地理科学进展, 26 (5)：41-47.

孙荣强. 1994. 旱情评定与灾情指标之探讨. 自然灾害学报, 3 (3)：49-55.

田建平, 张俊栋. 2011. 滦河流域水资源可持续利用评价及对策. 南水北调与水利科技, 9 (2)：56-59.

童成立, 张文菊, 汤阳, 等. 2005. 逐日太阳辐射的模拟计算. 中国农业气象, 26 (3)：165-169.

童亿勤, 杨晓平, 李加林. 2007. 宁波市水旱灾害孕灾环境因子分析. 灾害学, 22 (3)：33-35.

汪哲荪, 周玉良, 金菊良, 等. 2010. 改进马尔可夫链模型在梅雨和干旱预测中的应用. 水电能源科学, 28 (11)：1-5.

王春乙, 安顺清, 潘亚茹. 1989. 时间序列的 ARMA 模型在干旱长期预测中的应用. 中国农业气象, 10 (1)：58-61.

王国庆, 张建云, 贺瑞敏. 2006. 环境变化对黄河中游汾河径流情势的影响研究. 水科学进展, 17 (6)：853-858.

王国庆, 张建云, 刘九夫, 等. 2008. 气候变化和人类活动对河川径流影响的定量分析. 中国水利, 2：55-58.

王国庆，张建云，张明，等．2009．雨量站网密度对不同气候区月径流模拟的影响．人民长江，40（8）：45-49.

王浩．2009．变化环境下流域水资源评价方法．北京：中国水利水电出版社．

王浩．2010．综合应对中国干旱的几点思考．中国水利，8：4-6.

王浩．2011．实行最严格的水资源管理制度关键技术支撑探析．河南水利与南水北调，9：46.

王浩，秦大庸，陈晓军．2004．水资源评价准则及其计算口径．水利水电技术，2：1-4.

王浩，王建华，秦大庸，等．2006a．基于二元水循环模式的水资源评价理论方法．水利学报，37（12）：1496-1502.

王浩，杨贵羽，贾仰文，等．2006b．土壤水资源的内涵及评价指标体系．水利学报，37（4）：389-394.

王建华，郭跃．2007．2006年重庆市特大旱灾的特征及其驱动因子分析．安徽农业科学，35（5）：1290-1292，1294.

王玲玲，康玲玲，王云璋．2004．气象、水文干旱指数计算方法研究概述．水资源与水工程学报，15（3）：15-18.

王鹏新，龚健雅，李小文．2001．条件植被温度指数及其在干旱监测中的应用．武汉大学学报（信息科学版），26（5）：412-419.

王素艳．2004．北方冬小麦干旱风险评估及风险区划研究．北京：中国农业大学硕士学位论文．

王文楷，张震宇．1991．河南省旱涝灾害的地域分异规律和减灾对策研究．灾害学，6（2）：48-53.

王喜峰，周祖昊，贾仰文，等．2010．水资源演变研究现状及进展．水电能源科学，28（8）：20-23.

王小平，郭铌．2003．遥感监测干旱的方法及研究进展．干旱气象，21（4）：76-79.

王新华，延军平，柴莎莎．2010．近48年大同市旱涝灾害对气候变化的响应．干旱地区农业研究，28（5）：274-278.

王雪梅．2011．气候变暖导致全球干旱．科学新闻，6：56-59.

王彦集，刘峻明，王鹏新，等．2007．基于加权马尔可夫模型的标准化降水指数干旱预测研究．干旱区农业研究，25（5）：198-203.

王中根，刘昌明，黄友波．2003．SWAT模型的原理、结构及应用研究．地理科学进展，22（1）：79-86.

王中根，刘昌明，左其亭，等．2002．基于DEM的分布式水文模型构建方法．地理科学进展，21（5）：430-439.

韦艳华，张世英．2008．Copula理论及其在金融分析上的应用．北京：清华大学出版社．

卫捷，陶诗言，张庆云．2003．Palmer干旱指数在华北干旱分析中的应用．地理学报，58：91-99.

魏凤英．1999．现代气候统计诊断与预测技术．北京：气象出版社．

翁白莎，严登华．2010．变化环境下我国干旱灾害的综合应对．中国水利，7：4-7.

谢安，许永罡，白人海．2003．中国东北近50年干旱发展及全球气候变暖的响应．地理学报（增刊），58：75-82.

徐尔灏．1950．论年雨量之常态性．气象学报，Z1.

许崇海，罗勇，徐影．2010．全球气候模式对中国降水分布时空特征的评估和预估．气候变化研究进展，6（6）：398-404.

许继军，杨大文，雷志栋，等．2008．长江上游干旱评估方法初步研究．人民长江，39（11）：1-5.

薛晓萍，赵红，陈延玲，等．1999．山东棉花产量旱灾损失评估模型．气象，1：26-30.

闫峰，王艳姣，吴波．2010．近50年河北省干旱时空分布特征．地理研究，29（3）：423-430.

闫桂霞，陆桂华，吴志勇，等．2009．基于PDSI和SPI的综合气象干旱指数研究．水利水电技术，40（4）：10-13.

严登华, 何岩, 邓伟, 等. 2001. 东辽河流域河流系统生态需水研究. 水土保持学报, 15 (1): 46-49.
杨绍辉, 王一鸣, 郭正琴, 等. 2006. ARIMA 模型预测土壤墒情研究. 干旱地区农业研究, 24 (2): 114-118.
尹津航, 卢文喜, 张蕾. 2012. 东辽河流域水生态健康状况的模糊综合评价. 安徽农业科学, 40 (10): 6057-6059, 6062.
游珍, 徐刚, 李占斌, 等. 2003. 农业旱灾中人为因素的定量分析——以秀山县为例. 自然灾害学报, 12 (3): 19-24.
袁超. 2008. 渭河流域主要河流水文干旱特性研究. 杨凌: 西北农林科技大学硕士学位论文.
袁文平, 周广胜. 2004a. 标准化降水指标与 Z 指数在我国应用的对比分析. 植物生态学报, 28 (4): 523-529.
袁文平, 周广胜. 2004b. 干旱指标的理论分析与研究展望. 地球科学进展, 19 (6): 982-991.
翟盘茂, 邹旭恺. 2005. 1951—2003 年中国气温和降水变化及其对干旱的影响. 气候变化研究进展, 1 (1): 16-18.
张皓, 冯利平. 2010. 近 50 年华北地区降水量时空变化特征研究. 自然资源学报, 25 (2): 270-278.
张家团, 屈艳萍. 2008. 近 30 年来中国干旱灾害演变规律及抗旱减灾对策探讨. 中国防汛抗旱, 5: 48-52.
张莉莉. 2009. 基于分布式水文模拟的汉江上游干旱评估研究. 武汉: 长江科学院硕士学位论文.
张利平, 曾思栋, 王任超, 等. 2011. 气候变化对滦河流域水文循环的影响及模拟. 资源科学, 33 (5): 966-974.
张琳. 2009. 海河流域下垫面变化情况及趋势分析. 天津: 天津大学硕士学位论文.
张明, 张建云, 金菊良. 2009. 基于遗传熵谱估计的年径流周期识别. 水科学进展, 20 (3): 337-342.
张强, 高歌. 2004. 我国近 50 年旱涝灾害时空变化及监测预警服务. 科技导报, 7: 21-24.
张文宗, 张超, 赵春雷, 等. 2010. 冀鲁豫灌溉条件下冬小麦干旱风险区划方法研究. 安徽农业科学, 38 (8): 4158-4161, 4164.
张雪松, 郝芳华, 张建永. 2004. 降水空间分布不均匀性对流域径流和泥沙模拟影响研究. 水土保持研究, 11 (1): 9-12.
张允, 赵景波. 2009. 1644—1911 年宁夏西海固干旱灾害时空变化及驱动力分析. 干旱区资源与环境, 23 (5): 96-99.
章大全, 张璐, 杨杰, 等. 2010. 近 50 年中国降水及温度变化在干旱形成中的影响. 物理学报, 59 (1): 655-663.
赵学刚. 2010. 区域路网交通安全风险动态预警关键技术研究. 西安: 长安大学博士学位论文.
赵勇, 张金萍, 裴源生. 2007. 宁夏平原区分布式水循环模拟研究. 水利学报, 38 (4): 498-505.
中央气象局气象台. 1972. 1950~1971 年我国灾害性天气概况及其对农业生产的影响. 北京: 农业出版社.
周连童, 黄荣辉. 2003. 关于我国夏季气候年代际变化特征及其可能成因的研究. 气候与环境研究, 8 (3): 274-290.
周良臣, 康绍忠, 贾云茂. 2005. BP 神经网络方法在土壤墒情预测中的应用. 干旱地区农业研究, 5: 98-102.
周祖昊, 贾仰文, 王浩, 等. 2006. 大尺度流域基于站点的降雨时空展布. 水文, 26 (1): 6-11.
邹鲲, 袁俊泉, 龚享铱. 2002. MATLAB 6.x 信号处理. 北京: 清华大学出版社.
Masayoshi S, Satoshi K, Yonghuai R. 2004. 日本水权体制中的水资源配置及管理（译文）. 中国水利,

18：67-69.

Allen R G, Perreira L S, Raes D, et al. 1998. Crop evapotranspiration：Guidelines for computing crop water requirements. FAO Irrigation and Drainage Paper 56, Rome.

American Meteorological Society (AMS). 1997. Meteorological drought-policy statement. Bull American Meteorological Society, 78：847-849.

Amin S B. 2008. Impact of climate change on water resources of Lebanon：Indications of hydrological droughts. Environmental Science and Engineering, 125-143.

Arnold J G, Srinivasan R, Muttiah R S, et al. 1998. Large area hydrologic modeling and assessment, Part1：model development. Journal of American Water Resources Association, 34（1）：73-89.

Bao Z X, Zhang J Y, Wang G Q, et al. 2012. Attribution for decreasing streamflow of the Haihe River basin, northern China：climate variability or human activities? Journal of Hydrology, 460-461：117-129.

Bhalme H N, Mooley D A. 1980. Large-scale drought/floods and monsoon circulation. Monthly Weather Review, 108：1197-1211.

Blumenstock G J. 1942. Drought in the United States analyzed by means of the theory of probability. USDA Tech Bull, 819：63.

Bouyé E, Durrleman V, Nikeghbali A, et al. 2000. Copulas for finance：a reading guide and some applications. Financial Econometrics Research Centre, City University Business School, London.

Byun H R, Wilhite D A. 1999. Objective quantification of drought severity and duration. Journal of Climate, 12：2747-2756.

Chaplot V A, Saleh A, Jaynes D B. 2005. Effect of the accuracy of spatial precipitation information on the modeling of water, sediment, and NO_3-N loads at the watershed level. Journal of Hydrology, 312（1-4）：223-234.

Chaubey I, Haan C T, Grunwald S, et al. 1999. Uncertainty in the model parameters due to spatial variability of precipitation. Journal of Hydrology, 220（1-2）：48-61.

Cherubini U, Luciano E, Vecchiato W. 2004. Copula Methods in Finance. England：John Wiley & Sons Ltd.

Chow V T, Maidment D R, Mays L W. 1988. Applied Hydrology. New York：McGraw-Hill Book Company.

Crespo J L, Mora E. 1993. Drought estimation with neural networks. Advance in Engineering Software, 18（3）：167-170.

Dai A G. 2011. Drought under global warming：a review. Wiley Interdisciplinary Reviews：Climate Change, 2（1）：45-65.

Dai A G, Trenberth K E, Qian T T. 2004. A global dataset of palmer drought severity index for 1870—2002：Relationship with soil moisture and effects of surface warming. Journal of Hydrometeorology, 5：1117-1130.

de Martonne E. 1926. Une nouvelle fonction climatologique：L'indice d'aridité. La Meteorologie, 449-458.

Deo R C, Syktus J I, McAlpine C A, et al. 2009. Impact of historical land cover change on daily indices of climate extremes including droughts in eastern Australia. Geophysical Research Letters, 2：15-20.

Department of Agriculture and Cooperation. 2009. Ministry of Agriculture Government of India. Manual for Drought Management, 12.

Dracup J A, Lee K S, Paulson E G. 1980a. On the definition of droughts. Water Resources Research, 16：297-302.

Dracup J A, Lee K S, Paulson E C. 1980b. On the statistical characteristics of drought event. Water Resources Research, 16（2）：289-296.

Federal Emergency Management Agency. 1995. National Mitigation Strategy: Partnerships for Building Safer Communities. Mitigation Directorate, Washington DC: Federal Emergency Management Agency.

Francesco S, Brunella B, Antonino C, et al. 2009. Probabilistic characterization of drought properties through copulas. Physics and Chemistry of the Earth, 34: 596-605.

Frees E W, Valdez E A. 1998. Understanding relationships using Copulas. North American Actuarial Journal, 2 (1): 1-25.

Friedman D G. 1957. The prediction of long-continuing drought in south and southwest Texas. Occasional Papers in Meteorology, The Travelers Weather Research Center, Hartford, CT, 182.

Fu G B, Chen S L, Liu C M, et al. 2004. Hydro-climatic trends of the Yellow River basin for the last 50 years. Climate Change, 65 (1-2): 149-178.

Garen D C. 1991. Revised surface-water supply index for western United States. Journal of Water Resources Planning and Management, 119 (4): 437-454.

Genest C, Mackay J. 1986. The joy of Copulas: Bivariate distributions with uniform marginals. American Statistician, 40: 280-283.

Ghulam A, Li Z L, Qin Q M, et al. 2007. A method for canopy water content estimation for highly vegetated surfaces-shortwave infrared perpendicular water stress index. Science in China D: Earth Sciences, 37 (7): 957-965.

Ghulam A, Qin Q M, Teyip T, et al. 2007. Modified perpendicular drought index (MPDI): A real-time drought monitoring method. ISPRS Journal of Photogrammetry and Remote Sensing, 62 (2): 150-164.

Ghulam A, Qin Q M, Zhan Z M. 2007. Designing of the perpendicular drought index. Environmental Geology, 52 (6): 1045-1052.

Glantz M H. 2003. Climate Affairs: A Primer. Washington DC: Inland Press.

Guo S L, Kachroo R K, Mngodo R J. 1996. Nonparametric kernel estimation of low flow quantiles. Journal of Hydrology, 185: 335-348.

Han P, Wang P X, Zhang S Y, et al. 2010. Drought forecasting based on the remote sensing data using ARIMA models. Mathematical and Computer Modelling in Agriculture, 51 (11-12): 1398-1403.

Hardy C C. 2005. Wildland fire hazard and risk: Problems, definitions, and context. Forest Ecology and Management, 211 (1-2): 73-82.

Hayes M J, Wilhelmi O V, Knutson C L. 2004. Reducing drought risk: Bridging theory and practice. Natural Hazards Review, 5 (2): 106-113.

Incerti G, Feoli E, Salvati L, et al. 2007. Analysis of bioclimatic time series and their neural network-based classification to characterise drought risk patterns in South Italy. International Journal of Biometeorology, 51 (4): 253-263.

Intergovernmental Panel on Climate Change. 2012. Managing the risks of extreme events and disasters to advance climate change adaptation. Cambridge, UK, and New York, NY, USA: Cambridge University Press.

Jason C K. 2004. The dismal Mode of Summer Rainfall Across the Conterminous United States in 10-km simulation by the WRF Model. 84th AMS Annual Meeting, Seattle, USA.

Jia Y W, Kinouchi T, Yoshitani J. 2003. Development of a Paddy Model for WEP Model and Assessment of Paddy's Role in Conserving the Hydrological Cycle in the Yata Watershed. Proceedings of First International Conference on Hydrology and Water Resources in Asia Pacific Region, Kyoto, Japan.

Jia Y W, Ni G H, Kawahara Y, et al. 2001. Development of WEP model and its application to an urban watershed. Hydrological Processes, 15（11）：2175-2194.

Jia Y W, Tamai N. 1998. Modeling infiltration into a multi-layered soil during an unsteady rain. J. Hydrosci. Hydraul. Eng. JSCE, 16（2）：1-10.

Juang H M H, Kanamits M. 1994. The NMC nested regional spectral model. Mon. Wea. Rev., 122（1）：3-26.

Kallis G. 2008. Droughts. Annu. Rev. Env. Resour., 33：85-118.

Keeth J J, Byram G M. 1968. A Drought Index for Forest Fire Control：USDA Forest Service Research Paper SE-38. Asheville, NC：Southeastern Forest Experiment Station.

Kim T-W, Valdés J B. 2003. Nonlinear model for drought forecasting based on a conjunction of wavelet transforms and neural networks. Journal of Hydrologic Engineering, 8（6）：319-329.

Kim T-W, Valdés J B, Yoo C. 2003. Nonparametric approach for estimation return periods of droughts in arid regions. Journal of Hydrologic Engineering, 8（5）：237-246.

Kincer J B. 1919. The seasonal distribution of precipitation and its frequency and intensity in the United States. Mon. Wea. Rev., 47：624-631.

Knutson C, Hayes M, Phillips T. 1998. How to Reduce Drought Risk. Wisconsin, Nebraska：Western Drought Coordination Council.

Kumar S, Merwade V. 2009. Impact of watershed subdivision and soil data resolution on SWAT model calibration and parameter uncertainty. Journal of the American Water Resources Association, 45（5）：1179-1196.

Lall U, Rajagopalan B, Tarboton D G. 1996. A nonparametric wet/dry spell model for resampling daily precipitation. Water Resources Research, 32（9）：2803-2823.

Le Quesne C, Acuna C, Boninsegna J A, et al. 2009. Long-term glacier variations in the Central Andes of Argentina and Chile, inferred from historical records and tree-ring reconstructed precipitation. Palaeogeography, Palaeoclimatology, Palaeoecology, 281：334-344.

Lopes V L. 1996. On the effect of uncertainty in spatial distribution of precipitation on catchment modeling. Catena, 28：107-119.

Maidment D R. 1992. Hand Book of Hydrology. New York：McGraw-Hill.

Manguerra H B, Engel B A. 1998. Hydrologic parameterization of watershed for runoff prediction using SWAT. Journal of the American Water Resources Association, 34（5）：1149-1162.

Marcovitch S. 1930. The measure of droughtiness. Mon. Wea. Rev., 58：113.

McGuire J K, Palmer W C. 1957. The 1957 drought in the eastern United States. Mon. Wea. Rev., 85：305-314.

McKee T B, Doesken N J, Kleist J. 1993. The relationship of drought frequency and duration to time scales. Preprints, Eighth Conf. on Applied Climatology, Anaheim, CA, Amer. Meteor. Soc., 179-184.

McQuigg J. 1954. A simple index of drought conditions. Weatherwise, 7：64-67.

Mishra A K, Desai V R. 2005. Drought forecasting using stochastic models. Stochastic Environmental Research and Risk Assessment, 19（5）：326-339.

Mohan S, Rangacharya N C. 1991. A modified method for drought identification. Hydrological Sciences Journal, 36（1）：11-22.

Monteith J L. 1973. Principles of Environmental Physics. London：Edward Arnold Publishers.

Morid S, Smakehtin V, Bagherzadeh K. 2007. Drought forecasting using artificial neural networks and time series of drought indices. International Journal of Climatology, 27：2103-2111.

Motovilov Y G, Gottschalk L, Engeland K, et al. 1999. Validation of a distributed hydrological model against spatial observations. Agricultural and Forest Meteorology, 98-99：257-277.

Munger T T. 1916. Graphic method of representing and comparing drought intensities. Mon. Wea. Rev., 44: 642-643.

Nash J E, Sutcliffe J V. 1970. River flow forecasting through conceptual models: Part I. A discussion of principles. Journal of Hydrology, 10 (3): 282-290.

Neitsch S L, Arnold J G, Kiniry J R, et al. 2005. Soil and Water assessment tool theoretical documentation. Version 2005, Grassland, Soiland Water Research Laboratory, Agricultural Research Service & Blackland Research Center, Texas Experiment, Texas, USA.

Nelsen R B. 2006. An Introduction to Copulas. New York: Springer.

Noilhan J, Planton S A. 1989. Simple parameterization of land surface processes for meteorological models. Mon. Wea. Res., 117: 536-549.

Palmer W C. 1965. Meteorological drought. Weather Bureau Research Paper, 45: 58.

Patton A J. 2002. Skewness, asymmetric dependence, and portfolios. London: London School of Economics & Political Science.

Penman H L. 1948. Natural evaporation from open water, bare soil and grass. Proc. Roy. Soc. London Ser., A193: 120-145.

Peters A J, Waltershea E A, Ji L, et al. 2002. Drought monitoring with NDVI-based standardized vegetation index. Photogrammetric Engineering and Remote Sensing, 68 (1): 71-75.

Polemio M, Casarano D. 2008. Climate change, drought and groundwater availability in southern Italy. Geological Society, London, 288 (1): 39-51.

Redmond K. 2002. The depiction of drought—A commentary. Bulletin of the American Meteorological Society, 83 (8): 1143-1147.

Sandholt I, Rasmussen K, Andersen J. 2002. A simple interpretation of the surface temperature/vegetation index space for assessment of surface moisture status. Remote Sensing of Environment, 79 (2/3): 213-224.

Saxton K E, Rawls W J, Romberger J S, et al. 1985. Estimating generalized soil-water characteristics from texture. Soil Science Society of America Journal, 50 (4): 1031-1036.

Shafer B A, Dezman L E. 1982. Development of a surface water supply index (SWSI) to assess the severity of drought conditions in snowpack runoff areas. Proceedings of the (50th) 1982 Annual Western Snow Conference, Fort Collins, CO: Colorado State University. 164-175.

Shiau J T. 2003. Return period of bivariate distributed hydrological events. Stochastic Environmental Research and Risk Assessment, 17 (1/2): 422-571.

Shiau J T, Modarres R. 2009. Copula-based drought severity-duration-frequency analysis in Iran. Meteorological Applications, 16: 481-489.

Shiau J T, Shen H W. 2001. Recurrence analysis of hydrologic droughts of differing severity. J. Water Resour. Plann. Manage., 127: 30-40.

Silverman B W. 1986. Density Estimation for Statistics and Data Analysis. London: Chapman & Hall.

Sklar A. 1959. Fonctions de repartition à n dimensions et leurs marges. Publication de l'Institut de Statistique de l'Université de Paris, 8: 229-231.

Szép I J, Mika J, Dunkel Z. 2005. Palmer drought severity index as soil moisture indicator: physical interpretation, statistical behaviour and relation to global climate. Physics and Chemistry of the Earth, 30 (1-3): 231-243.

Thomas R K, Gerald A M, Christopher D M, et al. 2008. Weather and Climate Extremes in a Changing Climate. Regions of Focus: North America, Hawaii, Caribbean, and US Pacific Islands, Climate Change Science Program.

UNEP. 2002. Global Environment Outlook 3: Past, Present and Future Perspectives. London: Earthscan Publications Ltd.

United Nations International Strategy for Disaster Reduction Secretariat. 2009. Global Assessment Report on Disaster Risk Reduction: Risk and Poverty in a Changing Climate, Invest Today for a Safer Tomorrow. New York: UNISDR.

Wang X X, Shang S Y, Yang W H, et al. 2010. Simulation of land use-soil interactive effects on water and sediment yields at watershed scale. Ecological Engineering, 36 (3): 328-344.

Wilhite D A. 2000. Drought: A Global Assessment. London: Routledge Publishers.

Wilhite D A. 2005. Drought and Water Crises: Science, Technology, and Management Issues. USA: Taylor and Francis.

Wilhite D A, Glantz M H. 1985. Understanding the drought phenomenon: the role of definitions. Water International, 10: 111-120.

Wilhite D A, Hayes M J, Knutson C, et al. 2000. Planning for drought: Moving from crisis to risk management. Water Resource Assoc., 36 (4): 697-710.

Williams J, Nearing M, Nicks A, et al. 1996. Using soil erosion models for global change studies. Journal of Soil and Water Conversion, 51 (5): 381-385.

Yamamoto R T, Sanga N K. 1986. An analysis of climatic jump. Meteor. Soc. Japan, 64 (2): 273-281.

Yurekli K, Kurunc A. 2006. Simulating agricultural drought periods based on daily rainfall and crop water consumption. Journal of Arid Environments, 67 (4): 629-640.

Zhang H Q, Li Y H, Gao X J. 2009. Potential impacts of land-use on climate variability and extremes. Advances in Atmospheric Sciences, 26 (5): 840-854.

附 表

附表 1 几种气象干旱指数的基本原理及优缺点

名称	建立人	发表时间	使用的因素	基本原理和方法	优缺点	适用范围
Munger 指标	Munger	1916 年	降水量	建立了干旱情与日降水小于 1.27mm 连续天数的二次指数关系。干旱程度 (D) 与干旱持续时间 (L) 的关系是：$D=1/2L^2$	优点：灵敏度较高，较适合短期的干旱判断；缺点：主要用于森林火灾预警，而在农业等方面的应用较少	用于比较引起森林火灾的干旱程度
Kincer 指标	Kincer	1919 年	降水量	其所定义的干旱为连续日降水小于 6.35mm 的天数达到 30d 以上	优点：强调降水的季节分布，考虑了年均降水的气候特征；缺点：以固定降水量为参数，不具普适性	适合美国（尤其是洛杉矶春夏季节）的干旱判断
Marcovitch 指标	Marcovitch	1930 年	降水量，气温	干旱程度 $D = (N/R)^2/2$，式中，N 为日最高温度超过 32.2℃ 的 2d 或超过 2d 的累计日数；R 为当月的降水总量	优点：同时考虑了夏季连续 2d 以上温度高于 32.2℃（90 华氏度）的总天数及该月的降水总量；缺点：不具有普适性	主要适合于美国东部地区
Blumenstock 指标	Blumen-stock	1942 年	降水量	利用概率理论来计算干旱频率	与 Munger 指数类似，利用绝对降水数值的方法不具普适性	主要适合短期旱情判别
旬干燥度指标*	—	—	降水量，蒸发量	3 旬 $D_S > 1.4$ 为中旱；连续 3 旬以上 $D_S > 1.4$ 为大旱；干旱频率 $f = m/M$；其中 D_S 表示旬干燥度（蒸发力与降水量的比值），m 为某干旱等级出现的旱旬数，M 为该时期的总旬数	优点：考虑了干旱的季节特性；缺点：不利于不同时间干旱程度的比较	—

| 326 |

续表

名称	建立人	发表时间	使用的因素	基本原理和方法	优缺点	适用范围
相对湿润度指数（Mi）*	—	—	降水量、蒸发量	某时段降水量与同一时段长有植被地段的最大可能蒸发量相比的百分率	反映了实际降水供给的水量与最大水分需要量的平衡，故利用相对湿润指数划分干旱等级不同地区不同时间尺度也有较大差别	—
德马顿（de Martonne）干旱指数*	—	—	降水量、平均气温	德马顿（de Martonne）干旱指数 $I = R/(T+10)$；R 为月降水量，T 为月平均气温	—	—
标准差指标	徐尔灏	1950年	降水量	假定年降水量服从正态分布，用降水量的标准差来划分旱涝等级	优点：简单易行；缺点：以年降水量作为参数，忽视了降水量在年内分配不均匀，无法反映同一年中先旱后涝或先涝后旱的现象	—
前期降水指数（antecedent precipitation index, API）	McQuigg	1954年	降水量	建立一个简单模型来模拟前期降水和土壤湿度的关系。该模型按时间序列的输出也可以反映降水对土壤湿度的影响过程	优点：应用比较广；缺点：参数确定的主观性大	—
干燥度指数	布德科	1958年	降水量、蒸发量	蒸发与降水之比	优点：考虑了下垫面条件；缺点：指标中的蒸发量能力是指在充分供水条件下的土壤蒸腾量，不能反映作物的实际需水情况及土壤各时期的供水情况	适用于反应时间尺度的水分干湿状况
Palmer干旱程度指数（PDSI）	Palmer	1965年	降水量、平均气温	土壤水分平衡原理；当前情况下气候适宜量	优点：综合考虑了蒸发量，土壤水分供给，径流及地表土壤水分损失；缺点：无法考虑水蓄水，降雪和其他供水活动，也无法考虑人类活动对水平衡的影响	被广泛应用到评估和监测较长时期的干旱，有效衡量土壤水分和确定干旱起始终时刻

续表

名称	建立人	发表时间	使用的因素	基本原理和方法	优缺点	适用范围
降水量距平百分率	Rooy	1965年	降水量	某时段降水量与同期多年平均降水量之差，占同期多年平均降水量的百分比	优点：计算简单； 缺点：只考虑降水量，未考虑蒸发与下垫面因素，将降水当做正态分布考虑	—
范围指标*（P指标）	—	—	降水量	用降水量距平百分率指标求出研究区域内单站点的旱涝指标，然后给出整个区域的旱涝指标	考虑了干旱的区域特征	区域的简单干旱分析
Decile指标	Gibbs 和 Maher	1967年	降水量	将长期的某时段降水量按大小排位，分为10组，每组为一个等级（decile），以实际降水量与之比较判定干旱的等级和程度	优点：计算简单，容易理解； 缺点：需要长系列具有一致性的降水记录	—
Keeth-Byram干旱指数	Keeth 和 Byram	1968年	降水、温度、地表状况	估算土壤上层（腐蚀质层）水分含量，反映森林火灾发生的可能性	优点：综合考虑降水、温度及地表状况，反映干旱的物理机制，有效地确定干旱的起始时刻，并采用递推的方法反映干旱的累积效应； 缺点：未区分土壤质地和不同的气候条件，假设简单的指数函数关系	用于森林火灾监测
BMDI干旱指数	Bhalme 和 Mooly	1980年	降水量	原理与降水量距平百分率相同	优点：采用月降水资料，更加准确； 缺点：只考虑降水量，未考虑蒸发与下垫面因素，将降水当做正态分布考虑	—
区域旱涝指数（DAI/FAI）	Bhalme	1980年	降水量	计算区域内各个气候分区干旱程度平均值，定义区域干旱指数DAI，区域洪涝指数FAI	优点：计算简单可行，一定程度上消除了各地气候类型不同而造成的差异，有效地反映区域和年、季尺度的水分状况	—
正负距平指标	刘昌明 魏忠义	1989年	降水量	某时段降水量与同期多年平均降水量之差	该指标多以年降水量作为参数，忽视了降水量在年内分配不均这一特性	—

续表

名称	建立人	发表时间	使用的因素	基本原理和方法	优缺点	适用范围
干湿指数	Hulme 等	1992 年	降水量，蒸散量（气温）	可能蒸散量与降水量之比值来确定干旱等级	优点：考虑了下垫面的条件；缺点：指标中的蒸发能力值在充分供水条件下的土壤蒸散值，不能反映作物的实际需水量情况及土壤各时期的供水条件	—
标准化降水指数（SPI）	McKee 等	1993 年	降水量	假定降水量符合某种概率分布函数，然后做标准化变换，计算出的指数正值表示比正常偏多，负值表示比正常偏少	优点：可以量化不同时间尺度来反映不同降水短缺程度对不同类型水资源的影响；缺点：假定所有地点旱涝灾害发生频率相同，无法标识	可作预警指标
综合干旱指数（CI）	张强和邹旭恺	2006 年	降水量，蒸散量	标准化降水指数、湿润度指数，长期和短期降水量综合，建立指标判定干旱等级	优点：指标既反映短时间尺度（月）和长时间尺度（季）降水量气候异常情况，又反映短时间尺度（影响作物）水分亏欠情况	—
Z 指数	Wu 和 Hyes	2001 年	降水量	采用 Person III 的分布概率来处理偏态的降水资料，用标准化降水累积频率来划分干旱等级	优点：可以有效反映水分亏缺或盈余量的大小；缺点：无法考虑下垫面人类活动影响	—
气象干旱指数（DI）	闫桂霞等	2009 年	降水量，平均气温	结合 PDSI 与 SPI 指标，取二者的分位数进行综合，建立干旱等级	优点：结合了 PDSI 与 SPI 的优点；缺点：无法反映干旱受灾/受害面积以及径流丰枯关系，没有考虑生态系统类型和社会经济环境等干旱因子	—

* 表示未找到原始文献，下同。

附表2 几种农业干旱指数的基本原理及优缺点

名称	建立人	发表时间	使用的因素	基本原理和方法	优缺点	适用范围
湿度适足指数（moisture adequacy index, MAI）	Palmer和McGuire	1957年	蒸发量	实际蒸发量和潜在蒸发量关系	优点：时效性好，考虑了水分平衡、土壤特征、作物生长；缺点：所需数据量大	可以与特定作物的耐旱性和作物的生育期结合，适用于农业干旱评估
Palmer水分距平指数	Palmer	1965年	综合	Z指数是当月的水分距平	优点：综合降水、潜在蒸发、前期土壤湿度和径流因素，对土壤水分量值变化相应很快；缺点：计算复杂，不利于快速干旱评价	—
降水量（降水距平百分率）	Rooy	1965年	降水量	某时段降水量与同期多年平均降水量之差，占同期多年平均降水量的百分比	优点：资料容易获取，计算简单；缺点：不能直接反映农作物遭受干旱影响的程度	—
作物水分指数（CMI）	Palmer	1968年	作物含水量	监测影响作物水分状况的短期变化	优点：综合考虑蒸散与土壤水分相关联；缺点：不适用于长期干旱	监测短期农业干旱
农作物水分指标（D）*	—	20世纪60年代	土壤含水量、降水量	作物供需水状况	优点：综合考虑了田间水量平衡的各个因素，并与作物需水相关联；缺点：某些参数难以确定	在国内旱作物生长地区应用广泛
土壤含水量指标*	—	—	土壤含水量	根据土壤水分平衡原理和水分消退模式计算各个生长时段的土壤含水量，以作物不同生长状态下（正常、缺水、干旱等）土壤水分的实验数据作为判定指标	优点：利用农田水量平衡方程，方便建立起作物一大气一植物之间的水分交换关系或土壤水分预测预报模型	弄清作物不同生长发育阶段允许的土壤水分下限
土壤有效水分存储量*	—	—	土壤含水量	土壤某一厚度层中存储的能被植物根系吸收的水分	—	—

| 330 |

续表

名称	建立人	发表时间	使用的因素	基本原理和方法	优缺点	适用范围
作物需水量指标*	—	—	蒸发量	常用方法是计算出标准蒸散量，再经过作物需水系数的修正，算出实际作物需水量	—	—
土壤相对湿度*	—	—	土壤含水量	土壤相对湿度是土田间持水量的百分比	优点：计算简单，容易理解	—
土壤水分盈亏*	—	—	土壤含水量	实际蒸散量与可能蒸散量之差	优点：计算简单，容易理解	—
土壤有效水分存储量*	—	—	土壤含水量	土壤某一厚度层中存储的能被植物根系吸收的水分叫土壤有效水分存储量	优点：计算简单，容易理解	反映土壤缺水程度及评价农业旱情
作物受灾受害面积*	—	—	作物面积	区域内作物受旱受灾面积占总作物面积的百分比	优点：直观的观测，简单的计算；缺点：考虑因数不够完善	—
温度指标	董振国	1985年	温度	每日13~15时的作物冠层温度与气温差值	优点：它可以与遥感技术相结合，通过遥感技术迅速而准确地测得大面积作物的冠温，对旱情进行评价，进而可以迅速地作出相应对策	—
水分亏缺指数（water deficit index, WDI）	Moran	1994年	地表、空气温度	在能量平衡双层模型的基础上，建立了水分亏缺指数WDI	优点：WDI采用地表混合温度信息，引入植被覆盖变量，成功地扩展了这种以冠层温度为基础的作物缺水指标在低植被覆盖下的应用及其遥感信息源	低植被覆盖下的应用
植物状况指数（vegetation condition index, VCI）	Kogan	1995年	综合	其基础是归一化植被指数NDVI。NDVI原理是利用红光波段和红外波段对植物冠层敏感的特征来监测植物类型、生长期、冠层结构与生长状况等	优点：考虑了植被与气候的关系，并考虑了短时段的天气特征，能够较好地反映干旱程度，持续时间及对植物的影响；缺点：对冬季植物休眠期的旱情评价很大限制	适合于夏季植物生长率

续表

名称	建立人	发表时间	使用的因素	基本原理和方法	优缺点	适用范围
积分湿度指标	亓来福	1995年	综合	$I = \sum_{i=1}^{n} K_i \cdot T_i$	缺点：只适用于月平均温度大于0℃的时期，难以用来评价我国北方冬季干旱状况	评价全国范围内自然降水对农业需水的满足程度和干旱，只适用于月平均温度大于0℃的时期
供需水比例指标	王密侠	1996年	综合	依据供需平衡原理	优点：综合考虑降水量、地下水、土壤含水量、灌溉量等因素；缺点：计算复杂，不利于快速干旱评价	—
干旱模拟指标系统	美国农业部、NOAA与美国国家减灾中心	1999年	综合	DM指标系统是一个集监测数据和专家经验于一身的综合系统	优点：DM给美国全国的动态旱情提供了一个比较直观的信息	美国
投影寻踪法	王斌	2009年	综合	引入自由搜索算法优化投影指标函数寻求最佳投影方向，利用最佳投影方向信息研究了各种干旱指标对农业基本旱情评估的影响程度	优点：综合指标研究，对干旱等级划分清晰；缺点：计算复杂，不利于快速干旱评价	—

附表3 几种水文干旱指数的基本原理及优缺点

名称	建立人	发表时间	使用的因素	基本原理和方法	优缺点	适用范围
Palmer水文干旱强度指数（PHDI）	Palmer	1965年	径流量	采用相似的两层土壤水平衡评估模式	优点：采用月降水资料，更加准确；缺点：同降水量距平百分率	—
游程理论	Herbat	1966年	径流量	连续出现的同类事件，在其前和其后为另外事件	优点：采用月径流资料，更加准确	—
RDSI指标	冯平	1997年	供水量	综合反映供水系统相对缺水历时和相对缺水强度的干旱指标	优点：考虑水库对径流过程的调节作用，还可以评价不同供水方案的优劣	—
水文干旱强度指标	Dracup等	1980年	径流量	流量持续低于某一时段的时间与期间流量与该月水位的平均差值的乘积	优点：可分析具体河流具体断面的时间面积分流量；缺点：分辨率很低	—
地表水供给指数（SWSI）	Shafer和Dezman	1982年	径流量，供水量（水库蓄水量）	将水文和气象特征结合到简单的指数中，经过加权处理后得出SWSI值，使各流域之间相互比较	优点：可代表不同水文分区的供水条件；缺点：需要考虑每个因子概率分布的变化和权重的变化，分析比较复杂	类似我国水利工程较发达的国家有一定的参考使用价值
TOPMODEL	Beven	1995年	综合	利用重力指数来描述和解释径流趋势	优点：参数可以被物理描述	—
分布式水文物理模型	郭生练	2000年	综合	可能蒸散量与降水量之比来确定干旱等级	优点：涉及多水文过程，考虑空间变化和尺度问题	—
流域数字水文模型	任立良	2000年	综合	以DEM为基础建立的流域水系模型	优点：考虑流域空间变异性，可用于推求新安江模型参数值	—
GBHM-PDSI模型	许继军	2007年	综合	建立在DEM和GIS基础上，以山坡为基本单元	优点：结合土壤含水量指标以及PDSI指标；考虑了不同植被以及不同土壤类型的影响	—

附表 4　几种社会经济干旱指数的基本原理及优缺点

名称	建立人	发表时间	使用的因素	基本原理和方法	优缺点	适用范围
缺水损失法*	—	—	综合	根据受旱年份由当地工业供水的缺供水量和万元产值取水量计算得	—	计算工业受旱损失价值量
损失系数法*	—	—	综合	认为损失系数与受旱时间 t、受旱天数 d、受旱强度 I 等诸因素存在一种函数关系	—	评价干旱对工业、航运、旅游、发电等损失
社会水安全指标	Ohlsson	2000 年	综合	SWSI 用于反映社会所面对的干旱胁迫程度	—	—
农村干旱饮水困难百分比*	—	—	供需水量	区域内供水量低于正常需求量的百分比	—	—
城市干旱指数	国家防汛抗旱总指挥部办公室	2006 年	供需水量	城市供水量低于正常需求量的百分比	—	—

附表 5　几种基于遥感的干旱指数的基本原理及优缺点

名称	建立人	发表时间	使用的因素	基本原理和方法	优缺点	适用范围
土壤热惯量模型	Waston	1971 年	地面温度、土壤含水量	利用土壤水分的热特性，根据地面温度差与土壤水分含量建立相关关系	优点：较简单实用；缺点：很大的局限性，只适用于裸露土壤或植被覆盖度低的时候；要求该地区昼夜两次的晴空卫星资料	土壤水分状况的监测
归一化植被指数（NDVI）	Rouse	1974 年	综合	—	—	适用于年度间相对干旱程度的监测，应用最广的植被指数
作物缺水指数（crop water stress index, CWSI）	Jackson	1981 年	蒸发量	水分能量平衡原理	优点：物理意义明确、精度高、可靠性强；缺点：计算复杂，实时性不能完全保证	监测植被条件下的土壤水分
植被状态指数（条件植被指数）（VCI）	Kogan	1990 年	综合	其基础是归一化植被指数 NDVI。NDVI 原理是利用红光波段和红外波段对植物冠层敏感的特征来监测植物类型、生长期、冠层结构与生长状况等	优点：考虑了植被与气候的关系，并考虑了短时段内的天气特征，能够较好地反映干旱程度，持续时间及对植物的影响；缺点：对冬季植物休眠期的旱情评价有很大局限性	适合于夏季植物生长季估算区域级的干旱程度
水分亏缺指数（WDI）	Moran	1994 年	综合	利用植被指数和温度的梯形关系	—	生理及大气干旱型农业干旱、农业旱情预警监测
温度条件指数（TCI）	Kogan	1995 年	综合	基于植被冠层或土壤表面温度随着水分胁迫的增加而增加的原理	缺点：地表温度的反演难题，推广困难	解决部分植被覆盖时的干旱监测
蒸发比指数（evaporative fraction, EF）	Niemeyer 和 Vogt	1998 年	能量平衡方程	EF 表明了地表可得到的能量中有多少可用来蒸发	—	—

续表

名称	建立人	发表时间	使用的因素	基本原理和方法	优缺点	适用范围
植被温度状态指数（VTCI）	王鹏新	2001年	综合	在地表温度（LST）和NDVI组成的三角形特征空间的基础上	缺点：对研究区域选择的要求较高，必须满足土壤表层含水量从萎蔫含水量到田间持水量的条件	适合于研究某一特定年内某一时期干旱程度。这种方法不适合山区低NDVI、低LST地区的旱情监测
温度植被干旱指数（TVDI）	Sandholt等	2002年	地表温度，归一化植被指数	$TVDI = \dfrac{LST - LST_{min}}{a + b \times NDVI - LST_{min}}$	优点：模型参数可由图像数据直接获得，计算简单方便；缺点：只能表示同一图像水分状况的相对值，在时间上不具有可比性	估测土壤表层水分状况
植被供水指数（vegetation supply water index, VSWI）	莫伟华等	2006年	归一化植被指数，地表温度	$TVDI = \dfrac{NDVI}{LST}$	优点：物理意义明确；缺点：下垫面差异较大时，监测结果的误差较大	给出相对的干旱等级
距平植被指数（AVI）	Anyamba和Tucker	—	归一化植被指数	$AVI = NDVI - \overline{NDVI}$	—	适用于年度间相对干旱程度的监测，用于估算作物的产量
微波遥感法（SM）*	—	—	—	微波对云层有较强的穿透力，微波遥感在土壤水分监测中具有某些独特的优越性	优点：在土壤水分监测中有独特优越性	遥感土壤湿度
垂直干旱指数（perpendicular drought index, PDI）	Ghulam等	2007年	Red，NIR波段的反射率	基于红光和近红外波段的光谱特征空间计算得到	模型简单易用	土壤干旱型农业干旱；旱期农业旱情预警

续表

名称	建立人	发表时间	使用的因素	基本原理和方法	优缺点	适用范围
表观热惯量（apparent thermal inertia, ATI）*	—	—	反照率、昼夜地表温差	$ATI = \dfrac{1-A}{\Delta T}$	—	土壤干旱型农业干旱、早期农业旱情预警
标准植被指数（standard vegetation index, SVI）	Peters等	2002年	归一化植被指数	$z = (NDVI - \overline{NDVI})/\sigma$ $SVI = P\ (Z<z)$	—	农业旱灾预警及评估
短波红外垂直失水指数（SPSI）	Ghulam等	2007年	NIR、SWIR波段的反射率	$SPSI = (R_{SWIR} + MR_{NIR})/\sqrt{M^2+1}$ $R_{NIR} = MR_{SWIR} + 1$	—	农业旱灾预警及评估
全球植被水分指数（global vegetation moisture index, GVMI）	Ceccato等	2002年	NIR、SWIR波段的反射率	$GVMI = \dfrac{(R_{NIR}+0.1)-(R_{SWIR}+0.02)}{(R_{NIR}+0.1)+(R_{SWIR}+0.02)}$	—	农业旱灾预警及评估